河南省“十四五”普通高等教育规划教材

普通高等教育数据科学与大数据技术系列教材

大数据导论

罗军勇　胡学先　陈　静　主编

科 学 出 版 社

北 京

内 容 简 介

本书以数据的概念、研究任务和技术体系为基线展开，延展出大数据的概念、研究任务、技术挑战和技术体系。本书围绕大数据独有的特点，介绍大数据表达的概念和技术、大数据存储和管理技术的基础与拓展、大数据计算的特点与新技术、大数据分析的基本方法与前沿新技术、大数据可视化技术、大数据安全范畴及应对安全机制等内容。本书系统地梳理了大数据技术谱系，可为后续学习、应用和研究大数据奠定基础。

本书可作为数据科学与大数据技术或者相关本科专业的教材，也可作为其他专业学生学习大数据的参考书，还可作为从事大数据相关工作的工程技术人员的参考书。

图书在版编目(CIP)数据

大数据导论 / 罗军勇，胡学先，陈静主编. — 北京：科学出版社，2024.5
河南省“十四五”普通高等教育规划教材·普通高等教育数据科学与大数据技术系列教材

ISBN 978-7-03-077322-7

Ⅰ. ①大…　Ⅱ. ①罗…　②胡…　③陈…　Ⅲ. ①数据处理－高等学校－教材　Ⅳ. ①TP274

中国国家版本馆 CIP 数据核字(2023)第 232242 号

责任编辑：于海云　张丽花 / 责任校对：王　瑞
责任印制：师艳茹 / 封面设计：马晓敏

科 学 出 版 社 出版
北京东黄城根北街 16 号
邮政编码：100717
http://www.sciencep.com

涿州市般润文化传播有限公司 印刷

科学出版社发行　各地新华书店经销
*
2024 年 5 月第　一　版　开本：787×1092　1/16
2024 年 5 月第一次印刷　印张：15 1/2
字数：390 000

定价：59.00 元

（如有印装质量问题，我社负责调换）

前　言

党的二十大报告指出："教育、科技、人才是全面建设社会主义现代化国家的基础性、战略性支撑。"教材建设是人才培养之基石，是教育体系之根本，必须以习近平新时代中国特色社会主义思想为指导，贯彻党的二十大精神，树牢责任意识和阵地意识，体现新技术发展，适应新型学科专业需要。

大数据正以其独特的优势引领全领域技术革命，促进科学研究范式向数据科学发展演变，它为提升数据价值、探索现象和发现规律提供了全新的途径。在此背景下，大数据人才培养顺势而为，国内外高校相继开设数据科学与大数据技术或者相近的本科专业，同时也在不断建设和完善该专业的课程体系和课程内容。"大数据导论"作为该专业前导课程，必须兼顾内容组织的深度和广度，在深度上体现理论技术纵向脉络的梳理，在广度上开启理论技术横向延展的引导。本书编者长期从事数据分析和数据安全方向研究，自 2015 年以来一直承担大数据工程本科专业"大数据导论"课程的教学。本书是编者以"大数据导论"课程教案为蓝本，在将相关科研成果转化基础上几经修改而成的，从专业角度较为系统地介绍了大数据相关理论与技术谱系。本书共分 8 章，主要内容如下：

第 1 章介绍数据的认知与研究内容、大数据概念特征及技术挑战等。

第 2 章介绍大数据的内容、知识和结果表达的概念，以及元数据和知识图谱技术。

第 3 章介绍数据存储基础、大数据存储要求，以及应对技术和典型系统。

第 4 章介绍数据管理基础、新型数据管理模型及其相应大数据管理系统。

第 5 章介绍大数据计算基础，大数据计算特点，大数据的批量、流、图等计算模型和特点，以及计算引擎的工作原理等。

第 6 章介绍大数据分析概念、分类聚类等数据分析的基本方法，以及深度学习等数据分析的高级方法。

第 7 章介绍数据可视化的基本概念、数据可视化方法与常用工具，以及大数据时代可视化技术面临的问题与挑战。

第 8 章介绍大数据面临的安全威胁和安全需求，以及针对大数据全生命周期不同阶段的大数据安全技术。

本书的纲目起草、内容讨论及书稿校审等，得到了周刚教授，以及杨奎武、卢记仓、兰明敬、魏江宏等多位博士的大力支持，也一直备受胡宗云院长的鼓励和关爱。在补充完善本书第 1 章和第 6 章部分小节内容时，得到了刘琰教授、尹美娟和张凤娟等博士的倾力相助，在此一并表示衷心的感谢。

书中部分重点知识的拓展内容配有视频讲解，部分图片以二维码形式链接彩色图片，读者可以扫描相关的二维码进行查看。

由于编者水平有限，书中难免存在疏漏之处，恳请各位读者不吝赐教、批评指正。

编　者

2023 年 6 月于郑州

前言

目　录

第 1 章　大数据概述

大数据在冲击和挑战已有数据处理技术和数据处理系统的同时，也在产生并形成数据生成、分享和应用的新方式，成为引领新技术发展的动力，提供新服务模式的源泉。本章通过数据认知来建立大数据的概念，以强化对大数据形成、内涵及特征的理解。同时通过厘清大数据对数据存储、管理、计算与分析等技术带来的挑战，围绕大数据存储管理、计算分析及系统框架等方面，梳理大数据技术谱系，为后续章节的学习及相关课程的展开做铺垫。

1.1　认 知 数 据

1.1.1　数据概念

通信技术和计算机技术的发明和广泛应用，使人类理解和使用的符号系统可利用机器实现传输、交换、存储及计算处理，数据(Data)的概念由此引入。直至现在，关于数据的概念并没有形成统一或者一致的定义，但通常可以从广义和狭义两方面来理解数据。从广义上讲，数据是以各种方式记录或观察客观事物的结果，比如各种数字、字符、图符等符号，都是人类用于观察或记录客观事物的结果，这种符号方式的结果都被看作广义数据。按照广义理解，数据是由人主观创造的而非客观存在的，因此它一定是被人识别和处理的符号。以计算机为代表的机器自动计算技术的出现，需要将广义数据转换成机器可存储、识别和计算的表示形式，即狭义数据。由此可见，狭义数据是为适应机器处理而对广义数据进行的再构造，因此对数据的认知要从广义过渡到狭义。

在计算机科学中，关于数据的概念也有不同表述。有的研究者将数据定义为："可被计算机处理的符号总称，这些符号是具有一定意义的数字、字符、图形、符号、声音等"。有的研究者将数据定义为："由计算机产生和存储，用于计算和分析某种事物的事实和信息"。在这些定义中提到的"符号""事实和信息"都是机器可识别、理解和处理的狭义数据，即为广义数据的机器表示形式。广义数据和狭义数据是人与机器分别用不同符号形式表示的数据，它们之间的关系如图 1-1 所示。广义数据是由人类创造的，狭义数据是按照人设计的编码规则构造的，即将数字、字符、图符等符号形式的广义数据按编码规则要求转换成二进制符号表示的狭义数据。因此，狭义数据俗称为编码数据或者数字化数据，它们统统被简称为数据。编码数据的物理记录方式是电信号、磁信号和光信号等，它的常用载体是半导体芯片、磁盘和光盘。有了编码数据，机器就可以对其进行相应的计算，计算产生的结果依然是编码数据。因此，也有研究者根据编码数据产生过程将其分成记录型数据、观察型数据、计算型数据 3 类。

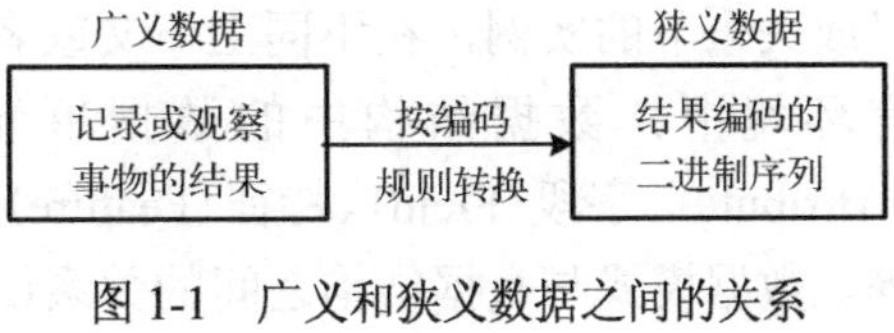

广义数据
记录或观察
事物的结果
按编码
规则转换
狭义数据
结果编码的
二进制序列

图 1-1　广义和狭义数据之间的关系

1.1.2 数据研究内容

在数字化发展进程中，人们研究设计出各种编码规则，比如有针对数值(整数和浮点数)、语言符号、图形符号、图像、语音和视频等的编码规则，由此形成了诸如数值、文本、图像、音频和视频等不同类型的数据。在各类网络中，无论是网络设备、主机设备和终端设备，还是系统服务和应用服务等，它们都根据不同编码规则产生出各种不同类型的数据，这些数据又通过网络迅速传播并得以广泛应用。很多情况下，为了提高数据的存储和传输效率，或者保障数据的保密性和完整性，网络中这些设备或者服务系统需要对已有数据进行一些专门处理，比如采用压缩、混淆和置换等，这些处理的本质依然是根据设计的规则对数据进行再次编码的过程。由此可知，编码不仅体现机器可以按其规则产生数据，还能够按其规则解析数据(即还原出人可识别的结果)。编码是理解数据的前提和基础，研究和分析数据的基本任务就是编码及编码识别问题。

利用不同编码规则可以产生不同类型数据，这些数据之间可以是彼此独立或者相互毫无关系的。如何将彼此独立或者无关联的数据按照人的意图将其编排在一起来共同刻画客观事物呢？这种编排既要能体现人对事物的逻辑理解，又要便于机器识别处理。人对事物的逻辑理解是建立在事物特征或特性的基础上的，当用数据来刻画具体事物时，势必要清楚数据代表了或者指代了事物的哪个特征或特性，即需要明确数据与事物特征或特性的对应关系。为达到此目的，首先要抽象出事物的特性或特征，并对其进行描述，然后按照所描述的事物特性或特征来编排数据，以实现刻画具体事物的目的。数据与事物间关系如图 1-2 所示。对事物特性或特征进行描述的内容可以包括：特性或特征的命名、出现次序、取值约束等，这些特性或特征又称为数据属性，它用于指导或规定数据如何编排。对数据属性的描述称为数据模式(Data Pattern)，它用于描述数据属性(对应于事物特性或特征)。反过来理解，数据模式也是对数据的抽象，用它反映数据的组成关系。关于数据模式的概念也没有一个确切或一致的定义。有的研究者称数据模式是指按照给定的某种要求装入数据的框架，也有的研究者称数据模式是对数据属性的描述。这些表述的基本内涵是相同的，都是用于声明数据的组成关系。如果形象地解释数据模式的作用，它就是要以人的观点去理解和解析数据组成关系，即声明数据由哪些单元构成，对这些单元有何种要求，其本质是用于描述事物的特征或特性。由此可见，数据模式本身不是数据，而数据模式一旦建立就赋予了数据确切的含义。

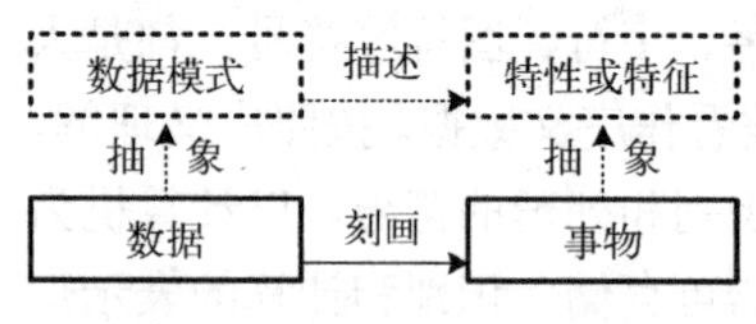

图 1-2　数据与事物间关系

数据模式是按照人的意图来设计的，反映的是数据组成关系，体现了人对事物的理解，并以人的观点去理解和解析数据。如果需要机器去理解数据模式，就要采用机器识别理解的语言(通称为计算机语言)来对数据模式进行声明，这种用计算机语言声明的数据模式，泛称为数据结构(Data Structure)。数据结构是计算机关于数据组成关系的声明，数据则是组成关系下的实例，在不同上下文或者不同的计算机语言环境中，数据结构中的数据单元常被称为属性(Attribute)、字段(Field)、特征(Feature)或变量(Variable)等。数据模式与数据结构之间的关系如图 1-3 所示。数据模式与数据结构分别从人和机器的角度理解并声明数

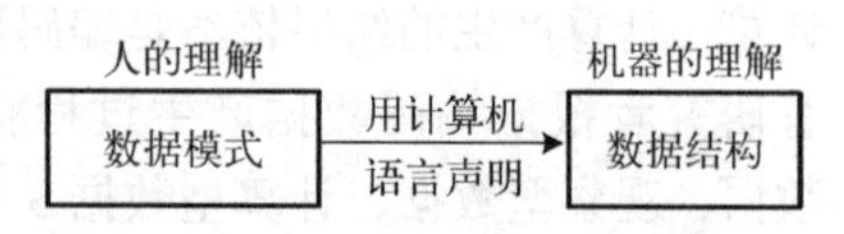

图 1-3　数据模式与数据结构间的关系

据组成关系。有了数据模式的概念，数据组成就有规范可循，它不仅用于指导数据产生，也易于数据理解和解析。

如果事物的特性或特征是静态不变的，那么用于描述它的数据模式则为固定，称为有固定数据模式，简称有模式。在计算机对数据模式的声明中，有固定数据模式对应于有固定数据结构，简称为结构化。受到固定模式约束的数据称为有模式的数据，简称模式数据，受到相应固定数据结构约束的数据则为结构化数据。模式数据(等效于结构化数据)具有完全确定的数据组成关系，这种确定性明确地规定了数据单元的数量、类型、边界、取值约束，以及编码含义等，非常易于数据的理解和解析，也为数据的存储管理与分析应用带来了诸多便利，例如记录、行或者表格就是典型的模式数据或结构化数据。

如果事物的特征或特性是动态变化的，那么用于描述它的数据模式则不固定，称为无固定数据模式，简称无模式。无固定数据模式对应于计算机中声明的无固定数据结构，简称为非结构化。没有固定数据模式约束的数据称为无模式数据，相应地，没有数据结构约束的数据就是非结构化数据。无模式数据(等效于非结构化数据)具有完全不确定的数据组织关系，其最大特点就是数据单元的数量和类型动态变化。现实中存在大量的无模式数据或者非结构化数据，比如文本、图像、音频和视频就是典型的无模式数据或者非结构化数据。在文本中，它的每个单元都是一个文字符号，这些符号是按某种编码(如 ANSI、GB2312、UTF-8 和 Unicode 等)规则转换而成的、具有特定长度的二进制序列。由于组成文本的单元数量受到文本大小影响而不确定，因此文本不具有固定数据模式，文本也就没有确定的组成关系。类似地，图像中每一个单元即为一个像素，这些像素是按某种编码(如位图、灰度、RGB、YUV 和 HIS 等)规则转换而成的、具有特定长度的二进制序列。同样，由于组成图像的像素数量受到图像大小影响而不确定，因此图像也不具有固定数据模式，图像也就没有确定的组成关系。语音和视频同样如此，语音中的单元是音频信号中一个幅值的量化等级值(比如分为 256 个等级时，用 8bit 编码；分为 4096 个等级时，用 12bit 编码等)；视频中的单元是帧(不同于视频数据的文件封装格式)，它们的单元数量都是不确定的，也是无模式数据或非结构化数据。

数据组成关系除了有固定数据模式和无固定数据模式外，还有一种介于它们之间的形式，即为半固定数据模式，简称半模式。半固定数据模式对应于计算机中声明的半固定数据结构，简称为半结构化。受到半固定数据模式约束的数据称为半模式数据，类似地，受到半固定数据结构约束的数据就是半结构化数据。半模式数据(等效于半结构化数据)具有不完全的数据组织关系，其最大特点就是数据组织关系整体确定，数据组成关系局部不固定。例如，邮件和网页就是典型的半模式数据。在邮件中，邮件头、邮件体和签名块是它 3 个固定的单元，邮件整体上有确定模式，但 3 个单元自身却没有具体的约束性规定，即每个单元的组成是不固定的，因此邮件也就没有完全确定的组成关系。网页也是如此，它整体上由若干个确定区域或者块组成，对这些区域或者块缺少具体的约束性规定，即每个区域或者块的组成是不固定的，因此网页也就没有完全确定的组成关系。无模式数据的组成关系具有不确定性，半模式数据的组成关系具有不完全性，显然用这样的数据刻画事物更符合认知，但不利于数据解析，当然也给数据的存储管理与分析应用带来许多困难。

数据模式用于体现数据在结构上的关联性，反映的是数据组成关系，通常将其看作基于结构的模式。其实，数据模式还可表示另一层含义，即用于体现数据在内容上的关联性，

反映的是数据在局部属性或属性子集上存在的数理关系，一般将其视为基于内容的模式。例如，在属性集合$\{x_1, x_2, x_3,\cdots, x_m\}$上，假设通过分析发现数据在属性$x_2$上呈现正态分布特性，属性 x_i 和 x_j 共同出现的频度最高，或者在属性 x_j 为 100 时 x_i 为 8 的概率符合 $0.2<P(x_i=8|x_j=100)<0.3$ 等，这些都反映数据在局部属性或属性子集上存在的数理关系。在数据挖掘领域，无论是数据的聚类和分类，还是数据的频繁模式或关联，其核心都是在寻找基于内容的数据模式。这种意义下的数据模式通常用数理关系来表征，其作用是描述事物在其特征或特性上呈现的规律，反映出数据所蕴含的深层信息，即数据的间接语义。对数据模式内涵的理解，需要根据上下文或者语境来确定，就研究和分析数据的任务而言，数据模式挖掘是必然的。

在互联网发展初期，大多应用系统或业务系统都通过自定义数据模式来组织数据，因此模式数据占据了主导地位。各领域在互联网中的应用不断展开，产生出海量数据，这些数据中存在无以计数的模式。在这些模式中，有些是基于结构的模式(用户预先定义的)，有的是基于内容的模式(因数据聚集后客观形成的)。分析发现未公开或未知的模式是非常困难的，虽然在数据模式识别方面已有很多较成熟的技术，但还存在诸多局限性或不足。模式是描述数据形式和内容的方式，研究和分析数据的一项重要任务就是模式识别与挖掘。

其实，数据只是纯粹的二进制符号构成的序列，它本身并不代表任何事物，也没有实际意义，但它却能很好地适应机器理解、识别和处理。看这样一个简单例子，对十进制整数 35 采用 16 位补码进行编码后，就可得到二进制序列$(0000\ 0000\ 0010\ 0011)_2$，计算机可以非常容易地对该序列进行存储并施加各种运算，但这个序列却是毫无意义的。如果用这个序列表示某个人的“年龄”，那么这个序列就被赋予了特定含义，因为当这个序列被译码还原出整数 35 时，它就代表了“年龄”的大小。这个实例说明两点：一是机器只把二进制序列作为其理解、识别和处理的对象，并不知道数据所代表的原本含义；二是如果先按照人的思维逻辑抽象出事物的特征或特性后，再用数据来刻画事物时，那么数据就代表了确定的事物，因为这时的数据蕴含或承载了所预期的原本含义(即数据蕴含了已被声明的特征或特性)。又比如，在机器中存储了一个图像(即一串较长的二进制序列)，机器可以根据图像编码规则还原出每一个像素，并把这些像素显示或打印出来，然后人按照自己的逻辑对显示或打印出来的图中内容作出判断和判别。十几年前的图像识别技术很难帮助机器判断这幅图像是什么，尤其是当图像背景非常丰富且包含多个实体时，机器几乎无法准确识别这幅图像是什么且含有哪些实体。而现在的图像识别技术使得计算机能够快速准确地对图中内容作出判断和判别。这两个实例说明，无论数据采用何种编码规则构建，或者选择何种模式组织，如果不知道数据所代表的确切含义，那么数据是无任何意义的，也失去了应用价值。

数据含义可以有两种承载形式：如果数据含义是通过数据组成关系来主观预设的，这就是数据的直接语义或者字面(表层)语义，即为显性的。如果数据含义是客观形成的且通过数据分析获得的，这就是数据的间接语义或者延伸语义，即为隐性的。这两种承载形式都可释放出数据的含义，即数据语义(Data Semantics)，数据语义泛化成信息(Information)，即数据可释放出的含义。相应之下，数据的直接或者字面语义则视为显性信息，数据的间接或延伸语义就被视为隐性信息。数据承载了信息，反之信息表示了数据含义，从数据中发现可利用的信息才能体现出数据的价值。现实中，数据中究竟蕴含多少显性或者隐性信息不得而知，这也正是需要深入研究、分析和探索的问题。信息是体现数据价值的形式和依据，研究和分析数据的根本任务就是发现信息。发现信息就是通过一定算法从数据中寻找、解析、判断、识别其语义的过程，通常采用数据挖掘技术来实现，这些技术主要包括模式发现、数据分类与聚类、关联规则发现、预测分析等。目前，人工智能、机器学习、深度学习及增强学习等技术得到深入的研究，并广泛运用于大数据环境下的信息挖掘。

信息的概念并无严格定义，但有诸多不同的表述。比如，信息是关于客观世界的描述，通过对事物的形态、状态、特征等诸多要素进行抽象并形成定义，以建立人对事物的认知和理解。又如，信息是被人理解且能够用于思维推理的结论。在计算科学中，信息与数据相伴而生，对信息也有多种不同的表述，比如信息是蕴含在数据中且按人的思维逻辑来理解的事物含义，或者说，信息是蕴含于数据之中，可被人理解的、用于思维推理的结论。数据本身是具象的，它有确定的存在方式和组成样式，强调其正确性、完整性和一致性。相对而言，信息是抽象的，它依附于数据，强调其逻辑性、时效性和有效性。因为不符合逻辑的信息毫无意义，无效的信息没有使用或利用价值，过期的信息丧失了使用或利用价值。

现在可以对数据内涵进行简要概括，数据需要从编码、模态和信息 3 个层面来认知，这个认知是从具体到抽象的过程。编码和模态合称为数据语法(Data Syntax)，数据可释放出的信息称为数据语义。编码是指按人的设计规则构建二进制序列，即数据自身，它要研究数据是如何构造的，解决数据具体构建问题，是理解数据的基础。模态是指按照人的意图将数据组织在一起的样式，具体包括有模式、半模式和无模式 3 种形态。它要研究数据是如何组织的，解决数据具体组成问题，是理解数据的关键。信息是指按照人的思维逻辑可解释的数据含义，它要研究数据含义是如何承载的，解决数据含义表示问题，是理解数据的核心。

1.2　认知大数据

通过观测统计发现，近十几年来数据在诸多方面发生了巨大变化，尤其是在规模量级、产生速度、多模态性、活跃频度、来源分布、关联维度等特征上更加突出，数据已形成了多层交织关联的“数据网络”。数据特征的巨大变化表明，其蕴含的事物联系更加纷繁复杂，承载的信息更加丰富宽泛，由此带来的价值超越了以往。因此，必须对数据进行更系统深入的研究，那么从更高层面和更宽维度来理解和描述数据就成为必然。大数据(Big Data)正顺应了这种认知趋势。

大数据认知是一个渐进的过程，某些代表性的会议、期刊和专著，对大数据概念的提出和形成起到巨大推动作用并产生了深刻影响，有的甚至是标志性的。1999 年，电气与电子工程师协会(IEEE)在关于可视化年会上，设置了一个“自动化或者交互：什么更适合大数据？”的讨论专题，首次探讨了大数据问题。2001 年，梅塔集团分析师道格·莱尼发表了研究报告《三维数据管理：控制数据容量、处理速度及数据种类》，首次提出了数据维度的问题。2005 年，美国的蒂姆·奥莱利发表了《什么是 Web 2.0》，指出“数据将是下一项技术核心”，表明技术将围绕数据展开、数据必引领技术发展、数据价值真正体现出来。2008 年，*Nature* 推出“Big Data”专刊，从互联网技术、网络经济学、超级计算、环境科学和生物医药等多方面阐述大数据技术及其面临的一些挑战。“Big Data”专刊首次开展了“大数据”问题的学术研究，并迅速得到了科学、计算机、经济等不同领域专家的响应，“大数据”开始逐渐进入人们视野。2011 年，*Science* 推出了关于数据处理的专刊“Dealing with Data”，讨论了科学研究中的大数据问题。2011 年，在以“云计算适逢大数据”为主题的 EMC World 2011 会议中，易安信(EMC)公司提出了 Big Data 的概念并被大众所接受。

研究者对大数据内涵进行了不同阐述，这些阐述还都局限于现象、特征或者直观经验，虽然各有侧重但很难对大数据进行本质上的刻画，更无法对其进行精准的定义，目前尚未形成一套完整的理论体系。为有助于读者建立大数据的认知，本节从 3 个基本问题着手讨论，即大数据是如何形成的、大数据是什么、大数据带来的技术变化。

1.2.1 大数据形成

大数据形成开启大数据认知，而大数据形成的根本成因是信息技术的进步，以及不同时期信息技术多种交互作用结果的必然产物。回望技术进步历程，有 3 个重要方面推动了数据的发展。一是计算机技术实现了数据的表示、存储与计算。在计算机领域，芯片集成度按“摩尔定律”(每 18 个月翻一番)的速度发展，使数据存储与计算更为廉价，为数据快速形成和累积奠定了基础。二是网络技术突破了数据传播与共享方面的限制。在网络技术领域，带宽按“吉尔德定律”(每 6 个月翻一番)的速度发展，使数据传输与交换更为快捷，为数据高效传播与共享提供了支撑。三是传感器、应用、服务及用户交互等技术的迅速兴起与广泛运用，无以计数的系统、服务及终端在网络上快速部署，而且大量用户利用或通过它们来产生、交换和使用数据，为数据的产生创造了广泛来源，为数据共享提供了丰富的类型。显然，技术进步和交互作用使得数据的存储与计算更廉价、传输与交换更快捷、汇聚与共享更高效、来源与类型更广泛，为大数据形成和利用创造了客观条件。

大数据形成的直接动因是计算与通信的紧密结合，使得数据产生方式发生了深刻变化。有学者认为，数据产生经历了被动、主动和自动等方式。也有研究者将数据产生方式的变化过程描述成数据产生的 3 个阶段，即运营式系统阶段、用户原创内容阶段、感知式系统阶段。从数据产生方式或者阶段变迁角度来审视，每一种方式或者每一个阶段的发生都使数据产生的规模越来越大，速度越来越快。20 世纪 90 年代以前，互联网尚未普及应用，计算机网络主要用于建立各类业务系统，比如零售、银行、交易、医疗、企业等。用户数据和相关业务数据都随业务系统运行产生并交付数据库集中存储，这些数据被看成以被动方式产生的或者是由运营式系统产生的。这一时期的数据大多由各类业务系统运行产生，全球数据量大约每 20 个月增加 1 倍。在随后 20 年的期间，互联网迅速普及、各类应用技术极速发展、Web 1.0 和 Web 2.0 技术的出现，以及移动互联网的崛起，网络服务的开放和交互性为用户提供了更多更快的数据自助服务，用户发布和传播的数据突破时空限制，而且可以迅速提交和推送至不同节点分布存储，数据量开始呈现出几何级数增长的趋势。在计算机和互联网的通力加持下，数据以前人无法想象、无法企及的速度产生、处理和消费，这些数据可随用户行为主动产生，故称为用户原创的内容。近十几年来，网络及应用的持续延伸，物联网、车载网与传感网等技术的兴起，各种设备为了感知周围环境而自动采集产生数据，比如网络中的各类传感器、安全设备、控制设备和检测设备等，它们将采集到的数据实时提交和推送至不同节点进行存储计算，数据量出现暴涨，几乎每 6 个月翻一番。在数据自动产生方式或者感知式系统阶段，数据产生已完全不受时空限制，数据量急剧膨胀，增速迅猛。

从数据来源角度观察发现，引发数据规模与增速发生变化的因素是数据源的多样化和分布化。纵观这个世界，网络是人类生存不可或缺的基础设施，已经建立并正在使用众多网络，比如熟知的互联网、移动互联网、金融网、交通网、工控网、电信网及科学计算网等，将来还会继续出现一些新型网络。这些网络使得无以计数的、形形色色的系统和设备在它们上面部署，也让无数用户利用它们提供的服务参与其中的交互。分布在各类网络中的设备、系统和用户等实体不仅数量庞大而且种类繁多，由这样的实体构成了巨大的数据源，时刻不停地产生多类型、多模态的数据。

快速累积而成的数据究竟有多大的规模？有怎样的趋势？各类数据占比如何？根据统计，当2006年用户刚刚迈进太字节(2^{40}B，即TB)时代时，这一年全球共产生了约180EB(180×2^{60}B)的数据。2010年，全球数据规模跨入泽字节(2^{70}B，即ZB)时代，2020年，全球数据规模已达50ZB，且85%以上的数据以非结构化或半结构化形式存在。据全球知名研究机构国际数据公司(IDC)预测，2025年，全球数据规模将达175ZB，并以60%左右的速度逐年增长。当下，科技正处在高速发展时期，计算机和网络技术发展日新月异，新科技和新应用层出不穷。人们每天使用各种终端设备、每天享用各种便捷互联网业务在无时无刻地产生数据；各类组织、机构和企业等利用布满天地的网络建立的各类系统在时刻不停地产生数据，在各类网络中已经部署或将继续部署的各种设备也在连续不断地产生数据。数据越聚越多形成庞大规模，增速加快引起规模激增，数据类型多样导致关联日趋复杂，这些变化导致应对数据的技术和系统会出现革命性变化。在研究大数据形成时，数据的累积规模与增长速度是最受关注的，它们是衡量数据体量与增量的重要指标，也是影响数据处理的关键因素。当数据规模发生量级跃升或者增速出现大幅上涨趋势时，数据观测方法会产生实质的变化，数据处理技术会受到极大的挑战，数据处理系统会遇到难以逾越的瓶颈。

1.2.2　大数据概念

在讨论数据认知时，重点厘清了广义数据和狭义数据的区别和联系，从数据的构造、组成和语义等要素理解数据内涵，进一步阐述了研究和应用数据时所要解决不同层面的问题。数据除了有体现其构造、组成和语义的内在特性外，还会有许多不断变化或者正处于形成之中的外在特征，比如规模、速度、类型、质量、活跃度、来源、分布、关联等。当这些外在特征日益彰显并到达一定程度时，就需要重新审视并延展数据的内涵。这些外在特征的显现，为认知大数据创造了条件，也由此引发了大数据概念或定义的讨论。近些年来，不同领域的研究者或学者对大数据进行解读，存在多种不同的理解和描述，给出了不尽相同的定义，目前还没有一种被公认的定义。下面列举几类从不同维度或角度对大数据的定义。

2001年，梅塔集团(META，现已被高德纳公司并购)分析师道格·莱尼在其研究报告中关注到，数据增长体现在容量、多样性和速度3个维度上；国际商业机器公司(IBM)和微软(Microsoft)公司的研究者也使用了这样的三维度模型描述大数据。2011年，IDC在其报告中给出了大数据定义：“大数据技术描述了一个技术和体系的新时代，被设计于从大规模多样化的数据中通过高速捕获、发现和分析技术提取数据的价值”。上述定义从规模、多样性、速度和价值等特征上刻画大数据。这种定义只是从数据的多个特征维度上宏观描述大数据，并没有给出各个维度上的衡量指标或者度量机制。

2011年，美国麦肯锡(McKinsey)公司在其研究报告中将大数据定义为：“大数据指的是大小超过了典型数据库软件工具捕获、存储、管理和分析数据能力的数据集”。这种定义只是从技术处理能力上给出了判定什么样的数据集才能被认为是大数据，并没有描述与大数据相关的任何度量机制。

美国国家标准和技术研究院(NIST)认为：“大数据是指数据的容量、数据的获取速度或者数据的表示限制了使用关系方法对数据的分析处理能力，需要使用水平扩展的机制以提高处理效率”。这种定义仅仅是综合了数据特征和数据技术等要素描述大数据。

大数据还可进一步细分为大数据科学(Big Data Science)和大数据框架(Big Data Frameworks)。大数据科学涵盖大数据获取、调节和评估技术的研究；大数据框架则是在计算单元集群间解决大数据问题的分布式处理和分析的软件库及算法，一个或多个大数据框架的实例化即为大数据基础设施。大数据定义还可以从科学层面来表述，用于指导科学研究；也可以从现实处理系统的层面来表述，用于驱动技术发展。

要对大数据定义达成共识是非常困难的，接受所有关于大数据的定义是一种选择，因为每种定义反映了大数据的某些不同方面，进而可理解大数据科学和工程的共同问题和相关机制。大数据定义或者说大数据内涵，不妨从大数据形成过程来归纳总结，大数据必定是一个分布的、有差异的数据集合。具体讲，大数据是物理上分布于不同网络节点且由各种实体产生的个体数据构成的集合，这些个体数据自身在编码、模态、类型、质量、价值、关联等诸方面都存在差异性。这个数据集合的核心是数据特征，实质是处理技术，作用是价值体现。可以从更宏观的角度来理解大数据，因此它是一个非常宽泛且比较抽象的概念。

(1) 从数据集合的特征层面理解，呈现“4V”特征。规模(Volume)巨大，从现在的ZB(2^{70}B)级，发展到将来的YB(2^{80}B)、DB(2^{90}B)甚至NB(2^{100}B)级。速度(Velocity)变化很快，体现在两方面，一是数据的增长速度极快(大约每2年翻一番)、数据的流逝速度极快(带宽每6个月翻一番)。价值 (Value)稀疏性，有价值的数据分布稀疏且占比较低。类型(Variety)多样化，表现在多模态、多编码、多关联、多来源等。除了这些特征外，还有质量、可信度、活跃度等，因此，从数据特征层面理解，大数据是多维度的数据集合。

需要说明的是价值稀疏性问题，它涉及对价值判断的标准。价值是利益的体现，而利益是多方面的，比如政治、经济、军事、外交、科技、教育、医疗、卫生等。利益获得者可以是个体或群体、商业企业或组织机构，甚至国家。当站在更高层面来界定利益时，无法做到对利益的统一评判，也就难以形成对价值的统一度量，因此价值就具有评判的主观性和多少的相对性，导致不同利益者对价值的理解和期望不一样。对于数据而言，因为它能给不同利益者带来相应价值而一直备受关注，所以在实现数据价值的过程中，不仅推动了数据分析方法与技术的发展，而且建立了丰富多样的应用服务与业务系统。数据的价值大小或者多少具有相对性，通常采用数据的价值密度作为该衡量指标。根据密度的一般计算方法，数据的价值密度定义为有价值的数据量在全体数据总量中的占比，即数据的价值密度=有价值的数据量/全体数据总量。价值密度的相对性的本质体现在对价值的评判上，因为利益者的评判标准不同，所以导出有价值的数据量不同，有的多有的少。从宏观层面来看，大数据具有价值已成广泛共识，由于全领域的大数据总量目前处于ZB(2^{70}B)量级，因此得出“大数据的价值密度低”的结论也就成为必然。如果从某个行业的大数据来论，一是其数据总量规模远不到 ZB 体量，二是有价值的数据量或许很大，因此就某个行业而言，其大数据的价值密度可能不低甚至较高。因此对大数据价值特征的认知，应该与对它的其他特征认知一样必须是宏观的。正因如此，从全体数据中挖掘或者发现有价值的信息就可能异常困难，也可能相对困难。

(2) 从数据集合的技术处理层面，挑战现有系统。首先，处理大规模数据需要巨大算力支持，大规模计算资源组织管理涉及资源的分配、容错、扩展、均衡、协调等一系列问题，这是现有系统或系统架构难以做好的。其次，大规模实时数据计算需要并行分布计算模型和高效算法支撑，实时数据的多模态和多类型化致使现有系统采用的计算方法难以胜任，从大量不相关或者稀疏关联的数据中，挖掘发现事物内在规律或者发展趋势的信息尤为困难。因此，从技术处理层面理解，大数据是现有系统不能处理或不能有效处理的数据集合。

(3) 从数据集合的价值体现层面，需要技术和法律规范支撑。大数据是一种资源，必须对它进行开发利用才能发挥出其自身价值，这就需要有相应的存储、传输、共享、交换、安全等相关技术标准和应用规范。同时，大数据又具有资产属性，它的所有权、使用权和管理权应该受到相应法律的有效保护。因此，从价值体现层面理解，大数据是具备了资源和资产属性的数据集合。

由此可归纳得到，大数据是具有多重属性特征的数据集合，包括数据、技术、资源和资产等属性特征，当然还可以不断延伸其他特征。由此可知，大数据的内涵并非固定不变的，它会由于审视大数据的角度不同而不同，可以从多重属性维度上对其进行表述，更需要从宏观的层面来理解。

1.2.3　大数据技术

在研究和使用数据时，通常要关注数据属性、数据价值及数据技术 3 方面，它们分别回答了数据是什么、有何用及怎么处理的问题。在研究和使用大数据时，依然需要关注这 3 方面，不同之处是大数据的属性更多、价值更突显、处理更复杂。实现大数据价值最终要依赖于系列技术支撑，这涉及存储层、管理层、计算层、分析层、应用层等多方面，这些技术要与其处理的规模、速度和精度等要求相匹配，更需要相适应的数据模型、计算环境、分析算法和应用安全等方面的支持。从数据处理的一般流程要求考虑，大数据技术主要体现在以下几方面。

1. 大数据采集与预处理技术

大数据采集技术非常复杂而且差异性极大。采集形式可以是协作式的或非协作式的，采集途径可以是网络的或非网络的，采集方式可以是主动的或被动的，采集时序可以是连续的或间断的，采集样本可以是明文或密文，等等。目前，主要通过数据传感、网络通信、传感适配和智能识别等技术体系，利用软硬件资源、业务和应用等系统，实现结构化、半结构化和非结构化的数据采集。采集获得的原始数据可能存在不完整或不一致等问题，必须经过数据清洗、集成、变换、归约等预处理后，方可用于数据分析，以提高数据分析与挖掘的质量和效率。数据清洗包括统一格式、清除异常、纠正错误、删除重复等处理。数据集成要求将多个数据源中的数据融合在一起，剔除矛盾和不一致的数据。数据变换是指通过平滑聚集、数据概化、规范化等方式，将数据转换成适于数据分析与挖掘的形式。数据归约则在理解挖掘任务和数据内容的基础上，从数据中寻找并抽取出进一步分析挖掘的有用特征，以缩减数据规模，达到在保持数据原貌的前提下精简数据量的目的。在大数据的采集过程中，面对的主要问题是数据体量庞大、类型多样、并行 I/O 数量多，需要大数据存储与管理平台的支撑。

2. 大数据存储与管理技术

大数据存储和管理技术能够支持扩展性和高效性需要。大数据存储管理的基本要求首先是存储容量的可扩展，要求底层存储架构能够灵活扩展以满足大存储空间需要。目前，集群存储和云存储架构被广泛用于大数据存储。其次是存储空间的扩展要能适应多模态数据，如结构化、半结构化和非结构化数据的管理需要。文件管理系统具有低成本及字节组织方式的特点，可满足任意数据的存储管理需求。本地文件管理系统受限于可管理的存储空间小、数据 I/O 吞吐率低、数据并发操作性差等因素，难以满足大数据存储管理需要。分布式文件管理系统应运而生，它利用网络将数据分布存储于不同节点中，提高了文件存取的效率，可实现对大量数据的快速存取目的，具有高 I/O 吞吐率、高并发性。典型的分布式文件管理系统有 Google 的 GFS 和 Hadoop 的 HDFS 等。关系数据库管理系统(RDBMS)对非结构化数据进行管理时缺乏灵活性，不适用于对大数据管理。可以采用灵活的、分布的、对数据扩展开放的新型数据库管理系统，满足大数据管理和处理需要。新型数据库管理系统主要包括非关系型数据库(如 NoSQL)和可扩展高性能数据库(如 NewSQL)。NoSQL 是与关系型数据库相对的一类数据库管理系统总称，这些数据库管理系统放弃了对关系模型的支持，选择了支持键值对、文档、列族及属性图等数据模型。典型的 NoSQL 数据库管理系统有 HBase、MongoDB、Redis、Cassandra、CouchDB 等。NewSQL 是对各种新的可扩展/高性能数据库的简称，这类数据库不仅具有 NoSQL 对海量数据的存储管理能力，还保持了支持数据库的 ACID 和 SQL 等特性。典型的 NewSQL 数据库管理系统有 Clustrix、MemSQL、NuoDB、Splice Machine、Translattice、VoltDB 等。

3. 大数据计算技术

目前，针对大数据的处理形式主要有批量数据计算、实时数据计算及图数据综合计算。其中，实时数据计算又分为流式数据和交互数据两种计算。这 4 种处理形式的大数据不一定具备完整的大数据特征，但有它各自的计算特点，需要不同计算模型的支持。

(1)批量数据以静态形式存储在硬盘中，很少更新，存储期长，可重复使用。批量数据通常具有这样的特征：体量巨大、精确度高、价值密度低等。大数据的批量处理技术需要解决大规模数据的高效分割与协同计算问题，强调计算大吞吐量，注重数据的完整性和结果的全局准确性。目前，有 MapReduce 和 Spark 等典型的批量计算处理系统。

(2)流式数据是持续产生且难以持久存储的数据序列，不可重复使用。不同场景下的流式数据往往体现出一些不同的特征，比如流速大小、元素特性数量、元素格式等。但大部分流式数据都含有某些共同的特征：数据元素通常带有时间标签或时间属性；数据元素可以是有结构、半结构和无结构的；数据元素是活动的(用完即弃)，随着时间推移会不断增长。大数据的流处理技术需要解决大规模流数据的实时计算与结果的在线输出问题，强调计算时延短，注重数据的持续性和结果的局部准确性。目前，有 SparkStreaming、Storm 和 Flink 等典型的流计算处理系统。

(3)交互数据是用户与系统以请求-应答方式进行交互，能够获得系统及时存储或者使用户立刻获知计算的结果。大数据的交互处理技术需要解决大规模数据的存储结构与并行查询问题，强调快速检索响应，注重数据的一致性和结果的正确性。目前，有 Dremel 和 Drill 等典型的交互计算处理系统。与非交互式数据计算相比，交互式数据计算不仅灵活、直观，而且便于控制。

(4) 图数据是按图结构组织的数据，大规模图中包含的顶点和边的数量可达上亿甚至数百亿之巨。图数据表现出的主要特征是：顶点间的关联复杂，顶点和边实例化构成各种类型的图(比如标签图、属性图、语义图及特征图等)；图数据的种类繁多(比如许多领域中的数据，使用图来表示该邻域关系)，对不同类型图数据的处理要求不同；图数据计算具有强耦合性(比如在一个顶点或一条边上的计算可能涉及大量其他的顶点或边)，难以分割成若干子图进行独立的并行处理。图数据计算是综合性的，可能涉及一系列操作，其中包括图数据的存储、图查询、最短路径查询、关键字查询、图模式挖掘，以及图数据的分类、聚类等。大数据的图处理技术需要解决大规模图数据的有效分割与迭代计算问题，强调计算的全局性，注重数据的完整性和一致性。目前，有 Pregel、Hama 和 GraphLab 等典型的图计算处理系统。

4. 大数据分析与挖掘技术

现有大数据分析与挖掘技术主要是改进已有的数据分析与挖掘技术，在神经网络基础上提出了深度学习、强化学习、迁移学习和注意力机制的大数据分析技术，提出图挖掘、群组挖掘等新型数据挖掘技术，突破以往基于对象的数据连接、相关性连接等大数据融合技术。

数据分析与挖掘涉及的技术方法很多，分类方式也有多种。根据挖掘任务的不同可以分为 3 个层次：统计分析、数据挖掘和模型预测。统计分析包括差异分析、相关分析、回归分析、聚类分析、主成分分析、判别分析等；数据挖掘包括分类、聚类、估计、预测、相关性分组或关联规则等；模型预测包括预测模型、机器学习、建模仿真等。根据挖掘方法的不同可大致粗分为：统计分析、机器学习、神经网络等。统计分析方法包括回归分析、判别分析、聚类分析、探索性分析等；机器学习方法包括归纳学习方法、基于范例学习方法、遗传算法等；神经网络方法可细分为卷积神经网络、前向神经网络、自组织神经网络等。

5. 大数据可视化技术

数据可视化是关于数据视觉表现形式的科学技术，使得人们可以快速认识数据，同时传达数据中的信息。数据可视化包括数据可视化展示技术和数据可视化分析技术，前者可将数据蕴含的信息转换成人可以直观理解和感知的元素，使用户易于理解数据，从而提升对知识的洞察力；后者则帮助用户创建可视化的数据分析模型，利用这些模型发现数据集中存在的模式，从而用于辅助决策支持。

大数据可视化可以理解为数据量更庞大、结构更复杂的数据可视化。大数据可视化所涵盖的技术方法非常广泛，不同类型的数据其可视化的方式差异较大。文本数据可视化包括标签云、语义结构层次图等静态文本可视化技术，以及河流图等动态文本时序信息的可视化技术。关系数据(或网络图)可视化主要采用节点和边的形式。对具有层次特征的图，采用空间填充方法进行可视化。对于大规模网络图数据，可采用图简化法，如基于边捆绑的、基于骨架的、基于层次聚类的图可视化技术，提高可视化效果。对于动态网络的可视化，通常是引入时间轴，将时间属性与图进行融合。对于时空数据可视化技术，为了反映数据对象随时间进展与空间位置所发生的行为变化，通常通过数据对象的属性可视化来展现，如流式地图、时空立方体等方法。多维数据可视化技术，通过对多维属性的可视化，如基于几何图形、基于图标、基于像素、基于层次结构、基于图结构及混合方法，探索多维数据的多维属性项的分布规律和模式，并揭示不同维度属性之间的隐含关系。

6. 大数据安全技术

大数据安全涉及大数据自身安全和大数据助力于信息安全两方面。

大数据自身安全包括以下 4 个层面：

(1) 设备可靠。处理大规模数据涉及众多设备，设备可靠性成为大数据安全的基础问题。

(2) 系统安全。其一是大数据平台或者计算环境非常复杂，存在运行不稳定的风险；其二是大数据分析过程中产生的数据会引起破坏者攻击，因此大数据系统需要完善安全机制。

(3) 数据可信。首先是大数据来源繁杂，对数据的合规性和真实性检查是必要的；其次是大数据挖掘通常需要依赖计算平台的存储和计算能力，这些设施对数据的计算是否被他人操纵而影响数据的可信是需要考虑的因素。

(4) 隐私保护。这是由大数据量大和多源等特征引发的新问题。以往发布数据时只是简单地隐藏部分敏感信息，但大数据出现后，一些较隐秘的信息都有可能被关联挖掘出来，因此需要更为先进、强大的技术手段，能够在不侵犯用户隐私的前提下对大数据进行有效的分析、开放和共享。

由此产生了两方面的大数据安全技术：

(1) 确保大数据自身安全的技术，即大数据安全保障技术，涉及大数据生命周期中的数据产生、存储、处理、价值提取，以及商业应用等环节的数据安全防御和保护技术。

(2) 保护大数据在信息安全领域进行分析和应用，即大数据安全应用技术，涉及安全大数据的搜集、整理、过滤、整合、挖掘、审计、应用等环节的关键技术。

大数据安全保障技术在大数据采集、存储、挖掘和发布等 4 个环节中涉及的具体技术和要求不同。数据采集环节主要是数据汇聚过程中的机密性和可用性，提供隐私保护；对于存储环节，需要保障在数据存储过程中遭遇突发事件、意外事件及异常事件时，数据不丢失、不毁坏、不出错；数据挖掘环节需要认证挖掘者的身份，严格控制挖掘的操作权限，防止机密信息的泄密；数据发布环节需要进行安全审计，确保可对机密泄露进行数据溯源。大数据安全应用技术涉及大数据在安全检测、数据挖掘、网络感知、视频监控等方面的应用技术，具体包括安全检测与大数据整合技术、面向安全大数据的挖掘技术、基于大数据的网络态势感知技术、视频监控数据的挖掘技术等。

1.3 大数据表达

研究和应用大数据的根本目的就是希望通过对大数据进行汇聚共享，挖掘、发现有价值的信息和知识，进而理解和洞察事物并对事物进行有效的干预或控制。大数据是一个分布的、有差异的数据集合，其中的个体数据在编码、模态、类型、质量、关联等诸多特性上存在差异，大数据的处理和应用与这些特性密切相关。因此，在对大数据进行抽取融合、存储管理与计算分析时，首先需要掌握大数据的这些特性，而且能够以某种恰当的形式来描述这些特性。其次是大数据中不仅蕴含了大量有价值的信息，而且在信息之间还形成巨大的关联性，这些关联的信息呈现出丰富的显性或隐性知识。由此可见，大数据不仅涉及编码、模态和信息 3 个基本层面，知识层面更加突显，知识的表达、发现和运用就成为研究应用大数据的一项重要任务，知识的表达则成为运用大数据进行推理分析的基础。最后是释放出的大数据价值要以最快捷的方式传递给人的认知系统，并以最直接的形式被人感知其指代的含义，释放出的价值则是对大数据分析结果的有效利用。总的来讲，大数据表达就是对大数据的诸多特性(即大数据属性或者特征)、信息关联模式(即知识表示形式)及价值释放(即认知结果的直观感知)进行某种统一描述或者表示，一般将它们称为大数据内容表达、知识表达和结果表达。

1) 大数据内容表达

大数据分布在各类网络、各种设备、异构系统和不同终端之中，这些实体按各自的要求产生出不同类型、不同结构、不同内容的数据，当对大数据进行汇聚共享时，需要解决不同使用者对大数据的一致理解问题。首先要为大数据的各类属性建立统一描述形式，有效实现大数据的一体化存储管理，识别、评价和追踪数据的变化，还需要对大数据诸多属性进行各种声明或注释，比如编码、组成、特征、位置等。其次是大数据的价值程度不仅与其类型和内容相关，而且与其来源密切相关，对来源的声明或注释也是不可或缺的。同时大数据的汇聚会受到数据采集的技术、方式、手段、途径等因素的制约，获取的数据可能存在错误、缺失、冲突、不一致、明密文等现象，这会影响数据的准确性、可信度和可用性。因此对大数据的编码、组成、特征、位置、来源、途径、标签、划分、质量等属性进行注释或声明是非常必要的，这些都是大数据处理过程中的自身内容表达。大数据的自身内容表达需要有描述性声明，这种声明便于对数据的共享、处理和使用，而元数据可以成为表达大数据各种属性的一种有效形式，即用元数据来描述或声明大数据的各类属性。

2) 大数据知识表达

人类把认知世界的看法和改造世界的经验抽象成知识，并利用人类创造的符号且通过某种形式表示出来。如果将人类的符号以链接形式表示的知识转换成机器可理解的数据模型表示的知识，那么实现机器模拟人类的推理有望成为可能。大数据是万物及其相互关系在数据网络的一种投射，它把反映事物本质的特性和相互联系信息汇聚在一起。如果将这些汇聚的信息按照某种样式合理地组织在一起，那么大数据就可为人们提供一种从信息“关系”的角度去推理、分析问题的新途径。运用大数据进行推理分析，需要获得相关知识的支持，其前提是要发现知识。所谓知识，可简单理解为将某些关联信息组织在一起，它需要解决的是信息有效关联的样式问题。发现知识是指从数据中识别并搜索出正确的(即对的)、有效的(在时间内)、有价值的(有用的)且可以理解的信息模式的过程，从挖掘底层数据的信息到信息关联成知识是一个逐步的过程。大数据的知识表达需要有一种数据模型，它从数据语义上来描述信息的关联性，便于机器推理。知识图谱是目前大数据知识表达的一种方式，即用图结构和图数据来组织与描述实体和概念间内在蕴含的语义及其语义关系。

3) 大数据结果表达

运用大数据，必须让使用者能够透彻理解大数据中蕴含的信息或知识。这种理解包括两层含义，一是大数据分析过程的可解释性，二是大数据分析结果的可解释性。大数据分析过程的可解释性泛指分析过程中的每一个步骤都可逻辑理解且通常被转义成视觉器官可感知的表示形式，用户通过这种表示形式能够对分析过程进行参与或者干预。可视化分析是数据分析过程可解释的典型形式，它能够向用户呈现数据是如何一步一步被处理的，可为用户提供重复不同假设、不同算法、不同参数、不同数据源等状况下获得的分析结果。通过可视化方法为用户呈现数据分析过程，辅助用户以交互方式直接参与数据分析过程、调整分析参数、优化计算环境和配置计算资源等。这种方法能够让用户了解数据的来源、追踪数据的流向、监控分析的执行过程、观测结果产生的步骤，帮助用户更好地提升分析结果的可靠性和可用性。

如果仅对大数据分析过程满足于可解释性而无法让用户理解和解读分析的结果，那么大数据的价值体现和作用发挥的效果会受限。类似地，数据分析结果的可解释性是指结果可逻辑理解且通常被转义成视觉器官可感知的表示形式，简单来说就是将结果释义成可被人的视觉理解的表示形式，即可视化形式，比如用各种视觉感官符号直接展现结果。如果通过可视化方法可将大数据在不同空间或者维度上的含义转换成人可以直观感受或者接受的视觉元素，那么用户就能立刻对分析结果有一种直观形象的理解，从而更好地获得大数据背后的价值，有助于用户更好地运用分析结果进行判断和决策。

大数据分析结果本身是蕴含有某种价值的数据，这些数据承载的或许是不同空间或维度上的信息。由于人类对色彩、形状和条纹等视觉感知能力更强，当把数据传递出来的信息转化为人可感知的图形符号、颜色纹理等视觉元素时，用户就可直接从这些视觉元素中捕获到相应信息。这就是在大数据结果的呈现层面去表达大数据，即用可视化来将信息转换成人可以直观理解和感知的元素。

1.4 大数据面临的挑战

当下，尽管大数据受到高度关注，但大数据从底层的处理系统到高层的分析手段都存在许多问题，也面临一系列挑战。这其中有些是大数据自身特征导致的，有些则是当前大数据分析模型与方法引起的，还有些是大数据处理系统所隐含的。本节对这些问题与挑战进行简要梳理。

1.4.1 数据复杂性带来的挑战

大数据的涌现使人们在处理计算问题时可以获得前所未有的大规模样本，但同时也不得不面对更加复杂的数据对象。正如前面所述，其典型特性就是类型和模式多样、关联层次繁杂、质量良莠不齐。大数据内在复杂性，比如其类型、结构和模式的复杂性，使得大数据的感知、表达、理解和计算等多个环节面临着巨大的挑战，不仅导致全量式数据计算模式下时空维度上的计算复杂度激增，而且使数据分析与挖掘任务，比如检索、主题发现、语义和情感分析等，变得异常困难。目前，人们对大数据复杂性的内在机理及其背后的物理意义缺乏透彻理解，对大数据的分布与协作关联等规律认识不足，加上缺少面向领域的大数据处理知识，这些都极大地制约了人们对大数据高效计算模型和方法的设计能力。

因此，如何形式化或定量化地描述大数据复杂性的本质特征及其外在度量指标，进而研究数据复杂性的内在机理是根本问题。对大数据复杂性规律的研究，有助于理解大数据复杂模式的本质特征和生成机理，简化大数据的表征，获取更好的知识抽象，指导大数据计算模型和算法的设计。为此，需要建立多模态关联下的数据分布理论和模型，厘清数据复杂度和时空计算复杂度之间的内在联系。通过对数据复杂性内在机理的建模和解析，阐明大数据按需约简、降低复杂度的原理与机制，使这样的原理与机制成为大数据计算的理论基石。

1.4.2 计算复杂性带来的挑战

大数据多源异构、规模巨大、快速多变等特性，使得传统的机器学习、信息检索、数据挖掘等计算方法不能有效支持大数据的处理、分析和计算。特别地，大数据计算不能像小样本数据集那样依赖于对全局数据的统计分析和迭代计算，需要突破传统计算对数据的独立同分布和采样充分性的假设。在求解大数据的问题时，需要重新审视和研究它的可计算性、计算复杂性和求解算法。因此，研究面向大数据的新型高效计算范式，改变人们对数据计算的本质看法，提供处理和分析大数据的基本方法，支持价值驱动的特定领域应用，是大数据计算的核心问题。而大数据样本量充分，内在关联关系密切而复杂，价值密度分布极不均衡，这些特征对研究大数据的可计算性及建立新型计算范式提供了机遇，同时也提出了挑战。

因此，需要着眼于大数据的全生命周期，基于大数据复杂性的基本特征及其量化指标，研究大数据下以数据为中心的计算模式，突破数据围绕机器式计算，构建以数据为中心的推送式计算模式，探索弱 CAP(Consistency + Availability + Partition Tolerance，一致性+可用性+分压容忍性)约束的系统架构模型及其代数计算理论，研究分布化、流式计算算法，形成通信、存储、计算融合优化的大数据计算框架；研究适应大数据的非确定性算法理论，突破传统统计学中的独立同分布假设；也需要探索从足够多的数据，到刚刚好的数据，再到有价值的数据的按需约简方法，研究基于自举和采样的局部计算和近似方法，提出不依赖于全量数据的新型算法理论基础。

1.4.3 系统复杂性带来的挑战

不同类型与应用的大数据处理系统是支持大数据科学研究的基础平台。对于规模巨大、结构复杂、价值稀疏的大数据，其处理面临着计算复杂度高、任务周期长、实时性要求强等难题。大数据及其处理的这些难点不仅对大数据处理的系统架构、计算框架、处理方法提出了新的挑战，更对大数据处理系统的运行效率及单位能耗提出了苛刻要求，大数据处理系统必须具备高效能特点。对于以高效能为目标的大数据处理的系统架构、计算框架、处理方法和测试基准等设计研究，其研究基础是大数据处理系统的效能评价与优化问题。这些问题的解决可奠定大数据处理系统设计、实现、测试与优化的基本准则，它也是构建能效优化的分布式存储和处理的硬件及软件系统架构的重要依据和基础，因此是大数据分析处理所必须解决的关键问题。

研究大数据处理系统的效能评价与优化问题具有极大的挑战性，解决这些问题，不仅要厘清大数据的复杂性、可计算性与系统处理效率和能耗间的关系，还需要综合度量系统的吞吐率、并行处理能力、作业计算精度和作业单位能耗等多种效能因素，更涉及实际负载情况及资源分散重复情况的考虑。因此，为了解决系统复杂性带来的挑战，人们需要结合大数据的价值稀疏性和访问弱局部性的特点，针对能效优化的大数据分布存储和处理的系统架构，以大数据感知、存储与计算融合为大数据的计算准则，在性能评价体系、分布式系统架构、流式数据计算框架、在线数据处理方法等方面展开基础性研究，并对作为重要验证工具的基准测试程序及系统性能预测方法进行研究，通过设计、实现与验证的迭代完善，最终实现大数据计算系统的数据获取高吞吐、数据存储低能耗和数据计算高效率的目标。

思 考 题

1．可以从哪几个层面来理解数据？每个层面含义是什么？每个层面需要解决的问题是什么？

2．简述大数据产生的原因有哪些，以及如何理解大数据的概念。

3．为什么要对大数据进行表达？如何表达？

4．大数据带来多方面的挑战，试说明包括哪些挑战。

第2章　大数据表达方法

为使大数据的生产者、管理者和使用者，在对其进行识别理解、共享交换、存储管理及计算分析时不会出现歧义或者产生错误等，对大数据作出适当的声明(Declare)或者说明(Specification)、制作一些必要的标记(Markup)或者标签(Label)十分必要。这些声明或者标记可以表达大数据在各种处理中所需的内容，不仅涉及数据的编码、组成和信息等方面，还包含数据的存储管理要求、来源渠道、质量状态等特征内容。除此以外，还需要为大数据蕴含的知识建立相应的数据模型，以适应知识推理需要，同时还需要将从数据获得的各类结果，包括信息和知识，用易于人理解的方式直观表达出来，指导用户行动，辅助用户决策。由此可知，大数据表达可分为内容表达、知识表达和结果表达3个层面。本章仅围绕前两个层面讨论其表达方法，即元数据和知识图谱。

2.1　元　数　据

在讨论大数据内容表达之前，首先要理解何为数据内容表达，其次是怎样对数据内容进行表达。数据内容泛指需要描述的数据属性或者特征而并非数据本身，需要描述的数据内容包括两部分：一是声明数据有哪些具体属性或特征，二是声明这些属性或特征的表示形式。数据内容涉及数据的来源、结构、安全、质量、管理及技术等诸多方面的属性或者特征。例如，网络文件是一类数据，为了标记其出处则需要对其来源内容进行描述。假设网络文件的来源内容包括获取网络文件的地址、技术和时间3个属性，那么就可用这3个属性来标识网络文件的出处。在对网络文件的来源内容的3个属性进行声明之后，还必须对这3个属性的标识要求或标准进行声明，即对表示形式进行声明，随后则可用www.zyx.com、网页爬虫、2019.1.12这样3个特定形式值来表示一个网络文件的具体出处，如图2-1所示。比如，表格是一类数据，为了说明其组成关系则需要对其结构内容进行描述。假设某个表格的结构内容包含：姓名、年龄、职业和薪水4个属性，每个属性涉及类型、标识和大小3个特征。在对其结构内容的4个属性声明之后，还必须对这些属性的3个特征的表示形式进行声明，随后则可用某种语言，比如C语言的结构，将这4个属性及其特征表示为Char name[10]、Int age、Char career[20]和Float salary的特定形式。第1个属性中，Char表示类型、name表示标识，[10] 表示大小；第2个属性中，Int表示类型、age表示标识，大小(即4字节)隐含在类型中。这两个实例的数据内容与数据间的关系如图2-1所示。数据内容实际上就是对数据进行的具体描述，有了数据内容就很容易解决对数据的共同理解、解释和引用问题。

数据来源内容被声明和表示后，就可以用其追溯数据的原发地或者评价数据的有效性；数据结构内容被声明和表示后，就可以用其理解数据组成关系，解释数据含义。通过数据内容表达，数据生产者、管理者和使用者在产生、存储、管理、计算、分析和应用数据的一系列过程中，可达成对数据的共同理解、解释和引用。现实中，各种不同数据服务或者数据处理时或许还需要得到其他数据内容表达支持，比如通过声明和表示数据安全内容来约束数据访问，数据安全内容通常包括数据的访问权限、访问策略、访问认证方式等属性。又比如通过声明和表示数据管理内容来提供数据操作参数，数据管理内容一般涉及数据的大小、创建时间、创建者、存储位置等属性。在有些文献中，数据内容被看成在建立业务应用、技术支撑和访问服务等过程中，对数据相关属性或者特征进行的声明和表示。无论哪种定义，数据内容表达其实就是通过声明和表示“一组相关属性或者特征”来达到描述数据的目的，大数据内容表达也是如此。为实现数据内容表达，如何将数据内容表达出来呢？现实应用中，就是将数据内容表达成元数据，即通过定义和生成元数据来完成和实现数据内容的声明和表示。对于上述两个实例，将数据内容表达成元数据，其关系如图 2-2 所示。有了元数据的概念就可以非常方便地表达出大数据内容。下面就对元数据进行详细讨论。

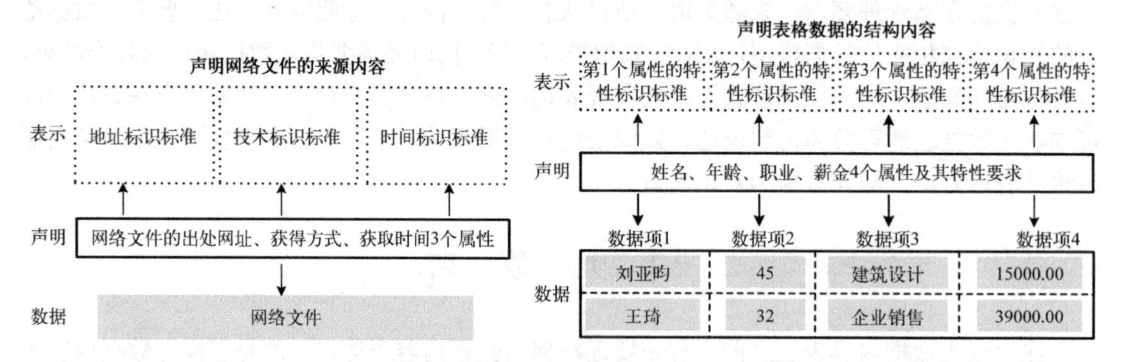

图 2-1　数据内容与数据间的关系

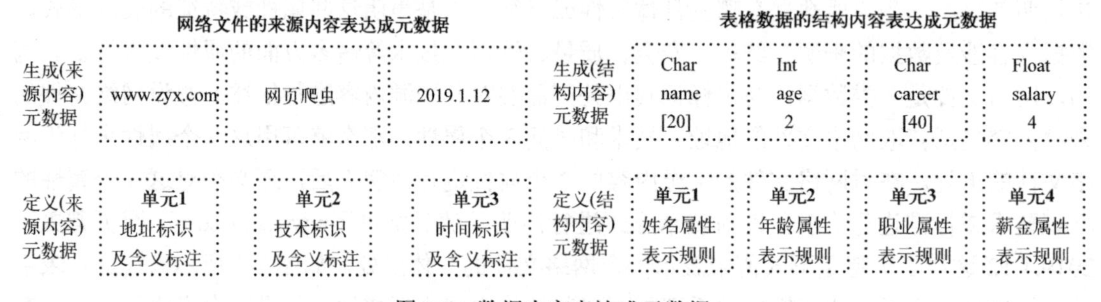

图 2-2　数据内容表达成元数据

2.1.1　元数据形成

元数据(Matedata)并非新概念，其雏形始于图书管理。在早期的图书管理中，管理员需要为每本图书建立一张对应的图书卡片，图书卡片内容通常包含图书的类别、书名、作者、出版商、出版日期、价格、印数、字数及图书在馆藏中的位置等属性。根据图书卡片内容，在空白卡片上进行一次赋值就制作出了一张图书卡片，比如在空白卡片上填写“计算机”、“数据库原理”、“王大刚”、“鸿商出版社”、“2016.11”、32 元、6000、44 万、1201 等信息后，就完成了一张图书卡片的制作，这样一张图书卡片就描述了某本图书。图 2-3 示意了图书卡片内容，以及图书卡片与图书之间对应关系，图书卡片用于对图书进行快速归档和检索。

图书卡片内容	类别	书名	作者	出版商	出版日期	价格	印数	字数	位置	
图书卡片$_1$	计算机	数据库原理	王大刚	鸿商出版社	2006.11	32.00	6000	44万	1201	图书$_1$
图书卡片$_2$	历史	大清简史	李前宽	青苗出版社	2013.08	27.00	15000	5.2万	4031	图书$_2$

图 2-3　图书卡片内容及图书卡片与图书之间对应关系

在电子化图书管理系统中，图书卡片转换成了数字图书卡。数字图书卡是用于描述图书的一种数据，称为元数据。相应地，图书卡片内容即可对应为数字图书卡内容，它是表示和建立数字图书卡的规范，称为元数据内容。当图书管理系统为每一本图书都建立了对应的数字图书卡(即元数据)时，系统就可利用这些元数据来构建一张图书检索表，并通过该表提供图书的归档和检索服务。用户通过图书管理系统查询图书检索表中的元数据，便可从藏有大量书籍的图书馆中快速准确地找到所需图书。

元数据的应用远不止图书管理，人们熟知的图书正文目录(简称正文目录)就是图书卡片思路的一种典型应用实例。为了读者阅读的便利性，作者为其图书编制相应的正文目录，内容通常包括章节编号、章节标题、章节在正文中的页码等属性。对正文目录内容进行一次赋值就形成了一个正文目录项，比如在填写了“第 2 章”、“从 Hadoop 到 Spark”、第 10 页等信息后就完成了一个正文目录项，它对应描述了图书正文中的第 2 章。类似地，可对这章中的节及图书其他章或节都分别建立相应的正文目录项。每一个正文目录项描述了图书的一章或一节正文，把所有正文目录项组成一个完整的正文目录，读者即可根据正文目录中的目录项快速地从图书正文中准确地找到所需章或节所在位置。正文目录内容、正文目录项与图书正文之间对应关系如图 2-4 所示。当图书被数字化后，正文目录项就是元数据，正文目录内容即为元数据内容，正文目录就成了由元数据构成的一张检索表或索引表。在电子图书中，读者就可根据检索表或索引表中的元数据快速地从图书正文中准确地找到所需章或节所在位置。

正文目录内容	章节编号	章节标题	章节页码	图书正文
正文目录项$_1$	第2章	从Hadoop到Spark	10	正文$_1$
正文目录项$_2$	2.1	Hadoop的由来与发展	11	正文$_2$
正文目录项$_3$	2.2	Hadoop的局限性	15	正文$_3$

图 2-4　正文目录内容、正文目录项与图书正文对应关系

通过上述两个例子可知，元数据本质上是数据，对元数据内容也要进行描述。将元数据与数据对比来看，元数据内容类似于数据内容表达中的声明部分，元数据类似于数据内容表达中的表示部分，因此用“元数据内容+元数据”即可表达数据内容。而且，图书卡片内容独立于图书卡片之外，并可用自然语言形式来声明，图书卡片用自然语言形式表示于特定介质之上。同理，正文目录内容和正文目录项也是如此。由此引出的问题是：元数据内容在哪里并用何种形式声明？元数据在哪里并用何种形式表示？比如，数字图书卡内容(即元数据内容)和数字图书卡(即元数据)在哪里？又是怎样声明和表示的？

元数据最初的作用是从被管理对象中快速检索所需的对象，其机制是为被管理对象建立索引，核心是快速定位。在图书馆中，图书是被管理的对象，应该为图书建立元数据(即图书

卡片）并由此构建图书检索表或索引表。对于图书而言，每章和每节是被管理的对象，应该为每章和每节建立元数据（即正文目录项）并由此构建图书正文检索表或索引表（即正文目录）。元数据不仅用于对象的管理，如果在对象上实施其他处理时，也可以通过建立元数据以获得支持。显然，元数据的作用是多样的，当把元数据机理推广到描述任意对象时，元数据的应用就非常广泛，作用也非常多样，这也导致了元数据难于形成统一标准。

1995 年，在美国俄亥俄州的都柏林（Dublin）市召开了第一次都柏林核（Dublin Core）会议，来自图书馆、计算机及有关领域的专家达成一致意见，创建了只包含能够描述电子文献基本特征的"都柏林核"，并明确了元素的描述语义。Dublin Core 是 Dublin Metadata Core ElementSet（都柏林元数据核元素集）的简写，它是一个由 15 个 Metadata 标记元素组成的 Metadata 系统。其主要目的是组织和表示网络信息资源（包括文本、图像、视频等数据），用它来描述网页的基本情况（仅对网页资源的描述），使用了 15 个 Metadata 标记元素。

随着都柏林核的建立，图书管理系统有了自己元数据标准，元数据便开始出现并运用于信息检索领域。网络及其应用的迅猛发展，形成了非常广泛且极为丰富的网络资源，这些资源涉及计算、存储、数据及软件等多种类型。网络资源的提供者、管理者和使用者，无论是在对其进行组织、交换和发布时，还是在对其进行访问、分析与应用时，对这些资源的描述是不可或缺的。因此，元数据在网络资源描述方面得到了更为广泛的应用，用元数据描述"计算资源"、"存储资源"、"数据资源"和"软件资源"等方面有很多实例。与此同时，元数据的作用也开始拓展成围绕数据处理的一切活动，比如数据采集、存储、管理、计算、分析、应用等。在信息处理过程中，元数据的应用非常普遍。

2.1.2　元数据概念

在计算机技术领域，"程序代码"、"数据资源"与"数据类型"等都可看成对象，在这些对象上存在不同的处理要求，也因此需要利用各种元数据来描述它们。例如，文件管理系统就是利用元数据来管理文件的典型应用。文件是一种数据，它是被管理的对象，无论本地还是分布式文件管理系统，都采用元数据来描述文件。文件管理系统在其内部用特定形式预定义了文件描述块内容（文件描述块内容即为元数据内容），文件描述块内容包含文件的名称、大小、创建日期、类型、拥有者、位置等属性。当用户创建一个文件时，文件管理系统就自动为该文件创建一个文件描述块，并对其进行赋值且存于目录中（文件描述块即为元数据）。比如，对一个文件描述块赋值为："毕业论文"、400M、2022.6、docx、"王磊"、1201。文件描述块所描述的对象是文件，并用文件描述块来管理文件，因此也将文件描述块称为文件元数据或者管理元数据。文件管理系统把若干个文件元数据组织在一起构成了文件目录（简称目录），文件元数据则称为目录项，文件元数据内容则为目录内容。目录内容、目录项与文件之间对应关系示例如图 2-5 所示。目录内容是文件管理系统在其内部用特定形式声明的，目录项由文件管理系统创建并赋值存于目录中，由此可知，元数据内容声明形式和元数据表示形式不同，它们的存储地点或场所也可以不同。

当用户访问某个文件时，先通过文件管理系统从目录中快速准确地找到这个文件元数据，即文件描述块或目录项，然后根据文件元数据中的位置值来定位该文件在磁盘中的存储点，从而对文件进行数据读写操作。在文件管理系统中，目录项是文件元数据，用于描述文件的管理属性，其作用是便于文件归档和检索。

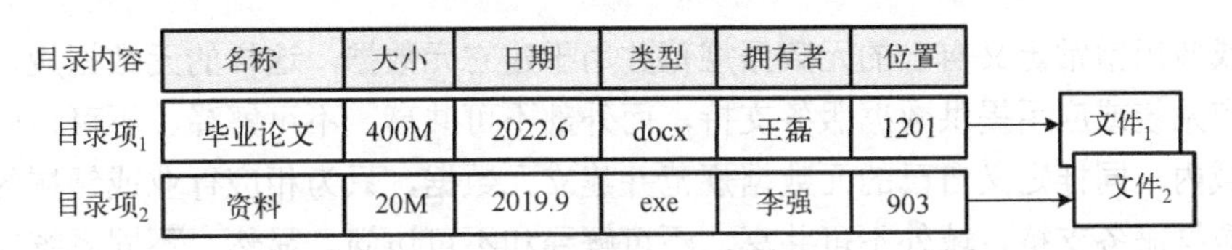

图 2-5 目录内容、目录项与文件之间对应关系

类似地，在关系数据库管理系统中，表、索引、函数、触发器等都是被管理的对象，它们都采用元数据来描述。这些对象的元数据可用数据定义语言(Date Define Language，DDL)语句来生成特定的格式表示并存于数据字典中，不同类型对象的元数据内容不同，它们在系统内部已用特殊形式声明，比如，表(也称为关系)的元数据内容涉及数据项的类型、标识、大小、约束等特性。例如，建立一个含有标识、名称、年龄、性别、电话号码 5 个数据项的学生表，用户可使用 DDL 的 CREATE TABLE student(User_Id Number(18) PRIMARY KEY,Name VAR Char2(10) not null,Age Number(2) CHECK(Age between 16 and 35),Sex VAR Char2(2) Defaule“男”, Phone_Number VAR Char2(11) null) 语句，来生成特定格式表示的元数据并存于数据字典中。用户访问 student 表时，则必须按照数据字典中记录的元数据来装载、解析和使用该表中数据。同理，索引、函数、触发器的元数据都用 DDL 语言来表示和建立并存于数据字典中。在关系数据库管理系统中，这类元数据用于描述对象的组成结构，其作用是便于解析这些对象，被称为结构元数据。同时，这类元数据还可用于检索这些对象，因此它又具备了管理元数据的作用。

通过元数据形成过程和实例介绍，对元数据内涵和作用有了一个基本的了解。目前，关于元数据概念有以下几种表述：“元数据是关于数据的数据”“元数据是描述数据的数据”“元数据是与数据有关的数据”，等等。其中“元数据是描述数据的数据”是被广泛认同的一种定义或者说是被普遍接受的表述。在分析元数据形成及实例中可归纳得出，元数据有 3 个基本要素：一是明确描述对象并为其定位相应的功能作用，即声明对谁进行描述、有何用途；二是确定需要声明什么，即声明要描述对象的哪些属性或特性；三是确定表示形式，即用什么方式来表示元数据。在这 3 个要素中，第 1 个是建立元数据的前提，第 2 个是建立元数据的基础，第 3 个是建立元数据的核心。

在实际应用中，数据的挖掘利用价值极高而备受关注，由于它是一种共享方式多样、使用规则复杂的资源，因此需要更加突出针对数据资源的描述要求。大数据更是如此，利用元数据描述大数据这也是必然的选择。元数据的本质作用是为数据服务，它围绕数据生命周期中各种各样的活动而建立。因此，元数据针对什么数据，就服务于何种功能，针对性强且作用明显。

根据定义可知，元数据也是数据，它同样需要体现其编码、模态和信息等特性。元数据如同数据一样都是二进制编码，同样具备有模式、半模式或无模式 3 种模态，且蕴含丰富的语义信息。当下元数据的组织方式既无统一标准也无指导性规范，现实中的元数据大多数采用了结构化(即有模式的)组织方式，这不仅易于元数据的存储管理和解析，还有利于元数据的分析应用。元数据内容用于描述元数据自身的组成关系，因此在有些文献或者应用中，把元数据内容、元数据模式或元数据结构等同看待，它们具有相同内涵。

在数据产生、采集、存储、管理、计算、分析和应用等各环节中，由于对数据使用要求不同而导致需要关注的数据属性或特性也不相同，这就形成了不同要求下的元数据。因此，不同系统或应用常常定义自己的元数据规范并用于建立元数据，这样的元数据规范及其元数据只为相应系统或应用提供数据服务支持，而外部不可共享、不可解释、不可访问。在各行业或各领域内，同样定义自己的元数据规范并建立元数据，只为相应行业或领域的内系统及应用提供数据服务支持，域外不可共享、不可解释和不可访问。显然，不同系统或应用、不同行业或领域所需的元数据规范和元数据不尽相同。目前尚未建立统一的元数据体系，也没有统一的元数据描述方法、元数据定义语言和元数据解析方法等。

2.1.3 元数据体系

元数据体系是多层次的，包括元数据内容、语法和语义的定义。不同类型资源有不同元数据标准(Metadata Standards)，建立元数据标准应该遵循元数据体系规范。

1. 元数据内容

元数据内容用于建立和解析元数据，是确定元数据表示形式的基础，它有自己的要素和声明形式。有了元数据内容，才能达成用元数据描述数据的目的，发挥出元数据刻画和解析数据的功能。不同数据处理需要不同类型的元数据支持。建立元数据内容时必须考虑以下3个因素：

(1)元数据可以通过类别来划分。不同划分方法得到的类别不同，比如可将其分为来源性、结构性、管理性、技术性等元数据。来源性元数据用于溯源数据，描述数据生成或产生地；结构性元数据用于定义数据，描述数据组成；管理性元数据用于访问数据，描述数据访问参数；技术性元数据用于技术处理，描述数据技术要求，比如数据处理系统或者算法对输入数据、中间数据及输出数据都有相应要求。

(2)元数据选取规则，即选取元数据需要满足一定的约束条件，以此确立最终应该包含哪些元数据。

(3)不同领域和行业的元数据不同，跨域和跨行业的元数据需要进行重新定义和描述。不同领域元数据，其定义和描述方法及解析工具存在很大差异，使得元数据在存储、交换和应用时会造成理解不一致的情况，所以对元数据的语法和语义必须进行统一规范。

2. 元数据语法

元数据内容规定元数据构成，即元数据是在元数据内容约束下取值。元数据语法泛指对元数据内容做出的规定，通常需要确定以下几方面：

(1)元数据的分区、分段组织，即一个元数据包括哪些要素。比如，元数据要素包括元数据的类别、名称、类型和大小等。

(2)元数据结构定义方法，即元数据要素的组织形式，通常用结构化方式进行组织，比如可采用XML(Extensible Markup Language)中的结构、SGML(Standard Generalized Markup Language)中的结构等形式来组织元数据要素。SGML是一种元语言(Meta-language)，它是1986年国际标准化组织(ISO)所制定的8879标准。

(3)元数据语法描述方式，即元数据的表示规范，比如，用语法图和EBNF范式等方式来描述元数据的语法。

(4)元数据描述语言，即选用一种可实现的语言来描述或定义元数据，比如，采用程序设计语言、RDF(Resource Description Framework)、XML、SGML 等语言来描述或定义元数据。

3. 元数据语义

元数据语义泛指对元数据内容规定下的值的定义、取值约束、取值含义等进行规范，即元数据规定的数据取值规范(值的格式、值的约束、值的范围)。这些规范有的采用了特定标准，比如日期采用 ISO 8601 标准(即月/日/年)、数据格式采用 MIME、网络数据资源采用 URL 等；有的采用单位自行定义的规范，比如“机构名称”“单位名称”“团体名称”的值格式和范围由单位自行确定；而有些元数据在其语法结构中就定义了语义，比如“年龄”在给出其语法结构时就确定其取值规范为正整数且小于 110。

显然，用元数据对数据描述后，数据含义就非常清晰，即数据具有了特定含义。数据的使用和交换是通过解析数据以获得含义，数据语义通过元数据体现，比如元数据试图表达出数据是什么、彼此有什么关系等。语义是对数据的解释，而语法则是对数据组织规则和结构关系的定义。数据往往是通过模式来进行组织的，数据访问也是通过作用于模式来获得的，语义就是指模式元素的含义，例如类、属性、约束等都是模式元素，语法则是模式元素的结构。元数据体系规范就是要统一元数据的模式、语法和语义等规范。不同行业或不同的领域对元数据作了相应规范，它们采用了某些通用标准或实践标准，这些标准尽可能保留。

关于元数据内容、元数据语法和语义的理解，来看一个例子。

例如，有一批话音数据被保存在不同的文件中，如果需要这些话音数据的来源(即建立话音数据的来源元数据)，则可为这些话音数据声明元数据内容。假设该元数据内容包括主叫号、被叫号、通话时长、获取时间、基站号、接收设备号几个属性，如果对这些属性取值类型和取值范围等进行形式规定，这就是元数据的语法；如果进一步对每个属性下的取值进行约束，比如 10≤接收设备号≤1000，这就是元数据的语义。按照元数据内容、语义和语法规定，生成第 1 个话音数据的元数据为 135xx673241、138xx691161、40、2022.3.12、1103、412，第 2 个话音数据的元数据为 139xx891534、132xx726944、27、2022.3.4、1121、903。元数据内容、元数据、话音数据三者间的关系如图 2-6 所示。

元数据内容	主叫号	被叫号	通话时长	获取时间	基站号	接收设备号	话音数据
元数据	135xx673241	138xx691161	40	2022.3.12	1103	412	1.dat
元数据	139xx891534	132xx726944	27	2022.3.4	1121	903	2.dat

图 2-6　元数据内容、元数据和话音数据之间的关系

确定了元数据内容后，就可以选择一种元数据描述语言来建立和解析元数据。有了元数据就可以解析数据或从原始数据中提取或抽取所需数据，实现数据的存储、管理、交换和使用等。在现实应用中，元数据与数据的创建者和使用者可相同也可不同，数据与元数据可以存储在一起也可以分开存储。元数据体系除了包括内容、语法和语义的定义之外，还应包括元数据协议。元数据协议是指在元数据的发布者、管理者和使用者之间建立的一套词汇并定义词汇语义，以实现元数据的访问，解决元数据的模式互操作、句法互操作和语义互操作的问题。

2.2　大数据的元数据

大数据是一个分布的、有差异的数据集合，产生于不同网络，来源于各类实体。大数据表现出的类型各异、模式多样、关联复杂、明密共存、质量参差、真假难辨、价值多寡等情况非常突出，导致大数据共享交换难、有效处理难、价值挖掘难。引发这些问题的重要因素之一就是缺少大数据的元数据支持，也缺乏相应元数据服务。大数据的“初始”元数据是欠缺或不兼容的，不同行业或领域或许为自己的数据制定了相应元数据标准，这些标准局限于行业或领域内部，要么不对外开放，要么标准互不兼容，要么元数据描述方式和描述语言不同；从属于不同行业或领域的各类业务和应用系统的元数据，要么不完整，要么内嵌于系统内而不独立，要么无访问通道等。依靠那些“初始”元数据，难于理解和识别大数据，也难于支撑大数据的各种处理。因此，构建大数据的元数据标准并创建大数据的元数据是大数据体系中的首要任务。

2.2.1　大数据的元数据标准

在讨论大数据的元数据标准之前，先简要说明大数据体系下若干相关标准，主要包括数据处理标准、数据安全标准、数据质量标准、应用和服务类标准等。

(1) 数据处理标准包含数据的整理、分析和访问 3 种类型标准。数据整理标准针对数据采集汇聚后的初步处理方式和方法，包括数据表示、数据注册和数据清理。数据分析标准针对数据分析的性能、功能等要求进行规范。数据访问标准是通过标准化接口和共享方式，使数据能够被广泛使用。

(2) 数据安全标准主要包括通用安全要求和隐私保护。

(3) 数据质量标准针对数据在产生、存储、交换和使用过程中的质量指标，主要包括数据质量评价和数据溯源等。

(4) 应用和服务类标准针对数据所能提供的应用和服务，从技术、功能、开发、维护和管理等方面进行规范，主要包括开放数据集、数据服务平台和领域应用数据 3 类标准。开放数据集标准针对数据的内容和格式等进行规范；数据服务平台标准是针对平台的功能性、维护性和管理性提出的标准；领域应用数据标准是针对领域特性所产生的专用数据标准。

大数据处理流程包括采集、清洗 (预处理)、存储、管理、计算、分析、应用、服务等步骤。其中，采集和清洗是前提，保障大数据的有效和可靠；存储和管理是基础，支撑大数据共享和交换；计算和分析是关键，强调大数据的时效和可用；应用和服务是核心，注重大数据的作用和价值。在这一系列处理步骤中，必须要清楚数据类型以达成对数据编码的理解、识别和解析，同时还要知道数据组成以达成对数据模态的理解、识别和解析。除此以外，还要关注大数据从哪里来、质量如何、怎样管理、存于何处、何人能用、有何特征、如何使用等外部属性或外在特性。这些内容是大数据处理各环节需要得到的必要支持，因此在大数据体系中，一项重要任务就是按照元数据体系要求为不同类 (例如可以按模态分类) 的数据构建元数据标准，根据元数据标准抽取/提取、生成/创建各类元数据，为数据处理提供元数据服务，实现大数据的价值。

大数据覆盖了各种行业与领域的应用和系统，来源广、类别多、模式杂、服务宽。可按以下原则建立不同类别元数据标准。

(1) 为每一类数据构建结构性和管理性元数据标准。结构性元数据标准描述数据组成关系，用于数据的识别解析，比如针对有模式、半模式和无模式 3 类数据分别建立对应标准。管理性元数据标准描述不同类型数据在存储和管理时的参数要求，用于数据的存取控制与访问操作，比如针对有模式、半模式和无模式 3 类数据分别建立对应标准。

(2) 为每一类数据构建来源性元数据标准。来源性元数据标准描述产生数据的上下文、相关环境、呈现状态及技术方法等外在属性，可用于追溯、更新和评估数据等。

(3) 为每一类数据构建特征性元数据标准。特征性元数据标准是对数据的附加特征进行的描述，可用于对已获得的数据分析结果或者已获得的额外信息进行标注。

(4) 为每一类数据构建技术性元数据标准。技术性元数据标准描述处理技术对数据的要求，技术处理大都涉及初始输入、中间状态、结果输出等过程数据，这 3 种过程数据通常有别于原始数据，因此相应技术处理就可能需要为初始输入、中间状态和结果输出等过程数据分别建立元数据标准，用于适应或匹配技术方法或算法。比如用技术性元数据描述某种统计处理后的结果数据属性，这些属性包括被统计的数据数量、计算时长、类型名称、类型数量等。

大数据应用服务可以覆盖多种业务类型，将业务元数据标准纳入其中也是一种必然。业务元数据标准针对业务元数据，把业务作为描述对象，是关于业务属性的描述，比如把业务模型、业务指标、业务规则、专业术语和业务名称等作为要描述的属性。除此以外，还可延伸为各种业务数据操作建立操作元数据标准。

大数据的元数据标准必须建立在各类数据基础上且能适应其处理要求，涵盖数据的定义、操作、应用及技术处理等多个层面，被描述的数据属性和特征取决于此标准。大数据的元数据标准有助于大数据的共享、交互和应用，可以打破大数据在不同系统间共享壁垒。在大数据体系中，除了建立其元数据标准外，还应建立其交换、传输和质量等标准。

2.2.2　元数据管理

为各类数据建立相应元数据标准，本质上就是对大数据进行整体规划和描述，从而为其设计出所需的元数据内容、语法和语义等。有了元数据标准，即可根据它来采集、生成或创建元数据，从而能方便地交互、共享和处理数据。

(1) 元数据是一切数据处理活动的基础，为保证元数据标准与元数据的一致性、连续性和稳定性，要区分不同版本的元数据标准和不同版本的元数据，监测元数据的提交、注册、变更、订阅等一系列过程，这样才会避免元数据混乱，确保不改变或不影响元数据功能。

(2) 元数据作为一种特殊用途的数据，其质量极为关键，必须建立元数据质量检查核实机制，包括一致性、完整性、填充率和组合关系等检查核实。据此才能利用元数据为大数据各种处理提供服务，为元数据分析提供服务，为元数据重构及组建新数据提供服务。

为满足元数据的这些功能机制要求，就必须建立统一的管理模型，为元数据的存储、管理、维护、注册、更新、发布和订阅服务。元数据管理基本功能包括：元数据模式管理、元数据管理和元数据分析。元数据模式管理针对元数据如何组织，涉及元数据内容的添加、删除、修改、发布等，以及元数据模式的分类、统计、变更追溯及生命周期跟踪。元数据管理不仅针对元数据操作与访问控制，包括元数据的添加、删除、修改，元数据之间关系的建立、删除、更新和跟踪，还涉及元数据的发布流程管理、元数据的生命周期跟踪、元数据的质量和版本管理。元数据分析是利用元数据所携带数据的语义、结构、关联、来源等信息，为数据的溯源、整合、重构、流向、变化、评估、特征等处理提供辅助和引导。

2.3 知识表示

2.3.1 知识的概念

在讨论知识表达之前，首先要弄清楚什么是知识(Knowledge)，以及如何有效地表达知识。知识的概念源于哲学，哲学家柏拉图将知识表述为 justified true belief。所谓的 belief 可以是人类探索世界形成的认识及改造世界总结的经验，这些认识和经验能够合理、真实地反映世界。中国《现代汉语词典》将知识释义为人们在社会实践中所获得的认识和经验总和，一切可被人类纳入认知范畴的概念、事实、现象、本质、属性、状态、关系、关联、运动，以及所有解决问题的方法、过程、步骤、标准、规程、规律、规则、技巧、计谋、原则、方法、策略等都是知识。

知识具有相对性和不确定性。相对性表明知识是在特定条件或环境下形成的，能否合理、真实地反映客观是有条件的；不确定性表明知识合理、真实地反映客观是一种趋近的可能，并非绝对符合现实。此外，知识也并非完备的和一致的。其一，人类在永无止境的认知世界的过程中，可获得无法限量的认知结果，由此构建的完备知识可能无法实现也可能无法证明；其二，受人类能力所限，认知结果不一定能够精确地反映客观，同时受认知个体因素的影响，认知结果会带有主观性和片面性。因此，受总体能力和个体差异影响，认知结果出现偏差甚至不一致是必然的。

2.3.2 知识表示的概念

人类构建的人文、社科及自然等各门类知识，利用各种文字符号或图形符号等表示成诸如语句、公式、结构等不同形式。例如，“太阳从东边升起西边落下”这个事实，就是用语言符号组成语句的形式来表示的；音乐旋律则是用五线谱或简谱等符号以排列形式来表示的；物质和生命体的构成，用分子、大分子和高分子结构的形式来表示；诸如代数式、函数和方程等精密逻辑，通常用(数学)符号组成的各种表达式形式来表示。由此可见，知识表示(Knowledge Representation)有两个要素，一是表示知识的载体，比如丰富多样的符号，用于记录和传承知识；二是知识表示的形式，即知识呈现样式，用于解读知识。有了恰当的知识表示形式，就可建立各种推理方法，比如归纳法、演绎法和类比法等，从而对知识进行有效论证或推衍出新知识。因此，知识表示可理解为将人类认识和经验，用人脑可感知的符号组织成特定样式，易于人脑的记忆、识别、理解、联想、推理及计算等处理。知识表示不仅能够充分表达(Expressiveness)知识，还能够有力地支持对知识进行各种处理，尤其是推理(Reasoning)与计算(Computing)。在知识表示中，符号是基础，不同的知识可选择不同的符号系统；样式是核心，样式选择取决于如何更好地处理知识。

自从计算机被发明应用后，机器模拟人类心智和推理过程的探索就此开始。自从 1956

年达特茅斯研讨会首次提出人工智能(Artificial Intelligence)概念以来，知识就是人工智能的核心命题，机器如何获取和表示知识、如何对知识进行推理与计算、如何应用知识等成为人工智能的重要研究方向。人类知识是通过某种符号样式表示后被人脑记忆、识别、理解和处理的，那么机器以此仿效人类要解决的首要问题就是建立适应机器的知识表示。适应机器的知识表示可理解成试图将人类的知识表示，通过选用恰当的数据模型将人类知识符号转换(比如采用编码——Coding、映射——Mapping 或变换——Transformation 等方法)成机器符号(二进制)，以支持机器模拟人的心智进行推理。人类的知识表示与机器的知识表示之间的关系如图 2-7 所示，其中，机器的知识表示就是用机器可识别处理的符号对知识进行组织，即知识的数据模型，便于机器对知识进行识别、记忆、理解、联想，以及推理与计算。因此，评价面向机器的知识表示，除了关注其表达能力外，还要强调表示方式应该有足够高的存储(Storage)、检索(Search)和计算(Computing)等效率(Efficiency)。

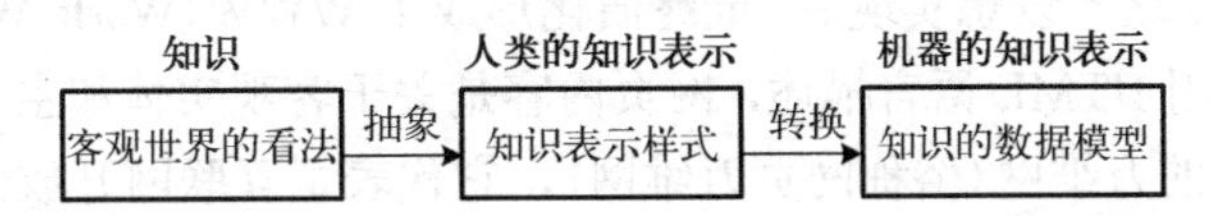

图 2-7　人类的知识表示与机器的知识表示之间的关系

关于知识表示(特指机器的知识表示)还有许多不同定义，比如：

(1)知识表示是把描述事物的约定表示成机器能处理的数据结构。

(2)知识表示是指用机器表示知识的可行性、可用性、有效性的一般方法，其过程是对知识的符号化和形式化，最终形成一种数据结构与控制结构。

(3)知识表示是用一些约定的符号把知识编码成一组可以被计算机直接识别处理的数据结构。

(4)知识表示是指机器以某种数据结构来对知识的某种描述或者一组约定进行表示。

20 世纪 90 年代，美国麻省理工学院人工智能实验室的 R. Davis 较为系统地定义了知识表示的五大要素：

(1)知识表示能够定义客观实体。机器如何指代或指称客观实体并对其进行刻画，比如用一个标识符来代表客观实体，并以一组属性值来刻画实体。

(2)知识表示能够建立描述客观实体的概念。机器如何刻画概念及其相互关系，要为客观事物建立概念和类别，利用概念类别来定义和划分客观事物，比如建立一组本体的约定集合。

(3)知识表示能够支持知识推理的理论、方法、模型。机器如何实现或完成知识推理过程，比如建立表示知识的数据结构及知识推理算法。

(4)知识表示能够支持对知识进行高效计算。机器如何将知识转换成可存储与计算处理的数据结构，比如转换成关系模式、图模式和向量模式等。

(5)知识表示是表达人类知识的方式，需要符合人的认知逻辑。用机器语言如何表达知识，这种机器语言是人可理解的。

这个定义认为，机器的知识表示就是对人类的知识表示，比如表示实体和概念，如何以计算机可存储与计算的数据形式描述和推理。需要特别指出的是，按照他定义的机器的知识表示，并非人类所有知识都能够被机器表示，而只有限定了范围和结构并可编码的知识才可表示。

知识表示源于人工智能。在人工智能研究初期，希望通过赋予机器具有知识表示、知识学习和知识处理功能，为人类的行为与决策提供服务，这个时期的基本任务是知识的获取与表示，核心任务是知识推理。人工智能研究初期，机器获取知识的途径非常单一，主要来源于领域专家且局限于领域专家经验，更加专注于知识表示与知识推理研究。专家系统和问答查询系统出现之后，先后提出了语义网络(Semantic Network)、本体(Ontology)、一阶谓词逻辑(First Order Logic)、框架(Frame)、产生式(Production)、马尔可夫链(Markov Chain)、马尔可夫逻辑网(Markov Logic Network)等知识表示方法。

知识表示发展于互联网。互联网初期，Tim Berners-Lee 在 1989 年提出了构建全球化的 Linked Information System 的设想。在其设想的系统中，信息采用基于"链接"的图结构组织方式，即以"文档"为顶点、"链接"为边的图结构，用户通过添加"链接"就可将自己的"文档"接入该系统。这一设想实现后，最终演化形成了 WWW(World Wide Web)服务，"文档"被称为网页，常用 HTML 语言描述，网页内容是关于客观实体和主观概念。WWW 建立了一个基于网页链接的万维网(俗称网页万维网)，它代表了互联网开放信息服务模式，这种服务模式局限于对网页内容提供检索，并未把各网页中实体或者概念联系起来。实际上，网页间链接蕴含了实体或概念间存在的千丝万缕的联系，网页中实体或者概念间的联系被称为 Web 语义。1998 年，Tim Berners-Lee 基于此提出了语义 Web(Semantic Web)的概念，语义 Web 也采用图结构组织，图中的顶点是实体或概念而不再是网页，图中的边是实体或概念间的关系而不再是链接。显然，语义 Web 是实体或概念间互联的万维网(俗称数据万维网)，表示实体或概念间存在的语义，Web 中呈现的知识就是关于实体和概念间的联系。语义 Web 是语义网络与 Web 融合发展的结果，是知识表示与知识推理在 Web 中的应用。语义 Web 的提出，使知识表示迎来了新契机，W3C(World Wide Web Consortium)提出了面向 Web 的知识表示所需要的一套标准，包括 RDF(Resource Description Framework)、RDFS(RDF Schema)和 OWL(Ontology Web Language)等，其中 RDF 是语义 Web 标准的核心。此后便出现一大批语义知识库，这些知识库在很多领域发挥出了重要作用。

知识表示兴于大数据。大数据时代给人们带来大智慧期望，在大数据和算力提升的双重加持下，人工智能迎来了新发展时期，并再次成为研究热点。大数据中存在丰富多样的语义关系，计算能力的提升使得从大数据中获取更广泛的知识成为现实，知识表示再次成为人工智能面对的问题。2012 年，谷歌发布了一款被称为谷歌知识图谱(Google Knowledge Graph)的知识搜索产品，知识图谱迅速成了最重要的知识表示方式，以此拉开了知识图谱相关技术研究的序幕。在面向互联网 WWW 知识表示方面，由语义网络发展而来的本体和语义 Web 推动了知识工程的发展，源于语义网络的知识图谱在大数据推动下迅猛发展。语义网络和知识图谱的突出特点是易于刻画显性和离散的知识，具有很好的可解释性。然而，还有许多不易符号化表示的知识，比如某些经验知识或者过程知识很难准确或精确地表达出其特征，完全基于符号的知识表示会失去知识的完整性和鲁棒性，特别是在推理方面很难达到实用性，为此人们又提出了基于向量的知识表示。无论是人脑智能体还是机器智能体，以适当方式表示知识方可使其对知识进行识别、理解和联想，才能使其对知识进行计算和推理以获得认知事物的结论、结果、状态和趋势。智能体的认知过程如图 2-8 所示。

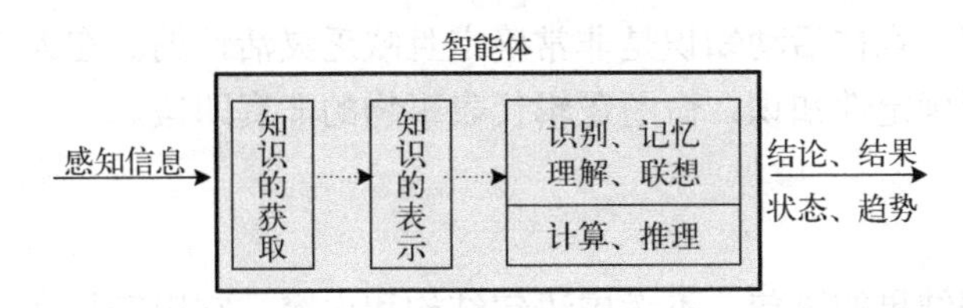

图 2-8　智能体的认知过程

2.3.3　命题逻辑与谓词逻辑

为建立基于规则的推理，研究者提出了一种用于确定性知识的符号表示方式，即命题逻辑和谓词逻辑。命题逻辑和谓词逻辑利用逻辑公式表示事物、性质、状态和关系等，主要用于自动定理证明。其中，谓词逻辑与人类自然语言比较接近，适用于自然而精确地表达人类思维和推理的有关知识，是最基本的知识表示方式。

用自然语言语句(Statement)陈述事物及事物间关联，这种陈述语句被逻辑学称为断言(Assertion)。自然语言语句分为简单语句和复合语句两类，简单语句由一个主词(也称为个体)和一个谓词构成，复合语句由若干简单语句通过联结词连接而成。主词是语句要加以断定的事物，比如主观概念和客观实体。谓词是用于刻画主词的性质、状态或者关系等属性。如简单语句："地球表面积约为 5 亿平方千米"，主词是"地球"，谓词是"表面积约为 5 亿平方千米"，这个谓词刻画地球"表面积"这样一个属性。又如复合语句："地球是椭圆形的而且围绕太阳公转"，这句话用联结词"而且"将两个简单语句"地球是椭圆形的"和"地球围绕太阳公转"连接起来。这两个简单语句的主词都是"地球"，前一个语句的谓词是"是椭圆形的"，后一个语句的谓词是"围绕太阳公转"。这两个实例语句都是用自然语言表达地球有关知识，表示形式是自然语言符号语句。如果语句所断定的结果是确定的，也就是只有非真即假的两种可能，那么这样的语句则表示了确定性知识；如果语句所断定的结果是不确定的(即模糊的)，也就存在不同程度真或假的多种可能，那么这样的语句表示了不确定性知识。比如简单语句："这个绘图软件可能被植入了木马"，该语句所断定的结果非常模糊，也许 80%是真的，也许 80%是假的，表示不确定性知识。

用语句表示知识是一种非形式化的符号方式，非常便于描述事物及其关联。如果对语句作一个限定，要求语句所断定的结果只能是非真即假，于是就有了命题(Propositions)的概念。在数理逻辑学中，将具有非真即假结果的语句称为命题，也称为命题逻辑(Propositional Logic)，用它来表示确定性知识。命题逻辑不考虑命题的具体内容，只用符号表示，并在此基础上建立形式的命题演算来对确定性知识进行推理。命题逻辑使用抽象符号来表示命题，它并不区分命题中的主词和谓词。由于命题演算中的论证有效性可能会出现不依赖于命题的前提和结论之间的关系，却可能会依赖于命题所含的主词和谓词之间的关系及命题形式，因此就需要用符号来分别表示命题的主词和谓词。与主词和谓词相对应的是"量词"和"谓词"，从而有了谓词逻辑(Predicate Logic)，并建立形式的谓词演算，用它来对确定性知识进行推理。命题逻辑和谓词逻辑都是符号化的知识表示，统称为符号逻辑(Symbolic Logic)。

根据确定规则求解问题的推理，能够推断出事物的过去、现在和未来所处状态，甚至得到非常精细或具体的状态。推理是指基于已知的事实或知识(这些都是确定性)求解出未知的事实或知识的过程。许多博弈类智力竞技活动就属于这类求解问题，比如围棋、中国象棋、国际象棋等，这些智力竞技活动知识是非常确定且缺乏灵活性的。在人工智能中，用命题逻辑和谓词逻辑来表示确定性知识，命题逻辑代表事物的非真即假。

1. 命题逻辑

命题是非真即假结果的语句，不考虑语句结构和内容，它用符号表示。命题用大写字母表示，联结词用~(否定)、$\vee$(析取)、$\wedge$(合取)、$\rightarrow$(条件)、$\leftrightarrow$(双条件)等联结符号表示。命题形式是指用大写字母和联结符号构成的框架，它只是纯粹的形式并非具体命题。命题形式用于规定命题如何构成，又称为命题语法。命题形式不依赖具体语句的意义，可被许多具体的命题所共用。用 BNF(Backus-Naur Form)语法定义的命题形式如图 2-9 所示。

类似于语句中的简单语句和复合语句，命题也分为简单命题和复合命题。在命题形式中，大写字母符号仅仅是命题标记，就是一个占位符号。例如，根据 BNF 语法定义，A、$A\wedge B\vee C$、$(A\rightarrow B)\leftrightarrow((C\wedge D)\rightarrow(E\vee F))$ 等都是命题形式。

将符合命题形式(即命题语法)的任何非特定命题(即具有非真即假的语句)称为命题变元，用小写字母表示。比如，用小写字母 x 和 y 分别表示两个非特定命题："路上有陷阱""我明天要出差"，x 和 y 则为命题变元。假设存在 3 个命题变元 x、y、z，按照命题形式规定：$x\vee z$、$x\wedge y\vee z$、$(y\rightarrow z)\rightarrow(z\wedge x)$ 和 $(y\rightarrow z)\leftrightarrow((x\wedge y)\rightarrow(z\vee x))$ 等都是合法命题。一个命题可以包含若干个命题变元和联结符号，命题的真或假就是命题语义。假如命题变元 x 表示："国际油价上涨"，y 表示："货币流通减少"，z 表示："国内油价下跌"，如何确定命题 $x\wedge y\vee z$ 的真假呢？即判定命题 $x\wedge y\vee z$ 的真假。根据数理逻辑学知道，每个命题变元有真假两种可能，3 个命题变元就有 8 种不同真假组合情况，一种组合即为一种模式。命题 $x\wedge y\vee z$ 在每一种模式下都是非真即假，真值表如图 2-10 所示。命题语义定义了命题在每一种模式下的真假，它用于判定命题在特定情况下的真假状况。

Proposition→SimpleProposition | ComplexProposition
SimpleProposition→True | False | Symbol
Symbol→A | B | C | D | ⋯
ComplexProposition→~Proposition
| (Proposition $\wedge$ Proposition)
| (Proposition $\vee$ Proposition)
| (Proposition→Proposition)
| (Proposition↔Proposition)

图 2-9 命题形式的 BNF 语法

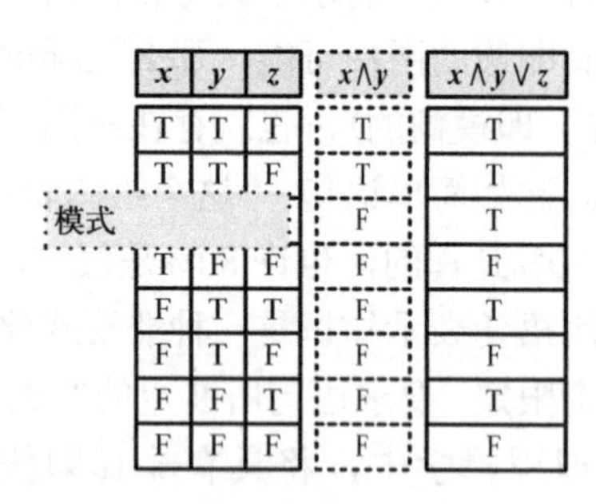

x	y	z	$x\wedge y$	$x\wedge y\vee z$
T	T	T	T	T
T	T	F	T	T
模式			F	T
T	F	F	F	F
F	T	T	F	T
F	T	F	F	F
F	F	T	F	T
F	F	F	F	F

图 2-10 真值表

数理逻辑学中不仅讨论命题形式，还讨论论证形式和论证有效性，以检验一个论证形式是否有效。当抽象出命题形式和论证形式后，就可以建立一个有效的论证形式，然后一步一步地构造一个论证，使得每一步论证都是有效的，这里的"形式"就是指证明过程的符号化。

知识库(Knowledge Base)是命题逻辑的一种应用，它是非形式化定义的语句集合(即命题集合)，用语句(即命题)来表示知识。用机器理解的知识表示语言来描述知识库中的语句时涉及两个要素：一是语句必须按照语法解读，语法用于规定语句由哪些元素组成、元素间约束是什么；二是语句必须按照语义释意，语义用于确立语句的含义、含义的真假性。知识库有两类任务，一是必须不断地将新语句添加到知识库中以扩展知识库，新语句可以由人工添加，也可以从知识库中已有的知识推导出来；二是询问知识库以获得结果，结果可以通过关联查询得到，也可以通过推理得到。设计一种表示语句的语言，用该语言来定义语句以构建知识库，推理和添加所涉及的所有操作都建立在语句的表示形式上，这种表示形式由语句表示语言的语法决定。

命题逻辑的优势是能够把事物及事物间的关系准确地表示出来，可用非常严谨的形式演绎并进行推理。命题逻辑研究的基本元素是命题，命题是具有真假意义的一句话，而对这句话的结构及成分是不考虑的。但用这样简单的方法，很多思维过程就不能用命题逻辑表达。

2. 谓词逻辑

谓词逻辑是对命题进行分析得到其中的主词、谓词和量词，研究它们形式结构的逻辑关系、正确的推理形式和规则。在谓词逻辑中，命题用谓词表示，谓词一般形式为：$P(x_1,x_2,\cdots,x_n)$，其中，P 是谓词，$x_1,x_2,\cdots,x_n$ 是不确定的主词，即主词变量或个体变量。

谓词逻辑适合表示事物的状态、属性和概念等事实性知识。当用谓词表示知识时需遵循两个步骤，首先定义谓词，其次用联接词 ~ (否定)、$\vee$ (析取)、$\wedge$ (合取)连接相应的谓词公式。比如用谓词表示“我喜欢大数据工程专业，你对理工科不感兴趣”这样一个事实。先定义谓词 $P(x_1,x_2)$ 表示：x_1 喜欢 x_2，$Q(x_1,x_2)$ 表示：x_1 对 x_2 感兴趣；然后形成谓词公式将这个事实表示成：P(我, 大数据理工专业) $\wedge \sim Q$ (你, 理工科)。谓词逻辑还适合表示事物间确定的因果关系(即规则)，因果关系可以用联结词 $\rightarrow$ (条件)和 $\leftrightarrow$ (双条件)来表示。比如“如果天下雨，我就不外出”，先定义谓词 $P(x)$ 表示：x 下雨，$Q(x)$ 表示：x 外出；用谓词公式将这个因果关系表示成 P(天) $\rightarrow\sim Q$ (我)。

谓词就是表示事物属性的短语，而事物属性具有层次，在谓词用法中这种层次叫作“阶”。一阶谓词(First Order Predicate)是指刻画事物属性的谓词，谓词的谓词就是高阶谓词了，它刻画的是属性的属性。具体讲，在谓词一般形式 $P(x_1,x_2,\cdots,x_n)$ 中，$x_i(i=1,2,\cdots,n)$ 只能以主词作为变量，不能以谓词作为变量，这样的谓词就是一阶谓词。知识的一阶谓词逻辑表示就是用联结词将一些谓词连接起来形成的公式，一阶谓词逻辑是一种较常见的知识表示方法。

谓词逻辑与全称量词 $\forall$ 和存在量词 $\exists$ 结合起来，就可以表示比较复杂的知识和关系，量词用来限定主词。比如，对于语句：“有些数不是有理数”，先定义谓词 $N(x)$ 表示：x 是数，$R(x)$ 表示：x 是有理数；然后用存在量词的谓词公式将这句话表示成 $(\exists x)(N(x)\wedge\sim R(x))$。又比如，语句：“没有一个整数既是偶数又是奇数”，同样先定义谓词 $N(x)$ 表示：x 是整数，$E(x)$ 表示：x 是偶数，$O(x)$ 表示：x 是奇数；然后用全称量词的谓词公式将这个内在关系表示成：$(\forall x)(N(x)\rightarrow\sim(E(x)\wedge O(x)))$。

谓词逻辑是一种形式语言，能够把数学中的逻辑论证符号化。谓词逻辑利用谓词公式和谓词演算就可以把要解决的问题转换为一个有待证明的问题，然后采用消解定理和消解反演来证明一个新命题是从已知的正确命题导出的，从而证明这个新命题也是正确的。一阶谓词逻辑具有接近自然语言、容易接受、严密性、易于转化为计算机内部形式等优点，但同时也具有无法表示不确定性知识、难以表示启发性知识和元知识、组合爆炸、效率低等缺点。

下面用一阶谓词逻辑来表示机器人搬盒子的行动过程。机器人搬盒子问题描述如下：在一室内，机器人位于 x 点，在 y 和 z 点各有一张桌子，y 点的桌子上放有一个盒子，z 点的桌子上是空的。要求机器人从 x 点出发，将 y 点的桌子上的盒子移动到 z 点的桌子上，而后机器人返回 x 点。

(1)用 ROBOT 代表特定机器人，用 a、b、c 代表 3 个固定地点，用 BOX 表示盒子，用 A 和 B 代表实际的桌子。

(2)定义如下谓词，Local(x, y)：x 在 y 处；NoHanded(x)：x 双手为空；On(x,y)：x 在 y 的上面；Null(x)：x 上为空；Hold(x, y)：x 握着 y。

(3)根据问题的描述, 用谓词公式分别表示问题的初始状态、搬盒条件和目标状态。

初始状态:

Local (ROBOT,a) ∧ NoHanded(ROBOT) ∧ (Local (A,b) ∧ On(BOX,A)) ∧ (Local (B,c) ∧ Null (B))

搬盒条件:

Local (ROBOT,a) ∧ NoHanded (ROBOT) → Local (ROBOT,b)

Local (ROBOT,b) ∧ Local (A,b) ∧ On (BOX,A) → Hold (ROBOT,BOX) ∧ Null (A)

Local (ROBOT,b) ∧ Hold (ROBOT,BOX) ∧ Local (B,c) → Local (ROBOT,c)

Local (ROBOT,c) ∧ Local (B,c) ∧ Null (B) → On (BOX,B) ∧ NoHanded (ROBOT)

Local (ROBOT,c) ∧ NoHanded (ROBOT) → Local (ROBOT,a)

目标状态:

Local(ROBOT,a) ∧ NoHanded(ROBOT) ∧ (Local(A,b) ∧ Null(A)) ∧ (Local(B,c) ∧ On(BOX,B))

在现实可观察环境中，采用的推理大多情况下依赖于不确定的知识。在使用自然语言进行社会交往活动中，往往需要对隐含状态进行推理，即对说话者的意图进行推断，这里的推理很难基于某种规则进行，也就是说很难基于确定性的知识进行推理。比如，有这样一句话："我根本不在乎成绩"，可能推出的隐喻包括但不仅限于这些："我成绩很好""我成绩不好""我很在意成绩""我鄙视他人"……这个例子说明，很难通过优先确定知识来推断无限可能的状态，这个例子是推断他人意图。无论是命题逻辑还是谓词逻辑都无法很好地表示这种不确定性知识。

2.3.4　语义网络

语义网络是由 M. R. Quilian 和 A. M. Collins 在 1968 年提出的一种联想记忆心理模型，又称联想网络，它形式上是一个带标记的有向图。1972 年 R. F. Simon 提出通过有向图来表达复杂概念及相互关系，用顶点表示概念，边表示概念的语义关系。

图表达顶点集上的二元关系，二元关系被定义为边。如果用 V 代表顶点集合，当顶点间存在某种二元关系时，在它们之间就定义一条边，于是图被记为 $G = G(V, E)$，E 为边集合。边用二元组表示并记为 $<u,v>$，代表 u 和 v 之间存在某种关系，$u,v \in V$。若 $<u,v>$ 为有序，即 $<u,v> \neq <v,u>$，则 G 为有向图，否则 G 为无向图。当图表达顶点集上的多元关系，多元关系被定义为超边，该图称为超图。超边采用 n 元组表示并记为 $<u_1,u_2,u_3,\cdots,u_n>$，代表在这 n 个顶点间存在某种关系，$u_1,u_2,u_3,\cdots,u_n \in V$。在图或者超图中，顶点是事物的抽象，边或超边是事物间存在的二元或多元关系的抽象。比如，将一篇文档作为一个顶点时，就可建立文档间的相似或引用等二元关系。又比如，将房屋中介、房主和租户分别看作一个顶点，则可建立这三者间的承租协议，即超边。任何事物都可视为图中“顶点”，使用“边”来代表它们之间存在的关系，这种关系不限于二元。

图旨在通过边的形式来确认顶点间存在“连接”，并不考虑顶点和边的实际指代，即忽略顶点的具体所指，也忽略“连接”的确切含义，是一种纯粹的连接形式。语义网络是将诸如概念、实体、事件、主体、属性等各种具体指代映射为图中的顶点，将各类指代明确的关联映射为图中的边或超边，比如将引用、合作、依赖、从属等关系映射为边，就形成了事物关联图。从结构上讲，语义网络是有向图或者超图，具备有向图或超图的所有性质和计算特性，有向图或超图上的算法也适用于语义网络。从内容上讲，语义网络是被赋予了语义的有向图或超图，顶点用标签来指代具体事物，边用标签来释义事物联系，通过“边标签”体现语义。二元关系(也称为二阶)语义网络中，网元被定义成三元组$<v_i,e_{ij},v_j>$，其中v_i和v_j为节点标签，e_{ij}是边标签，网元用来表示语义单位，语义单位具有独立性和原子性，它被视为一个知识条目。此外，顶点可泛化成一个语义子网络，以形成一个多层次嵌套结构图，用于表示更复杂事物及其联系。由此可见，语义网络是通过对事物及其关联的确认来表示知识的，这种表示方式显然是非形式化的。语义网络的描述形式如图 2-11 所示，顶点的标签代表了所要描述的事物；边的方向体现顶点所指代事物的主次性，边的上标签表示它所连接的两个顶点间的联系，即语义。如果将事物映射成顶点、事物间关联映射为边，那么用图结构描述事物间关联是一种非常简单有效的方式，边标签解释了事物联系的含义。当需要对事物自身进行描述时，可以通过不断添加事物属性，将事物与属性间的连接映射为边，用边标签解释事物。比如，在自然语言中，将名词、动词、形容词、副词等视为概念，就可以建立这些词之间的关系(包括相似/近义/同义、相反/反义等)，Wordnet 就是词典类的语义网络，也称为词典类的知识库。如果对事物、关系不断延伸，比如将状态或情况看作事物，将动作或行为视为关系，那么以此形成的语义网络就会变得极其复杂。语义网络是一种简单的知识表示方式，它延展性强、语义直观，但限于对确定性知识表示。

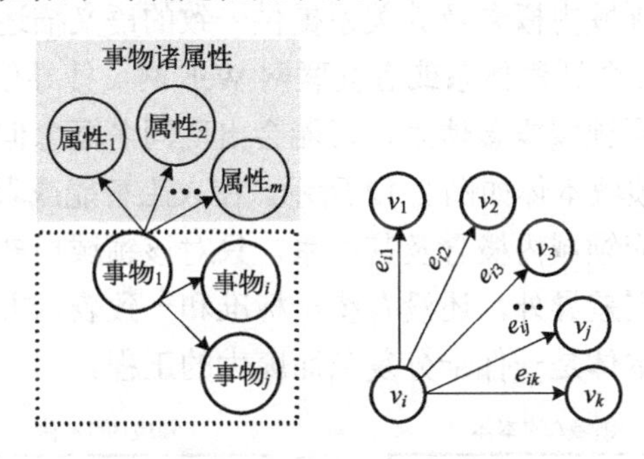

图 2-11　语义网络的描述形式

2.3.5　本体

本体源自于本体论，人工智能领域引用本体是为了实现机器对概念理解和区分，侧重于表示概念及概念间关系，建立概念公理系统。为此需要为机器建立本体框架或者结构，即定义本体，在这样的统一框架下，由人类专家来构建概念、概念间关系及概念公理系统。

在哲学中，本体被定义为“对世界上客观存在事物的系统描述，即存在论”。本体顺应大规模信息组织、管理和维护，并提供准确有效服务的要求，它作为一种在语义层次上可描述信息系统的建模工具，被引入计算机科学领域。计算机领域学者给出了本体的不同定义：如“本体是概念模型的明确的规范说明”“本体是共享概念模型的形式化规范说明”“共享概念模型的明确的形式化规范说明”。本体定义在计算机领域并没有形成标准，一般认为本体是关于某特定领域内的概念及概念间关系。

概念是关于事物共同属性的集合，每个概念包括但不限于这样 3 个要素：概念名字、概念属性、概念所属领域。概念名字是对概念进行命名，用于标识和引用概念；概念属性是对概念标注内涵，用于释义和区分概念；概念所属领域是对概念有效性界定，用于声明概念源于何处及释义范围。概念间关系用于刻画概念内涵彼此间的相关性，比如依赖、从属、包含、上下位、相近、相似、相反、排斥等关系。概念间关系也包括且不限于 3 个要素：关系名字、关系属性、关系所属领域，与概念中三要素的作用类似。比如“水果”与“橘子”这两个概念都是关于植物果实，“水果”含义宽于“橘子”，这两概念是上下位关系。这两个概念属于植物学范畴，其含义通常由该领域负责定义和构建，并用它们的属性标注。概念类似于面向对象程序设计中的类，在面向对象程序设计语言中，可将“水果”与“橘子”都定义为类，“水果”类是“橘子”类的父类，反过来说后者是前者的子类。概念具象化后为实体(Entity)，即实体是概念的实例化或样例，实体是客观本源。概念抽象出实体的特性，实体具象化这些特性，这些具象化特性是可以通过观测、测量、计算、推断等手段获得并进行标称的量。概念到实体的具象化过程，类似于面向对象程序设计中的类(Class)与对象(Object)之间的关系，对象是类的实例化结果，一般也将对象称为实例(Instance)。为了在概念体系中建立概念分类，一般用顶点来表示概念，用边来表示概念间关系，本体组织方式往往采用图结构。

概念是机器认知世界的核心，没有它的支撑机器就无法理解世界。在人工智能研究初期，引入本体的目的是要解决领域知识共享和复用问题，用于建立知识库以服务专家系统和信息检索系统等。利用本体给领域内概念及其关系提供一致的语义描述，使得领域内可以很好地理解它们的内涵。在现实社会话语体系或者互联网 Web 网页搜寻信息中，存在无数跨领域的概念，这些概念从属于不同领域概念体系，可能会出现同名概念但含义不同或者不同名概念但含义相似的现象，不同领域本体如图 2-12 所示。在人工智能或者计算机信息系统中，为不同领域建立的本体反映相应领域内概念及其关系，只对该领域局部知识释义。这些本体除了对概念及其关系的含义存在差异外，还没有统一标准和一致表示方式，很难在不同领域共享和复用，因此建立全领域本体是一件十分复杂而庞大的工程。

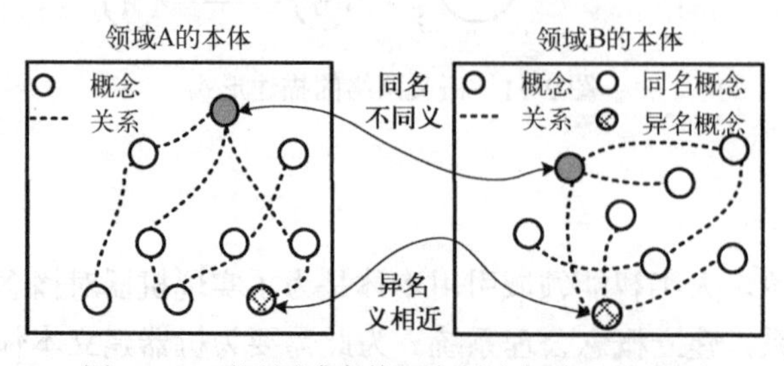

图 2-12　不同领域本体同名异名概念间的关系

概念知识用于理解和解析事物，用于逻辑推理得出新结论，除概念外还应该含有用于推理的规则或公理等。因此本体不仅能够用于建立概念体系还强调对推理功能的支持，推理规则或公理是本体中不可或缺的要素。运用本体来构架人工智能时，需要解决如何描述、定义和存储本体等问题。建立数学模型是描述本体的通用方法，包括如何表示概念和概念关系、推理规则、公理等。用机器理解的语言来定义本体模型中的要素，选择相应结构封装本体数据以支持本体存储与高效计算。一种常用的六元组形式本体数学模型如下：

$$O=\{C,A^C,R,A^R,H,X\}$$

其中，C 表示本体中的概念集合；A^C 表示概念具有的属性集合；R 表示本体中概念间的关系集合；A^R 表示关系具有的属性集合；H 表示概念的层次；X 表示本体中的公理集合。在概念集合 C 中，每个概念 c_i 都可以在概念属性集合 A^C 中找到与之对应的概念所具有的属性 $A^C(c_i)$。概念关系集合 R 中每一条关系 r_i 都代表一对概念，概念 c_p 与概念 c_q 的一种关系表示为 $r_i(c_p,c_q)$。关系属性集合 $A^R(r_i)$ 表示每条关系 r_i 对应的属性。H 是从概念集合中抽象出来的超类和子类的关系。所以如果 c_q 是 c_p 的子概念或者超概念，那么这两个概念的层次距离必定在 H 中，也就是 $(c_p,c_q)\in H$。公理集合 X 中的公理就是对概念、属性、关系的约束和限制，通过这些约束可以对概念或概念间的关系进行推理，得到一些新概念或新的关系。

2.3.6 语义 Web

语义 Web 是由语义网络与 Web 融合发展而来的。Web 是网页间的互相链接，按图结构组织(顶点代表网页，边代表链接)。网页通常是一种用 HTML 语言描述的文档，链接是一种 HTTP 协议定义的网页地址。由于网页中出现大量实体和概念，网页间链接必定会将所有网页内的实体或概念形成可能的联系，因此可由网页间相互链接导出实体或概念间的联系，这些联系就是 Web 中的语义。语义 Web 是指由网页中实体或概念通过语义连接而成的网络，它也是按图结构组织的，顶点代表实体或概念，边代表实体或概念之间的联系，联系即为语义。Web 与语义 Web 结构示意如图 2-13 所示。

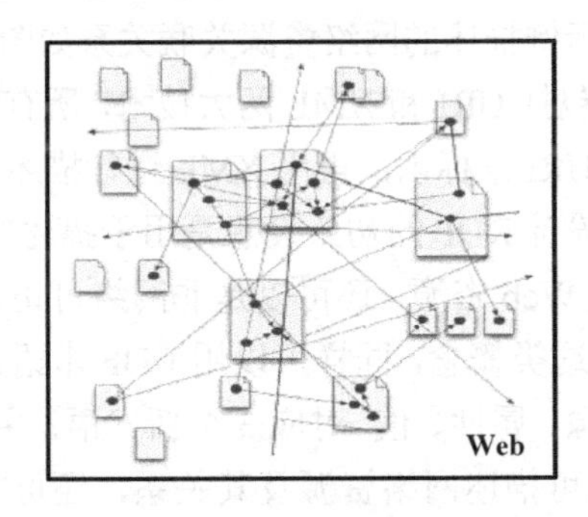

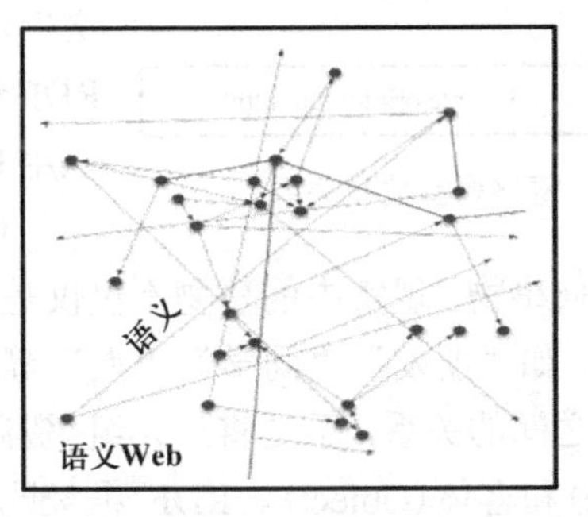

图 2-13　Web 与语义 Web 结构示意

显然，语义 Web 是语义网络和本体在 Web 中的应用，语义即为知识。W3C 为此制定了 RDF 和 OWL 标准，它们是面向 Web 知识表示框架和知识表示语言，也是语义网络和本体的一种具体实现形式。

1. RDF

RDF 是对 Web 资源(Resource)属性(Property)进行描述的通用框架(Framework)。RDF 定义什么是资源、资源如何命名和访问、怎样描述资源，以及资源间有什么关系。RDF 与被描述的资源无关。

资源是指具有 URI(Uniform Resource Identifier)标识且可被网络访问的实体，比如网页、文件和邮件。URI 是资源命名规范，任何网络资源可按照 URI 规范建立自己的命名标准。比如，网页、文件和邮件等资源可以根据 URI 规范分别建立自己的命名标准。例如，在网页标识实例 http://www.example.org/index.html 中，http 是其访问协议；在文件标识实例 ftp://www.ietf.org/rfc/rfc2396.txt 中，ftp 是其访问协议；在邮件标识实例 mailto:John.Doe@example.com 中，mailto 是其发送邮件的 URL 协议，smtp 或 pop 是其完成协作传输的协议。

描述是指标记资源属性和资源间的关系，RDF 采用 XML 语言描述。下面是一段描述资源的 XML 文档示例。

```
<RDF:Description about=“www.example.org/book.html”
<Author>李明远</Author>
<Homepage rdf:resource=“www.example.org/toxtual.html”>
RDF>
```

文档用 Description 开启资源描述，被描述的资源由 about 指定，资源 URI 为 www.example.org/book.html。该资源有两个属性，一个属性是 Author(作者)，属性值为“李明远”，另一个属性是 Homepage(主页)，属性值是一个资源，这个资源的 URI 为 www.example.org/toxtual.html。

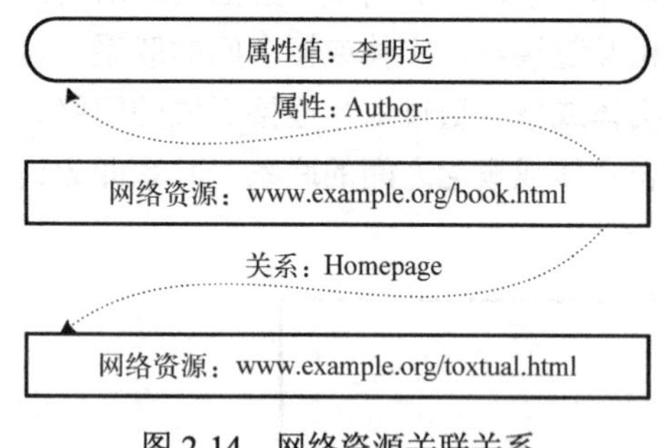

图 2-14　网络资源关联关系

框架是与被描述资源无关的通用模型，它能够包容和管理资源的多样性、一致性和重复性。RDF 建立了一种<资源、属性、值>形式的三元组通用框架。上例中的网络资源属性、属性值和网络资源间关系按照框架三元组要求，用 URI 对它们进行标识，上述 XML 文档示例描述的网络资源关联关系如图 2-14 所示。RDF 包括 URI 和 XML 两大技术，所有网络资源都可以用 URI 来标识，再用 XML 进行描述。

设计 RDF 的初始设想是用于描述在 Web 上可被网络访问的任何事物，现实中的事物不仅仅是 Web 资源，还可以是非网络可访问的任何实体或者抽象概念，如“朋友”“同学”“人”等这类概念，同样可以用 RDF 术语来描述这些事物和这些事物之间的关系，于是将三元组<资源、属性、值>对应 3 个新术语：主体(Subject)、谓词(Predicate)和客体(Object)。RDF 框架既可描述网络资源及其关系，还可将资源拓展到不可网络访问的实体。看一个例子，用英语句子陈述 3 个事实，分别表明网页的作者、创建日期及使用语种是什么。

http://www.example.org/index.html has a creator whose value is John Smith.

http://www.example.org/index.html has a creation-date whose value is August 16, 1999.

http://www.example.org/index.html has a language whose value is English.

第 1 个句子中网页用 http://www.example.org/index.html 来标识，网页属性用单词 creator 来标识，属性值用短语“John Smith”来标识，其他两个句子中的标识与第 1 个句子类似。该例中的 3 个句子是关于一个网页的信息，每个句子都是为了强调所描述的网页，3 个句子包含网页的 creator、creation-date 和 language 三个属性，对应属性值分别为 John Smith、August 16, 1999、English。该例中，用 RDF 一套特定术语来表达句子中各个部分，被识别的事物称为主体，事物属性或者事物间关系称作谓词，事物属性值称作客体。例如，第 1 句中的 http://www.example.org/index.html 是主体，creator 是谓词，John Smith 是客体。

2. RDF 数据模型

RDF 是基于三元组<主体,谓词,客体>描述事物，RDF 为三元组模型，知识是以三元组的形式出现的，一个三元组<主体,谓词,客体>表示一个知识单元。如果将三元组中的主体和客体视为图的顶点，谓词视为图的边，则三元组中所有主体和客体构成顶点集合，所有谓词构成边集合，RDF 则为图结构。上例中关于网页的 3 个句子可用 3 个三元组表示，其三元组模型的图结构如图 2-15 所示。

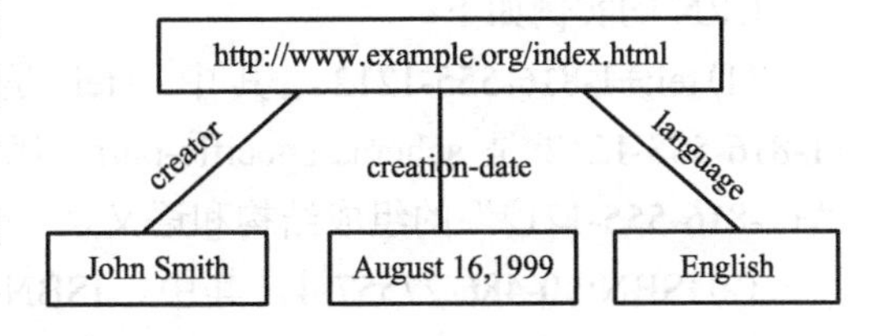

图 2-15　RDF 三元组模型的图结构

RDF 是用来描述事物的框架，为适合机器处理对事物的描述，还需要解决两件事：一是为主体、谓词和客体建立相应的标识符系统；二是提供一种可在机器间交流的事物描述语言。Web 提供了一套通用的标识符形式，称为统一资源标识符 URI，利用 URI 就能建立不同的标识符系统。同时，Web 利用 XML 语法为 RDF 模型定义了一种特殊的 RDF/XML 语言，机器利用该语言建立 RDF 模型。语义 Web 可以按 RDF 的主体、谓词和客体组成的三元组方式来组织。

3. URI 和 URI 引用(URI references)

RDF 框架中的主体、谓词和客体不仅是可网络访问的 Web 资源、属性、值及其关系，还可以是需要被标识的任何事物。比如，一个网络可访问的资源是一个电子邮件或网页文档、一个图片或一段视频文件等，一个非网络可访问资源是客观实体或者逻辑概念等，所有这些事物及其属性或关系都需要有标识符。标识符本身并不定义或包含所指的事物本身，但一定能够在识别范围内区分出被标识的事物。URI 本质上是一种用标准化方式标识资源的简单字符串，它只用于身份标识，不保证其标识的资源可以通过网络访问，也就是说对资源执行的各种操作与 URI 无关。URI 语法如下：

Schema: schema-specific-part

其中，Schema 是设计出的标识方案；schema-specific-part 是方案具体内容，其语法语义由 Schema 决定，即如何具体标识取决于每个 Schema(方案)的定义。URI 是对标识符的抽象定义，根据实际需要并依据 URI 标准来定义一套标识符系统。

Web 依据 URI 规范定义了两套标识符系统，即 URL(Uniform Resource Locator，统一资源定位符)和 URN(Uniform Resource Name，统一资源名字)标识符系统。URL 是标识资源的网络位置并提供查找该资源的方式，URN 仅命名资源的名字而无需指出其位置和获得方式，

URL 如同一个人的地址，URN 如同一个人的名称。

URL 的实例如下：

(1) ftp://www.ietf.org/rfc/rfc2396.txt，其中，ftp 是 Schema，代表标识方案的名称；//www.ietf.org/rfc/rfc2396.txt 是 schema-specific-part，代表方案具体内容。用 ftp 这个方案来决定字符串“//www.ietf.org/rfc/rfc2396.txt”的组成和语义。

(2) mailto:John.Doe@example.com，其中，mailto 是 Schema，代表标识方案名称；John.Doe@example.com 是 schema-specific-part，代表方案具体内容。用 mailto 这个方案来决定“John.Doe@example.com”这个字符串的组成和语义。

(3) http://www.example.org/index.html，其中，http 是 Schema，代表标识方案的名称；//www.example.org/index.html 是 schema-specific-part，代表方案具体内容。用 http 这个方案来决定字符串“//www.example.org/index.html”的组成和语义。

URN 的实例如下：

(1) tel:+1-816-555-1212，其中，tel 是 Schema 的名称，代表标识方案的名称；+1-816-555-1212 是 schema-specific-part，代表方案具体内容。用 tel 这个方案来决定字符串“+1-816-555-1212”的组成结构和语义。

(2) ISBN: 0-486-27557-4，其中，ISBN 是 Schema 的名称，代表标识方案的名称；0-486-27557-4 是 schema-specific-part，代表方案具体内容。用 ISBN 这个方案来决定字符串“0-486-27557-4”的组成结构和语义。

自定义标识符系统的实例如下：

data:image/png;base64,iVBOR.…，其中，data 是 Schema 的名称，代表标识方案的名称；image/png;base64,iVBOR.…是 schema-specific-part，代表方案具体内容。用 data 这个方案来决定字符串“image/png;base64,iVBOR.…”的组成结构和语义。

RDFS (RDF Schema) 在 RDF 基础上提供了术语、概念的定义方式，以及哪些属性可以应用到哪些事物上。换句话说，RDFS 为 RDF 模型提供了一个基本的类型系统。RDFS 通过这种方式，描述不同词汇表的元数据之间的关系，从而为网络上统一格式的元数据交换打下基础。如果定义的 Schema 是公共的、开放的，那么这个 Schema 就必须注册。使用这个被注册了的 Schema 定义标识符时，就必须遵照 Schema 定义的语法和语义要求。

RDF 和 RDFS 各自有专用词汇表，这些词汇在 RDF 和 RDFS 中有特定含义。词汇表作为资源需要用 URI 标识，RDF 和 RDFS 词汇表的 URI 分别是 http://www.w3.org/1999/02/22-rdf-syntax-ns，http://www.w3.org/2000/01/rdf-schema。某个组织或机构、产品或工具、过程或应用等都可根据需要来定义词汇表，这些词汇表中的词汇可来自于任何其他的词汇表。比如，根据需要为某个应用领域定义属性、元素、关系等词汇表，这些自定义的词汇表都有 URI 标识。

URI 引用是对命名空间中标识符的引用，对于词汇表而言，就是对词汇表中词汇的引用。使用 URI 引用可描述任何事物及事物间关系，同时也使得不同的人或组织可以彼此独立地创建并使用 URI 引用来标识事物。URI 引用语法是：URI+“fragment”，它是一个在尾部附加了可选 fragment（片段识别符）的 URI。比如：http://www.example.com/2002/04/products#item10245。

4. RDF/XML

RDF 使用 XML 语法和 RDF Scheme 来描述 RDF 模型。对资源的描述是与领域和应用相关的，比如对一本书的描述和对一个站点的描述，RDF 都需要有专用词汇表，这些词汇在 RDF 中有着各自特定的含义。对不同资源描述需要采用不同的词汇表，RDF 规范并没有定义描述所有资源的词汇表，而只是定义了一些规则，这些规则是各个领域和应用在定义和描述资源时必须遵循的。例如，在下列这段 RDF/XML 描述中，exterms、Description 和 about 就是 RDF 词汇表中的词，这些词有其特殊含义。

```
1. <?xml version="1.0"?>
2. <rdf:RDF xmlns:rdf="http://www.w3.org/1999/02/22-rdf-syntax-ns"
3.       xmlns:exterms="http://www.example.org/terms/">
4.   <rdf:Description rdf:about="http://www.example.org/index.html">
5.      <exterms:creation-date>August 16, 1999</exterms:creation-date>
6.   </rdf:Description>
7. </rdf:RDF>
```

5. 关于 OWL

通过 RDF 可以表示一些简单语义，但在更复杂的场景下，RDF 语义表达能力显得太弱，还缺少诸多常用的特征，包括对局部值域的属性定义，以及类、属性、个体的等价性，不相交类的定义，基数约束，属性特征描述等。W3C 提出了 OWL 语言以扩展 RDF，作为语义网上表示本体的推荐语言。为了更好地开发语义网，OWL 有 3 个子语言：OWL Lite、OWL DL、OWL Full。OWL 与 RDF 的关系是：OWL Full 可以看成 RDF 的扩展；OWL Lite 和 OWL Full 可以看成一个约束化的 RDF 的扩展；所有的 OWL 文档(Lite、DL、Full)都是一个 RDF 文档，所有的 RDF 文档都是一个 OWL Full 文档。

2.4 知 识 图 谱

知识图谱(Knowledge Graph)并非新技术，它是很多相关技术相互影响和继承发展的结果，包括语义网络、本体、语义 Web、自然语言处理技术等。在知识图谱研究初期，语义网络和本体都可以视为知识图谱，例如，美国的 Cycorp 公司的 Cyc 常识图谱、普林斯顿大学的 WordNet 词汇图谱、麻省理工学院的 ConceptNet 概念图谱等。在互联网络 WWW 服务出现后，提出了将基于网页之间的互相链接转化成网页中的实体和概念连接的语义 Web，随后出现了许多语义知识库，此时的语义知识库也可视为知识图谱，例如，美国的 MetaWeb 公司的 FreeBase 百科图谱、德国柏林自由大学的 DBpedia 百科图谱、维基媒体基金会的 WikiData 百科图谱等。

2012 年，美国谷歌公司在 FreeBase 的基础上，推出了一款被称为知识图谱的搜索引擎，正是由于这款搜索产品的名称，Knowledge Graph 迅速被工业界和学术界广泛使用，成为了各类结构化知识库的统称。随后知识图谱逐步在语义搜索、智能问答、辅助语言理解、大数据分析及机器学习的可解释性等方面发挥出重要作用，在互联网应用与大数据共同作用下，知识图谱相关技术得以迅猛发展。

2.4.1 知识图谱概念

知识图谱是知识表示的一种方式，其本质是语义网络，其实现方式是语义 Web。对知识图谱的定义不尽相同，有学者认为知识图谱是大规模的语义网络，即用一种互联的顶点(边)表示知识的一个结构；也有研究者认为知识图谱是将人类知识结构化形成的知识系统；还有人认为知识图谱是一种用图模型来描述知识和建模万物间联系的技术方法。目前，对知识图谱虽然尚无统一概念或者一致表述，但不妨从以下几方面来理解它的内涵。

(1) 从结构方面，它是一种基于图的知识表示方式，类似于语义网络，顶点代表实体和概念，边代表它们之间的语义关系。

(2) 从作用方面，它是一种知识系统，主要包含了基本事实、基本概念、基本常识及通用规则等知识。

(3) 从技术方面，它是从数据中识别发现实体和概念、推断实体与概念之间复杂关系的技术集合，涉及知识描述、知识构建、知识存储、知识检索和知识推理等一系列技术。

知识图谱中的知识分为概念层和实体层，概念和实体涉及的范围非常宽泛。如果知识图谱中的概念和实体涵盖了人类社会生活所有领域，则称为泛知识图谱；如果知识图谱中的概念和实体仅涵盖了某个特定领域，则称为领域知识图谱。在不同语言环境中，对实体、概念及其关系表述可能会产生不一致的情况，为了达成共识，形成统一理解，提出了跨语言知识图谱。除此外，还可根据实体和概念的特定性和范围分类，比如人物知识图谱、时间知识图谱、百科知识图谱、领域概念知识图谱等。

知识图谱是互联网应用与大数据结合的产物，它的突出特点就是规模大、关系复杂多样、计算量大。要实现机器识别和理解人类知识，应该至少具备 3 个条件。

(1) 必须有大量有效的实体和概念信息，才能建立可辨析的实体和概念完整内涵；必须有丰富多样的语义关系，才能释义由实体和概念间的联系构成的知识。因此大规模数据支持是实现该目标的前提，而大数据为此提供了可能。

(2) 从大规模数据中识别和抽取实体、概念、联系等信息，需要强大的计算能力和高效的分析算法支撑。

(3) 知识图谱的数据模型和实现形式要易于或者适合机器存储、管理、计算和推理等处理。

2.4.2 知识图谱的数据模型

在命题逻辑中，命题形式用字母和连接符号直接表示。在谓词逻辑中，通过主词、谓词和用量词来表达命题，主词、谓词和量词采用字母和连接符号表示，因此命题逻辑和谓词逻辑都是基于符号的知识表示方式。语义网络是通过图结构来表达复杂事物及其相互关系的，顶点代表事物或属性，边代表事物之间的关联或者事物所具有的属性关系。顶点和边使用各种符号进行标识，比如用 1230 来标识一个人，用“拥有”来标识一种关联等，语义网络是基于符号连接的知识表示方式。本体是语义网络的一种，它用于表示概念及其关系，语义 Web 是语义网络和本体在 Web 中的应用，知识图谱是一种大规模的语义网络，它们也都属于基于符号连接的知识表示方式。这些知识表示方式规定了知识是如何按照其固有样式组织的，因此知识表示方式也被称为知识表示模型。

机器如何理解和实现基于符号或符号连接的人类知识表示方式呢？首先必须将知识表示方式转换成机器可识别和处理的数据模型；然后要用机器可理解的语言来建立这个相应的数据模型。比如，对于命题逻辑和谓词逻辑这种知识表示方式，必须为机器可理解处理它们而为其定义相应的数据模型，这种数据模型就是为机器选择的实现形式，当然也包括为机器选择相应数据模型的描述语言。对知识图谱而言，也是如此。

众所周知，语义 Web 是语义网络在 Web 中的应用，因此很自然地就把语义 Web 中的 RDF 三元组数据模型借用为知识图谱的数据模型。具体讲，就是用 RDF 的<主体、谓词、客体>三元组形式来描述知识图谱中的顶点和边，其中谓词代表边，主体和客体分别代表边的两端顶点。在知识图谱中，顶点代表事物，边代表事物间联系，则可利用语义 Web 的 URI 规范来定义各种符号串，对事物及其关联进行标记。W3C 为语义 Web 定义了 RDF/XML 语言和 OWL 语言，RDF/XML 语言用来描述 RDF 数据模型，OWL 语言用于建立本体的数据模型和本体推理。因此，知识图谱常用的数据模型是 RDF 三元组，用 RDF/XML 语言描述和建立的 RDF 文档即可形成知识图谱，这样的知识图谱依然保留了基于符号的知识表示方式。用 RDF/XML 语言描述的知识图谱是 RDF 三元组数据模型下建立的 RDF 文档，这样的知识图谱示例如图 2-16 所示。

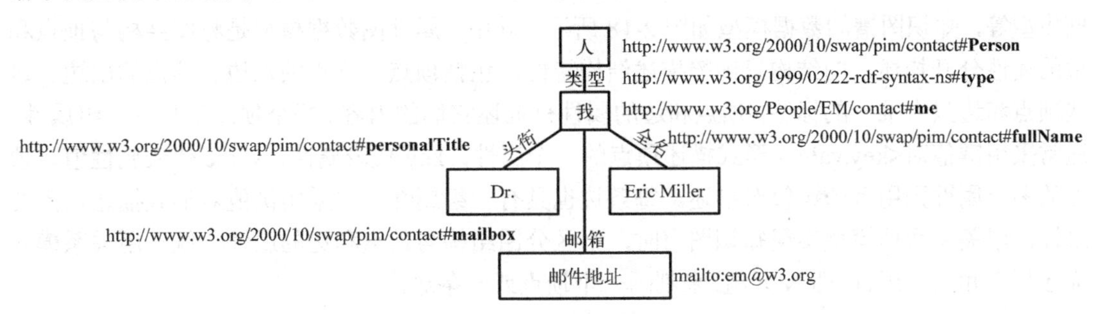

图 2-16　用 RDF 三元组数据模型建立的知识图谱示例

用下列 RDF/XML 语言描述该知识图谱，即 RDF 文档。

```
<?xml version="1.0"?>
 <rdf:RDF
   xmlns:rdf="http://www.w3.org/1999/02/22-rdf-syntax-ns#"
   xmlns:contact="http://www.w3.org/2000/10/swap/pim/contact#">
  <contact:Person rdf:about="http://www.w3.org/People/EM/contact#me">
   <contact:fullName>Eric Miller</contact:fullName>
   <contact:mailbox rdf:resource="mailto:em@w3.org"/>
   <contact:personalTitle>Dr.</contact:personalTitle>
   <rdf:type>contact:person</rdf:type>
  </contact:Person>
 </rdf:RDF>
```

当然，也可不用 RDF/XML 语言描述知识图谱，直接用文本格式建立基于 RDF 三元组数据模型的知识图谱。用文本行数据实现知识图谱的形式如图 2-17 所示。其中，前面 5 行用属性三元组<实体、属性、属性值>分别定义了 240111203 实体的经度(long)、人口

(population)、实验室(label)、纬度(lat)和市议员(alderman)5 个属性下的值。后两行用关系三元组<实体、关系、实体>定义了 240111203 实体所属的 country(国家是关系名称)是 Germany (这是另一实体)，240111203 实体所属的 district(街区是关系名称)是 Weimarer(这是另一实体)。除此之外，也可用 RDF 三元组数据库来建立基于 RDF 三元组数据模型的知识图谱。

(lgd : 240111203 , geo : long , 11 . 3700843)
(lgd : 240111203 , lgd : population , 1595)
(lgd : 240111203 , tdfs: label , "Kromsdrof")
(lgd : 240111203 , geo: lat ,50 , 9988888889)
(lgd : 240111203 , lgd : alderman ,"B . Grobe")
(lgd : 240111203 , lgd : country , dbp : Germany)
(lgd : 240111203 , lgd : district , dbp: Weimarer)

图 2-17 文本行数据实现 RDF 三元组模型的知识图谱

知识图谱的实现形式除了 RDF 三元组数据模型以外，还可以是属性图数据模型、关系数据模型等，知识图谱的数据模型如图 2-18 所示。其中，属性图数据模型是将图结构与顶点和边的属性分开描述，图结构只纯粹描述结构特性，包括顶点、顶点的入边、顶点的出边。这些顶点和边只有唯一的标签，顶点和边的属性只描述它们的内容。每个顶点都具有一组属性，通常采用键值对<key,value>形式描述顶点的一个属性，key 代表属性，value 代表属性值，顶点的多个属性则用多个键值对描述。每条边也具有一组属性，也采用键值对形式描述顶点的属性。用关系数据模型实现知识图谱时，不区分图结构与顶点和边的属性，统一用关系模式描述顶点和边，用行(即 N 元组)来刻画一个顶点或一条边。

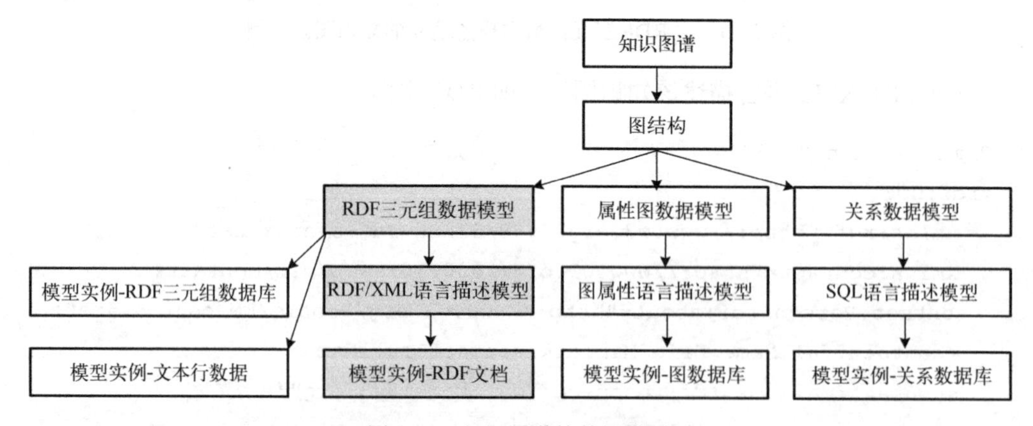

图 2-18 知识图谱的数据模型

知识图谱是符号化的知识表示方式，是面向人理解的。事物及事物联系都是用符号进行标记的，这种离散化符号标识的知识图谱在用机器进行计算处理时会面临一些困难。

(1)符号蕴涵语义弱，离散符号很难表达出语义层面的信息，更不能进行语义计算。

(2)数据稀疏性强，知识图谱中的实体和关系(代表了现实中的事物及事物联系)存在长尾现象，很多实体只存在极少量的关系，这些稀疏的实体关系往往很难对它们进行理解和推理。

(3)计算效率低下，基于图结构的知识表示简洁直观易于联想，在利用知识图谱进行检索和推理时需要设计专门的图算法来实现，图算法的计算复杂度往往比较高，难于快速运行。

为了解决上述问题，研究者提出了知识表示学习(Knowledge Representation Learning)的方案。知识表示学习旨在通过机器自动学习，获得一种对知识的分布式表示。分布式表示的核心是将实体和关系的语义信息映射到低维稠密实值的向量空间中，也就是将其语义信息分布到向量的多个维度上，两个实体或者两个关系的语义相近时其向量间的距离也相近。对于机器来说，这样的向量可以蕴含更多的语义信息，更容易被机器理解、计算和操作。如果把知识表示学习运用于知识图谱(即将知识图谱中的实体和关系映射到向量空间)，则称为知识图谱的表示学习、知识图谱的向量表示或知识图谱嵌入(Knowledge Graph Embedding)等。知识图谱的向量化表示是面向机器处理的，所含语义更丰富，更易于计算，相对于向量化表示，符号化表示的知识图谱更易于理解，也可实现符号化推理，两种表示形式各自有其使用的环境。

2.4.3　知识图谱的向量表示

知识图谱的向量表示受到词向量表示的启发。将一个词转换成向量的方式有很多种，传统方法有简单编码、独热编码(One-hot Encoding)和词袋模型(Bag-of-Words)等。

简单编码是指 n 个状态与 n 个数值之间形成一对一映射，状态与数值对应关系如图 2-19 所示。n 个状态连续时，将 n 个数值设置成连续值；n 个状态非连续时，则将 n 个数值设置成非连续值。简单编码有两个明显的特点：数值大小决定状态间有先后次序之分，距离远近决定状态间有紧密程度之分。例如，把“中国”“美国”“越南”“俄罗斯”“日本”“英国”“法国”“德国”“巴西”“丹麦”“埃及”“伊朗”“南非”定义为 13 个国籍状态，选用 1～13 的整数值来对应表示这 13 个状态。根据简单编码，“美国”的编码为 2，“越南”的编码为 3，“巴西”的编码为 9，那么“美国”一定排在“越南”和“巴西”前面，“美国”与“越南”之间的距离为 1，与“巴西”之间的距离为 7。

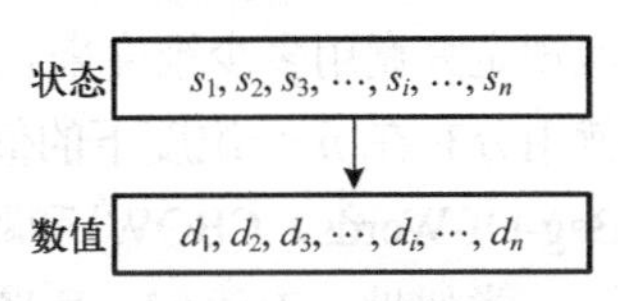

图 2-19　状态与数值对应关系

在很多情况下，状态间既无先后次序之分，又无紧密程度之分，那么独热编码(One-hot Encoding)就是一种好的解决方法。独热编码就是将一个词表示成一个很长的向量，在这个向量中只有对应维度上为非零，而其他维度上全为零。例如，一篇文档或者一个文档集中共出现了 n 个词，每个词的独热编码示例如图 2-20 所示。独热编码有 3 个明显特点：编码维度高，稀疏性大，每个词不具有独立语义。

词袋模型是一种对文档的表示方法。在一个文档集中，每一个文档被看成一个装词的词袋，所有出现在文档集中的词组成一个词汇表，一个词袋记录了词汇表中的每个词在对应文档中出现的次数。对于每个文档，可以用一个向量表示，向量即为词袋，该向量中的每一维代表了每个词出现的次数。词袋有两个明显特点：不关心词在词袋中的存放顺序，不考虑词之间的相互关系。例如，k 篇文档中共出现了 n 个词，词袋编码即 BOW 向量，示例如图 2-21 所示。

词汇表	W_1	W_2	W_3	...	W_n
W_1=	[1	0	0	...	0]
W_2=	[0	1	0	...	0]
W_3=	[0	0	1	...	0]
⋮					
W_n=	[0	0	0	...	1]

图 2-20　独热编码示例

词汇表	W_1	W_2	W_3	...	W_n
Doc_1=	[11	20	4	...	0]
Doc_2=	[8	1	0	...	9]
Doc_3=	[4	0	56	...	0]
⋮					
Doc_k=	[0	31	14	...	8]

图 2-21　词袋编码示例

独热编码和词袋模型有共同点：一是词汇表(由 n 个词组成的空间)一旦建立，它就完全独立于文档或文档集，对词汇表中的词进行编码时就与文档或文档集的语义无关；二是词汇表仅表征词在其中的存在形式，它既不反映词的先后顺序，也不体现词之间的内在联系。简单编码法、独热编码和词袋模型都没有考虑词的语义层面信息，它们都是离散型向量表示，离散型向量表示的特点是每个词都是完全独立的。为了表示词之间的相似度，提出了词的分布式表示或连续型向量表示，通常称为词向量或词嵌入(Word Embedding)。词嵌入就是将离散形式的词转换成连续空间中的数值向量，将词所关联的上下文的语义映射到一个数值向量，也就是基于词的上下文的、低维且稠密的向量表示法。比如，用[0.103,0.074,0.912,0.545,0.396,0.764,0.821,0.327,0.808]这样一个 9 维的向量来表示一个词，这个词在 9 个维度下分别具有“某些含义”，而且“某些含义”又可以被量化成一个数值(对这样的数值不具有可解释性)，那么一个词的语义就由分布在这 9 个维度下的值来表达。对一个词而言，虽然无法确切地规定究竟用多少维度来表示，也没办法用语言阐述每个维度下的具体寓意，但一个词的语义就由分布在 n 个维度下的值来表达。生成词向量的方法有很多，比如连续词袋模型(Continues Bag-Of-Words，CBOW)和跳字模型(Skip-gram)，其内容可参考相应文献，在此不展开讨论。

类似地，对语句、段落、文档甚至图都可以向量化，知识图谱中的实体和关系也可向量化。知识图谱的向量表示可以从不同的角度将实体和关系的相应语义嵌入向量中，因此用向量表达出的事物(即实体)及其联系(即关系)的知识图谱有很多优势，主要包括：

(1)事物及其联系不再是孤立且不含有语义信息的符号，而是包含了丰富的分布语义信息的向量。

(2)知识图谱的内容映射到向量框架时，相应算法就不会局限于符号计算，而是可以使用数值计算，计算效率会大幅度提高。

(3)知识图谱不再局限于图算法应用，知识图谱的应用范围被扩大了。

目前，知识图谱常用 RDF 三元组<主体、谓词、客体>来声明一个事实，表示主体与客体之间存在谓词指代的关系。利用 RDF 三元组形式来定义实体关系的三元组<h、r、t>，它表示了实体 h 与 t 之间存在 r 关系。在知识图谱的向量表示过程中，实体和关系的向量化是核心，需要建立模型来实现实体和关系的向量化，当然还可以考虑融入更多信息到实体和关系的向量中，以丰富其语义。当知识图谱向量表示后，需要衡量或者评判向量化后的三元组的合理性，还需要进一步挖掘向量化后的实体和关系的潜在应用。知识图谱向量表示后，即实体和关系向量化后，这些向量就可作为其他应用的输入，这样的输入信息包含了丰富的语义而不再是简单的符号，它有利于基于语义的知识推理。知识图谱的向量表示在很多方面都有典型的应用，比如用于推理、推荐、问答和预测等应用。有关知识图谱的向量表示的相关模型，在相关文献中有详尽介绍。

思　考　题

1．什么是元数据？元数据有哪几个共性要素？每个要素的含义是什么？

2．你认为大数据需要建立哪几种不同类别的元数据标准？

3．你怎样理解知识表示就是为其建立相应的数据模型，试列举你所知道的知识表示方式有哪些。

4．什么是知识图谱？知识图谱与语义网络和语义Web之间有何异同？

5．知识图谱可以有哪些实现形式？当下的知识图谱的向量表示是为解决什么问题而提出的？

第 3 章　大数据存储

大数据采集、分析和应用等技术更突出多样性和差异性，而大数据存储、管理与计算等技术更强调支撑性和共享性。为应对大数据对存储带来的挑战，大数据存储系统应该满足 4 点要求：一是能够支持动态扩容以适应数据快速增长，二是能够满足数据大吞吐量和高传输率，三是能够适应大规模数据管理和并行计算，四是能够保障数据存储安全可靠。为深入理解大数据存储，本章从数据存储展开讨论，从数据存储相关概念与基础知识入手，逐步阐述存储要解决的基本问题，分析大数据存储面临的挑战和解决方法。

3.1　数据存储基础

存储是计算机系统的重要组成部分，一直伴随着计算机技术向前发展。总线技术与新存储介质不断产生并得以应用，使得存储系统在存储容量、吞吐率和传输率等方面有了大幅度提高。互联网的迅速崛起，使存储面临数据增长速度与规模的双重冲击而受到极大挑战，迫使存储逐渐从计算机系统中独立出来，不再依赖或局限于计算机系统。从磁盘形成磁盘阵列，再到网络存储、集群存储、云存储等独立系统的形成，使存储结构更具扩展性、配置管理更灵活、I/O 并行度更高，使数据在存储容量、吞吐率和传输率等方面有了极大提升。目前，虽然尚未提出专门面向大数据的存储技术，也没有构建出专门针对大数据的存储系统，但是当下的存储技术及存储系统，比如集群存储和云存储，在应对大数据存储方面还能够发挥出有效作用，已成为大数据主要存储平台。

3.1.1　数据存储概念

数据存储是指在存储介质上以特定方式记录数据，记录是用物理方法将数据转换成可在存储介质中保存的状态。纸带是早期用于记录数据的存储介质，其记录方式非常简单：在纸带上穿一个孔洞表示二进制 1，无孔洞表示二进制 0。纸带开启了持久记录数据的先河，也是数据存储技术先驱。但因其容量低且穿孔速度慢而被淘汰。磁性物质是另一种用于记录数据的存储介质，用磁体单元的南北极有无偏转分别表示二进制 0 和 1。磁性物质的磁体单元密度高且磁极偏转速度较快，一直被广泛用于记录数据，磁带和磁盘是两种重要的磁性物质载体。磁带是将磁性物质均匀地附着在胶带上，作为一种低成本的存储载体，被广泛用于数据离线(Off-Line)存储，其缺点是存取速度较慢。目前，一条磁带最高可以存储 200~300TB 数据，平均每平方英寸的存储密度可达 20GB。磁盘是将磁性物质按某种分布特性附着在特定材料的圆形盘片上，根据盘片材质分硬盘(Hard Disk)与软盘(Floppy Disk)。软盘只有一个塑料材质的盘片，因其容量和速度受限而被淘汰。硬盘具有一组铝或玻璃材质的盘片，其特点是容量大、速度快，它始终作为主要存储载体并一直用于数据在线(On-Line)存储。硬盘经过 60 多年发展，其容量和速度得到极大提升，如今单 HDD(Hard Disk Driver)磁盘容量已经跨入 8～10TB 门槛，数据存取速率可达 300MB/s。

光盘是一种结构比较复杂的存储载体，它由多层不同材料的介质构成。光盘记录数据的原理并不复杂，它是用光束在相应介质层上烧录点来记录数据，通过烧录点对光的反射率变化来表示二进制0和1。光盘介质层密度较高但光束烧录点较慢，这个特点决定了它的存储容量较高但存取速度较慢，主要用于辅助性数据离线存储。目前，光盘主要有三代产品，第一代是Compact Disk与Laser Disk，第二代是DVD，第三代是Blue-ray Disk(蓝光)与HD DVD。光盘的存储容量从CD的700MB提升到蓝光的100GB，存取速度从2MB/s提升到64MB/s。

半导体是最为常用的存储载体，它是以电信号记录数据，用高低电平分别表示二进制1和0，其优势是数据存取速度极快，劣势是容量偏低且成本较高。半导体又分为易失性(如RAM-Random Access Memory)与非易失性(如ROM-Read Only Memory、NVRAM-Non Volatile Access Memory)两大类。易失性RAM存储器有大众熟知的内存(DRAM-Dynamic Random Access Memory)和CPU缓存(SRAM-Static Random Access Memory)。DRAM加电后需动态刷新才能保持电平原有信号，断电后电平信号消失；而SRAM加电后就一直持续保持电平原有信号，断电后电平信号消失。非易失性ROM存储器主要用于存储固化的程序或数据，比如用于计算设备初始启动的引导程序。非易失性NVRAM存储器俗称闪存(Flash Memory)，它由带电可擦除可编程只读存储器EEPROM(Electrically Erasable Programmable Read-Only Memory)演化而来，分为NOR(异或)和NAND(异与)两种结构类型。NOR结构闪存容量小、速度快、成本高，NAND结构闪存容量大、速度较快、成本低，大多数固态盘SSD(Solid State Driver)采用NAND结构设计。目前，SSD盘与HDD盘的容量相当，其数据存取速度可从普通客户级的600MB/s到企业级的7～10GB/s。

当二进制数字0和1可以在介质上实现物理记录时，如何才能将其在介质上高效有序地进行I/O，即存入和取出呢？为此，需按照某种标准或规则，将存储介质划分成一系列存储单位，每个存储单位可以记录固定数量的二进制位，也就是可容纳二进制数字的数量。比如，若存储单位容纳8个二进制位，则称为字节(Byte)；若存储单位可容纳512个二进制位，则称为扇区(Sector)或物理块(Physical Block)。字节和扇区分别是内存与外存的存储单位，存储单位也是数据I/O单位，一次内存读写(Read/Write)可访问若干字节，一次磁盘读写可访问若干个扇区。

存储单位和数据I/O最小单元是数据存储和数据I/O的基础。存储单位在介质上不仅有固定大小而且有固定位置，其位置通常采用编码来标识，数据根据存储单位的位置进行存入或取出。比如内存的存储单位是字节，字节采用段号+段内偏移的编码来标识，数据以字节为单位进行存入或取出；外存(如磁盘)的存储单位是扇区，扇区采用CHS(Cylinder+Header+Sector)编码来标识，数据以扇区为单位进行存入或取出。当数据需要存放到磁介质中时，先按照存储单位大小要求把数据逻辑划分成块，被称为逻辑块，也称为数据块，然后依据某种策略为每个逻辑块分配一个存储单位并将其存入。数据通常需要划分成多个逻辑块并存放于多个存储单位中，确保多个逻辑块存放在多个存储单位后，依然可以维持每个逻辑块在原有数据中的彼此关系不改变，同时还应尽量减少存取的时间代价或者避免存储单位额外开销，这就是数据物理存储组织方式，也称为数据存储方式或数据物理组织方式。数据物理存储组织方式是指为满足数据存储要求，即输入输出要求，将其在物理存储设备上按照预定形式(样式)进行设计(编排)。数据物理存储组织方式通常有：随机、连续和非连续(包含链式和索引两种)3类，如图3-1所示。

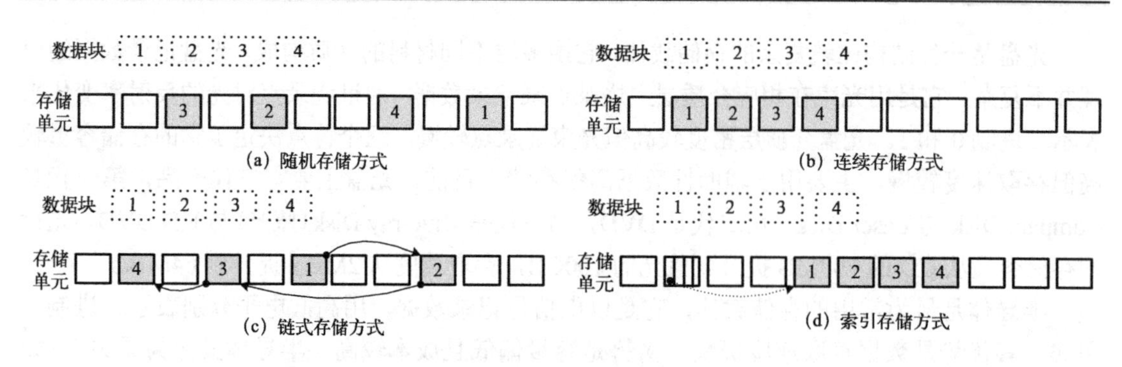

图 3-1　数据物理存储的组织方式

图 3-1(a)为随机存储方式，该方式通过逻辑块内容计算出存储单位的地址。图 3-1(b)为连续存储方式，分配一组连续的存储单位以存放对应逻辑块，逻辑块顺序与存储单位的顺序一致。图 3-1(c)为非连续存储方式之一的链式存储，为每个逻辑块独立分配存储单位，对应存储单位链接在一起。图 3-1(d)为非连续存储方式之一的索引存储，它是由索引存储区+数据存储区构成，索引存储区用于记录存储单位的分布信息，数据存储区用于存放逻辑块，这两个区可采用不同的组织方式。如果数据存储区继续细分成索引存储区+数据存储区结构，则形成二重索引，以此再分则可形成多重索引。数据在介质中存放时必须按照某种存储方式展开，数据处理效率与数据存储方式密切相关。

3.1.2　磁盘存储原理

实现数据存取要有能够在存储介质上记录和检索数据的装置，这种装置称为数据存储设备，简称为存储设备，比如光盘、磁带、磁盘、磁盘阵列等设备。磁盘是数据持久在线存储的主要载体，因其容量更大、可靠性高、稳定性好、成本较低等特点被广泛使用。磁盘的发展从 HDD 到 SSD，从单盘到阵列设备，其存储容量和存取速度得到很大的提升。学习大数据存储要充分理解磁盘基本工作原理，在此基础上了解并熟悉数据存储(子)系统。

1. *磁盘构成及其连接*

磁盘通常由磁盘驱动器控制电路(简称磁盘驱动器)和磁盘体构成，磁盘体包含存储介质，存储介质特性决定磁盘存储容量。磁盘体根据存储介质不同分为 HDD 和 SSD，HDD 磁盘体除了存储介质以外还涉及电机、机械臂、磁头等部件。在计算机体系结构中，磁盘是为主机提供数据存储的一种外部设备，通过外部数据总线与磁盘控制器相连，磁盘控制器一般集成在主机底板上，并通过内部数据总线与 CPU 连接。常用外部数据总线包括 IDE(Integrated Drive Electronics)、PCI(Peripheral Component Interconnecr)和 SCSI(Small Computer System Interface)。数据总线(包括内部和外部)是一组用于传输数据、地址和控制等信号的线缆，外部数据总线通常都称为 I/O 数据总线。主机、磁盘控制器和磁盘的功能各不相同，主机通过磁盘驱动程序接收上层应用对磁盘读/写数据的请求，并将这些请求转换成磁盘 I/O 指令交付给磁盘控制器，同时还完成与磁盘控制器间的数据交换；磁盘控制器负责外部数据总线的初始化和仲裁，接收磁盘驱动程序发送来的读写命令及附加信息，并将这些命令和信息转换成 SCSI 或者 ATA 指令发给磁盘，最终完成与磁盘之间的数据传输；磁盘按照 SCSI 或者

ATA (Advanced Telenology Attachment) 协议规范要求，执行磁盘控制器对其下达的I/O指令，完成数据在磁盘体上的存入或取出。

磁盘控制器与磁盘之间的通信类似于网络节点之间的通信，按照 OSI (Open System Interconnect) 参考模型要求，它们之间的通信也应遵循物理、链路、网络、传输及应用等各层相应规范。ATA 协议和 SCSI 协议是专门用于主机与外部设备通信的两大规范，这两个协议分别定义和规范了各自相应层的内容。主机与磁盘控制器之间可以用数据总线或者网络相连，比如采用 PCI 总线、FC (Fibre Channel) 网络或 IP (Internetwork Protocol) 网络等，它们之间的连接和数据传输同样需要相应规范。主机、磁盘控制器和磁盘三者间的关系及遵循的规范如图 3-2 所示。磁盘控制器与磁盘之间的通信必须遵守 ATA 或 SCSI 这两大协议之一。

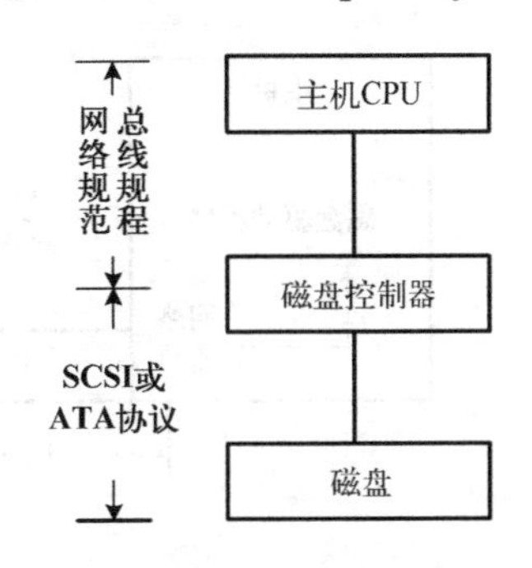

图 3-2　主机、磁盘控制器和磁盘三者间的关系及遵循规范

2. *磁盘数据传输*

磁盘控制器与磁盘进行通信须遵守 ATA 协议或者 SCSI 协议，虽然这两个协议并不是严格意义下 OSI 参考模型中对应层下的全部内容，但与 OSI 模型有对应关系，是一套完整的规范。ATA 和 SCSI 协议在其物理层定义的内容称为物理接口，物理层之上定义的内容统称为逻辑接口。它们的物理接口定义了连接规范，链路层定义了通信的起点与终点之间数据传送的规范，网络层定义了寻址机制和寻址方式，传输层定义了数据最终收发端的传输规范。除此之外，在 ATA 和 SCSI 协议中，还为应用层定义了一套自己的指令系统，即 ATA 指令集或 SCSI 指令集。主机与磁盘之间的通信关系如图 3-3 所示，磁盘驱动程序将内部数据总线作为通道，向磁盘控制器发送 ATA/SCSI 指令和交换数据，磁盘控制器和磁盘根据 ATA/SCSI 协议规范接收和执行指令，并协同完成数据在存储介质中的存取操作。

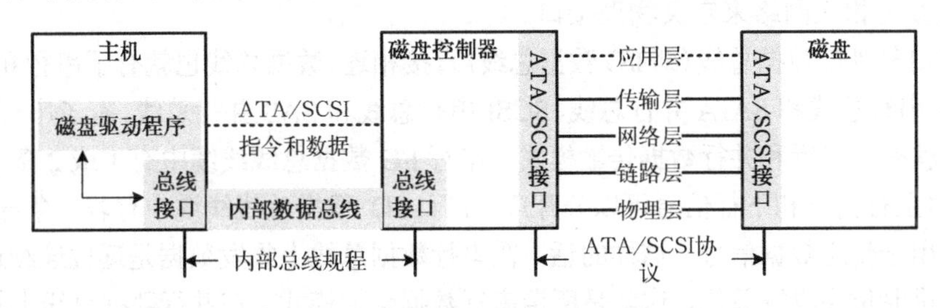

图 3-3　主机与磁盘之间的通信关系

自从存储从计算机体系中独立出来后，主机、磁盘控制器和磁盘之间的连接不再完全依赖数据总线，而是可以有不同的连接方式。对于小型磁盘阵列，阵列控制器从主机中分离出来，三者之间通常都采用 SCSI 总线相连。对于大型磁盘阵列，主机、阵列控制器、磁盘等全部采用网络连接方式，比如采用 FC 或 IP 网络。用 FC 网络连接大型磁盘阵列如图 3-4 所示，它们之间的所有通信和数据传输完全由 FC 网络通道来承担。在这种连接方式下，FC 网络只是充当了指令和数据传输的通道，底层通信和传输遵循 FC 网络协议，上层应用保留 ATA/SCSI 指令集。磁盘驱动程序通过 FC 网络与磁盘控制器通信，传送 ATA/SCSI 指令和数

据；磁盘控制器与磁盘通过 FC 网络接收指令和传输数据，它们所执行的指令及协同完成数据存取的功能没有改变。虽然通道换成了 FC 网络，但通道所承载的内容没有变化，包括 ATA/SCSI 指令和数据，FC 只需要为 SCSI 指令集和数据定义一套特定接口即可。

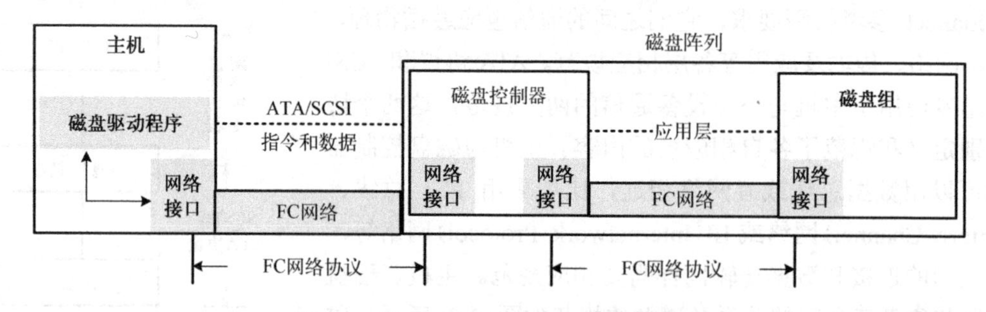

图 3-4　用 FC 网络连接的大型磁盘阵列

磁盘控制器与磁盘通信以物理连接为基础，首先需要定义物理接口。物理接口定义接口尺寸、引脚和功能、电气特性、介质(如线缆或光纤)、传输速率等。ATA 和 SCSI 协议有各自物理接口定义，ATA 协议定义了 IDE(Integrated Drive Electronics)接口，SCSI 协议定义了 SCSI 接口。接口通常分为并行和串行两种，IDE 有并行 PATA(Parallel ATA)接口和串行 SATA(Serial Advanced Telenology Attachment)接口两种；SCSI 有并行 SCSI 接口和串行 SAS(Serial Attached SCSI)接口。随着技术的不断进步和更迭，ATA 和 SCSI 定义和支持的物理接口也在不断升级和进步，物理接口支持的带宽有了较大提高，使得数据传输率得到提升。比如，ATA 的串行 SATA 接口的数据传输率已到达到 300MB/s，ATA 的并行 PATA 接口的数据传输率最大为 160MB/s，SCSI 的串行 SAS 接口的数据传输率已到达到 300MB/s，SCSI 的并行接口的数据传输率最大达到 200MB/s。随着可移动设备，比如优盘、光盘和移动硬盘的出现，发展出了 USB(Universal Serial Bus)接口，它分为 USB type-A、USB type-B、USB type-C 三种，还有一种 USB Micro-B 接口。USB 接口都是串行的。如果磁盘通信建立在网络基础上，那么就需要参考相应网络来定义物理接口。

物理接口与外部数据总线(即 I/O 数据总线)直接相连，数据总线也就有了串行和并行之分。比如有 ATA 串行总线和 SATA 并行总线、SCSI 串行总线和 SAS 并行总线。有了串行和并行 I/O 数据总线，就有了串行和并行数据传输模式。串行 I/O 数据总线线缆中有 1 或 2 条导线用于传输数据信号(上行信号和下行信号可以分开)，并行 I/O 数据总线线缆中有若干条导线(比如 8 芯或 16 芯)用于传送数据信号。这样的话，在串行数据总线上收发数据是逐位连续进行的，数据以 1 个二进制位为收发单位，这就是所谓串行数据传输模式。在并行数据总线上收发数据就可以多位同时进行，比如以 8 或 16 个二进制位作为一个收发单位，这就是所谓的并行数据传输模式。串行总线可采用更高频率发送数据，而且收发数据不需要同步机制，故此串行总线的传输距离可以更长而且数据传输率上升。并行总线采用高频率信号通信时易受干扰，需降低信号频率，从而使得数据传输率下降；而且并行收发数据需要非常稳定、可靠的同步机制，故传输距离也比较短。由此可见，串行接口的磁盘和磁盘控制器的传输性能优于并行接口，而且串行接口的磁盘控制器挂接的磁盘数量比并行接口的多。以串行 FC 接口为例，当采用单模光纤时，其信号传送距离可以达到几十千米，其数据传输率甚至达到 4GB/s。

磁盘与磁盘控制器通过其物理接口上的相应 I/O 数据总线连接起来后，下一步是如何确定它们的通信地址、如何传送数据(如同步或异步传输)、如何封装数据(即数据帧定义)、如何发现数据传送错误(即数据帧错误检测方法)等，这些内容都需要在ATA协议或SCSI协议中的链路层部分进行定义，有了链路层协议后才能确保在它们之间正确地传输数据。

链路层通信地址用于确定通信起点和终点。以熟知的以太网为例(对应于OSI参考模型中下两层的网络)，以太网中的每个节点在链路层都有一个唯一的48位的MAC地址(如94-E6-F7-0E-CF-59)。类似地，在帧中继(Frame Relay，FR，对应于OSI参考模型中下三层的网络)网络中，每个用户节点在链路层上有一个DLCI(Data Link Connection Identifier)，它是一个1～1024的整数，如DLCI的882。在ATA协议或SCSI协议中，对应不同类型接口规定了不同地址标识机制和方法。

为加强对通信地址的认识和理解，简单介绍一下IDE并行接口、IDE串行接口及SCSI并行接口的地址标识方法和机制。IDE磁盘控制器的并行接口规定，通过硬跳线方式来配置磁盘的通信地址，跳接成主盘从磁盘，因此并行接口的IDE磁盘控制器可挂接两个磁盘。IDE磁盘控制器的串行接口定义了可复用的4位端口号，规定每个端口号标识一个磁盘的通信地址，因此最多可挂接16个磁盘。SCSI并行接口采用8位或16位宽地址线信号编码，比如用SCSI总线中的8芯线(地址和数据信号共享)上的信号编码成00000001、00000010、00000100、00001000等8个地址，可挂接7个磁盘(SCSI磁盘控制器占用一个地址)。通信地址是实现磁盘控制器与磁盘间数据传输的基础，然而I/O数据总线上偶尔出现的噪音干扰会给链路上传输的数据带来错误，这就需要ATA和SCSI协议为链路层的数据帧正确传输定义相应保护机制，数据如何被封装成帧、数据帧如何在通信的起点和终点间传送，这些不详细介绍。

磁盘控制器是通信主控方，磁盘是通信被控方，它们的作用地位不对等，那么磁盘控制器如何才能寻找到磁盘呢？通常磁盘控制器允许有多个接口，每个接口对应一个通道，每个通道上的磁盘都拥有一个通信地址，磁盘控制器寻找磁盘的一般方式是：通道号+磁盘通信地址。通道号的生成机制和方法在ATA和SCSI协议中有各自的定义，这些都是在其网络层部分进行规范的。由于网络层不保障数据传输的可靠性，因此需要在传输层建立相应的可靠传输机制，确保数据在传输过程中不丢失、不错序、不重复，比如采用带“确认”的传输机制。由于数据总线非常短且信号稳定，数据传输不会出现丢失和重复现象，即便偶尔发生，也可交付上层应用去处理，因此在ATA和SCSI协议(基于数据总线的协议)中定义的数据传输不涉及可靠性问题。ATA和SCSI协议中关于寻址方式与机制及传输机制与传输性等内容不展开介绍。

ATA和SCSI协议为上层应用中各自定义了一套指令集，这些指令是磁盘控制器用于操作磁盘的命令代码，包括磁盘的读和写、控制和查询等命令代码。ATA和SCSI定义的指令集分别由ATA和SCSI磁盘控制器来解析执行，ATA指令集常用于个人主机，SCSI指令集因其效率高而被广泛用于服务器和磁盘阵列。由此可见，ATA和SCSI协议不仅制定磁盘通信规范，还定义磁盘操作的系列指令。关于ATA和SCSI协议更详细的描述可以参阅相关文献。

3. 主机读写磁盘数据过程

主机通过磁盘控制器来读写磁盘上的数据，这个过程包括两个阶段，一是主机CPU与磁盘控制器通信，二是磁盘控制器与磁盘通信。CPU与磁盘控制器通信需要有磁盘控制器的通信地址，标识地址及寻找地址的方法都与它们的连接方式密切相关。当主机采用内部数据总线与磁盘控制器相连时，主机将磁盘控制器视为存储器的一个单元，给它分配一个被称作 I/O 端口的地址，并将这个 I/O 端口地址映射到存储器的地址空间中，比如 0x0A。主机 CPU 通过磁盘驱动程序访问 I/O 端口地址，来向磁盘控制器发送磁盘操作命令和传送数据。具体讲，就是运行在主机上的磁盘驱动程序利用主机指令向 I/O 端口地址写入磁盘操作指令、数据或者数据地址，或者用主机指令从 I/O 端口地址读出数据或数据状态等。不同主机的指令形式不一样，有的采用访存 MOV 指令形式，有的采用 IN、OUT 指令形式。比如，OUT 0x0A，0x35 主机指令，OUT 是主机指令码，0x0A 是 I/O 端口地址(代表磁盘控制器的访问点或者磁盘控制器的通信地址)，0x35 是磁盘指令码。这条主机指令用于实现向磁盘控制器发送一条磁盘指令码。当然，还可以继续用主机指令给该 I/O 端口地址发送附加信息，比如是否采用缓存和 DMA(Direct Memory Access)，以及磁盘地址和数据块地址等选项信息，这些信息用于告诉磁盘控制器需要寻找的磁盘、数据位置，以及指示它如何做。

当磁盘控制器接收到磁盘操作指令(可能包括附加信息)、操作对象(磁盘物理块地址、内存数据地址)等后，磁盘控制器和磁盘就按 ATA 或 SCSI 协议要求进入第 2 阶段的通信，它们一起协同完成实际数据的存放或取出，磁盘控制器和磁盘间通信过程要求遵循 ATA 或 SCSI 协议规范。扇区是磁盘存放数据的存储单位，也是磁盘 I/O 最小单元，磁盘 I/O 操作就是将数据存入某个扇区或者从某个扇区取出数据的过程。下面以主机(CPU 执行磁盘驱动程序)从磁盘读入一个扇区到内存为例，假设磁盘控制器的 I/O 端口地址为 0xA0，启动 DMA 和缓存选项，读入数据的大致过程如下：

(1)磁盘驱动程序将 0xA0 端口地址信号放到内部总线上，以选中对应的磁盘控制器并开始与磁盘控制器通信。

(2)磁盘驱动程序向 0xA0 端口地址对应的磁盘控制器发送磁盘操作指令及附加选项信息(启用缓存、启用中断、启动 DMA 方式)。

(3)磁盘控制器接收磁盘操作指令及附加选项信息并解析指令和选项，发送确认或等待信息。

(4)磁盘驱动程序向 0xA0 端口地址发送磁盘扇区地址等。

(5)磁盘控制器与磁盘开始通信，磁盘控制器将磁盘操作指令信号和存储地址信号发给磁盘驱动器以执行数据取出，并将其放入磁盘控制器缓冲区中。

(6)磁盘驱动程序向 0xA0 端口地址发送内存地址。

(7)磁盘控制器接收内存地址，并启动 DMA，将缓冲区中的数据传送到内存，当完成传输后向 CPU 发中断信号，指示这次数据交换结束。

3.1.3 磁盘阵列

单磁盘的存储容量、吞吐率及传输率都非常有限，因此逐渐由单盘发展到多盘，从小型盘组提升到磁盘阵列。存储技术的发展，不仅极大地提高了存储容量、吞吐率、可靠性，也降低了存储成本。存储需求的不断升级，推进了大型网络化磁盘阵列的发展，比如出现了独立磁盘冗余阵列(Redundant Arrays of Independent/ Inexpensive Disks，RAID)，它由独立的或廉价的磁盘构成具有冗余能力的磁盘阵列。

磁盘阵列可由盘柜、磁盘组和一个盘阵控制器构成，盘阵控制器对外采用统一接口，对内实施磁盘组集中控制。磁盘阵列可根据盘阵控制器前端和后端接口类型的不同进行分类，比如分为 SCSI-SCSI、FC-SCSI、FC-FC、FC-SATA 等类型。还可根据盘阵控制器所在位置的不同，将磁盘阵列分为内接式和外接式两种。内接式磁盘阵列是指盘柜中只含有一组磁盘，盘阵控制器在主机内，故称为内接式，常用于主机外挂的小型盘组。外接式磁盘阵列是指磁盘组与盘阵控制器集成在盘柜中，磁盘组与盘阵控制器在盘柜内相连，盘阵控制器在主机外，故称为外接式。外接式盘阵有小型和大型之分，小型磁盘阵列中的盘阵控制器外接口为网络(如 FC 网络)，内接口通常是 SCSI 总线，大型磁盘阵列中的盘阵控制器的内外接口均为网络(如 FC 网络)。当用 FC 网络全面取代盘阵控制器与磁盘间的 SCSI 连接时，一个磁盘阵列则可挂载几百甚至上千块磁盘，它不仅能够提供巨大的存储容量，还可以提高存储综合性能。由此可见，大型磁盘阵列从主机体系中完全独立出来，能够形成一个水平可扩展的分布式架构，阵列中的磁盘能够在主机间共享，这是当下支撑大数据存储的现实基础。

1. FC 网络

SCSI-3 协议将上层指令语义(对应 OSI 参考模型中的上三层)与下层传输通道(对应 OSI 参考模型中的下四层)剥离，SCSI 指令传输通道不再限于 SCSI 总线，还可以是网络，如 FC 网络或 IP 网络。产生于 20 世纪 80 年代的 FC 作为高速网络技术之一，在 20 世纪 90 年中期被引入存储领域，随之推动了磁盘阵列技术发展和应用。当 FC 网络用作 SCSI 指令的传输通道时，由 SCSI 协议担任的传输任务就由 FC 网络来承接。对于 FC 而言，它只需要在 FC 协议中针对 SCSI 指令集定义一种特殊接口协议，即为 SCSI over FC，称为 FCP。

FC 是关于“网状通道”的网络通信协议集，它像其他网络技术一样遵循 OSI 参考模型。FC 物理层包含了电气子层和编码子层，分别定义了电气特性和传输编码方式，支持光纤和铜缆等传输介质。FC 链路层定义了众多元素，包括帧控制字符集及 FC 帧结构、链路内缓冲区到缓冲区之间流量控制机制及跨链路的端到端之间流量控制机制、最大传输单元(MTU)大小及链路层地址等。FC 链路层接口地址是 64 位的 WWPN(World Wide Port Name)，比如 00-16-E3-6E-78-05-0A-FD，如同以太网链路层接口 48 位 MAC 地址一样具有全球唯一性，它用于确定节点在链路层的地址，链路层地址用于标识通信起点或终点。FC 网络层定义了网络层地址、寻址机制和过程。网络层地址用于标识信源和信宿所在位置，网状型 FC 网络节点位置称为 Fabric ID，即网络层地址。Fabric ID 为 24 位，它由 Domain ID、Area ID、Port ID 三段组成，每段 8 位。这 3 段分别标识了 FC 网络交换机、FC 网络交换机中的端口组和端口组中的一个端口，因此 Fabric ID 指示出节点位置处于哪台交换机的哪个端口组中的哪个端口上。当节点跨越 FC 交换机通信时，Fabric ID 就是交换数据包时选择路由的依据。Fabric ID 类似于 IP 网络的节点位置标识，即 IP 地址(比如 IPv4 网络节点地址是 32 位，它由网络标识和主机标识两部分组成)，Fabric ID 是自动分配的而 IPv4 可手工配置或自动分配。FC 网络的 Fabric ID 到链路 WWPN 地址映射是在 Fabric ID 分配过程中完成的，IP 网络的 IP 地址到以太网链路 MAC 地址相互映射由专门定义的 ARP 和 RARP 协议实现。FC 也有类似于 TCP/UDP 的传输层，提供可靠和不可靠的数据传输方式，将上层数据划分成信息单元。因此 FC 传输层可以适配上层协议，比如 IP 数据包可以通过 FC 传输层进行传输，SCSI 指令也可以通过 FC 传输层进行传输。显然 FC 只是为 IP 和 SCSI 提供了一种传输通路，只需为它们建立和提供相应接口，于是就有了特殊接口协议 IP over FC 和 SCSI over FC。

比如，主机、盘阵控制器、磁盘都采用 FC 网络相连时，它们都需要增加相应 FC 网络接口，即 FC 网络适配器。主机、盘阵控制器和磁盘的 FC 网络接口都拥有自己的 WWPN 地址，在不同 FC 网络上自动获得各自的 Fabric ID。在 FC 协议配置后，主机就可将发送给盘阵控制器的指令及指令附加信息、数据或数据块地址等，通过 FCP 封装后交付 FC 传输层，并由其传输给盘阵控制器。盘阵控制器在收到并解封这些信息后，它与磁盘就按 SCSI 或 ATA 协议要求进入第 2 阶段通信，通信由 FC 传输层负责，它们共同完成实际数据的存入或取出。SCSI 或 ATA 协议屏蔽了磁盘内部结构和逻辑以完成磁盘访问，FC 网络提高了 SCSI 和 ATA 通信的高效性和可靠性，这两者的结合为实现大规模磁盘阵列应用提供了技术可能。由于 IP 网络非常成熟、廉价且使用广泛，选用 IP 网络作为 SCSI 指令传输通道是较为经济的，只需为 SCSI 协议建立和提供相应接口，为此将 SCSI 修改成 iSCSI 协议即可。

FC 的光纤传输及功能硬件化，使其具有可靠的性能保障，适用于点到点数据传输。FC 的最大特点是：网络与设备间的通信协议同主机与设备间的传输协议（用于传输主机下发的命令、主机和设备间的数据）分离，FC 光纤通道能适应各种数据传输协议的并存。

2. RAID 技术

RAID 是当下大数据存储普遍采用的存储技术和选用的存储设备。RAID 用一组磁盘构成阵列来实现高性能和高可靠性，它共有 7 个标准，从 RAID0 到 RAID6。

(1) RAID0 是块条带（Striping）方式。它把多个物理盘在相同位置下的一组扇区按顺序构成一个条带，条带中一个存储块被映射到相应物理盘中一个或多个连续扇区。块条带方式及其虚拟磁盘结构如图 3-5 所示。若干个块条带组成一个虚拟磁盘，RAID0 通过块条带将数据分布地存放在物理盘组上，块条带是虚拟磁盘的存储单位和数据 I/O 最小单元。

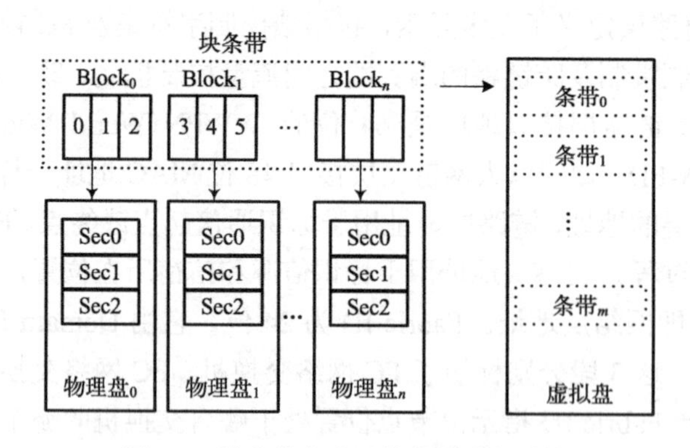

图 3-5　块条带方式及其虚拟磁盘结构

由于块条带中的存储块来自于不同物理盘中的连续扇区，所以 RAID0 的一次输入（Input）操作可将一个块条带中的数据分布地存放到多个物理盘上，或者从分布在多个物理盘上的数据一次输出（Output）到一个块条带中，实现多磁盘并行 I/O，极大地提高了 RAID0 的一次 I/O 操作的并发度，适合在 RAID0 上一次 I/O 较多数据。然而，这样的一次 I/O 操作需要多个物理盘联动，但又不能保证各个物理盘同步完成，这就使得 RAID0 的其他 I/O 操作需要等待，不利于 RAID0 的多个 I/O 操作并发执行，尤其是 RAID0 的随机 I/O 效率更低。除此以外，RAID0 还很脆弱，它没有对块条带中的存储块进行备份或者校验保护，若某个物理盘出现故障或者某个扇区受损，那么整个RAID0将不可用，或者某个条带受损，磁盘组越大，可用性和可靠性越低。为了解决物理盘自身故障或者因扇区损坏对数据存储带来的安全问题，便引入了RAID1技术。

(2) RAID1是完全镜像(Full Mirroring)方式。它为数据盘组(一组专门用于存放数据的物理盘)特别配置一组等量的数据备份盘(简称备份盘组)，使得数据盘组中的数据完全镜像到备份盘组中。RAID1的一次读取数据操作(即数据输出)必须同时从两个盘组中读出相同数据，若数据盘组出现故障则自动从备份盘组中得到正确数据，这种并发读取操作提高了数据的读吞吐率。RAID1的一次写入数据操作(即数据输入)类似其读操作，并发写入提高了数据的写吞吐率，但无任何意义。总的来说，RAID1的多I/O操作并发性能好，但成本和执行代价都很高。后来，在RAID0和RAID1方式上提出变形技术，其中之一就是RAID0+RAID1方案，该方案用2个RAID0盘组联合起来形成RAID1，一个RAID0盘组用于存放数据，另一个RAID0盘组用于镜像数据。若存放数据的RAID0中有任何一块盘出现故障，则所有数据I/O整体转向镜像数据的RAID0，RAID0+RAID1方案的冗余度为1。方案之二是RAID1+RAID0，即用两个RAID1盘组联合起来形成RAID0。两个RAID1盘组中的任意数据盘出现故障时，都可由这两个RAID1盘组中的备份盘恢复数据，RAID1+RAID0方案的冗余度为2。虽然RAID0和RAID1的组合方案可以解决大容量和安全问题，但其成本和执行代价依然很高。

(3) RAID2是位(bit)条带方式。它把多个物理盘在相同位置下的一组位按顺序构成一个条带，位条带中的一组位映射到相应物理盘组中的一组位。位条带方式及其虚拟磁盘结构如图3-6所示。RAID2通过位条带将数据以位为单位分散存储在物理盘组上，并对数据位采用汉明码编码，以便进行查错和纠错。汉明码是通过在数据位中插入一定数量的校验位来检测和纠正错误的编码技术。

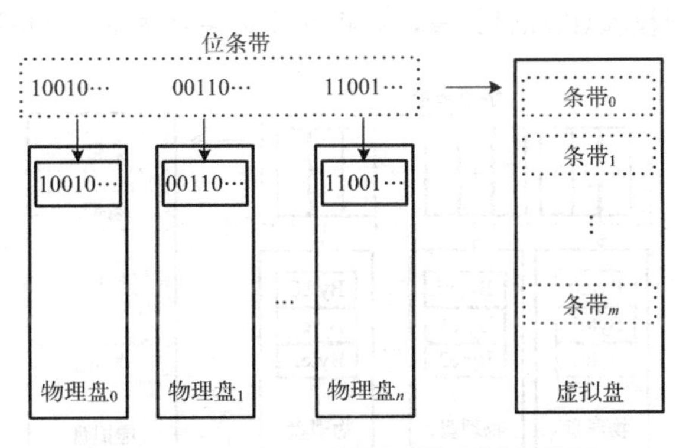

图3-6　位条带方式及其虚拟磁盘结构

在汉明码中，校验位数与数据位数之间存在$2^p \geqslant d+p+1$关系，其中p为校验位数，d为数据位数。在一个$d+p$位长的二进制中，p个校验位分布在第$2^n (n=0,1,2,3,\cdots)$位置上(对应位置1,2,4,8,···)，d个数据位分布在其他位置上。比如，4个数据位需要3个校验位，在7位长的汉明码中，3个校验位位于第2^0、2^1、2^2位置(即1、2、4)上，4个数据位位于第3、5、6、7位置上。对数据进行4位数据宽度的汉明码编码及其存储过程如图3-7所示。数据被分成4位一组，每组进行汉明码编码，而后以位条带方式存入数据盘和校验盘。

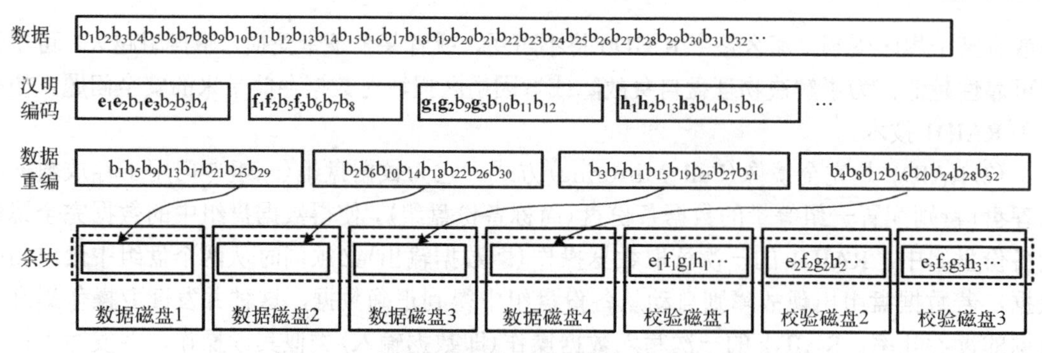

图 3-7　4 位数据宽度的汉明码编码及其存储过程

假设图中 4 组数据的 3 位校验值分别为 $<e_1,e_2,e_3>$、$<f_1,f_2,f_3>$、$<g_1,g_2,g_3>$、$<h_1,h_2,h_3>$，它们分别插到相应位置上，它们的计算参见汉明校验编码方法。4 个数据位和 3 个校验位需要存储到对应的 4 块数据盘和 3 块校验盘中，数据宽度(二进制位数)不仅直接决定了数据盘的数量，还间接决定了校验盘的数量。以此类推，7 个数据位需要 4 个校验位，64 个数据位需要 7 个校验位，校验位出现的位置按 2^n 要求来计算。

RAID2 中数据按位存放，每块物理盘存放 1 位。RAID2 将数据以位为单位分布存储在盘组上，这使得 I/O 要求所有数据盘和校验盘都要联动，不利于多个 I/O 并发操作。当 RAID2 读出数据时，还要同时读出校验位并对数据进行校验；RAID2 写入数据时，要同时计算出它们的校验位并写入校验盘。RAID2 利用汉明码只能检测和纠正数据中的一位错位，因此它只允许一个数据盘出现故障。同时汉明码不仅按位运算非常耗时，而且数据冗余开销太大。

(4) RAID3 是字节(Byte)条带方式。它把多个物理盘在相同位置下的一组字节按顺序构成一个条带，条带中的字节映射到物理盘组中的字节。字节条带方式及其虚拟磁盘结构如图 3-8 所示。RAID3 通过字节条带将数据以字节为单位分布存储在物理盘组上，同时在这些字节的相应位上做奇偶校验(Parity)计算，并将计算结果存储在一个单独的校验盘中。

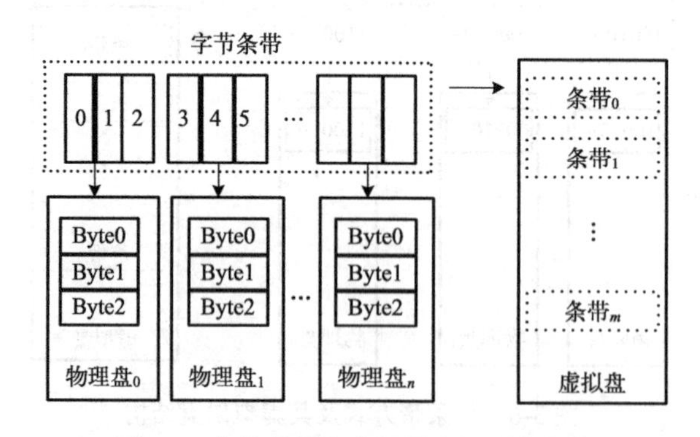

图 3-8　字节条带方式及其虚拟磁盘结构

RAID3 中的奇偶校验位计算采用异或逻辑(XOR)，这种逻辑只用于错误检测且只能检测一位错误，不支持错误纠正。下面通过一个实例来说明利用异或逻辑进行数据错误纠正，假设字节 A 为 01011010，字节 B 为 01110101，字节 C=A XOR B 的值为 00101111。当 A 出现错误时，即可用 C XOR B 还原出 A，还原出 A 的值为 01011010。当对 n 字节在相应位上做异或后，如果其中一个字节出现错误，那么就可用剩余的 n–1 字节和前面求得的异或值再做异或，得到的值就是被还原出的字节。用公式表达为，设 $C=A_1\ XOR\ A_2\ XOR\ A_3\ \cdots\ XOR\ A_i\ \cdots\ XOR\ A_n$，当 A_i 出现错误后，则用 $A_i=C\ XOR\ (A_1\ XOR\ A_2\ XOR\ A_3\ \cdots\ XOR\ A_{i-1}\ XOR\ A_{i+1}\ \cdots\ XOR\ A_n)$ 即可恢复出 A_i。将异或逻辑用于字节组或盘组，就可以检测并恢复其中的 1 字节或一个磁盘的错误。RAID3 的校验和存储过程如图 3-9 所示，对字节条带上所有字节在相应位上做异或校验，校验值写入独立校验盘中。

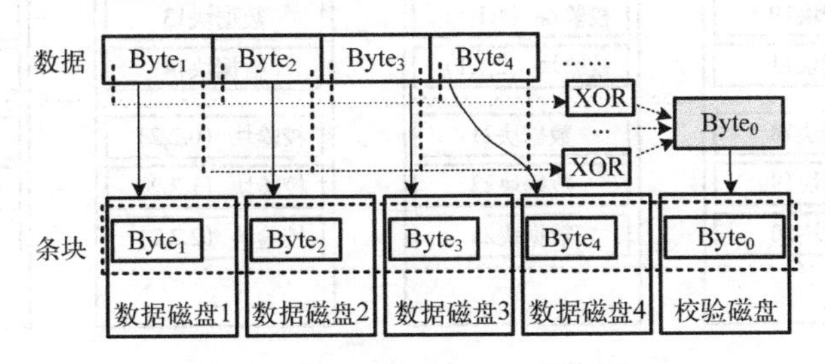

图 3-9　RAID3 的校验和存储过程

与 RAID2 相比，RAID3 无论用多少块数据盘，都只需用一块校验盘对数据进行校验，降低了成本。显然，RAID3 至少需要 3 块盘（2 块数据盘、1 块校验盘）。当 RAID3 中的数据盘未出现故障时，它与 RAID0 的读性能一致，能够并行地从多个数据盘读取数据，性能非常高。写数据时，必须计算条带中所有字节在相应位上的校验值，并将新校验值写入校验盘中。一次写操作包含了写数据块、计算条带字节数据的校验值及写入校验值。假如读取的数据块正好位于失效磁盘，则系统需要读取所有同一条带上的数据，并根据校验值重建或恢复出丢失的数据。

(5) RAID4 与 RAID3 的原理大致相同，同样采用异或逻辑（XOR）做奇偶校验位计算，只不过它的条带方式不同。RAID4 不要求一次 I/O 中的所有数据盘和校验盘都联动，也就是说，某一时刻在这些盘上的分片数据不需要同时进行 I/O，这样便提高了一次 I/O 内的并发。RAID4 对于读操作有较好性能，而且读数据时可进行及时校验。若某个数据盘中的数据损坏，则只要通过其他数据盘和校验盘相同位置下的数据进行重构即可。对于写操作，由于它只能一个数据盘一个数据盘地写，还要写入校验数据到校验盘，并非在所有盘上同时进行，因此写性能较低。无论是读还是写，RAID4 都必须访问校验盘，所以校验盘成为瓶颈。

(6) RAID5 与 RAID4 原理相似，不同之处是 RAID5 取消了专门的校验盘，它将校验数据分布存储在数据盘中，如图 3-10 所示。对于数据和校验数据，读入时可以在所有数据盘中同时进行，并行读操作的能力随之提高，而且可很快地用校验数据来恢复损坏的数据。写入时也可以在所有数据盘中进行，但每写入一个扇区的新数据就要额外读出条带中的其他的老数据，并为新数据产生且写入一个新的校验数据。RAID5 写操作性能较低，而且影响了写操作的并发能力。若适当加大条带的宽度，即增加条带在一个数据盘中的扇区数量，那么一次中小规模的数据 I/O 就会只使用一块数据盘，并行 I/O 性能较高。RAID5 因其兼顾存储性能、安全及成本等各方因素而被广泛使用。

(7) RAID6 是以 RAID5 为基础扩展而来的，它引入了双重校验，保障阵列在同时出现两个磁盘失效时不会发生数据丢失。RAID6 必须用 2 块磁盘来存储 2 个奇偶校验位，因此 RAID6 至少用 4 块盘，2 块用于存储数据、2 块用于存储奇验数据。RAID6 不仅要支持数据恢复，还要支持校验数据的恢复，因此实现代价很高，阵列控制器的设计和实现也更为复杂。

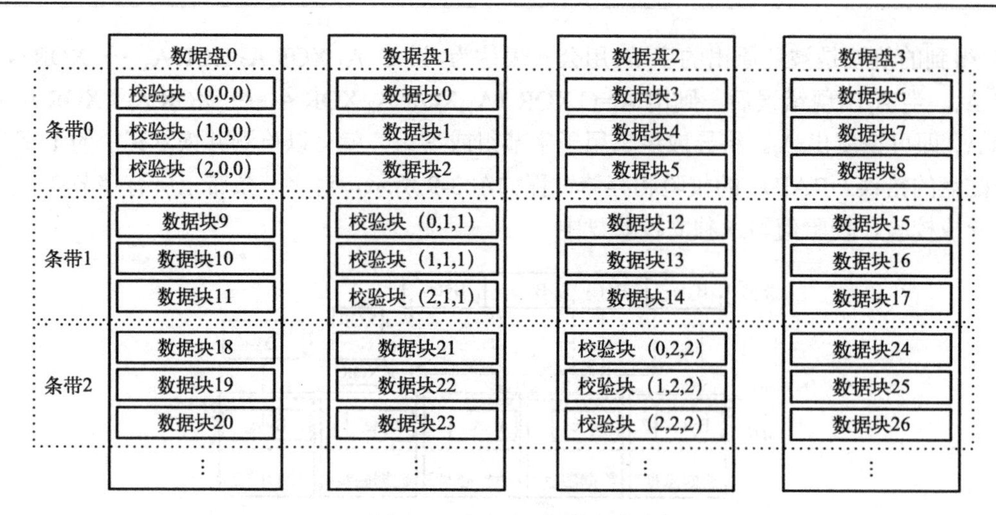

图 3-10　RAID5 条带方式

在高阶 RAID 中，奇偶校验概念被广泛使用，主要目的是在硬盘出现故障后以低于镜像成本的方式保护条带数据。在 RAID 构成的磁盘组中，磁盘越多则通过奇偶校验方式可以节省的磁盘也越多。比如在由 5 块盘组成的 RAID 中，有 4 块盘用来存储数据，1 块盘用来存储奇偶校验位数据，开销为 25%。而在由 10 块磁盘组成的 RAID 中，有 9 块盘用来存储数据，1 块盘用来存储奇偶校验位数据，开销为 10%，而采用 RAID1 镜像的开销则为 100%。

除了 RAID0 到 RAID6 之外，还有其他类型的非标准化 RAID 方案，它们不仅考虑了存储效率、安全与成本等不同方面的因素，还要面对 I/O 操作、I/O 类型(顺序或者随机)、一次 I/O 数据量等方面的影响。与非门(NAND)半导体存储越来越广泛，NAND 的固态硬盘(SSD)正逐步取代硬盘驱动器(HDD)，基于 NAND 构建的 RAID 称作 RAIN(Redundant Arrays of Independent NAND)。存储的选择不光取决于成本、性能、效率、冗余率及可扩展性等指标需求，还要考虑磁盘类型(HDD 或 SSD)和接口类型(串行或并行)因素。常用的大规模存储设备包括 RAID 磁盘阵列和 NAND 闪存阵列 RAIN。对于大数据存储，必须考虑上层应用的需要，选择合理的磁盘阵列类型。

3.1.4　磁盘卷

卷(Volume)方式设计的初衷是利用磁盘空闲物理块来构建虚拟磁盘，可以生成诸如简单卷、带区卷和跨区卷等。简单卷相当于在单磁盘上做逻辑分区，分区即为简单卷；带区卷类似于在 RAID 盘组上用条带化来构建虚拟磁盘；跨区卷则是在盘组上用非条带化来构建虚拟磁盘，类似于单磁盘上的分区。下面以跨区卷为例，介绍在盘组上做磁盘虚拟化的过程。

跨区卷允许卷容量来自多个磁盘，通过在不同磁盘上选择部分容量来形成卷。跨区卷构建过程是：首先选择若干磁盘，分别从其空闲容量中逻辑划分出一部分(由用户指定)形成各自的一个“物理卷”(Physical Volume，PV)。这些 PV 分别映射到相应磁盘对应的连续空闲物理块，因此 PV 可看成这些连续空闲物理块的“影子块”。PV 并不是物理意义上的存在，它只是在对应磁盘的特殊区域中，记录了这些被“划分”出去的连续空闲物理块数量及其首个物理块位置信息。然后，将这些 PV 按顺序拼接成一个“卷组”(Volume Group，VG)，并给这个 VG 取一个名字。这个 VG 可看成一块拼接起来的物理磁盘，但却并非是实际存在的物理磁盘。随后按指定的新“物理块”大小将 VG 划分成连续单元，VG 上的“物理块”是被虚设出来的而不再是扇区(Sector)，其大小可以指定(大小必须是 2^n)，而扇区大小为固定512字节。经过如此构建后，VG 就相当于一块物理磁盘，再对 VG 进行类似的单磁盘分区，得到的就是“逻辑卷”(Logical Group，LG)。跨区卷构建过程如图 3-11 所示。对 VG 进行分区是虚拟化的，它得到的 LG 相当于虚拟磁盘，一个卷组 VG 上可以建立多个 LG。

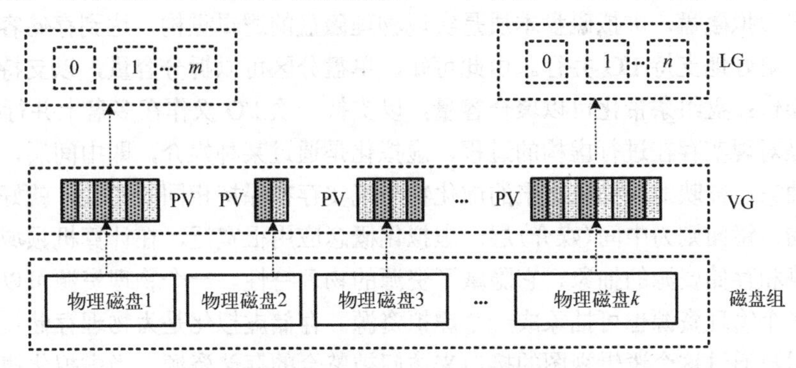

图 3-11 跨区卷构建过程

用分区或者条带方式构建虚拟磁盘时，其大小一旦建立就不易改变，除非删除后重建。而通过软件方式建立的逻辑卷就显得非常灵活，可以随时增加其大小。磁盘卷需要说明下列几点：

(1)物理卷上的“影子块”是对磁盘物理块的直接映射。

(2)逻辑卷 LG 中的一个逻辑块可映射到物理卷 PV 中的多个“物理块”，当一个 PV 上的“物理块”全部被映射后，再依次开始对卷组 VG 中下一个 PV 中的“物理块”进行同样的映射，以此类推。

(3)逻辑块大小可以根据需求进行设定，即指定一个逻辑块映射到多个物理块。

(4)一个卷组 VG 上可以建立多个逻辑卷 LG，即建立多个虚拟磁盘，每个虚拟磁盘的容量都可以超过一个物理磁盘的容量。

如果希望将多个逻辑卷继续聚合成更大的容量，那么就必须在逻辑卷的基础上继续抽象更上层的逻辑卷，通常采用卷管理程序实现。一般而言，由硬件生成的虚拟盘统一称为逻辑单元号(Logical Unit Number，LUN)，由软件生成的虚拟盘统一称为逻辑卷。

磁盘控制器能够支持虚拟磁盘到物理磁盘映射。利用磁盘控制器则可以构建虚拟磁盘，磁盘驱动程序通过虚拟磁盘访问数据以屏蔽实际物理磁盘。同样地，盘阵控制器支持虚拟磁盘到物理磁盘组映射，盘组被条带后形成虚拟磁盘(用 LUN 标识)提交给主机使用。卷是完全用软件方法实现磁盘虚拟化，卷还可以对若干独立磁盘进行虚拟化从而构建虚拟磁盘，虚拟磁盘还可再次进行虚拟化形成卷。

3.1.5 存储空间

在主机系统中，经常将本地物理磁盘划分成若干个独立区域，称为分区，并将这些分区分配给上层使用者，比如微软系统主机将磁盘分区分配给 FAT32 或者 NTFS 文件管理系统使用。分区是在磁盘特殊位置上标识并记录被分配扇区的起始位置及连续扇区数量等参数，而不改变磁盘物理特性和扇区大小，它只是对物理磁盘进行逻辑划分，使得分区具有与物理磁盘一样的存储特性。分区本质上是一个虚拟化过程，通过虚拟化技术在物理磁盘上构造出的“磁盘”，称为逻辑磁盘或者虚拟磁盘(Logic/Virtual Disk)。在磁盘阵列中，利用RAID技术构建的不同方式条带也不改变各磁盘物理特性和扇区大小，只是在参与条带化的各磁盘特殊位置上标识并记录条带参数信息，比如条带长度(横跨物理盘组的扇区数量或容量)和条带宽度(单个物理盘中连续扇区数量或容量)等参数。条带是个虚化物，通过条带可以跨越多个物理磁盘构造出虚拟磁盘，虚拟磁盘本质是实现物理磁盘的逻辑重构，达到存储容量的拆分与聚合的目的，更好地支持I/O并行。由此可知，单盘分区可以拆分容量，以支持多个I/O在单盘上并行操作；盘组条带化可以聚合容量，以支持一次I/O操作在多盘上并行执行。

虚拟化是对现实存在进行虚构的过程，虚拟化是通过某种媒介，即中间层，对现实存在进行映射或抽象，被映射或抽象出来的虚化物与现实存在保持相同的特性，就好像镜面中的成像为虚化物，镜面则为中间(媒介)层。虚拟化概念应用很宽泛，在计算机领域中，虚拟化指的是对计算和存储资源的抽象，它隐藏了资源的物理特性。一个物理资源可以抽象成多个虚拟资源，多个物理资源也可抽象成一个虚拟资源。存储虚拟化是为物理存储设备提供一个逻辑视图，用户通过这个逻辑视图的接口来访问被整合的存储资源。当虚拟化概念用于计算机领域时，就可将计算、存储、软件、通信等物理资源视为现实存在，通过某种中间层来映射或抽象出与之对应的虚化物(也称为逻辑体)。在计算机软硬件资源中，虚拟化技术需要解决中间层构建及虚化物表示问题，这类虚拟化隐藏或者屏蔽了物理资源的特性，可将一个物理资源抽象成多个虚拟资源，也可将多个物理资源抽象成一个虚拟资源。

虚拟化技术最早出现在20世纪60年代的IBM大型机System/360中，在System/360中运行着一个被称为虚拟机监控程序(Virtual Machine Monitor，VMM)的中间层，由它生成许多能够独立运行的虚拟机，虚拟机是用软件模拟出来的计算机，具有与物理计算机相一致的结构和功能。从20世纪80年代起，大型机逐渐被x86微型计算机替代，虚拟化也因此淡出人们的视线。21世纪初，随着云计算的推出，虚拟化技术再次得到重新认识、深化和应用，资源虚拟化开始延展。根据资源虚拟化类型，可分为基础设施虚拟化、计算系统虚拟化、软件虚拟化、桌面虚拟化等。虚拟化的目标是为这些资源在逻辑表示上提供标准接口来接收输入输出，降低资源使用者与资源实现者之间的耦合程度，简化资源的管理和访问。

IT基础设施虚拟化包括网络虚拟化、存储虚拟化等。网络虚拟化是将网络的硬件和软件资源整合，向用户提供虚拟的网络连接，典型的代表有虚拟交换机(Virtual Switch，VS)、虚拟局域网(Virtual Local Area Network，VLAN)、虚拟专用网(Virtual Private Network，VPN)等。存储虚拟化的主要形式有基于存储设备的存储虚拟化和基于网络的存储虚拟化。

计算系统虚拟化是指在一台物理计算机上运行一个或多个虚拟化软件，被称为虚拟机。虚拟机是一个在隔离环境中运行的逻辑计算系统，它包括客户操作系统和其中的应用程序。计算系统虚拟化实现了操作系统与物理计算机的分离(操作系统原本与物理计算机的体系结构和指令系统密切关联)。计算系统虚拟化技术应用在服务器上即为服务器虚拟化，称为虚拟专用服务器(Virtual Private Server，VPS)，应用在主机上即为主机虚拟化，称为虚拟主机(Virtual Machine，VM)。

软件虚拟化是针对软件环境的虚拟化，主要包括应用虚拟化和高级语言虚拟化。应用虚拟化将应用程序与操作系统解耦，为应用程序提供一个与操作系统无关的运行环境，这个运行环境包括应用程序的可执行文件和运行时环境，比如DOCK容器就是应用虚拟化。高级语言虚拟化解决的是可执行程序在不同体系结构的计算机之间迁移的问题，例如，Java 虚拟机就是 Java 语言虚拟化。

桌面是用户与操作系统之间的可视化交互界面。用户与微软操作系统之间的可视化交互界面是由 Exploer.exe 实现的，即桌面程序；用户与 UNIX 和 Linux 操作系统之间的命令行交互界面是由 shell 程序实现的，它们也提供可视化交互界面。如果桌面程序运行在本地操作系统之上，则称为本地桌面；如果桌面程序被分解成桌面客户端和桌面服务器两部分，桌面客户端在本地操作系统上运行，桌面服务器运行在远程节点的操作系统之上，这两部分通过远程桌面协议进行通信(Remote Desktop Protocol)，这样的桌面客户端就称为远程桌面。

磁盘虚拟化是一种相对简单的虚拟技术，虚拟磁盘(也称为逻辑磁盘或者逻辑卷)是记录在相应物理磁盘特定位置下的描述虚拟磁盘特性的一组信息。这组信息通常是操纵虚拟磁盘的参数，访问虚拟磁盘或者完成逻辑块到物理块的转换(转换可用代码或者映射表来实现)需要这组参数支持。当磁盘控制器或盘阵控制器识别出与其相连的物理磁盘后，就可对其进行虚拟化处理，构建出逻辑磁盘或虚拟磁盘，随后则可将其分配、授权和提交给上层使用者。虚拟磁盘的特点是能够屏蔽磁盘物理特性和通信规程差异，实现磁盘存储控制与数据存储访问分离。为了向用户提供透明一致的存储访问，虚拟磁盘被抽象成一种界面，称为逻辑存储空间，用户直接面向逻辑存储空间进行数据存储访问而不必关注存储底层的操控细节。逻辑存储空间是由一组连续逻辑块构成的集合，有时简称为存储空间，逻辑存储空间的组成单位是逻辑块。逻辑存储空间是从用户观点来理解存储的，它简化了数据存储访问，用户不是直接从存储设备而是从存储空间中存取数据。逻辑块，也称为虚拟块，是从用户观点理解的数据块，其大小可由用户定义。物理磁盘/盘组、虚拟磁盘和逻辑存储空间等三者间关系如图 3-12 所示。物理磁盘/盘组被虚化为虚拟磁盘，虚拟磁盘被抽象成存储空间，物理磁盘及其扇区(物理块)是存储操作的实际对象，虚拟磁盘及逻辑块是对物理磁盘及其物理块的映射，逻辑块大小必须是物理块大小的倍数。

逻辑存储空间常用命名符标识，逻辑块一般用地址标识。例如，IDE 磁盘和 SCSI 磁盘都是通过分区来构建逻辑盘(即逻辑存储空间)的，分别用单字母符号和逻辑单元号(Logic Unit Number，LUN)命名逻辑盘；RAID 盘组通过条带构建虚拟磁盘(即逻辑存储空间)并用 LUN 来命名，逻辑块都用顺序号来标识。逻辑存储空间与物理存储空间之间映射关系如图 3-13 所示。逻辑存储空间是访问虚拟磁盘的界面，磁盘控 制器将这种 I/O 访问操作转换或映射到物理磁盘上。

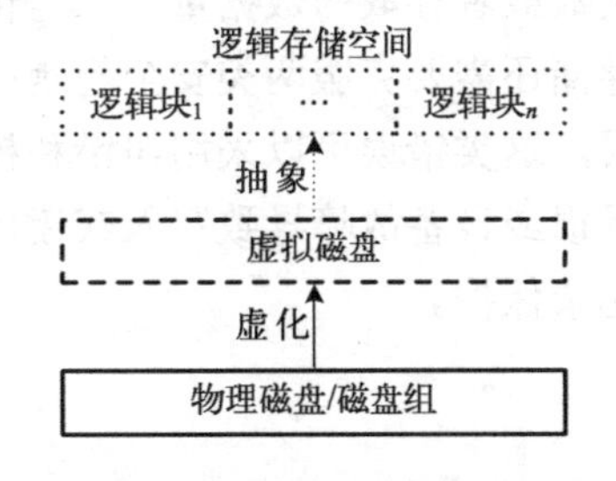

图 3-12　物理磁盘/盘组、虚拟磁盘和逻辑存储空间三者的关系

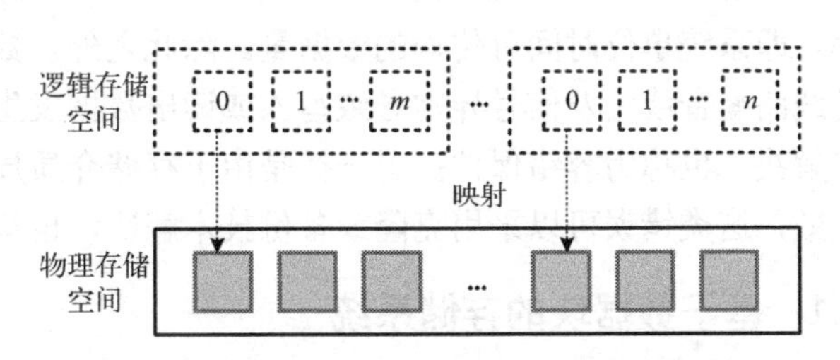

图 3-13　逻辑存储空间与物理存储空间映射关系

如果存储空间中的一个逻辑块可以映射到众多物理磁盘的物理块，那么存储空间就是分

布化的。例如，RAID0 盘组的一个条带(即一个逻辑块)映射到多个物理磁盘的物理块，由条带构成的虚拟盘就是典型的分布化的存储空间。如果数据划分成块且允许存放到不同存储空间的逻辑块中，那么数据就是分布化存储，即数据在不同存储空间中分布。数据存储分布化与存储空间分布化之间的关系如图 3-14 所示。当数据规模很大时，它不可能存放在一个存储空间中，那么就可将其划分成若干个数据块，并将其分布地存放到不同存储空间中。数据规模较小时，也可以将不同的小数据分布地存放到不同的存储空间中。

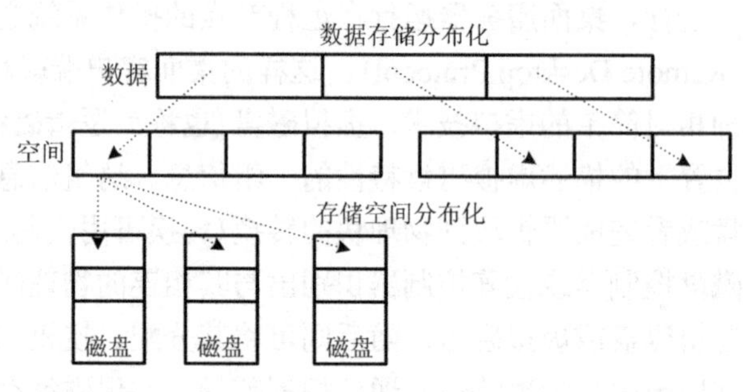

图 3-14　数据存储分布化与存储空间分布化之间的关系

3.2　数据存储系统

数据存取必须要有可记录和检索数据的存储设备。具体来讲，就是数据存取必须通过 I/O 指令在存储设备上执行，才能实现数据在介质中存入或者从介质中取出。存储设备只是一种具有数据存储功能的装置，如磁带、磁盘和磁盘阵列等，它本身并不直接提供数据存储服务。另外，存储设备在接口类型、数据的吞吐率、传输速度和容错机制等特性上存在较大差异，它们没有统一或者一致的使用方式。因此，需要在存储设备基础上，建立一种能够提供一致的透明的数据存取服务系统，即建立数据存储系统。所谓数据存储系统，是指能够采用某种方式将存储设备连接在一起，并利用访问接口为使用者提供数据存取服务的系统。构建数据存储系统要解决 3 方面的问题：一是要采用某种结构来解决存储设备的连接；二是要采用虚拟化方式来屏蔽物理特性上的差异，并以此建立逻辑存储空间来解决操作一致性；三是要选择一种存取协议来实现数据存取服务，比如 ATA、SCSI 或者 iSCSI 协议，解决数据存取访问。相应地，衡量数据存储系统也有 3 个主要指标：一是存储容量，即系统可容纳的字节数量；二是 I/O 吞吐率，即系统单位时间可输入/输出(即 I/O)的次数或者存取的数据量；三是传输速率，即系统单位时间可传输的数据量。除此之外，数据存储还需要克服两类安全问题：一类是线路噪音或实发信号异常导致写入或读出数据发生错误，这类错误可以采用纠错和校验技术解决，也称为容错保护；另一类是由于存储介质局部受损或设备故障导致写入或读出数据失效，这类错误可以采用克隆或备份技术解决，也称为冗余保护。

3.2.1　基于数据块的存储系统

基于数据块的存储系统，简称块存储系统，是指为用户提供数据块级的存取服务系统。数据块是数据的存储单位，是具有固定长度的字节序列。有两类典型的基于数据块的存储系统，即直连式附接存储(Direct Attached Storage，DAS)和存储区域网络(Storage Area Network，SAN)。

1. 直连式附接存储

直连式附接存储(DAS)是指通过外部数据总线将存储设备与主机互连在一起构成的数据存储系统。DAS受主机控制且被其独占使用，它实际上是一个从属于主机的存储系统，故此也称为本地存储系统，其采用的总线连接结构则被称为本地存储结构。实际上，这种外部数据总线连接可看成一种典型的仲裁式共享总线网络，主机和存储设备都是总线上的节点，它们分别通过设备控制器和设备驱动器中的接口与总线相连，共享总线带宽，主机充当仲裁节点，负责总线使用权的裁决。DAS中最常用的存储设备是磁盘，主要外部数据总线包括IDE、SCSI和PCI，主机系统本身为DAS。

DAS存在两方面不足。第1个不足是总线连接结构的局限性，该结构不允许数据总线在主机间共享，这种局限性限制了主机跨越数据总线访问其他主机的存储设备，也就是说DAS只为其自身主机提供存储服务。第2个不足是总线技术特性的局限性，具体有3点：

(1)数据总线采用仲裁式共享，仲裁方式使存储设备获取通信信道使用权的时间不确定，可能导致传输时延增大，共享使主机与存储设备间没有独立的点到点通信信道，因而可能导致传输时间长。

(2)外部数据总线带宽较低致使数据传输率不高。

(3)信号抗噪要求制约了数据总线长度，直接限制了可挂载的存储设备数量及传输距离，比如IDE和SCSI总线的长度只有几十厘米长，它们允许接入的最大设备数量分别只有2台和15台。

外部数据总线除了结构和技术因素外，还受到主板可集成的或可外插的设备控制器数量约束，而影响主机的外部数据总线数量；客观上还受机体空间限制，这两个因素使主机可挂载和可容纳的存储设备数量极为有限。本地存储结构严重影响存储设备的可扩展性，不可能支持规模化数据存储需要，而且总线技术特性也限制了数据传输率和I/O吞吐率，同时存储安全完全依赖于本地存储设备。由此可见，DAS是一种性能较低的存储服务系统，比较适合小规模、低成本的存储需要，无法满足大规模数据存储服务要求。

如果能将DAS互连在一起，那么就可以满足存储容量扩展的需要。利用网络将DAS互连在一起是一种较好的方案，通过该方案可现实集群存储系统，DAS就是该系统中的节点。集群存储系统不仅廉价而且扩展性好，可作为支持大数据存储的一种选择，典型的Hadoop体系下存储管理就建立在集群存储系统上。

2. 存储区域网络

存储区域网络(SAN)是指通过存储网络将存储设备互连在一起构成的独立存储系统。SAN可在主机间共享，故此也称为共享存储系统，其采用的网络互连结构则称为共享存储结构。共享存储结构旨在把存储设备从主机中完全分离出来，并通过一个高度独立的网络相连，这种网络称作存储网络。FC是SAN首选的存储网络，IP网络也已被广泛用于SAN，磁盘阵列是SAN常用的在线存储设备，一个磁盘阵列可以是SAN中一个存储子系统。存储网络采用光纤作为通信介质时，传输速率更高，传输距离更远，支持接入的存储设备更多。当存储网络采用交换式结构时，还可为主机与存储设备之间提供独立传输信道。

存储网络技术特性及结构特性给SAN带来多方面的优势。

(1)存储设备接入网络非常简单，这种易扩展性能使SAN可集中大量存储设备，以形成庞大的存储资源池，提供巨大可共享的存储容量。

(2)光纤作为通信介质时，其传输距离可达到千米级别，传输速率可以达到8～16Gbit/s，在需要大数据量传输的环境中，具有显著优势。

(3)SAN存储资源相当丰富，可以选择部分存储设备担负冗余存储，确保数据存储安全；

(4)外部主机通过存储网络接入 SAN，可与其他主机共享存储服务，从整体上提高数据I/O吞吐量。

(5)交换式存储网络能够为主机与存储设备之间提供独立传输信道，不仅可以提高数据传输率还能提升I/O并发度。

SAN成本虽然较高，可它能够支持可靠的数据分布存储和高效的数据并发访问，可以满足大数据存储需要的存储容量、I/O吞吐率、传输速率及存储安全要求。

DAS和SAN是典型的块存储系统，它们都可为主机提供数据块存储服务。DAS作为基本存储系统，在利用网络互连后，也可用于大规模数据分布存储要求。SAN将主机与存储解耦，并以网络将存储设备互连，可满足大规模数据分布存储要求。大数据中心通常采用共享存储结构，云存储架构的存储层是以共享存储结构的SAN为主体的。DAS和SAN提供基于块的存储空间，实际上是将逻辑磁盘和虚拟磁盘抽象成块逻辑存储空间，逻辑存储空间是存储服务的用户界面。

块存储系统结构决定了磁盘控制器和盘阵控制器可成为存储服务提供者。块存储系统直接面向磁盘，对内控制磁盘执行I/O操作，对外完成逻辑存储空间的生成、分配和授权，接收数据访问请求并执行逻辑存储空间到物理存储空间映射。从数据服务角度看，块存储系统只提供以数据块为单位的存入和取出服务。块存储系统不识别、不解析数据块内容，它不提供针对数据块内容的任何运算服务，比如算术或逻辑运算等。

3.2.2　基于文件的存储系统

数据在交付给块存储系统之前，必须按照逻辑存储空间的要求将其划分成大小相同的逻辑块序列，然后由块存储系统将每个逻辑块彼此独立地存入相应磁盘的物理块中。块存储系统用户必须自己实现数据划分和还原，这些额外任务增加了用户操作，数据被划分还影响了数据的整体性。为便于用户专注于数据组织与分析，需要将用户从数据划分和还原任务中解脱出来，于是提出了一种基于文件的存储系统，简称文件存储系统，它为用户提供文件级的存取服务系统。文件存储系统将逻辑存储空间的组成单位拓展为文件，即逻辑存储空间是由一组文件构成的集合，其组成如图3-15所示。逻辑文件存储空间也称为基于文件的存储空间，它是从用户观点理解的存储，用户存取数据直接面向逻辑文件存储空间，简化了数据访问操作。文件是具有可变长度的字节序列，它既是数据的存储单位又是管理单位。文件打破了数据块对字节序列长度固定的限制，它可容纳任意大小的数据，就像一个大小可变的容器。

文件$_1$	…	文件$_n$

图3-15　逻辑文件存储空间

文件存储系统将用户交付的文件划分成逻辑块并存放于逻辑块存储空间，或从逻辑块存储空间中取出逻辑块还原成文件。文件存储系统须承担两大任务，一是管理逻辑块存储空间，比如逻辑块的组织、分配和释放等；二是管理文件在逻辑块存储空间中的属性信息，比如文件的属主、标识和大小等信息，以及文件在哪些逻辑块中存放，即逻辑块位置信息。为实现文件存储和管理，文件存储系统需要存储两种数据：一种是文件，即数据本身；另一种是文件属性信息，即文件元数据。从数据服务提供者角度看，文件存储系统具有两大服务功能，一是文件存储服务，提供文件的存入和取出服务；二是文件管理服务，提供文件的检索、删除、复制、统计和分类等服务。因此，在很多情况下将文件存储系统称为文件存储管理系统或文件管理系统，简称为文件系统。

块存储系统与文件存储系统之间的关系如图 3-16 所示。块存储系统创建并提供逻辑块存储空间，文件存储系统负责管理逻辑块存储空间，创建并提供逻辑文件存储空间。

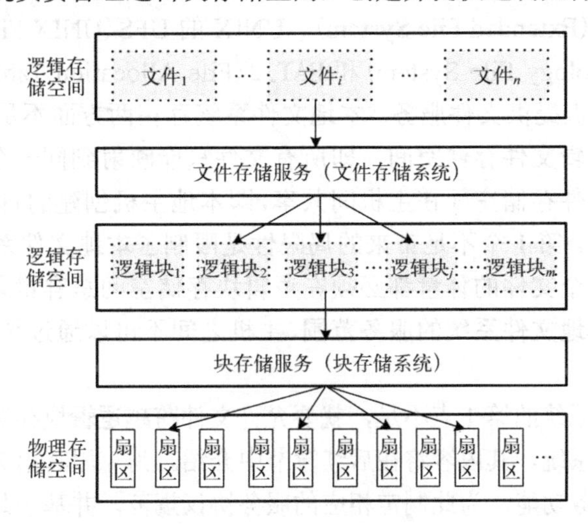

图 3-16　块存储系统与文件存储系统之间的关系

逻辑块存储空间是对逻辑磁盘或虚拟盘的抽象，逻辑文件存储空间是对逻辑存储空间的拓展。逻辑文件存储空间如同逻辑块存储空间一样，存储空间需要命名，存储空间中的文件也需要标识。在现实的文件存储系统中，目录是一组文件的集合，非常符合逻辑文件存储空间定义，目录被看成逻辑文件存储空间的一种表示形式。目录名则为逻辑文件存储空间标识，文件名则为文件标识，创建目录即建立逻辑文件存储空间。

逻辑块与文件的共同之处是都可独立存储且不支持在其上施加任何算术运算。它们的不同之处是逻辑块作为一个片段数据只含有数据的局部语义逻辑，文件作为一个完整数据保留了数据的全局语义逻辑。

块存储系统负责创建逻辑块存储空间并指派和授权给用户；文件存储系统负责创建逻辑文件存储空间(即目录)并指派和授权给用户，跟踪并记录文件的使用状态，依据某种协议或者相应规范为用户提供文件读写、删除、复制、拼接等访问操作。目前有 3 类典型的文件存储系统，即本地文件系统、共享文件系统和分布式文件系统。本地文件系统建立在一个逻辑块存储空间上，只为其宿主机提供文件存储服务。共享文件系统有网络文件系统和集群文件系统两种不同的实现方式。网络文件系统是本地文件系统的服务延伸，它通过网络把本地文件存储服务延伸到为其他主机服务，即把来自网络的文件存储在本地主机的文件存储空间中。集群文件系统是集群(即主机集合)在相同块存储空间上建立的文件存储系统，为集群提供共享存储服务。分布式文件系统是在若干分布于网络的块存储空间上建立的文件存储系统，它对所有主机提供文件存储服务。

文件存储系统的优势在于它不仅提供数据存储服务，还提供数据管理服务。在实际应用中，如果需要保留完整数据的全局语义逻辑，用文件存储数据是普遍采用的方法，而且文件存储系统为用户提供透明的文件存储与管理服务。

1. 本地文件存储系统

本地文件存储系统，简称本地文件系统，为其宿主机提供文件存储服务。本地文件系统可以在由DAS或者SAN创建的逻辑块存储空间上建立逻辑文件存储空间，即建立目录。例如：Linux的EXT(Extended File System)、UNIX的UFS(UNIX File System)、Windows的NTFS(New Technology File System)和FAT32(File Allocation Table)等都是本地文件系统，它们只为其宿主机提供文件服务。本地文件系统存在两方面不足，其一是不支持跨逻辑块存储空间建立逻辑文件存储空间，即所有文件只能映射到同一个逻辑块存储空间中；其二是不支持逻辑文件存储空间在主机间共享，即本地主机创建的目录不能分配或指派给其他主机来存放文件。第1个不足带来的局限性是限制了本地文件系统的空间范围，使所有文件的体量或者单个文件的体量都必须在逻辑块存储空间总容量之内；第2个不足带来的局限性是约束了本地文件系统的服务范围，主机之间不可以通过彼此的本地文件系统存储文件。

为解决本地文件系统的第1点不足，就要允许文件跨越逻辑块存储空间进行分布存储，为此引入分布式文件系统，其内容将在后续章节中介绍。为克服其第2点不足，就需要增加本地文件系统对外服务功能，为此制定相应的服务协议规范，并基于此开发专门的共享文件存储服务。为实现共享文件存储服务，很多公司纷纷制定出一套相应的协议规范，比如SUN公司的NFS(Network File System)、Microsoft公司的SMB (Server Message Block)和CIFS(Common Internet File System)、Apple公司的AFP(Apple Filing Protocol)，以及Novell公司的NCP(Network Core Protocol)等协议规范。根据这些协议规范建立了不同的共享文件存储服务，比如：根据NFS和CIFS协议规范建立的共享文件存储服务，称为网络文件系统或远程调用文件系统，利用NFS或CIFS协议就可获得共享文件存储服务，这些协议建立在TCP/IP协议基础上。目前，微软系统采用CIFS规范实现远程调用文件系统，为其本地NTFS和FAT32文件系统对外开放文件存储服务。Linux和UNIX系统采用NFS规范实现网络文件系统，为其本地EXT文件系统对外开放文件存储服务。如果宿主机的本地文件系统能够通过共享文件存储服务对其他主机提供文件存储，那么它就是具有了网络附加存储功能的主机，被称为网络附接存储(Network Attached Storage，NAS)主机。NAS主机一般结构如图3-17所示，用户利用相应协议(比如NFS)将自己的文件交付给NAS主机的共享文件存储服务，并通过NAS主机的本地文件系统存放到相应磁盘中，实现了文件共享存储目的。

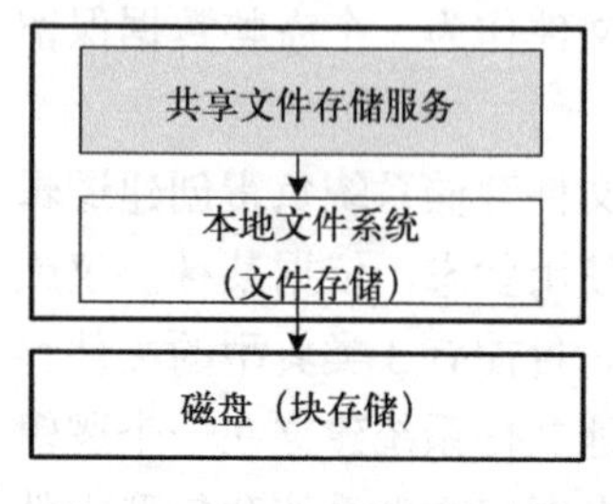

图3-17 NAS主机一般结构

2. 网络附接存储

严格来讲，网络附接存储(NAS)是一台能够支持文件存储且可通过网络提供文件共享存储服务的专用设备。NAS 由 NAS 机头和块存储系统组成，NAS 机头类似于主机，它有自己的操作系统和本地文件系统，能够利用共享文件存储服务(常用的是 NFS)对外提供文件存储，块存储系统可以由本地磁盘或 SAN 构成。NAS 需要具备以下两个物理条件，一是 NAS 作为提供文件共享存储服务的节点，它必须有相应网络接口；二是 NAS 需要块存储系统的支持，它必须有相应接口连接磁盘或 SAN。

本质上，NAS 是一种文件存储系统，它对外开放逻辑文件存储空间，并提供在该空间中的文件存储服务。NAS 将本地文件存储拓展到网络文件共享存储，非常类似于独占型 DAS 块存储提升到了共享型 SAN 块存储。实际使用中，NAS 与其他主机利用网络互连，NAS 创建出大量的逻辑文件存储空间，即建立大量的目录，为其他主机指派和授权相应目录，其他主机则通过 NFS 或者 CIFS 等协议，从 NAS 获得目录并将其挂载到自己的本地文件系统下，就如同使用本地目录一样将文件存放在其中。 如果 DAS 主机的本地文件系统(如 NTFS、FAT32、EXT3 等)可以对外提供共享文件存储服务，那么它就是一台 NAS。如果在磁盘阵列控制器上集成了某种文件系统，并对外提供共享文件存储服务，那么这种磁盘阵列控制器也可看成一台 NAS。一台 NAS 所能提供的目录数量非常有限，存储服务效率也不高。如果将若干 NAS 通过网络互联构成 NAS 集群，那么 NAS 集群就能建立并提供更多目录，提供更高效的存储服务。NAS 集群如图 3-18 所示。

在 NAS 集群中，NAS 之间互不依存，每个 NAS 不仅拥有自己的块存储系统和本地文件系统，建立了自己的逻辑块存储空间和逻辑文件存储空间，而且彼此独立地对外提供文件共享存储服务。虽然 NAS 集群能够共同为集群外主机提供文件共享存储服务，但无法实现服务的统一和协调一致。

显然，NAS 集群存在两方面不足：一是各 NAS 的目录管理不同，没有统一的目录(每个 NAS 所创建的)指派和授权机制；二是各 NAS 的文件处理逻辑不同，没有一致的文件共享存储服务。为屏蔽 NAS 间差异，就需要建立一个既有统一的目录管理机制，又可协调完成各种文件处理逻辑的 NAS 集群网关，简称 NAS 网关，这种网关可为用户提供透明方式的网络文件存储。NAS 网关和 NAS 集群可形成一种分布式网络存储架构，它比较适合大规模文件存储需要。例如，SAN 可以将盘阵用作 NAS，即在一个盘阵控制器上集成某种文件系统，然后将若干个这样的 NAS 构成一个 NAS 集群，在此基础上建立一个 NAS 网关。在 SAN 中建立的 NAS 网关如图 3-19 所示。当在 SAN 中选择部分盘阵用于 NAS 后，就能充分利用 SAN 的存储容量来扩大 NAS 可提供的文件存储规模，为大量主机提供文件共享存储服务。

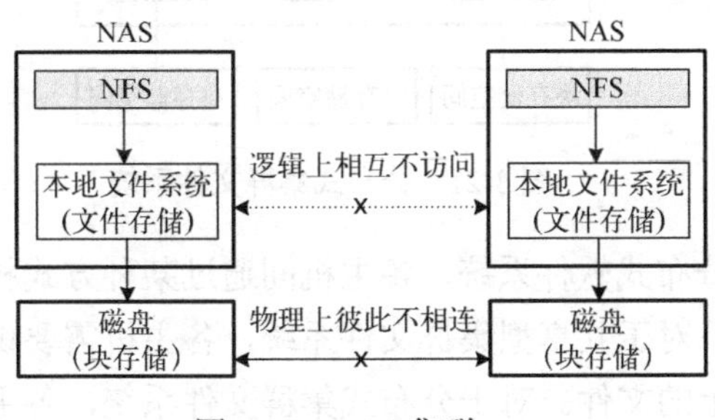

图 3-18　NAS 集群

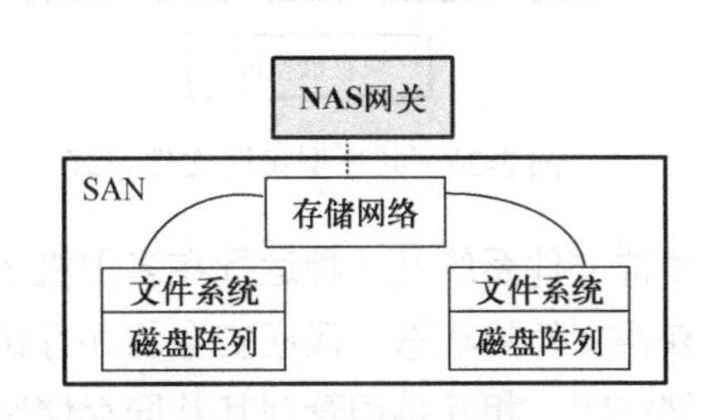

图 3-19　NAS 网关

3. 集群文件系统

集群的概念非常宽泛，是指可形成某种统一服务的多实体联合。其中实体有软硬之分，软实体可以是应用程序或服务系统等，硬实体可以大到整台设备，也可小到处理器和控制器等这样的部件。服务类型也很广，可以是计算服务、存储服务、传输服务、转发服务等。顾名思义，集群文件系统是指将多台主机联合起来，在同一个逻辑块存储空间或者在各自的逻辑块存储空间上实现统一的文件存储服务。

由于本地文件系统是以独占方式使用逻辑块存储空间的，因此主机可利用多个逻辑块存储空间来建立多个本地文件系统。例如，主机可在逻辑磁盘 D 和 E 上分别建立一个 FAT32 和 NTFS 文件系统(注意，不能在一个逻辑磁盘上同时建立两种本地文件系统)。假如希望联合多台主机在同一个逻辑块存储空间上建立一个统一的共享式文件系统，并为这些联合主机提供文件存储服务，这就是共享型集群文件系统。共享型集群文件系统是为集群内的所有主机提供文件共享存储服务，集群内每台主机都把共享型集群文件系统视为与自己的本地文件系统一样，其构成形式如图 3-20 所示，在共享型集群文件系统中存储的文件可被集群内所有主机共享。例如，GFS2(Global File System2)是由红帽子公司为 Linux 操作系统开发的共享型集群文件系统，它是目前广泛应用的集群文件系统。OCFS(Oracle Cluster File System)是由 Oracle 公司研制的通用共享型集群文件系统，它与 GFS2 非常类似。

多台主机不仅可以联合起来在同一个逻辑块存储空间上建立共享型集群文件系统，还可以将多台主机联合在一起，并在它们各自的逻辑块存储空间上建立起统一的分布式集群文件系统，为集群外主机提供文件存储服务。分布式集群文件系统构成形式如图 3-21 所示，主机集群被看作一台逻辑主机，分布式集群文件系统就相当于在这台逻辑主机上建立了网络文件系统，它为这台逻辑主机之外的其他主机提供文件存储服务，非常适合于大规模文件存储。如 HDFS(Hadoop Distributed File System)和 GFS(Google File System)等都是典型的分布式集群文件系统。

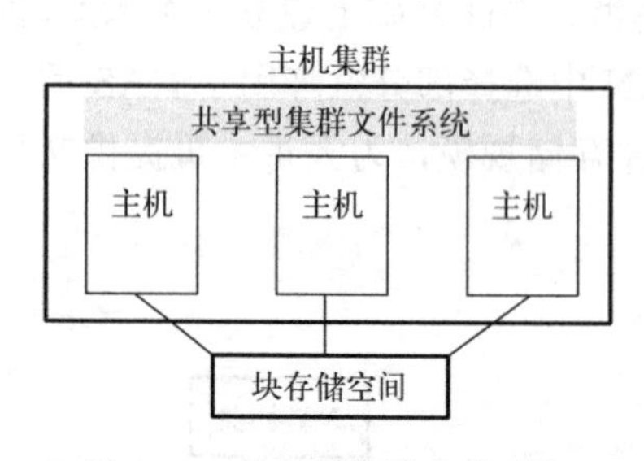

图 3-20　共享型集群文件系统

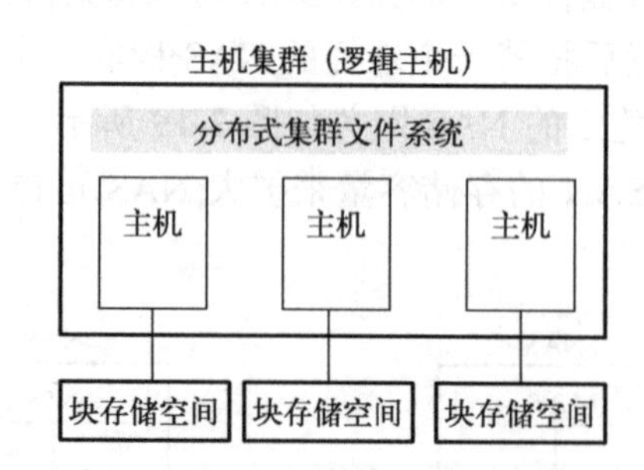

图 3-21　分布式集群文件系统

集群文件系统是一种运行在多主机上的分布式软件系统，各主机间通过某种方式相互通信以获得文件的状态，保证安全的并行访问。对于共享型集群文件系统，各主机需要识别相同存储空间，相互协调管理其共同存储空间上的文件。对于分布式集群文件系统，各主机识别各自存储空间，各自协调管理所有存储空间上的文件。

3.2.3　基于对象的存储系统

文件存储系统的劣势是它不知道数据是如何组织形成文件的，也不解析文件含有何种语义逻辑，这些任务都由上层用户负责。如果希望存储系统能够知道数据是如何组织的，而且可以解析其语义逻辑，则引入基于对象的存储系统，简称对象存储系统，它为用户提供对象级的存取服务系统。

在对象存储系统中，逻辑存储空间是由一组对象构成的集合，对象是一个保留了全局语义逻辑的个体数据，它既是数据的存储单位又是管理单位，其全局语义逻辑可由对象存储系统解析。如果将文件视为一种容器并用该容器存放各种不同对象，那么文件就是逻辑对象存储空间。逻辑对象存储空间是对逻辑文件存储空间的继续抽象，类似于逻辑文件存储空间对逻辑块存储空间的继续抽象。设计实现对象存储系统往往需要文件存储系统的支撑，既可以设计成用一个文件存储一个对象，也可设计成用一个文件存储多个对象。

一个对象包含个体数据和一组相关属性，个体数据就是对象自身，一组相关属性是描述对象的元数据，它定义了对象的标识、分布、大小和质量等参数。由此可见，对象存储系统也需要存储两方面内容，一是对象自身，二是对象元数据，其核心同样是将访问对象与访问对象元数据进行分离。对象存储系统不仅提供对象的存入和取出服务，还提供对象的检索、删除、复制、统计和分类等管理服务，用户必须将数据组织成对象形式后才可交付给对象存储系统。

建立在文件基础上的对象存储系统能够将对象分布于大量文件之中，这样的对象存储系统基于对象存储设备(Object-based Storage Device，OSD)和元数据服务器(Metadata Server，MDS)来构建。对象存储设备类似于分布式集群文件系统中的数据服务器，其主要功能包括：优化对象数据分布，制定对象数据在OSD各个文件中的分布；管理存储在OSD上的对象元数据，元数据包括对象的数据块和长度；在OSD的文件中存储对象数据，按照客户请求时的对象标识及偏移进行对象数据读写。元数据服务器主要功能包括：构建文件和目录的信息结构，包括限额、创建、删除、访问等控制信息，管理OSD中的文件和目录访问；构造、管理和描述每个文件分布，为客户提供访问该文件所含对象的信息。

3.3　大数据存储现状

衡量数据存储系统性能有3个重要指标：存储容量、I/O吞吐率和传输速率。存储容量指存储系统可容纳的数据总量，它受存储介质和存储系统结构等因素影响；I/O吞吐率指存储系统单位时间可输入/输出的数据量，它受设备存取速度、存储系统结构和并发控制机制等因素影响；传输速率指存储系统单位时间可传送的数据量，它受通信结构与方式、通信介质与带宽及网络协议等因素影响。围绕改善或提升这3个重要指标，提出了许多技术方法并设计出与其相适应的系统架构。除性能要求以外，存储安全也成为衡量数据存储系统不可或缺的指标。存储安全表现在多方面，比如当数据存储系统遭遇突发事件(如水灾、火灾、地震)、意外事件(如设备故障、介质损坏)，以及异常事件(如噪音干扰、信号不稳)时，保障数据在存储过程中不破坏、不丢失、不出错是非常必要的。围绕数据存储安全，提出了诸如镜像、备份、纠错和校验等一系列技术及相应的存储安全架构。面向大数据的存储系统，不仅要与大数据特征相匹配，还要与大数据不同应用特点相适应，因此对大数据存储系统在存储容量、I/O 吞吐率、传输速率及存储安全方面提出了更高要求。

3.3.1 大数据存储面对的挑战

大数据首要的特征是规模大，存储系统需要有巨大容量来存储数据。如何缩小数据规模增长与存储规模同步增长的差距是大数据存储面对的挑战之一。目前，在提高单个存储设备或者存储介质的容量上虽然有了长足进步，但要满足存储规模同步于数据规模的增长是非常困难的。为了缩小这种差距，存储系统结构必须支持横向扩展以适应动态扩容需要，可扩展结构设计是目前实现大规模存储的重要途径。

大数据的另一个重要特征是速度快，存储系统需要有与之匹配的高速 I/O 和算力。如何减少数据产生速度与数据存取和计算速度的失衡是大数据存储面对的挑战之二。快速产生或流逝的数据，要求存储系统能够应对大批量或及时的数据存取，数据存取速度与存储系统的 I/O 吞吐率及数据传输率密切相关；计算速度依赖于系统资源配置、模型或算法选择，它是实现高速 I/O 的重要条件。在数据存取速度上，单个存储设备或者存储介质已经有了很大进步，但远远不够。对于大规模快速存储系统，需要有高效的并发 I/O 技术、并发控制技术、数据缓存技术及高速网络技术的支持，这些都是提高存储系统的 I/O 吞吐率和传输速率最直接、最有效的方法。

存储安全是大数据不可或缺的重要保障，如何控制存储安全与存储代价之间的平衡是大数据存储面对的挑战之三。面向大数据的存储系统不仅拥有庞大的存储资源池，还建立了一套复杂的运行支撑环境，存储资源和支撑环境均有可能发生使数据遭受破坏、丢失或出现错误的事件。存储系统除了采用各种技术保障安全性以外，还需要额外增加或者预留配置一些存储资源，来配合相应技术提升安全性，这些安全技术和额外资源配备势必要牺牲存储系统一定的效率代价和成本代价。

存储容量、I/O 吞吐率、传输速率、存储安全与存储系统结构密切相关。块数据存储系统是最底层、最核心的，数据块简单且存取速度快。DAS 是一种块数据存储系统，它受到本地结构制约，在存储容量、I/O 吞吐率和传输率方面存在较大局限性。DAS 集群可提高大规模块存储空间，利用 DAS 集群存储结构可实现块存储空间分布化，有利于数据存储分布化，可有效提高数据的 I/O 吞吐率和传输率。SAN 是一种块数据存储系统，采用共享结构，以盘阵为主要设备，它不仅可以提供庞大的块存储空间，还可以通过虚拟化灵活便捷地实现块存储空间分布化，更广泛地支持数据存储分布化。采用交换式 FC 网络的 SAN，在提升动态扩容能力、提高 I/O 吞吐率和传输率方面具有更加显著的优势。作为最基础、最常用的文件存储系统，它把存储单位从大小固定的块拓展到大小可变的文件，文件的灵活性和便利性更好、存储效率更高。本地文件系统提供的文件存储空间非常有限，不仅难以支持大量文件或大文件的存储，而且限制了其服务范围。网络文件系统虽然延伸了对外服务，依然不能跨越块存储空间，对建立文件存储空间没有实质性的提升。NAS 本质上是网络文件系统，若将 SAN 与网络文件系统相结合构建 NAS，SAN 则可为 NAS 提供更多、更大的块存储空间支持，NAS 或 NAS 集群不仅能够提供大规模的文件存储空间，而且可提高数据的 I/O 吞吐率和传输率。即便如此，NAS 或 NAS 集群中的文件系统依然属于本地，不能跨越块存储空间，文件存储空间同样难以支持大量文件或大文件的存储。在 DAS 集群上构建分布式文件系统，或者在以 SAN 为支撑的主机集群上构建分布式文件系统，成了支撑大规模文件存储的一种选择。

大数据存储系统通常采用 DAS、SAN 和 NAS 的混合架构，以建立数据块、文件和对象级的统一存储系统(Unified Storage System)。统一存储系统是通过不同的路径，将数据块、文件和对象等的读写请求传递到存储控制器，由存储控制器为这些不同的请求提供统一服务。为实现统一服务，就必须屏蔽底层设备、支撑技术、协议规范及接口标准等诸多方面存在的差异性，需要对基础资源、基础服务和基础架构进行统一表示和管理，比如对存储资源虚拟化处理，实施资源统一配置、分配、指派和授权，建立资源访问协议和接口规范等。云存储(Cloud Storage)是一种现实的统一存储系统，它是当下大数据存储的一种选择。

3.3.2　云存储

云存储能够屏蔽底层存储的异构性和复杂性，支持存储动态扩展和数据分布存储，提供开放统一的存储服务，能够较好地匹配大数据对存储空间及其动态扩展的需求，可满足大数据对高 I/O 吞吐率和传输速率的需要，可平衡大数据存储安全的成本代价和效率代价。

云存储，也称为云存储系统，是数据存储和管理的统一平台。它把分布在不同区域位置上的各种存储设备通过网络连接起来形成庞大的存储资源池，提供巨大容量，支持文件和对象存储，提供透明的存储和管理服务。在云存储发展过程中，没有形成一致的或者通用的模型，不同云存储提供者推出了各自的云存储架构。目前，有一种云存储模型比较有代表性，它自下而上由存储、管理、应用接口和访问 4 层组成，其中存储层和管理层是云存储的服务主体，接口层和访问层是云存储的应用主体。

存储层是云存储基础，它通过存储网络把分布于不同地域的存储设备连接在一起，形成数量庞大的存储资源池。存储网络可以是 FC、IP 或其他网络，存储设备接口可以是各种类型的总线或者网络，存储设备形态可以是盘阵或者独立盘，存储媒介可以是磁介质或者半导体等。在存储设备之上建立统一的设备管理，它负责存储设备的状态监控和故障检测，支持网络链路冗余管理，实现存储设备虚拟化，即创建和管理存储空间。

管理层是云存储的核心，它支持基本的文件和对象数据管理，支持数据备份和容灾的存储安全管理，支持数据加密的内容安全管理，支持数据压缩及分发管理等。

应用接口层是云存储为不同业务类型提供的接口，不仅提供某些公共数据存储服务，比如提供 Web Service 公共服务，还可根据需要提供个性化的数据存储服务。应用接口可以包括公共 API 接口、网络接入、用户认证和权限管理，也可以是其他各种业务类型接口。

访问层是用户使用云存储服务的界面，它实现用户数据存储、备份、管理和共享服务，用户通过应用接口登录云存储系统。

云存储为大数据提供了一个可用的存储平台，用户根据自身需要可以构建私有的或者公共的云存储。当然，大数据存储也可以依托大规模集群构建存储环境。随着存储技术、网络技术、虚拟化技术及软件定义存储技术的不断发展，未来还会推出更加适合大数据存储的方案和系统。

思 考 题

1．简述存储空间的含义及数据存储的基本指标。

2．对磁盘组作虚拟化处理后可以形成更大容量的虚拟磁盘，试说明块条带化和磁盘卷是如何构建虚拟磁盘的。

3．简述数据存储系统的主要功能和指标。大数据存储面对哪些挑战？

4．什么是基于数据块、基于文件和基于对象的存储系统？

5．为什么大数据存储的底层多采用 SAN？与 DAS 集群相比其优劣势分别是什么？

6．大数据存储有哪些基本的安全要求？可以采用什么技术或机制来解决？

第 4 章　大数据管理

面对大数据的规模庞大、类型多样及关联复杂等特征，本地文件系统和关系数据库管理系统都难以适应大数据管理要求，为此推出了新的分布式文件系统和非关系数据库管理系统。这两类新系统都具有横向扩展、负载均衡和数据容错能力，支持数据分布存储和并行处理，提供数据安全保障，可满足大规模无模式和半模式数据管理的要求。目前，虽然还没有可适配大数据典型特征的专门管理技术，也没有能适应大数据典型特征的通用管理系统，但新系统和已有系统可以互为补充，在管理大数据方面共同发挥作用。

4.1　数据管理相关知识

数据管理概念

4.1.1　数据管理概念

数据管理建立在数据组织的基础上。如果数据以比特位(bit)为单元进行有序组织，那么数据组织方式就是按比特位，简称按位，数据形式则为比特流。网络传输数据中，大多数链路层载荷(数据)常按位组织，这种组织方式便于数据纠错或校验，但不适合数据存取、检索和计算等处理。如果数据以字节(Byte)为单元进行有序组织，那么数据组织方式就是按字节。按字节可以组织成两种数据形式：第 1 种形式是数据块(Data Block)，即由固定数量(512 的倍数)的字节组成；第 2 种形式是文件(File)，即由可变数量的字节组成。因此，按字节方式又俗称为按数据块方式和按文件方式。

在块存储系统中，它支持数据块的存取操作，但不支持数据块的检索、复制、合并、删除、迁移、关联等管理维护操作，也不支持数据块的计算类操作，数据块只是块存储系统中的存储单位。在文件存储系统中，文件是存储单位，它除了支持文件的存取操作外，还支持文件的检索、复制、合并、删除、迁移等管理维护操作，但同样不支持文件的关联和计算类操作。文件既是存储单位又是管理单位，因此也将文件存储系统称为文件存储管理系统，通常简称为文件系统。

用位和字节可以组织任何数据，因此按位和按字节就是最基础和最简单的数据组织方式。这两种组织方式存在共同的局限性：一是位和字节不足以构成数据语义单位，它们会割裂数据所蕴含的语义逻辑；二是位和字节一般不构成数据计算单位，它们不支持基于数据内容的处理，比如数据计算和关联等。

当用数据刻画事物时，希望按照人对事物的理解(也就是按照人的意图)，将相关数据有序地组织在一起来反映事物内在逻辑，如此就可以利用数据来表达事物内在逻辑，通过解析数据以释放其蕴含的内部语义或内涵。位和字节是数据的最小单元和最基本单元，在它们基础上，如果可自行定义数据单元和组织规则，那么就可以建立起较高层次的数据组织方式，并在该组织方式上建立相应操作。比如，允许自定义域或字段(Field)作为数据单元(一个数据单元可由若干位或者字节构成)，并对其进行有序组织，则称为按域或字段组织数据。按域或字段可以组织成两种数据形式，第 1 种形式是记录(Record)，即由固定数量的域或字段组成；第 2 种形式是对象(Object)，即由可变数量的域或字段组成。因此，按域或字段方式又俗称为按记录方式或按对象方式，记录就是按固定的域或字段组织数据，对象就是按可变的域或字段组织数据。

记录中数据单元的数量固定，非常适合于模式数据的组织，它广泛用于模式数据管理。如 Excel 系统中的数据就是按记录组织的，它的每一行为一条记录，表格是管理单位，记录是存储单位。而对象中数据单元的数量可变且数据单元构成灵活自由，非常适合于无模式数据的组织，它广泛用于归档(Archiving)和云存储系统中的数据管理，在超级计算机领域也大量采用对象方式组织数据。比如，Facebook 中存储了几十亿张图像，它将一个图像定义为一个对象(即图像数据按对象方式组织)，并定制开发了一个对象存储管理系统，对象是存储单位又是管理单位。按域或字段组织数据不仅可以方便地表达事物的内在逻辑，还可以通过解析数据以释放其蕴含的内部语义或内涵。在管理层面，按记录组织的数据支持各种计算和检索操作；按对象组织的数据则更侧重于各种检索操作。而按记录和按对象组织数据的局限性也很明显，它们不强调数据间的关联，也就是不支持表达事物的外在逻辑(即事物间相互联系)。

数据块和文件是按字节组织数据的两种低级形式；记录和对象是按域或字段组织数据的两种较高级形式，它们将数据单元从字节粒度提高到了域或字段的粒度。如果用数据间的关联来表达事物的外在逻辑，通过继续提高数据单元的粒度则可以同时兼顾表达事物内在和外在逻辑。比如，将数据单元的粒度由域或字段提升到 N 元组(Tuple)，俗称行(Raw)，则利用 N 元组就可表达事物的内在和外在逻辑，通过解析 N 元组可以释放其蕴含的内部和外部语义。将自定义的 N 元组作为数据单元(一个数据单元可由若干域或字段构成)，并对其进行有序组织，则称为按 N 元组组织数据，数据形式为关系(Relationship)。关系是由 N 元组或者行构成的集合，通常把按 N 元组或行的方式称为按关系方式。关系中的数据单元(N 元组)更具规范性和约束性，N 元组便于表达事物的内在和外在逻辑，非常适合模式数据的组织。在关系数据库系统中，N 元组或行是存储单位，关系是管理单位。

很多情况下，事物内外逻辑都处于变化状态，按对象或者按关系组织数据难以表达这样的事物，也就是说这两种组织方式都不足以体现数据的动态语义，那么用图(Graph)方式组织数据就是一种很好的选择。用两种自定义的数据单元分别表示顶点(Vertice)和边(Edge)，并对其进行有序组织，则称为按图方式组织数据，数据形式为顶点和边的集合，即图。两种自定义的数据单元可以选择多种组织方式，允许对它们进行任意的增加、修改和删除等操作。显然，图是最复杂灵活的数据组织方式，图能蕴含数据丰富的内部和外在语义。不同组织方式下的数据单元如图 4-1 所示。

不同数据组织方式有各自规定或定义的数据单元，位与字节是固定数据单元，域和 N 元组是自定义数据单元。按位、字节、域和 N 元组等方式组织数据时，其粒度逐渐增大，表达能力也逐渐增强，复杂性也随之增加。图方式比较复杂，它有两种数据单元，这两种数据单元的粒度取决于它们自身选择的组织方式。数据单元可以独立操作，它需要有唯一标识来区分彼此。例如，位和字节采用位置顺序号作为标识，域可采用位置顺序号或命名符作为标识，N 元组采用编码或关键字作为标识，图中的顶点和边常用命名符或者数字作为标识。

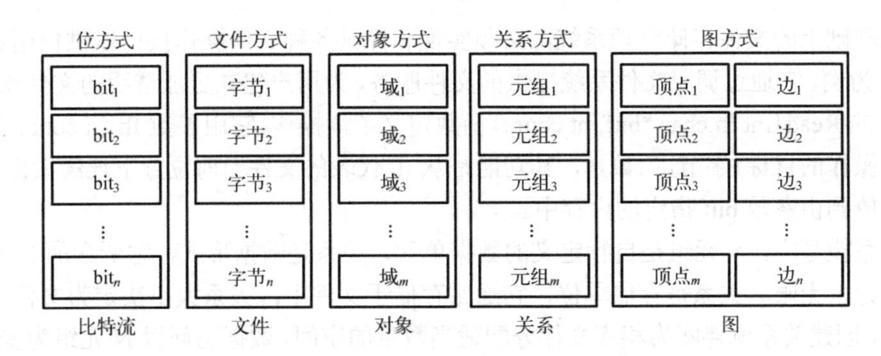

图4-1 不同组织方式下的数据单元

后续章节还会继续讨论如文档、键值、列和列族等新的数据组织方式，它们是由关系方式演化而来的。这些组织方式在表达数据语义方面有一定的灵活性，某些数据操作也表现出较高效率，但同时也不可避免地损失了关系方式的一些优势，比如不支持数据关联(不具备表达外部语义的能力)、数据一致性弱、不支持数据计算等。

在理解了数据组织方式的内涵后，可建立数据管理的概念。数据管理是指按某种方式对数据进行组织后，对数据的分类、编码、存储、检索、维护等系列环节实施相应操作。在很多文献中，虽然数据管理的概念不尽相同，其基础是数据组织方式，其目标是实现高效的数据存储、检索、维护、计算等处理，为上层应用和业务系统提供管理服务。

4.1.2 数据管理模型

数据管理包含数据组织和数据操作两个要素。数据组织是指通过规定的或自定义的数据单元去构建相应的数据形式，使数据蕴含的语义能够反映事物的内外逻辑；数据操作是指对数据单元和数据形式实施访问控制处理，以实现数据管理服务。数据管理模型是关于数据组织及数据处理的描述，内容包括：描述数据单元和数据形式，定义存储、维护和安全等操作。对数据单元和数据形式施加怎样的访问控制，如何保障数据安全等，这些都与数据的组织方式密切相关。在确定了数据组织方式后，就需要定义和建立相应操作来实现管理功能以提供管理服务。

数据管理通常包含数据存储、数据访问和数据安全三大类功能。一般意义下，数据访问以数据单元为操作目标，数据存储以数据形式为存储单位，数据安全既可将数据形式也可将数据单元作为保护目标。数据管理模型可通过形式化方法或者约束性规定来声明，数据管理者则按照模型要求来存储和操纵数据，数据使用者按照模型要求来构建和访问数据。为加深对数据管理模型的理解，以字节和N元组组织数据为例，简单分析一下文件数据管理模型(简称文件模型)与关系数据管理模型(简称关系模型)。

在文件模型中，字节是数据单元，文件是数据形式，它所含的字节数量可变且理论上无限。文件是存储单位，必须根据其大小动态分配所需存储空间，创建时则伴随为其分配适当数量的空间。数据访问以字节为操作目标，访问时必须要指明文件中被访问的字节，如读或写操作就是针对文件中的字节。文件是独立保护单位，在对文件进行保护时，通常将其副本存储于空间的其他位置中，如文件的复制或移动等。在文件模型中，需要定义一系列操作来支持管理功能，如创建、打开、关闭、读写、检索、删除、移动、复制等文件操作。建立在文件模型基础上的文件存储管理系统，必须实现和提供各种文件操作接口以供使用者调用。以C语言为例，它通过调用文件系统提供的文件服务，为用户建立更加透明的文件操作接口，如C语言的Read(int fh,char *buf,int count)函数定义了读操作，它用参数fh和count分别指明文件和被操作的目标(字节)的数量，其功能是从fh代表的文件当前位置下连续读出count字节，并存放到由参数buf指定的内存中。

在关系模型中，N元组是自行定义的数据单元，关系是数据形式，它所含的N元组数量可变且理论上无限。关系是存储单位，它通常存储于文件中，关系大小决定为文件分配所需存储空间，创建关系就伴随为相应文件分配适当数量的空间。数据访问以N元组为操作目标，访问时必须指明关系中被访问的N元组，如读或写操作就是针对文件中的字节。比如往哪个关系中插入(即写入)怎样的一个N元组，或者从哪个关系中选择(即读出)哪些N元组。保障数据安全有两种策略，一是选择关系作为保护单位，利用冗余或备份保护机制，比如热备或冷备、增量式或快照式等技术保护关系；二是选择N元组作为保护单位，对N元组进行保护，比如对N元组复制备份等。因此，在关系模型中，需要定义一系列操作来支持管理功能，建立在关系和N元组上的访问，其复杂性随数据单元粒度的提高而增加。在SQL语言中，用Create Table <Relation-name>(<Option>关系选项）语句定义N元组并建立关系，需用参数Relation-name指明要建立的关系，用参数Option具体声明N元组是怎样组成的。SQL语言中提供了许多用于访问N元组的语句，如插入、修改、删除、检索、连接、投影等语句，甚至扩展了基于N元组的各种统计和复杂函数运算等语句。

不同数据管理模型体现不同的数据语义表示能力和数据操作能力。数据管理模型需要确定能否或者可以支持什么样的数据组织方式、怎样的数据关联(动态或静态)，可以支持哪些数据操作。从理论上讲，数据管理模型应该满足存储、管理和应用3方面需求，并能将其完全统一起来考虑。但鉴于这3方面所针对的任务及涉及的技术差异很大，建立一种可以同时满足这些要求的模型几乎是不可能的，于是数据管理模型就有所侧重。有的模型不具备刻画事物的能力，即无法表达数据语义，它主要考虑数据存储管理的操作效率；有的模型主要考虑专门的应用要求，比如用以刻画某一类事物；有的数据模型用以刻画复杂事物及其关联并以此定义相应事务处理；有的数据模型可以灵活地刻画复杂的事物和全动态的事物关联；于是出现了文件、对象、关系、图等差异较大的数据管理模型。大数据出现后，衍生出了一些新的数据模型，并以此建立了相应的数据管理系统。

数据管理模型依据数据组织方式实施数据存储、管理、维护及安全保护，并为此定义数据操作并确定服务功能。它发挥出两方面重要作用，一是数据管理系统设计实现的基础，二是管理数据和访问数据需要遵循的标准和规范。

4.1.3 数据管理系统

数据管理系统能够执行数据存储、管理维护与安全保护三大任务。

数据存储是数据管理系统的基础。用户数据是通过在逻辑存储空间上执行存入和取出操作，最终实现数据在物理块存储空间上的输入和输出(I/O)。物理块存储空间由连续物理块构成，输入/输出面向存储设备。将物理磁盘抽象成虚拟盘或逻辑盘后，逻辑存储空间是访问虚拟盘或逻辑盘的统一界面，因此逻辑存储空间屏蔽了物理磁盘的差异及磁盘I/O的细节。

例如，SAN和DAS都是块存储系统，它们在物理块存储空间上创建和提供一系列虚拟盘或逻辑盘，并以逻辑块存储空间为界面为用户提供了对物理块存储空间(即物理磁盘)的访问，即实现了数据在物理盘上的输入和输出。文件管理系统在 SAN 和 DAS 提供的逻辑块存储空间上创建一种更高层的逻辑文件存储空间，即目录，并以目录为界面为用户提供文件访问服务。高层存储空间以低层存储空间为基础，层次越高的空间越抽象，越低的空间越接近存储设备。

逻辑存储空间的优势是将数据存储层与数据管理层分离，如图 4-2 所示为数据存储层、逻辑存储空间和数据管理层之间关系。

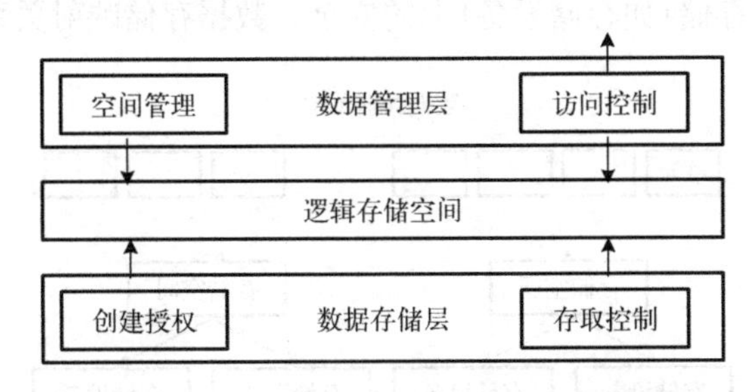

图 4-2 数据存储层、逻辑存储空间、数据管理层间的关系

数据存储层包括两个主要功能：一是建立逻辑存储空间并对其进行标识、指派和授权等处理，为数据管理层提供逻辑存储空间；二是通过相应存储协议，为数据管理层提供逻辑存储空间上的数据存取服务，数据管理层不关心数据在数据存储层上的 I/O 过程，也就是 I/O 对数据管理层透明。数据管理层也包括两个主要功能：一是对其获得了使用权的逻辑存储空间进行管理，比如添加和撤销逻辑存储空间、分配和释放空间单元；二是实现数据在逻辑存储空间上的各种操作及操作控制，并为用户提供相应数据访问服务。当然，数据管理层也可以提供更为复杂的访问服务，比如数据计算、压缩、加密和去重等应用型服务。

根据数据存储层、逻辑存储空间和数据管理层之间的关系，文件管理系统就是一种典型的数据管理层。文件管理系统在逻辑块存储空间(虚拟盘或逻辑盘)上建立了逻辑文件存储空间(目录)，并通过目录实现文件的写入和读出处理。当用 SAN 和 DAS 为文件管理系统提供数据存储层时，由它们实现逻辑块存储空间的建立和授权等一系列处理，负责逻辑块存储空间与物理块存储空间之间的映射，执行 ATA 或 SCSI 协议并完成数据在存储设备物理块上的输入和输出(I/O)。文件管理系统对逻辑块存储空间进行管理，完成数据在逻辑块存储空间上的操作控制，实现文件的创建、删除、检索、读写等系列处理，并通过目录对外提供文件访问服务，也就是说对文件进行删除、检索、读写等访问都是在目录上完成的。比如，文件读/写就是指从目录中读出文件或将文件写入目录。在文件管理系统收到用户的文件写(即文件写入目录)访问请求后，即刻将文件划分成若干数据块并存储于逻辑块存储空间中，最终通过 ATA 或 SCSI 协议完成数据块在存储设备上的输入；在接收到文件读(即从目录中读出文件)访问请求后，即刻从逻辑块存储空间中找到相应数据块，通过 ATA 或 SCSI 协议完成数据块从存储设备上的输出。

数据管理系统的核心任务是管理维护，就是在逻辑存储空间上提供数据的读写、删除、复制、合并、检索、统计等系列访问服务。在很多情况下，这些服务既能完成数据存储又能实现数据管理维护功能，因此将数据管理系统又称为数据存储管理系统。比如文件管理系统可称为文件存储管理系统，简称为文件系统，它们之间并不严格区分。

数据管理层除了要执行数据存储和管理维护任务外，通常还要承担数据访问安全和存储安全的保障任务。访问安全包括对访问主体(比如用户、进程、应用等)的身份进行认证、对访问客体(数据)进行授权与审核、主体对客体操作进行验证等。数据存储安全泛指数据在存储过程中不丢失、不毁坏及不出错等。在数据管理系统中，数据存储经历两个阶段，一是写入逻辑存储空间，二是经过映射将逻辑存储空间中的数据输出到物理空间，比如输出到存储设备上进行永久存储。因此，数据存储安全从两方面来理解，一是数据在逻辑存储空间中的安全，二是数据在底层存储(如存储设备)上的安全。数据存储映射关系如图 4-3 所示。

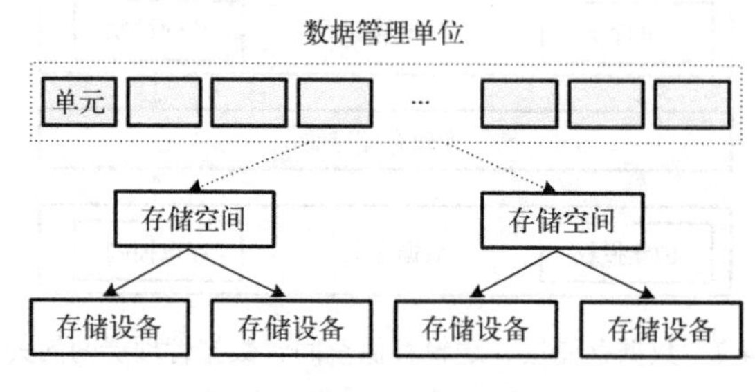

图 4-3　数据存储映射关系

数据存储安全涉及逻辑存储空间和物理空间的安全，在物理空间(存储设备)方面，保障数据存储安全可以采取的方法如下：

(1)为避免存储设备故障带来的数据永久损坏，可将指定存储设备上的所有数据在其他存储设备上保存副本，这是数据克隆保护方法。

(2)为避免存储时信号异常而导致数据局部出错，通常进行纠错处理，需要保存数据纠错信息。纠错信息可以集中存储或者分布存储，利用纠错信息可以容忍数据局部错误出现，这是数据的容错保护方法。

在逻辑存储空间层面，保障数据安全可以采取的方法如下：

(1)为避免存储空间失效而导致其中的全部数据丢失，将一个存储空间中的所有数据在其他存储空间中保存一份副本，这是数据的备份保护方法。比如将某个逻辑盘或者逻辑卷中的所有文件复制到其他的逻辑盘或者逻辑卷中。

(2)为避免存储空间失效而导致其中的部分数据受损，将一个数据管理单位在多个存储空间中保存一份副本，或者将一个数据管理单位划分成多个单元，让每个单元在多个存储空间中保存一份副本，这是数据的冗余保护方法。比如，将一个文件在其他逻辑盘或者逻辑卷上保存一份副本，或者将一个文件划分成多个数据块，让每个数据块在多个存储空间中存有副本。在这里，文件是数据管理单位，数据块是单元。

无论数据存储层是否提供安全保障，数据管理层都应该有自己的独立保护策略和机制，这样可以避免因存储设备故障、存储介质、信号异常等而导致存储空间中的数据丢失、受损和错误。尤其是当数据管理层采用分布存储架构设计时，数据被拆分到不同的存储空间，数据冗余或者备份保护就成了必选策略。由此可知，数据管理层为了完成数据存储、管理维护与安全保护任务，应该具备管理存储空间、提供数据访问、保障数据存储和访问安全三大功能。

在设计实现数据管理系统时，除功能要素外，还必须考虑诸如管理规模、访问时效及数据安全等性能因素。第 1 个性能针对存储空间，用于衡量系统能够管理多少和多大的存储空间，它决定了系统可管理的数据量。比如，一个文件系统可管理的文件量体现在两方面，一是它最多能管理多少个文件，二是它最大能管理多大一个文件(即允许一个文件最多含有的字节数量)。又比如，一个关系数据库管理系统可管理的关系量体现在两方面，一是它最多能管理多少个关系，二是它最大能管理多大一个关系(即允许一个关系最多含有的 N 元组数量)。第 2 个性能针对数据操作，用于衡量系统提供服务的效率，它决定了系统完成一次读/写访问所需的时间，以及执行一次读/写访问可操作的数据量。第 3 个性能针对数据和服务，用于衡量系统提供的数据和服务的可信度，它决定了数据是否准确和无损，服务能否鉴别和受控。

4.2　大数据管理面临的主要问题

就大数据管理而言，管理存储空间和提供数据访问的基本功能并没有改变，它面临的主要性能要求是数据管理规模和访问时效性问题变得非常突出，需要更有效的方法来提升。具体要求包括：

(1)存储空间应具有高可扩展性，这种高可扩展体现在通过存储资源横向动态扩容以支持存储空间的生成和按需分配，可应对数据大规模增长需要。

(2)数据访问应具有高性能，高性能体现在快速和及时两方面，能应对巨量数据读写、检索与计算等处理的实时要求。快速是指保证数据访问请求能够按照预期时间给予应答，及时是指保证数据能够按照预期时间到达或离开。

大数据管理面临的安全性能要求是数据安全保障更为重要，它不仅要保护传统意义下的数据存储安全和访问安全，即维护数据一致性(Consistency)、可用性(Availability)和容错性(Partition Tolerance)要求，还需要确保跨安全等级的数据访问控制。

(1)数据一致性是指数据并发访问时，能够通过某种机制保障在相同时刻读出的数据相同、不同时刻写入的数据不丢失，即同一时刻具有相同的数据。

(2)数据可用性是指访问数据时，能够通过某种机制保障数据在可容忍的时间范围内到达，即每个访问请求无论成功或失败都有响应。

(3)数据容错性是指数据分布存储在不同节点时，能够通过某种机制保障节点出现故障时数据的完整和正确，即部分数据丢失不影响继续使用。

大数据管理三性要求反映的是分布式数据管理系统共性问题，也是这种系统的局限性所在，关于这三性的表述，在 CAP(Consistency+Availability+Partition Tolerance)理论中也有相应定义。CAP 主要内容是关于一个分布式数据管理系统不可能同时满足一致性、可用性和分区容错性要求，最多只满足其中之二。通常情况下，可用性和容错性是首要保证的，一致性可作为被牺牲的选项。很多应用场景只要求可达到最终一致性即可，这就有了强一致性和弱一致性之分。强一致性往往会造成系统处理瓶颈，使得系统效率极为低下，尤其是面对海量数据的分布式系统时，强一致性要求甚至是无法满足的，因此弱一致性的分布式系统就应运而生。一些非关系数据库管理系统(统称为 NoSQL)，如键值(Key-Value)和文档(Document)数据库管理系统就是弱一致性分布式系统的范例，现实中的 Dynamo、Tokyo 和 Voldemort 等键值数据库系统，以及 Cassandra、SimpleDB 和 CouchDB 等文档数据库系统都是弱一致性的。一般而言，在处理 CAP 问题时，存在 3 种选择：一是放弃容错性，满足一致性和可用性；二是放弃可用性，满足一致性和容错性；三是放弃一致性，满足可用性和容错性。很多数据库系统采纳了 3 种选其一的方案，然而谷歌公司声称其推出的 Spanner 系统实现了对 CAP 的同时满足，目前把能够同时满足 CAP 的管理系统的数据库系统称为 NewSQL，Spanner 系统就作为 NewSQL 的典型实例。

大数据管理面临的问题还包括：现有数据管理模型难以有效满足或者尚不能适应某些大数据分析应用要求，大数据应用更需要多样化数据访问方法。具体来讲，存在以下局限性：

(1) 最基础的文件数据模型（按字节组织数据）受到本地文件系统设计实现的制约。本地文件系统难以支持大规模文件存储管理，也不足以支撑更上一层的数据组织方式和管理架构。

(2) 最常用的关系数据模型（按 N 元组组织数据）描述能力难以胜任大数据的动态复杂关联。大数据环境下，数据及其关联具有动态性及不可预知性，需要有更为灵活的数据模型来描述数据及其关联。

(3) 不同应用分析提出了更高的数据读写、检索等处理要求。比如大数据环境下，小量高并发性的数据实时读和写、大量数据的高吞吐的读和写、大规模数据下多用户实时检索等操作，不仅要有新型数据存储管理架构支持，还需要研究新的数据读写与检索等算法。

大数据管理面临的问题不限于此，随着大数据应用的持续深入，还会不断涌现或衍生出许多新问题，至少目前还没有提出一种面向大数据的管理模型，也未出现通用的大数据管理系统，大数据管理的理论、方法、技术和系统尚在研究探索之中。当下大数据管理，大多基于现有技术方法对现有数据管理系统进行改进或拓展，以适应不同应用需要，其中分布式文件系统和非关系型数据库管理系统就极具代表性，图数据库也在向大规模分布式方向演进。

4.3　分布式文件系统

设计实现文件管理系统就是实例化文件数据模型的过程，实例化过程主要围绕文件存储、管理维护与安全保护三大任务展开。

存储是文件管理系统的基础，文件就是存储单位。存储是以逻辑块存储空间为界面，存储功能设计取决于逻辑块存储空间的管理机制和策略设计选择。文件存储，就是在文件被划分成若干块并存于逻辑块后，根据逻辑块与物理块的映射关系（可能是 1∶1 或 1∶N）将逻辑块中的数据输入到一个或多个物理块中保存。文件存储时不仅要把属于同一文件的逻辑块关联在一起，而且还要记录这些逻辑块在存储空间中的绝对或者相对位置，这些内容就构成了文件在逻辑块存储空间中的存储信息。

管理维护是文件系统的关键任务，文件就是管理单位。以文件为管理单位的各种访问，除了需要得到存储信息支持外，还必须知道被访问文件的名称、类型、创建时间、大小、存储位置等属性，这些内容就是访问文件的描述信息。

安全保护是文件系统的重要任务，安全包括存储和访问两方面。其中，文件访问安全是对访问过程中各个环节的安全约束，比如访问者的身份、权力和权限，文件的归属和权属，文件访问策略，访问算法即密钥等属性，这些内容构成访问文件的安全信息。

文件管理系统要实现文件存储、管理维护与安全保护三大任务，就需要存储、访问和安全 3 方面内容支持，这 3 方面内容是关于文件各种属性的描述，称为文件元数据(File Metadata)，细分为存储元数据、访问元数据和安全元数据。在文件管理系统中，文件的存储元数据、访问元数据和安全元数据可分开组织，也可组织一起，文件元数据的不同组织方式产生出不同的文件管理系统，比如本地文件系统和分布式文件系统等。有些本地文件系统将这 3 种元数据作为一个整体组织在一起形成文件信息块。一个文件必须用一个文件信息块来描述，任何一个文件信息块必须对应一个文件。

4.3.1　文件管理系统原理概述

文件管理系统必须能够管理逻辑块存储空间，并在其上建立逻辑文件存储空间，以提供相适应的文件存储和管理服务。本地文件管理系统只能管理单个逻辑块存储空间，通常用目录(Directory)来表示逻辑文件存储空间。目录是由目录项组成的集合，目录项被定义成文件元数据(在文件系统中称为文件信息块)，它用于描述文件。从逻辑上看，目录就等同于一组文件的集合；从内容上理解，目录是一种数据(由文件元数据构成)，它也可以组织成文件，称为目录文件。文件、目录项和目录文件之间的关系如图 4-4 所示。目录作为一种文件也被存入数据块存储空间，它有自己的文件元数据，即存在一个目录项。目录文件与其他文件仅仅是类型不同而已，它也需要用相应的文件元数据来描述，只不过被称为目录文件元数据，而其本质依然是文件元数据。如果允许目录中可以包含目录文件元数据，那么形式上就出现了目录嵌套，即目录中的目录项形成了层次化，这就是常说的目录按树型结构组织。层次化目录结构如图 4-5 所示。

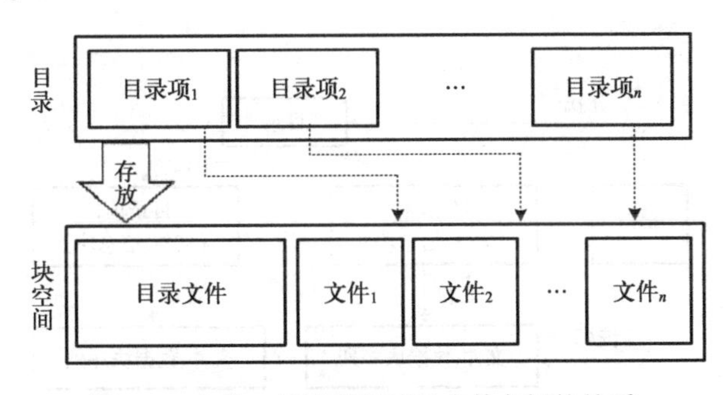

图 4-4　文件、目录项和目录文件之间的关系

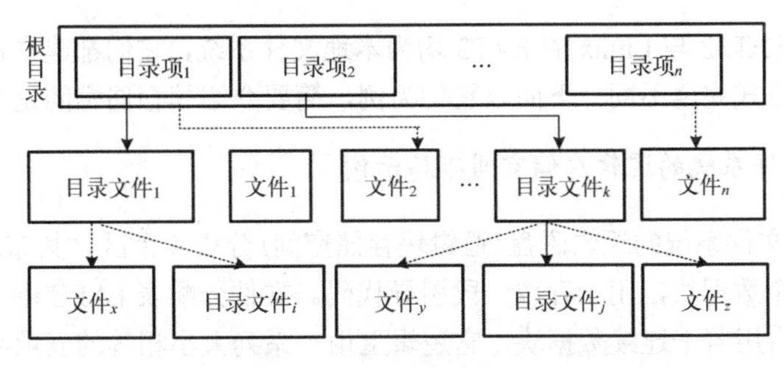

图 4-5　层次化目录结构

在实际的文件管理系统中，初始目录称为根目录，它存放于逻辑块存储空间中某些特殊位置下的逻辑块中。在目录形成后，就可依据目录项中的内容(内容可以包括存储元数据、访

问元数据和安全元数据等)对文件实施管理,即利用目录项中的内容支撑文件系统执行文件存储、管理维护和安全保护三大任务。

文件和目录文件中含有完全不同的数据，文件中所含的是上层应用或业务系统产生的数据，故此将这样的文件统称为用户文件。目录文件中所含的数据是文件系统为了对文件进行管理而产生的文件元数据，即文件信息块。文件系统要管理大量的用户文件和目录文件，这些文件都需要有相应逻辑块存储空间来存放，因此空间的组织管理必定是文件系统最基础、最核心的部分。在设计实现文件系统时就要考虑用户和系统两个层面，在用户层面，需要为用户形成可理解的文件系统视图，并提供访问文件和目录的访问操作；在系统层面，需要设计某种数据物理组织方式，以便在物理块存储空间中存放文件和目录，实现对文件和目录的存储操作。不同文件系统可采用不同的物理组织方式，比如采用连续、链式、散列或索引的组织方式。不同文件系统存储用户文件与目录文件的机制也不同，其中本地文件系统将用户文件与目录文件存储在同一逻辑块存储空间上，即文件与文件元数据不分开存储，这也是本地文件管理系统的特征。

有了目录则可便利地访问文件，用户读/写文件过程如图 4-6 所示。在这个过程中，文件系统必须为用户访问文件提供两个接口。一个是文件检索接口，它根据用户指定的文件名称，从目录中找到对应文件的目录项以实现文件检索，检索过程与目录组织方式密切相关。另一个是文件读写接口，它根据用户在检索到的目录项中获取数据块序列的存放地址，定位数据块(即逻辑块)在存储空间中的位置以实现数据读或写，读写过程与存储空间的组织方式密切相关。在目录项中，要么记录一个文件的所有数据块位置，要么记录一个文件的数据块链头位置。

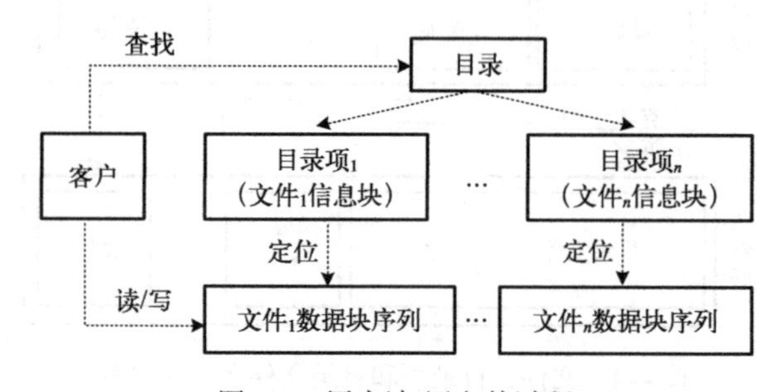

图 4-6　用户读/写文件过程

Windows 的 FAT32 与 Linux 的 EXT3 均为本地文件系统，它们都建立在单个逻辑块存储空间上，但组织方式完全不同。下面以它们为例，简要介绍其存储空间是如何组织管理的。

1. FAT32 文件系统的逻辑存储空间布局示例

微软 FAT32 文件系统的逻辑磁盘(逻辑块存储空间)分成 4 个区，其布局如图 4-7 所示。引导区占用第 0 个数据块，用于存放一段引导代码。文件分配表 FAT(File Allocation Table)区紧邻引导区，占用若干连续数据块，它逻辑上由一系列大小相等的表项组成，每个表项大小为 4 字节，表项编号指示数据块位置，表项内容代表数据块状态。根目录区紧邻文件分配表区，用于存放根目录文件，它占用若干连续数据块，根目录的目录项描述了一个文件(既可以是用户文件也可以是目录文件)。剩下的数据块全部为数据区，用于存放用户文件和其他目录文件。FAT32 文件系统为了提高存储空间管理效率，按簇(Cluster)进行管理，一簇包含 2^n 个数据块。存储空间按簇分配和释放，并按簇链方式组织管理，每个文件所占用的簇采用簇链方式组织，一个簇链的起始位置存放在对应目录项中。根目录文件的簇链在文件分配表中的起始位置是固定的。

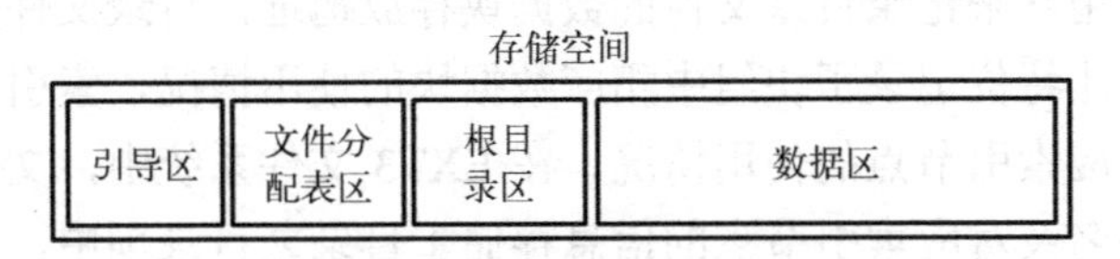

图 4-7　逻辑块存储空间布局

假如某用户文件占用了 5 个簇，被占用的簇号是 8、21、10、22、30，由这 5 个簇构成的簇链在文件分配表中的关系为：FAT[8]=21、FAT[21]=10、FAT[10]=22、FAT[22]=30、FAT[30]=0x0FFFFFFF。该簇链存储于文件分配表中，簇链的起始位置为表项 8，8 存放在相应目录项中。该簇链在文件分配表中占用表项如图 4-8 所示。通过目录项中记录的簇链起始位置来遍历簇链，以获得文件的数据块的地址，然后根据地址读出相应数据块。

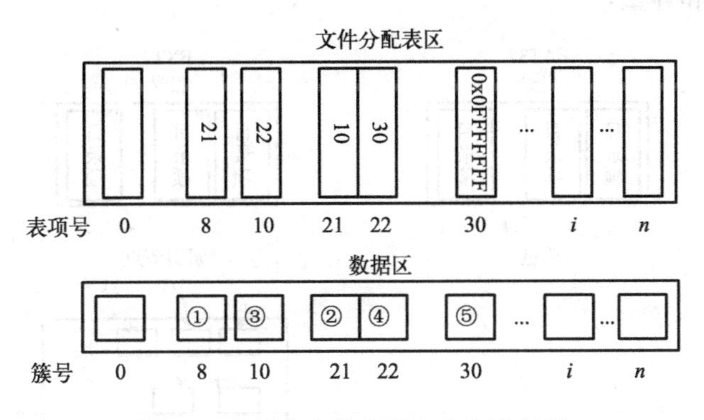

图 4-8　簇链在文件分配表中占用表项

2. EXT3 文件系统

Linux 的 EXT3 文件系统将逻辑块存储空间按块组进行划分，每个块组(Block Group)包含若干簇，簇按索引方式组织。EXT3 文件系统的逻辑块存储空间布局如图 4-9 所示。

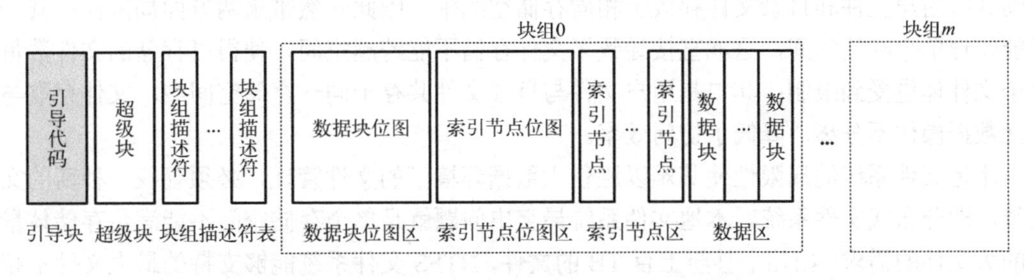

图 4-9　EXT3 文件系统的逻辑块存储空间布局

引导块占用一个数据块，用于存放一段引导代码；超级块记录整个文件系统的信息。每个块组在块组描述符表中占有一个块组描述符，它记录了一个块组的信息，数据块采用索引管理。每个文件都占用一个大小固定的索引节点，根目录文件的索引节点在超级块中指定。索引节点记录了除文件名以外的所有扩展属性，当然必须包括文件占用的数据块地址，这些数据块地址是按索引结构组织的。目录项只含有文件的名称、长度、时间及该文件的索引节点号，目录项大小不固定，必须有一个自身的长度标识。由于目录也是一种文件，它也需要占用一个索引节点，用它来记录目录文件的数据块存放地址，目录文件也存储在数据块中。数据块位图中的每一比特位记录了块组中相应数据块的使用情况，索引节点位图中的每一比特位记录了块组中相应索引节点的使用情况。在 EXT3 文件系统中，文件的数据块地址记录在索引节点中，文件名及对应索引节点的信息存储于目录之目录项中，通过文件名检索目录中的目录项以获得索引节点，即文件的数据块地址，然后依据索引节点来定位文件的数据块地址。

在 FAT32 文件系统中，文件的数据块地址存放在 FAT 表的簇链中，目录项记录了簇链的起始位置。在 EXT3 文件系统中，文件的数据块地址存放在数据块索引中，目录项记录了索引节点。这两种文件系统从目录、数据块地址到文件数据块之间的联系如图 4-10 所示。文件系统在存储空间组织管理方式上的不同直接影响文件的访问时效性，在某种程度上也能影响被管理文件的数量和体量。

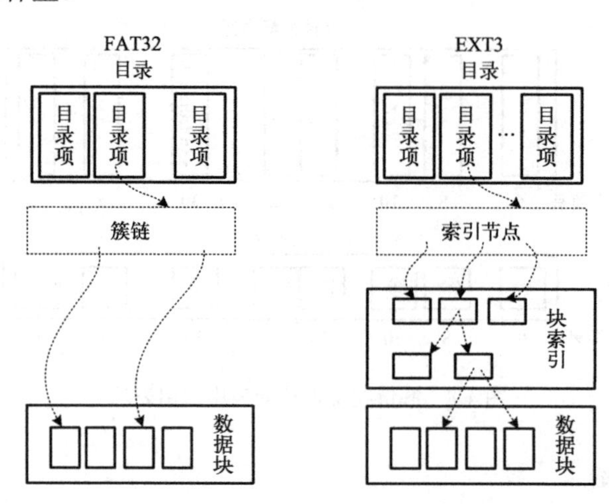

图 4-10　FAT32 和 EXT3 目录、数据块地址到文件数据块之间的联系

通过对上述两种本地文件系统简单介绍可以发现，它们最突出的特点就是管理单个存储空间并将用户文件和目录文件存放于相同存储空间中，因此必然带来两方面局限性：其一是只能管理单个存储空间，这就直接导致了文件存储不能跨越空间，使得可存储的文件数量和单个文件体量受到限制；其二是用户文件与目录文件共存于同一存储空间中，文件存取与文件元数据操作不分离，降低了访问效率。

本地文件系统的局限性使其难以胜任大数据环境下的文件管理，必须寻找一种新的文件系统，即分布式文件系统。本地文件系统最突出问题就是单个存储空间不能满足存储体量巨大的大文件的需求，如几十甚至上百 TB 的文件，NTFS 文件系统能够支持的最大文件不超过 1TB；单个存储空间无法容纳数量庞大的小文件，如几百甚至上千亿个只有几十到上百 KB 的文件，NTFS 文件系统中的一个目录所含文件数量不超过 10 万个。分布式文件系统要解决上述两个问题，首先必须支持多存储空间并实施有效管理，即实现存储空间分布化，其次是在此基础上实现文件分布存储，并解决大文件的高效读写及小文件的快速检索。实现文件分布存储的通用策略是将大文件拆分成若干个小块并分散存放到不同的存储空间中，而数量庞大的小文件则直接分散存放于不同的存储空间中。与此同时，将文件与目录文件分布到不同的存储空间中存放，达到文件与目录文件的存储分离和访问分离的目的。

存储空间分布化是实现存储空间扩展的有效途径，通过第3章内容的学习知道，要么利用网络将DAS节点动态互联，实现大量分布的存储空间汇集共享，要么利用网络将存储设备动态互连，实现大量分布的存储空间汇集共享。这两种途径都是以分布方式实现存储空间扩展目标，存储空间要么分布在DAS节点上，要么分布在存储设备上，因此DAS集群和SAN成为了分布式文件系统的实现基础。

4.3.2　分布式文件管理系统原理

1. 分布式文件系统结构

简单地说，分布式文件系统是指通过一套管理方法，将文件分散至不同网络节点的逻辑块存储空间中进行存储，并通过标准协议便于客户高效地存取文件的系统。分布式文件系统最大特点就是存储空间分布化和文件存储分布化，因此它必须具有4方面能力：一是分布式存储空间的管理能力，二是文件分布式存储能力，三是文件检索与文件读写的并发处理能力，四是存储节点故障或存储空间失效时文件的容错能力。按照客户端/服务器工作模式来设计分布式文件系统，客户端是应用程序访问分布式文件系统的接口，服务器则由元数据服务器和数据服务器共同组成，其中元数据服务器提供文件元数据的存储管理服务，数据服务器提供文件的存储管理服务。分布式文件系统结构如图4-11所示。

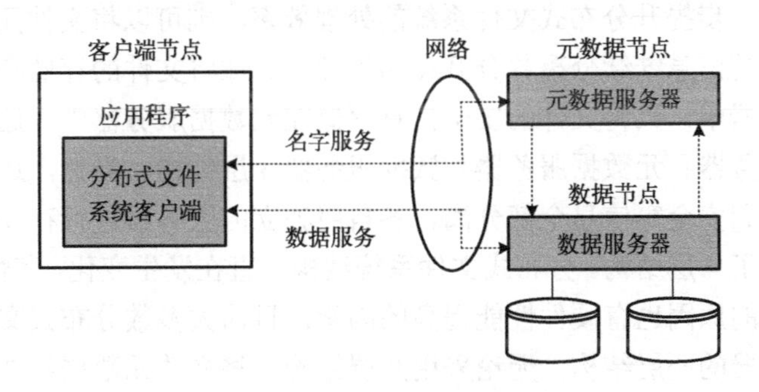

图4-11　分布式文件系统结构

在分布式文件系统的设计中，文件元数据与文件、文件检索与文件存储完全分离。文件元数据涉及文件存储、访问和安全等方面信息，存储管理文件元数据是元数据服务器的最核心任务，同时，它还要负责访问安全（如授权与认证）、并发控制(如锁机制)、负载均衡控制等任务。客户端通过访问元数据服务器，在获得授权后检索文件相关信息，比如检索得到文件名称、文件分块数量、文件数据块地址等信息，然后连接到数据服务器并完成文件数据块的存取操作。文件元数据与文件、文件检索与文件存储分离的方式大大提高了文件的并发读取效率。元数据服务器是分布式文件系统的核心，为保障它的安全，通常为其增加热备份，一旦元数据主服务器失效，则启动其备用服务器以防止整个分布式文件系统瘫痪。

数据服务器负责文件的分布存储与并发访问。文件的分布存储可以提高文件访问速度及数据服务器负载均衡能力，它依赖于文件分块方式及数据块分布策略。文件分块有利于提高文件存取的并发度，一次文件访问可分解成多个数据块的 I/O 操作；分布策略涉及数据的访问“距离”，一个好的分布策略能够加快应用对数据的访问速度，也就是说，数据块的存放地点考虑到客户端的读取，使得更多客户端能够读到离自己更近的数据块，减少了网络传输时间。多数分布式文件系统采用的文件分块方式是将文件均分成大小相等的块，相应的数据块分布策略也非常简单，采用轮询方式将数据块在所有数据服务器上有序存放，或者根据用户的配额存放在指定的数据服务器上。

分布式文件系统必须具备良好的容错性，它要保障每个小文件或者文件的每个分块不会因为存放它们的数据服务器发生故障而丢失。在分布式文件系统中，大文件通常被划分成多个块，系统根据用户需求对于每个数据块都存储其多个副本。如果一个副本丢失，还可以利用其他副本进行还原，以达到容错的目的。数据副本管理主要包括副本创建方式与副本分布地点的选择，副本创建方式通常有直接复制和传播复制方式；数据块副本分布地点尽量选在不同的数据服务器上，从概率上减小数据块丢失的可能性。

客户端是应用程序访问分布式文件系统的接口。用户一次访问是对分布式文件系统进行一系列调用，这些调用一般以“打开”文件开始，以“关闭”文件结束，中间是对文件进行各种数据操作，以此形成一次会话。应用程序“打开”文件后，获得关于文件的元数据，这些元数据存储在元数据服务器中。分布式文件系统根据文件打开时是否记录状态分为有状态和无状态两种。在有状态的分布式文件系统中，元数据服务器记录每一次对文件的操作，这样便可以记录客户端的一些信息，以减少通信开销。在无状态的分布式文件系统中，元数据服务器不记录任何对文件的操作信息，这样便可减少对元数据服务器的压力。

如果还需要进一步提升分布式文件系统的处理效率，则可以将文件元数据涉及的存储、访问和安全等方面的信息继续分离并分开存储管理。比如将文件的存储和访问信息存储在一个单独的目录服务器中，只将文件的安全信息存储在元数据服务器中，这样的分布式文件系统就形成了目录服务器、元数据服务器和数据服务器 3 层结构。当然，还可以将文件元数据涉及的存储、访问和安全等信息全部分离，各自用独立的服务器进行存储管理，这样的分布式文件系统就形成了 4 层结构。分布式文件系统结构一直在发生变化，其性能也在不断提高，这其中有技术发展的原因也有硬件性能提高的因素，目前大多数分布式文件系统采用元数据服务器和数据服务器的两层结构。无论采用几层结构，将文件元数据和文件分开、文件检索与文件存储分离的原则没有改变。在分布式文件系统设计上，可以协同多个节点以消除单点故障和性能瓶颈，满足统一名字空间 UNS(Uniform Name Space)、高可用性 HA(High Availability)、高性能 HPC(High Performance)、负载均衡 LBC(Load Balancing)等要求。

2. 分布式文件系统的名字空间

名字空间(Name Space)是指同一概念范畴内的实体可以被分配的所有名字集合，它确定实体如何命名及如何利用名字寻找其指代的实体。分布式文件系统涉及文件和目录两种实体，它需要建立统一命名规则，对每个目录和文件在整个系统范围内确定唯一的名字，同时还能够用某种方式找到与名字实际对应的文件和目录所在，即根据名字就可以定位文件和目录所在存储空间中的位置。分布式文件系统的名字空间首先是要对文件和目录进行统一且唯一的命名，然后将这些被命名的文件和目录按照一定的结构组织起来，以便用户按名字查找并访问文件和目录。因为名字空间的实现方式自由度比较大，有多种选择，比如实现方式可采用扁平、树型或图结构进行组织，可在内存中建立这些结构的名字空间，或者在磁盘中用文件或数据库来建立这些结构的名字空间。

在TFS(淘宝分布式文件系统)中，元数据服务器管理功能之一就是实现文件名到TFS文件名的映射。当用户存储某指定名字的文件时，客户端首先从元数据服务器得到一个TFS文件名，下一步将用户文件名与TFS文件名的映射关系存储到元数据服务器中，最后将文件存储到数据服务器中。当用户按照用户文件名读取文件时，首先从元数据服务器中查询其对应的TFS文件名，然后从数据服务器中读取该文件。对于大文件的存储，客户端会将大文件切分成多个小文件(通常为64M)，每个分片小文件均由元数据服务器分配一个TFS文件名，并将这些分片小文件存储到数据服务器中，同时将这些分片小文件对应的所有TFS文件名作为一个新文件的数据存储于元数据服务器。新文件的文件名就是用户定义的大文件的文件名，新文件的文件名也要为其分配一个TFS文件名，该TFS文件名与正常的TFS文件名有不同的前缀，用于表明其存储的是大文件的分片信息。当用户读取大文件时，客户端首先从元数据服务器中读出新文件的数据，即所有分片小文件所对应的TFS文件名，然后从TFS的数据服务器中读出各个分片数据。

TFS以数据块(Block)为单位进行组织和存储，Block的大小通常为64M，每个Block会存储多个副本到不同的数据节点上，以保证数据的高可靠性。每个Block都有全局唯一的数据块编号(Block id)，Block id 由元数据服务器在创建时分配。TFS会将多个小文件存储在同一个Block中，并在元数据服务器上为每个Block建立一个对应的索引块，索引块中记录了Block中每个文件在Block中的偏移位置及文件的大小。Block中的文件拥有Block内唯一的文件编号(File id)，File id由数据服务器在存储文件时分配，Block id和File id组成二元组唯一标识。而TFS的文件名就是Block id和File id通过某种对应关系组成的。文件名通常由T开头，第2个字节为该集群的编号(取值范围为1～9，可以在配置中指定)，余下的字节由Block id和File id通过一定的编码方式得到，文件名由元数据服务器进行编码和解码。TFS的名字空间采用扁平结构，而没有采用目录树结构。TFS的名字空间结构映射方式如图4-12所示。

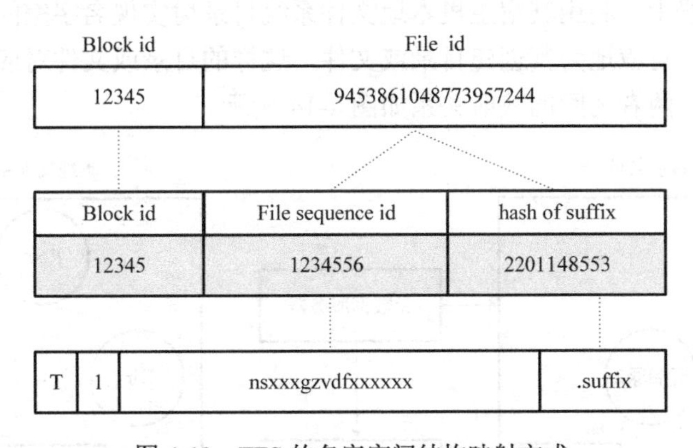

图4-12 TFS的名字空间结构映射方式

利用图结构组织的名字空间主要面向端用户，方便用户用于关联文件。树型结构的名字空间因其与现实世界极为相似而被广泛接受，树型结构是一种用于组织名字空间的常用方式。

目前，绝大多数文件系统采用树型结构组织名字空间，包括各种本地文件系统（如 EXT3、XFS、NTFS、FAT32 等）、网络文件系统（如 NFS、AFS、CIFS/SMB 等）、集群文件系统（如 PNFS、PVFS、GPFS、PanFS 等）、分布式文件系统（如 GFS、HDFS、KFS、FastDFS 等）。按树型结构组织的目录树如图 4-13 所示，目录树就是名字空间。

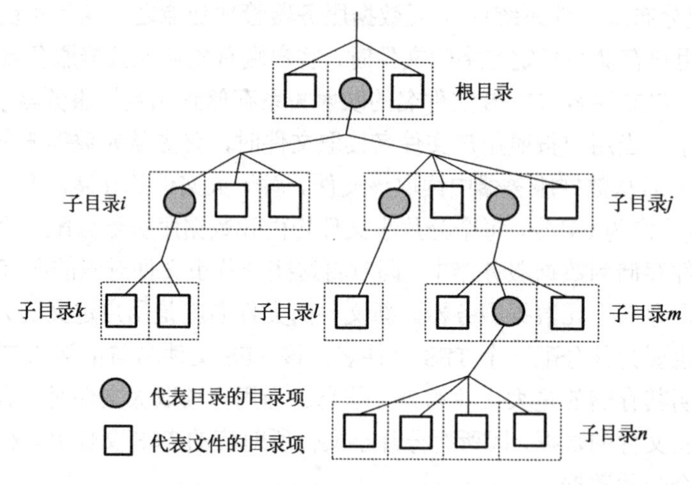

图 4-13　树型结构组织的目录树

由该图示可知，目录中的一个目录项可以是文件的元数据或子目录文件的元数据，因此，一棵目录树可记录整个文件系统中存储了哪些文件，以及这些文件的名称、文件的分块、文件数据块的存储位置等信息，一个文件就是树中的一个叶节点。

下面介绍分布式文件系统名字空间的两种实现机制，这两种实现均采用树型结构，分为基于磁盘和基于内存实现方式。基于磁盘的实现方式利用本地文件系统的目录结构，实现代价很低；基于磁盘数据库实现的名字空间性能低下，尤其是递归遍历文件系统的整个名字空间时，关系的连接运算代价极高而性能极低。基于内存的实现方式则在内存中建立动态分层结构数组，名字空间的查找效率很高。

1）基于本地文件系统的目录树设计

在元数据服务器上，利用其宿主机本地文件系统目录树实现名字空间。在元数据服务器的本地文件系统上，对应地为其创建目录或文件，这样的目录或文件对应于元数据服务器称为元目录或元文件，两者之间的映射关系如图 4-14 所示。

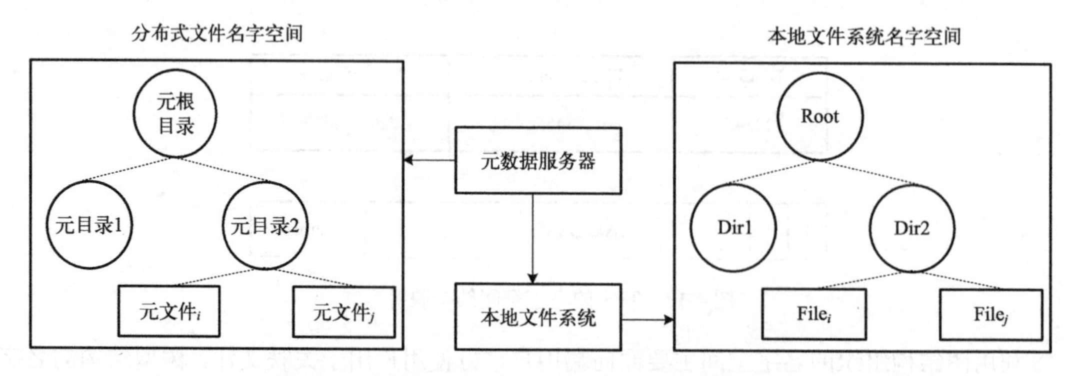

图 4-14　文件和目录到元文件和元目录简单映射关系

元数据服务器中的元文件表示分布式文件系统的文件，元目录表示分布式文件系统的目录。对于本地文件系统而言，文件用来存放应用或者业务数据，因此被称为用户文件；目录项用于定义文件元数据，包括用户文件元数据和目录文件元数据，目录文件用来存储文件元数据，所以目录是文件元数据的集合。在分布式文件系统中，元数据服务器中的元文件用来存储文件元数据，文件元数据包括文件属性、访问控制信息、数据分片信息、数据存储位置等信息。元数据服务器中的元目录用来存储元文件的元数据，元文件的元数据包括元文件的名称、大小、创建时间等信息，元目录文件是把目录组织成文件保存在文件系统中。基于本地文件系统的目录树设计的分布式文件系统名字空间的优点是构建简单，实现代价小，内存要求低，可以运行在普通主机上。虽然元文件仅用来存储文件的元数据，一般都是小于1KB的小文件，但当元文件数量达到千万量级时，元目录就会出现性能瓶颈而直接导致名字空间不可用，突显出这样设计的分布式文件系统名字空间的局限性。

2)基于全内存动态分层结构设计

与基于本地文件系统的目录树设计不同，建立在元数据服务器内存中的名字空间，使用全内存动态分层结构数组表示。这种动态分层结构也是一棵树，树中节点表示分布式文件系统的一个文件或目录，当节点是目录时，其子节点没有数量限制，完全取决于可分配的内存量，子节点是动态的。名字空间的全内存动态分层结构数组如图4-15所示。由于节点数组中的节点的类型可变、节点的数量不定，故称之为动态节点数组。

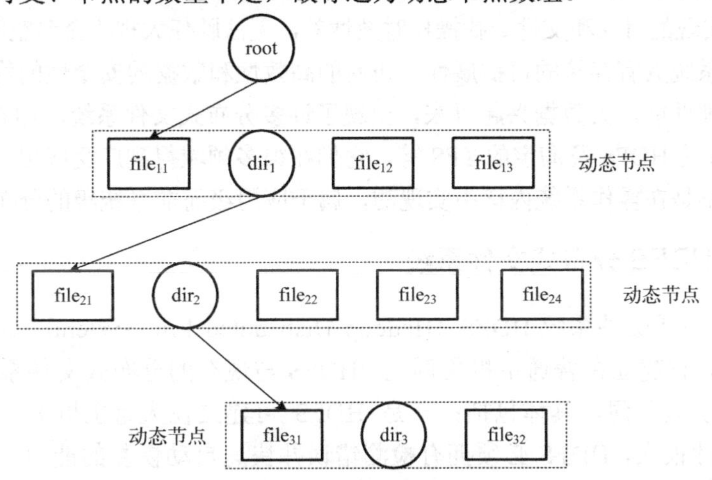

图4-15 名字空间的全内存动态分层结构数组

假如用下列数据结构描述节点，其中 dir_or_file_name 表示文件或目录的名称(不含路径)；dir_or_file_metadata 表示文件或目录文件的元数据；child_node_array 表示子节点动态数组；count 用于文件和子目录的计数。

```
struct node
    {
        char *dir_or_file_name;
        char *dir_or_file_metadata;
        struct node **child_node_array;
        int count;
    };
```

全内存设计对内存需求比较高。假设每个目录或文件的元数据大小为 100B，那么 1000 万个目录或文件的元数据大小总量约等于 1GB。如果需要支持更多的目录和文件，则需要相应增加内存量。对于分布式文件系统的目录文件列表操作，首先要解析路径并拆分出独立的目录名，随后从根目录节点开始查找所需目录，直到找到对应的目录节点。然后在目录节点的子节点数组中找到所需文件，在子节点数组中可使用遍历或者二分查找法。在目录层次较深、子目录文件数量庞大的分布式文件系统中，这种查找的时间复杂度较高。这种方式的优势在于对文件的增删比较简单，查找性能远高于基于本地文件系统的目录结构方式；缺点是对内存要求极高，实现起来比较复杂；存在的问题是需要对内存中的名字空间进行持久性保护措施，以防止意外宕机或出错而导致命名空间的丢失。为此，基于全内存动态分层结构设计必须在外部存储器上记录目录树，每当系统启动时能够从外部存储器上获得目录树数据，然后再在内存中构建名字空间。在设计分布式文件系统时，通常在元数据服务器本地使用一个文件来存储内存中的目录树，这个文件采用特定格式来记录整个分布式文件系统存储了哪些文件，即记录了这些文件的属性信息和存储位置。每当分布式文件系统启动时就先读取那个文件，并用相应算法在内存中重构目录树对应的名字空间。

除了上述设计方式外，还可基于磁盘数据库实现树型结构的分布式文件命名空间。具体方法是在数据库中分别创建目录表和文件表，目录表中存放目录文件元数据，文件表中存放文件元数据，通过建立表内连接和表间连接实现目录和文件的查找。但由于连接运算代价高且效率低下，所以由此实现的目录和文件查找操作时效性差，无法胜任大规模命名空间的组织。

分布式文件系统具有存储的可扩展性、访问的高效性和数据的安全性的优点，大幅度提升了文件存储管理性能。大数据兴起以来，出现了许多分布式文件系统，如谷歌的 GFS 和 FastDFS、Apache 的 HDFS 及淘宝的 TFS 等，它们在很多领域得到广泛应用。然而，这些分布式文件系统都不是在操作系统内核中实现的，属于应用级而非系统级的分布式文件系统。

4.3.3　典型的 HDFS 分布式文件系统

Hadoop 的分布式文件系统 HDFS（Hadoop Distributed File System）是一种应用级的分布式文件系统，它建立在普通主机集群上。HDFS 与现有的分布式文件系统存在许多相似之处，但也有明显不同，具体包括：一是 HDFS 可建立在大量主机上，这意味着主机发生故障的可能性很大，HDFS 必须拥有检测错误并快速自动恢复的能力，即 HDFS 必须具有高容错性；二是 HDFS 是面向批量数据处理而非交互式数据处理设计的，适用于数量规模巨大或个体规模巨大的文件管理，比如文件数达几百亿甚至上千亿的量级，单个文件可能几百 GB 或几十 TB 的量级，强调数据访问的高吞吐量而不注重数据访问的短响应时间；三是 HDFS 采用流式文件访问，这种访问模式适合文件一次写入多次读出，即文件建立并写入数据后就不再更改，只需从文件中读出数据；四是 HDFS 适合就近计算的分布式计算模型，即把计算迁移到离数据存储最近的位置，以减少网络的拥塞并提高系统的吞吐量。

1. HDFS 结构

HDFS 由客户端(Client)、名字节点(Name Node)和数据节点(Data Node)组成，采用主/从(Master/Slave)结构设计和客户/服务器(Client/Server)工作模式。HDFS 存储原理是将文件划分为大小相同的若干数据块(数据块大小通常为 64MB)，这些数据块分别存储在一组数据节点中，同时将每个数据块的多个副本复制到不同的数据节点上以实现容错。

Name Node 是提供名字空间管理和访问的服务器，即元数据服务器，用于执行文件系统的名字空间操作，比如文件或目录的打开、创建、删除、关闭、检索、重命名等。数据节点是提供文件存储和数据块访问的服务器，即数据服务器，用于执行文件系统的数据块操作，比如在名字节点统一调度下进行数据块的读出、写入、修改、复制等。Client 是用户使用 HDFS 的接口，Client 通过与名字节点和数据节点交互来访问整个 HDFS。

HDFS 结构遵从文件元数据与文件、检索与存储分离的原则，满足可用性和可扩展性设计要求，由大内存的主机承担文件元数据访问，由高效 I/O 的主机承担文件存取。HDFS 采用分布式部署，名字节点通常独立部署在一台主机上，可根据安全需要增设一台主机用于部署名字节点热备份；多个数据节点分别部署于不同主机上，用于承担文件分布存储。HDFS 分布式结构如图 4-16 所示。

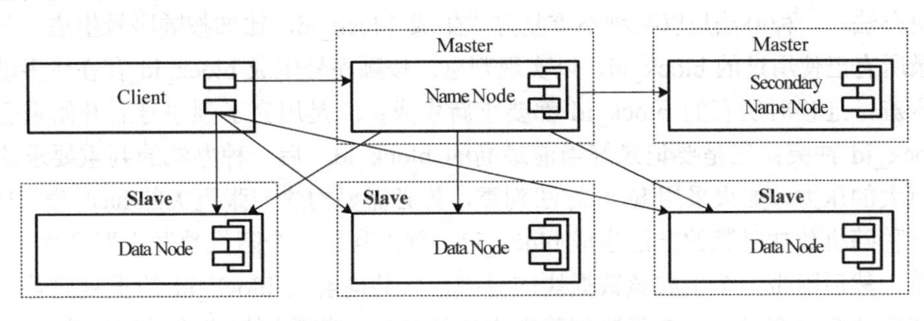

图 4-16　HDFS 分布式结构

HDFS 为名字节点、数据节点和客户端定义了一组通信协议。

(1) ClientProtocol：客户与名字节点之间(包括客户与数据节点)的通信协议；

(2) CliemDataNodeProtocol：客户和数据节点之间的通信协议；

(3) DataNodeProtocol：数据节点与名字节点之间的通信协议，例如，发送心跳报告和块状态报告；

(4) InterDataNodeProtocol：数据节点之间的通信协议，例如客户启动复制数据块，此时可能需要在数据节点之间进行块副本的流水线复制操作；

(5) NameNodeProtocol：名字节点与备份名字节点之间的通信协议。

2. 数据块

文件系统中的数据块是对物理块的映射，其大小是物理块的整数倍，HDFS 中有自己的数据块要求，其大小默认为 64MB。在 HDFS 中存储的文件同样要划分成多个数据块，每个数据块又分为多个分块(Chunk)，分块作为独立传输单元，使得小于一个数据块大小的文件不会占据整个数据块空间。

分布式文件系统有很多优势：

(1) 一个文件的所有数据块分散存储在集群中不同主机磁盘中，因此文件大小可以超过任意一个磁盘的容量。实际上，整个 HDFS 集群可用来存储一个超大文件，该文件的数据块占满了集群中所有主机磁盘，但这种情况并不常见。

(2)使用数据块而非整个文件作为存储单位，简化了存储系统的设计，也可以简化存储管理。数据块只是文件的构成部分，文件元数据并不需要与数据块存储在一起，它们可以单独存储管理。

(3)数据块非常适用于独立备份，可提供数据容错性和可用性。将每个数据块复制到几个独立的数据节点上，当发生数据块和磁盘错误或者数据节点故障时数据不丢失，从而确保了数据的容错性；一个因损坏或节点故障而丢失的数据块可以从其他数据节点复制到另一台正常运行的数据节点上，保证数据块副本恢复到正常水平，从而保证了数据的可用性。比如，当发现一个数据块不可用时，系统会从另一个数据节点读出它的副本，而这个过程对用户是透明的。

1)数据块标识

在 HDFS 中，数据块有全局唯一的数据块标识(block_id)。HDFS 在创建每个数据块时，由名字节点为其分配一个唯一且不变的 64 位 block_id。为了确保 block_id 的唯一性，一般有两种解决办法：一种办法是以某种不重复方式生成 block_id，比如按顺序号生成；另一种办法是记录所有已使用过的 block_id，以实现判重。按顺序号生成 block_id 存在诸多缺点：一是迁移困难，迁移时所有的 block_id 都要重新生成；二是用完了顺序号后开始重复，可能带来 block_id 冲突；三是要记录好当前最高的 block_id。后一种办法的判重要求给名字节点带来巨大的压力，如果采用 hash 方法判重，势必需要构建一张巨大的 hash 表。HDFS 中给出了一种随机数加时戳的方法生成 block_id。首先利用一个随机数发生器产生一个 64 比特随机数，然后附带一个生成该数据块的时戳，来共同解决 block_id 的重复问题。时戳是文件系统里的全局变量，会在每次创建新文件及其他一些数据块操作时顺序增长，64 比特随机数和时戳都相同的概率极其低下。HDFS 对数据块的描述包括全局唯一的 block_id 和时戳，以此共同标识数据块。例如，在数据节点的${hadoop.tmp.dir}/dfs/data/current/目录中有一个名字为 blk_826540629399449945_1017 的文件，这前一串数字就是 block_id，后一串数字就是时戳。

2)数据块文件

HDFS 文件被划分成多个数据块，每个数据块都是独立存储管理单元，而数据块以文件形式存储在数据节点的本地文件系统目录中，称为块文件。HDFS 数据块由块文件和块文件元数据组成，块文件包含了数据块中的原始数据，块文件元数据中含有数据块中各个分块的一系列校验和、版本和类型信息。例如，数据节点${hadoop.tmp.dir}/dfs/data/current/目录中有一个名字为 blk_826540629399449945_1017 的文件，必然含有一个名字为 blk_826540629399449945_1017.meta 的块文件元数据文件。在数据节点中，如果当前目录下的块文件达到一定数量时，就会创建一个子目录，以避免在一个目录中存放过多块文件，这样可提高数据块的扇出率。

3. HDFS 的元数据

HDFS 的元数据包含了名字空间、文件到数据块映射、数据块到数据节点映射 3 部分信息，元数据都存储在名字节点中。名字空间信息和文件到数据块映射信息存储在名字节点下的一个 Fsimage 文件中，每当名字节点启动时就加载 Fsimage 文件，从其中读出内容并在内存中构建目录树。数据块到数据节点的映射信息是由数据节点随心跳过程上报给名字节点的，并由名字节点在其内存中动态构建。

1) Fsimage 文件结构

Fsimage 文件，即文件系统映像，它是在名字节点所在的本地文件系统中保存的一个二进制文件，Fsimage 文件记录了 HDFS 名字空间中的所有元数据。在该文件中保存的文件元数据和目录元数据的格式如图 4-17 所示。

<table>
<tr><td colspan="4">imgVersion(int)</td><td colspan="3">namespaceID(int)</td><td colspan="3">numFiles(long)</td><td colspan="4">genStamp(long)</td></tr>
<tr><td colspan="4">path
(string)</td><td>replications
(short)</td><td>mtime
(long)</td><td>atime
(long)</td><td>blocksize
(int)</td><td>numBlocks
(long)</td><td>nsQuota
(long)</td><td>dsQuota
(long)</td><td>username
(string)</td><td>group
(string)</td><td>permission
(short)</td></tr>
<tr><td>path
(string)</td><td>replicas
(short)</td><td>mtime
(long)</td><td>atime
(long)</td><td>blocksize
(int)</td><td>numBlock
(long)</td><td>nsQuota
(long)</td><td>dsQuota
(long)</td><td>username
(string)</td><td>group
(string)</td><td>permission
(short)</td><td>blockid
(long)</td><td>numBytes
(long)</td><td>genStamp
(long)</td></tr>
</table>

图 4-17　Fsimage 数据格式

名字节点在启动过程中加载 Fsimage 文件时，按照下列格式从 Fsimage 文件中读出元数据，Fsimage 中保存 image head 信息。

image head 中包含以下信息。

(1) imgVersion (int)：当前 image 版本信息。

(2) namespaceID (int)：名字空间标识，用于数据节点连接名字节点。

(3) numFiles (long)：HDFS 中包含的文件和目录数量。

(4) genStamp (long)：生成 Fsimage 文件的时戳。

数据格式又分为文件元数据或目录元数据。如果是目录元数据，则包含以下信息。

(1) path (string)：目录路径名，如/user/build/build-index。

(2) replications (short)：数据块副本数（目录文件没有数据块副本）。

(3) mtime (long)：目录修改时戳。

(4) atime (long)：目录访问时戳。

(5) blocksize (int)：数据块大小，目录文件数据块都为 0。

(6) numBlocks (long)：文件实际有数据块数目，创建目录时该值为–1。

(7) nsQuota (long)：namespace Quota 值，若没加 Quota 限制则为–1。

(8) dsQuota (long)：disk Quota 值，若没加限制则为–1。

(9) username (string)：目录所属用户名。

(10) group (string)：目录所属组。

(11) permission (short)：目录访问许可，如 644 等。

若从 Fsimage 中读到的是一个文件，则还会额外包含以下信息。

(1) blockid (long)：属于该文件的数据块的数据块标识。

(2) numBytes (long)：该数据块的大小。

(3) genStamp (long)：该数据块时戳。

当一个文件对应的 numBlocks 数大于 1 时，表示该文件有多个数据块，此时就会有多个数据块标识、数据块实际字节数 numBytes 和时戳 genStamp 信息。名字节点启动时，需要按照上述格式对 Fsimage 文件进行顺序读出，并将 Fsimage 文件中记录的元数据加载到内存中建立名字空间，即目录树。

名字节点每次保存 Fsimage 文件之后到下次保存之间的所有 HDFS 操作，并记录在一个称为 editlog 的文件中，当 editlog 文件达到一定的大小(由 fs.checkpoint.size 参数定义)或从上次保存后过了一定时间段后(由 fs.checkpoint.period 参数定义)，名字节点会重新将内存中的目录树所含元数据写入 Fsimage 文件，以这种方式来保证 HDFS 中元数据的安全性。

2)名字空间

HDFS 名字空间是用树型结构组织的目录树，在名字空间中存放了所有元数据。名字节点通过加载 Fsimage 文件在内存中构建目录树，HDFS 由此对名字空间进行管理，即对以“/”为根的目录树进行管理。目录树中非叶节点代表目录，它存放了目录文件元数据，非叶节点在 HDFS 目录树中称为目录节点(INodeDirectory)。目录树中的叶节点代表文件，它存放了文件元数据，叶节点在 HDFS 目录树中称为文件节点(INodeFile)。目录节点包含了目录文件元数据，目录文件元数据如图 4-17 中第 2 行的字段。在名字空间建立过程中，也建立了文件到数据块的映射信息。文件节点中包含文件元数据，文件元数据如图 4-17 中第 3 行的字段，并由此建立文件数据块列表(一个文件拥有的所有数据块)，即建立了文件到数据块的映射信息。

3)数据块到数据节点映射

Fsimage 文件中只存放了名字空间的相关信息，它并没有记录数据块副本存放到哪几个数据节点上，也就是没有记录数据块到数据节点的映射信息。在 HDFS 中，数据块到数据节点的映射信息没有进行持久化存储，这个映射信息是在所有数据节点启动时上报给名字节点的，数据块到数据节点的映射具体包括数据块信息和数据节点列表信息。数据块信息包括数据块的 block_id、实际大小、时戳及所属文件等，它在名字节点启动并加载 Fsimage 文件完成之后就已经获得。数据节点列表是一个数组，数组元素的结构如图 4-18 所示。其中，DN 是存储数据块的数据节点宿主机地址；prev 是存放在该数据节点上的前一个数据块；next 是存放在该数据节点上的后一个数据块。数据节点列表是在数据节点给名字节点上传数据块报告时构建的，当名字节点接收并处理完所有数据节点汇报的数据块报告后，数据块到数据节点的映射信息也就构建完成。如果一个数据块包含 3 个副本，那么就需要 3 个数据节点来存放其副本，该数据块对应的数据节点列表就是一个含有三元素的数组。数据块到数据节点映射表如图 4-19 所示，名字节点采

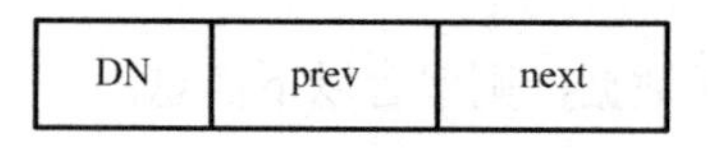

图 4-18　数组元素结构

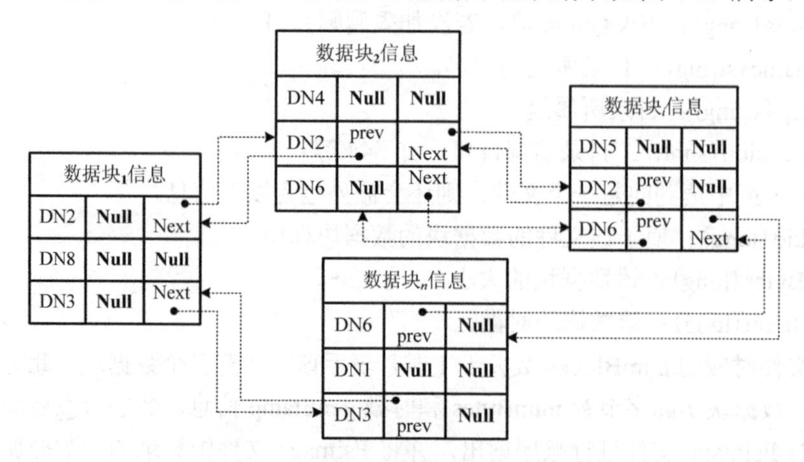

图 4-19　数据块到数据节点映射表结构

用双向链表结构保存该映射表是为了节约内存。实际应用中，很少情况需要查找一个数据节点上保存了哪些数据块，大部分情况是查找一个数据块在哪几个数据节点上保存，因此名字节点通过双向链表结构来保存数据块到数据节点的映射信息。当需要查询数据块到数据节点的映射关系时，只需沿着该结构中 next 的指向，就能得出结果。

4. HDFS 数据存取流程

客户对 HDFS 执行文件写入操作时，通常在客户与数据节点连接建立后并不直接将文件写入数据节点，而是先在本地进行临时缓存，当满足 64MB 或不满足 64MB 但文件写完时，才会真正执行写入操作。文件写入操作具体流程图如图 4-20 所示。

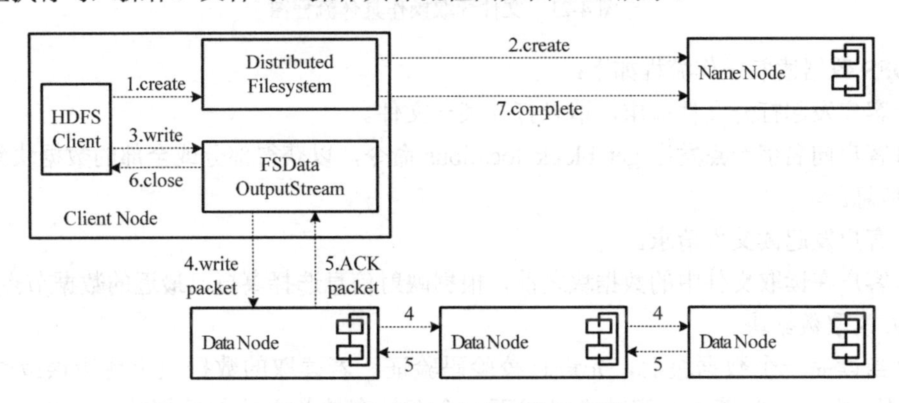

图 4-20　文件写入操作具体流程图

HDFS 数据写入操作流程如下：

(1) 客户发起创建文件请求，请求创建某一文件。

(2) 名字节点检查客户是否有权限创建文件及要创建的文件是否存在。若条件满足，则执行创建操作，并建立一条操作日志写入 EditLog 文件中；如不成功，则告知客户原因。

(3) 客户将写入的文件划分成数据块，在内部以数据包队列的形式管理这些数据块，并向名字节点申请数据块信息(数据块标识、时戳)，名字节点为创建的文件在目录树中生成的一个文件节点。同时，名字节点根据复制副本数目，确定数据块存放的数据节点列表，并将数据块信息和数据节点列表发送给客户。

(4) 客户以流式管道形式将数据块写入相应的数据节点，数据块向第 1 个数据节点写入，当第 1 个数据节点存储成功后，会将数据块传递给第 2 个数据节点；第 2 个数据节点存储成功后，再将数据块传递给下一个数据节点。以此类推，这样整个写入过程以一种流水线方式进行。

(5) 当数据块向最后一个数据节点写入成功后，会向客户发送一个 ACK(应答)确认包，在收到 ACK 后，客户将该数据块从数据包队列中删除。

(6) 若传输过程中某个数据节点出现故障，则故障节点会从当前流式管道中删除，同时名字节点会重新分配一个新的数据节点，写入过程不变。

(7) 写入结束后，客户会向名字节点发出关闭请求，当收到最后一个确认数据包 ACK 后，执行最终的关闭操作。

相比于写流程，HDFS 文件读取过程比较简单。文件读取操作具体流程图如图 4-21 所示。

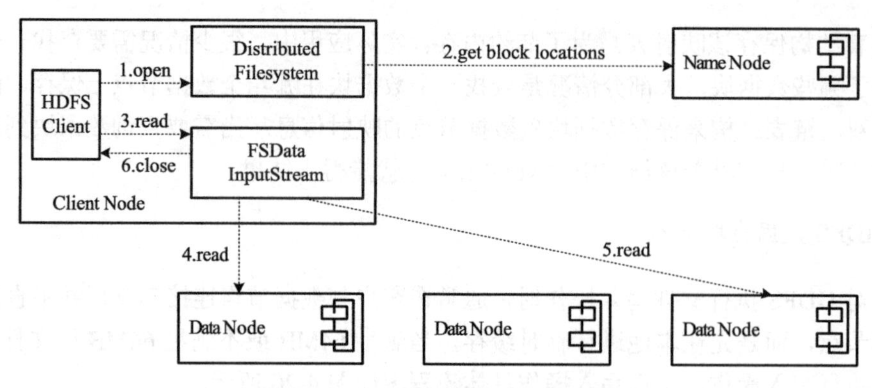

图 4-21　文件读取操作具体流程图

HDFS 数据读取操作流程如下：

(1)客户发起打开文件请求，请求打开某一文件。

(2)客户向名字节点发出 get block locations 命令，以获得部分或全部的数据块到数据节点映射信息。

(3)客户发起读文件请求。

(4)客户在读取文件中的数据块之前，根据映射信息选择离自己最近的数据节点，与其建立连接并读取数据块。

(5)当读完一个数据块后，先进行校验码验证。若读取的数据块出现错误或数据节点出现错误，则客户会请求名字节点寻找下一个存储有该数据块的数据节点，并重新读取该数据块。

(6)当所有数据块读取结束后，HDFS 关闭连接并通知客户。

无论是本地文件系统还是分布式文件系统，都是以文件作为管理单位的，文件操作是以数据块为单位进行读写的，而并不提供基于数据块上的计算、检索及排序等操作。文件系统的优势是可管理有模式、半模式和无模式的数据，适合于存储管理各种类型或不同模态的数据；其不足之处是不知道数据模式，也就不能支持文件数据的分析或解释；数据模式选择、数据分析都由用户或应用来完成。

文件是大数据组织不可或缺的重要方式。为适应大数据规模性、时效性和安全性等管理要求，分布式文件系统应运而生。在数据管理方面，不仅有非常成熟的文件组织方式，关系方式也非常普遍，因此文件系统和关系数据库系统被广泛使用。相比文件而言，关系可以很好地表达数据语义，然而面对大数据管理，关系数据库系统是否还能继续适用呢？下面就以关系模型为引入，介绍它是如何分化和衍生出新数据模型并产生出非关系型数据库系统的。

4.4　NoSQL 数据库系统

NoSQL 出现于 1998 年，它是由 Carlo Strozzi 开发的一个轻量级开源的且不提供 SQL 功能的关系数据库。在 2009 年，Johan Oskarsson 发起了一次关于分布式开源数据库讨论，来自 Rackspace 的 Eric Evans 再次提出了 NoSQL 的概念，这时的 NoSQL 主要指非关系型、分布式、不提供 ACID(Atomicity、Consistency、Isolation、Durability)特性的数据库设计模式。对

NoSQL(Not Only SQL)的普遍解释是非关系型的、强调键值存储的数据库，而不是单纯的关系数据库。

由于大数据具有规模大、多模态及关系复杂等特性，在继续采用数据库对其进行存储管理时，势必将这些特性要求纳入系统设计考虑之中。首先，系统应具备横向可扩展性，能够对数据进行划分和并行处理以获得高速读写，还要能对分区数据进行备份以应对节点失效状况；其次，系统应能够适应无模式数据的存储管理以更好地简化数据间的复杂关系；最后，系统应放松对数据的ACID一致性约束，允许数据暂时出现不一致的情况，接受最终一致性。

关系数据库管理系统建立在关系数据模型(简称关系模型)基础上，它以关系代数和集合论为理论基石，在模式数据管理方面具有相当优势。然而，关系数据库管理系统由于受到关系模型及其系统设计机理的各种限制，体现出以下几点不足：

(1)无法灵活地实现横向扩展。面对数据爆发式的增长，无法通过扩展集群节点实现数据横向分割的存储处理能力。

(2)事务处理方式限制了数据并发操作能力和效率。

(3)不支持无模式的数据管理。

大数据环境下，涌现出大量无模式和半模式 (俗称自由模式)数据或者高维度数据，关系模型以规范形式束缚了数据组织的灵活性，使其难以适应这类数据管理。如果要求关系数据库能够接受对自由模式或者高维度数据的管理，那么它就要放弃关系模式或者支持数据横向分割。在很多大数据应用中，通常情况是：一次性存入数据且频繁地检索和读取数据，不常更新数据且保持数据一致性不严格。如果要求关系数据库适应这类大数据应用需要，那么它必须弃用事务或者适当放松事务ACID要求，同时还要放弃计算代价较高的操作，比如数据连接或联合运算、复杂的统计运算等。

相比关系数据库，NoSQL既没有严格的数据模型和相应的理论支持，也不支持ACID特性。很多大数据应用对可用性要求更为注重，对一致性和隔离性要求可以降低。NoSQL则可以采用 BASE(Basically Available，Soft state Eventually consistent)和 CAP(Consistency，Availability，Partition tolerance)两种弱一致性理论。NoSQL并不是一种严格意义上的数据库，它更像一种分布式数据存储与访问系统，它有以下几个特点：

(1)普适性高，扩展性强。当存储和计算面临瓶颈时，只需要动态增加节点即可实现线性扩展，并且不会影响业务系统运转。

(2)支持高并发读写。通过将读写分布到数据节点上实现处理能力的线性增长，就能提供数万乃至数十万的并发读写。

(3)高效的数据存储与检索。灵活的存储机制使得它能够轻易实现超大规模数据的快速存储与检索。

NoSQL适用于大规模和高并发处理的自由模式数据管理，易于实现横向扩展，具有数据复制简易、API简单、最终一致性和大容量存储等特性，它是对关系型数据库的极大补充。当然，NoSQL也面临一些潜在问题，一是NoSQL对上层业务体系统的架构会产生影响而面临改动，编程模式上也与传统机制有很大不同；二是NoSQL没有关系数据库的事务一致性、多表级联查询等能力，对于数据持久性要求高的业务并不适合于NoSQL环境。

NoSQL从概念提出到特性延伸、经过发展衍生到形成系统，它实际上就是非关系数据库管理系统的统称。NoSQL不以关系模型为基础，不遵循SQL(Standard Query Language)标准，不以事务为数据处理单位或者不严格遵守事务 ACID 规定，不支持连接运算或其他复杂计算。事实上，NoSQL 代表了一类数据存储管理技术，它更强调数据模型的灵活性、数据存储的分布性，突出数据处理的简易性、存储与计算的松耦合性。关系数据库与 NoSQL 各有优劣势，适用场合不同，互不取代，不同模型的 NoSQL 应用场景也各有侧重。

大数据给数据管理提出了新要求，带来了新变化，直接推动关系模型的分化和衍生，分布式数据存储管理也就成为必然。NoSQL 经过十几年的强劲发展，相继推出键值、文档、列族、图等非关系模型，已形成了键值、文档、列族和图四大类型 NoSQL 数据库。

4.4.1 关系模型

关系模型是关系数据库管理系统设计实现的基础，关系数据库按关系模型规范来存储、管理和维护数据，用户则按关系模型规范来定义、装载和访问数据。关系模型是由关系模式、关系操作及关系约束 3 部分组成的，它具有严格的形式化定义。关系模式定义 N 元组的构成，数据按 N 元组组织，关系则是 N 元组集合。由于表是行数据集合，"N 元组"与"行数据"构成相似，通常将关系称为表，行数据简称为行。关系约束包括属性间依赖和属性值定义等，依赖用于建立属性关联，值定义用于规定数据类型。关系操作是指对关系进行存储、管理及安全维护处理，它建立在表基础上，以关系为访问对象，以 N 元组为访问目标，比如关系的插入、删除、修改、连接、统计、查询、快照等各类操作等都建立在关系上。如果站在用户角度审视关系模型，它就是用户理解的数据视图和数据操作，表(关系)中的行和列就是用户理解数据的视图，对行和列施加的处理就是用户理解的数据操作。关系模型有以下几个主要特点：

(1)关系模式必须明确定义 N 元组中每个属性(即每一维或每一列)的数据类型，数据存储时有类型区分。

(2)关系模式不允许嵌套定义，这种限制强化了单维度数据(即列数据)的最小化属性，即 N 元组中每个属性不可再细分。

(3)N 元组(行数据)是多维度数据，它是一个不可分割的逻辑整体，各维度间联系紧密且受关系模式约束。

(4)N 元组(行数据)中所有列数据都是同一时刻的，任何一列数据改变的时间都代表了该行数据的更新时间。

(5)关系操作建立在关系上，支持关系运算、集合运算及其他运算。

绝大多数关系数据库管理系统采用按行存储数据的方式。所谓按行存储是把属于同一行的所有列数据作为不可分割的整体存放在数据块中。行存储过程可简单理解为：先将一行中的全部数据顺序地串接起来形成一个整体并存于数据块中，然后再按此方法存储下一行，以此类推。关系数据库管理系统支持关系运算和集合运算(比如选择、投影和连接运算)，以事务为数据处理单位，遵从 SQL 语言标准。这种支持行存储的关系数据库管理系统被统称为 SQL 数据库，如 Oracle、DB2、SQLServer、MySQL 等。

关系模型按行存储的优势非常突出。首先表现在行插入和更新时只涉及一个表，操作简单高效；其次是事务具有很好的数据完整性和一致性保护。其不足也十分明显，具体体现为：其一它不支持数据水平分割和数据横向扩展；其二是关系模式的修改代价太大，比如扩充或移除关系模式中的一列必然破坏原有数据的存储；三是数据只能整行读写，行中不需要的列数据会一同被读出和写入，致使读写数据冗余度高；四是关系连接运算代价较高，降低了数据处理性能，尤其是跨存储节点的关系连接运算的代价大到难于承受而不被支持。基于行存储的关系数据库适合那些经常访问行中的全部或大部分数据、对数据完整性和一致性要求很高、数据插入更新或事务操作频繁的应用。这种类型的应用在大数据环境下依然存在而且很多，比如OLTP(On Line Transcation Processing，联机事务处理)应用。

4.4.2　非关系模型

1. 列族模型

如果关系数据库管理系统采用列方式存储，那么它就很难继续支持关系代数运算，因为在列数据上施加关系运算的代价非常高昂而难于实现。在所有关系数据库管理系统几乎都放弃了列存储方式的大背景下，因大数据兴起而使得列存储方式逐渐得到重视，并开始将其用于数据库系统。列存储思想就是要把行按列拆分，使得相同列下数据可独立存储，增强了数据的横向扩展性。行存储和列存储方式如图4-22所示。按列存储是把所有行在相同列上的数据分别构成不同的列集合，然后将每个列集合独立存储。按列存储的过程就是对多个列集合进行独立存储，列集合存储可简单理解为把列集合中若干连续数据串接在一起存放在一个数据块中，然后再按此方法把后续的若干连续数据串接在一起存放在另一个数据块中，以此类推。由此可见，列是单维度数据，由于它拆除了行内的数据关联，因此按列访问减少了数据读写冗余，极大地提高了按列查询速度，还可实现压缩存储，减少了存储空间的开销。

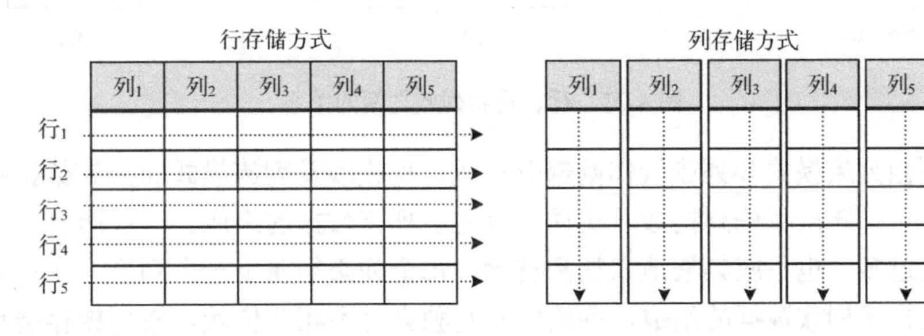

图4-22　行存储和列存储方式

列存储方式优势很突出。

(1)列扩充或移除都非常简单，而且不破坏原有数据存储，有利于数据的水平分割和横向扩展。假如某应用需要处理一个规模十分巨大的表，该表不仅有上千亿行数据而且一行数据中包括了数百万列，那么就可将其分割成数百万个列集合，分布存储于大量节点中，这样则可提高存储管理效率。

(2)在任何列上都可建立索引，不仅提高列数据读性能，而且减少读数据的冗余度。

(3)列数据便于压缩，减少了数据存储量。可实现压缩是因为相同列下的数据归属于同一类型，而且数据的离散范围有一定规律，所以就可根据这一规律选取合适的压缩算法。

列存储方式劣势也很明显，首先是它难于支持关系运算，比如在行插入、更新和读取操作会分解成多个列操作而涉及多个列集合，由列再还原成行十分困难，尤其是关系连接操作，实现代价极高而难以完成；其次是失去了对事务处理的支持和数据完整性保护。

列存储方式有以下特点：

(1) 列为单维度数据，列之间不相互约束，不存在任何关联，不需要特定的数据模式，因此数据建模在应用层进行。

(2) 列的独立性可使数据横向动态扩展，添加或移除列不会导致数据出现碎片，也不影响其他列的存储与访问。

(3) 所有操作都建立在列上，支持简单的数据运算。

按列方式组织、存储和管理大规模高维数据具有其独特优势，同时也失去了将数据关联在一起的功能。为将列与行的存储优势结合在一起，推出了列族(Column Family)模型。关系模型、列模型和列族模型中的行、列与列族间的关系如图 4-23 所示。列族模型是列模型的拓展，列族是对列的扩展，它包含多个列，将行拆成列也由此改变成拆分为列族，因此称用列族组织、存储和管理数据的模型为列族模型。在关系模型中，用关系模式定义关系，N 元组(行数据)按关系模式组织。类似地，在列族模型中，用列族模式定义列族，列族数据按列族模式组织。列族模型不再支持关系运算和事务处理，也不遵循 SQL 语言标准，建立在该模型基础上的数据库为非关系数据库，即 NoSQL。

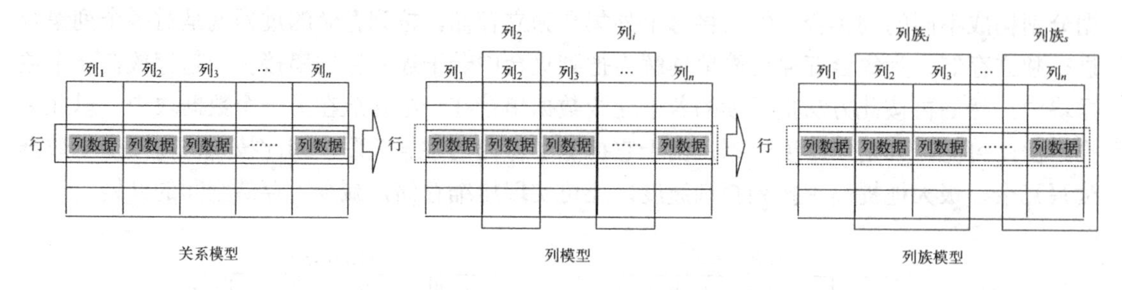

图 4-23　行、列和列族之间的关系

列族模型由列族模式和列族操作两部分组成。列族涉及列族模式和列族数据两层含义，列族模式定义了列族由哪些列构成，实质上描述了列族数据的组成。一般而言，列族模式中包含的列不宜过多，也不应频繁地添加和移除，每个列必须属于一个列族。在列族模型中，用列族模式来描述列族数据的组成，列族间相互独立且不相互依赖。按列族存储数据，要求列族尽量的少。列族模型中定义的操作均以列族为访问控制单位，并以存储和检索操作为主，摒弃了复杂的运算。列族模型借用“表”这个概念来组织管理数据集合，表中一行可以跨越若干列族数据，一个列族数据包含多个列数据。列族模型以列数据为单元，访问时务必指明它属于哪一行、哪个列族中的哪一列，因此需要有行标识、列族标识和列标识。对比之下，关系模式比列族模式更为严格，它定义了列间依赖及列上类型约束和取值约束。关系模型用关系模式来定义 N 元组的构成及相互联系，用关系来组织管理数据并按行方式存储，定义了复杂的关系和集合运算，采用事务方式处理数据。

列族必须先创建后使用(即先定义列族模式后使用它建立数据)，建立列族时要确定列族标识，比如给出列族命名符。列标识也称作列限定符，就是对列进行命名的一串符号，因为它只属于某一列族，因此在命名时常用列族标识为前缀，形如“列族标识:列标识”。列族标识和列标识是列族数据库系统中的元数据，也需要管理，它们一般都以无数据类型的字节序列(Byte[])形式存储。行标识用于区分和标记不同的行(一行可以包含多个列族数据)，行标识不再强调是整数值，可以是任意字符串，比如一串字符或一串数字等，一般都以无数据类型的字节序列(Byte[])形式存储，长度要适应行数量规模。列族标识、列标识和行标识既是数据存储策略选择的依据，也是数据检索定位的依据。

在关系模型中，关系模式不允许嵌套定义，这实际上限制了列中数据是不可细分的。如果继续放松或者取消列族模型中关于列数据为不可细分的限制，那么列数据的形式与类型理论上可以更加复杂和多样。然而，列族模型在列数据限制上并没有完全放开，它只允许列数据可以存在多个版本，不同列数据的版本数量可以不同。在某些支持列族模型的 NoSQL 设计实现时，在列数据上施加的限制或许不同，若允许列数据有多版本，通常用一个时戳来标识一个版本，一个版本也称为列数据中的“一行”。一个版本可用<列数据、时戳>的形式表示，其中时戳的生成方法因系统而异，比如 64 位整数，列数据为实际的用户数据。列数据的结构为如图 4-24 所示形式。有些支持列族模型的 NoSQL 数据库系统，因为它不支持在数据上进行各种计算而更多强调数据检索的效率，因此不再关注列数据的类型问题，数据一律作为字节序列(Byte[])形式存储，为此也失去了在数据上创建索引的可能。鉴于此，如果需要访问列数据中的不同版本时就必须指明相应时戳，时戳也就成了定位数据的一个维度。列数据的无类型化存储，实际上把列数据类型的解析及各种计算都交付给了上层应用，从而精简了列族模型数据库系统的操作，降低了系统管理的负担，提高了管理效率。

数据访问的完全路径形式为：<行标识、列族标识、列标识、数据、时戳>，同一列族下的数据路径显然可以用<列标识、时戳、数据>表示，于是列族下的列数据包括其不同版本就可采用<Column Key、Column Value、Timestamp>的形式来表示。列族下的列数据结构如图 4-25 所示。其中 Column Key 为列键(等同列标识)，Column Value 为列值(实际列数据)、Timestamp 为时戳，一对 Column Value 和 Timestamp 表示一个版本列数据。

列数据$_1$	时戳$_1$
列数据$_2$	时戳$_2$
...	...
列数据$_i$	时戳$_i$

图 4-24　列数据的结构

Column Key	Column Value$_1$	TimeStamp$_1$
Column Key	Column Value$_2$	TimeStamp$_2$
...	...	...
Column Key	Column Value$_i$	TimeStamp$_i$

图 4-25　列族下的列数据结构

列族模型描述形式为：< Row Key、CF={< Column Key$_i$、{<Column Value、Timestamp>$_j$ |j=1,2,⋯,m}>| i=1,2,⋯,n}>。列族模型结构视图及形成过程如图 4-26 所示。其中，Row Key 为行键，它是行标识，还可以成为列族之间关联的纽带；CF 为列族标识；Column Key$_i$ 为列族 CF 中的第 i 列，<Column Value、Timestamp>$_j$ 为第 i 列中的第 j 个数据版本。

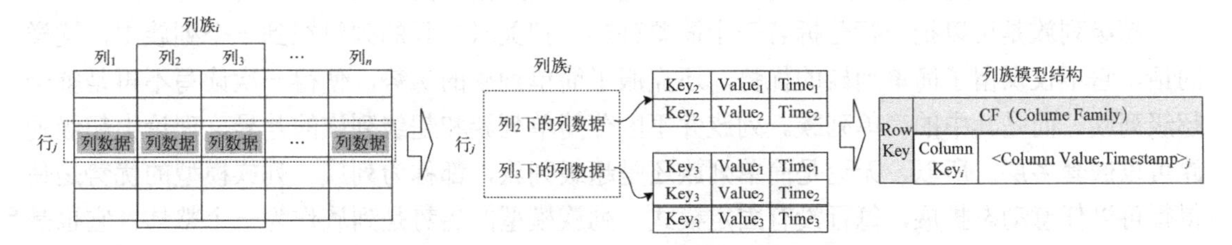

图 4-26　列族模型结构视图及形成过程

在确立并定义了列族模型后，就必须按照该模型来生成和访问列族。看下面这个列族数据实例，如图 4-27 所示。根据列族模型创建了两个列族，其中第 1 个列族含有 name、salary、age 三列，第 2 个列族含有 gender、marrige 两列。往第 1 个列族中插入了一个列族数据，行键为 001，其中 name 列有两个版本、其他列只有一个版本；往第 2 个列族中插入了一个列族数据，行键为 001，每个列都只有一个版本。从这个例子中可以发现，这两个列族所含的列数量不同，列可以自由地扩展和移除。把含列数较多的列族称为宽行列族，通常采用先基于行键排序后对列键排序的存储方案。

Row Key	Column Family			列族模型
	Column key	Column value,Timestamp		
001	"姓名"	"王 兵"	2000.4	第1个列族
	"收入"	12000	2021.4	
	"年龄"	32	2021.4	
	"姓名"	"王亚南 "	2021.4	
002	"性别"	"男"	2021.4	第2个列 族
	"婚姻状况"	"已婚"	2021.4	

图 4-27　列族数据实例

列族模型< Row Key、CF=< Column Key$_i$、{<Column Value、Timestamp>$_j$ |j=1,2,⋯,m}>| i=1,2,⋯,n>本身就是对键值<key,value>模型进行的复杂拓展形式，如果对列族模型<Column Value、Timestamp>$_j$ 中的 Column Value 不加限制，允许 Column Value 还可以是列族，那么就形成嵌套的超级列族模型。超级列族模型描述形式为：< Row Key、SCF={< Column Key$_i$、CF=<{<Column Key$_j$、{<Column Value、Timestamp>$_k$| k=1,2,⋯,s}>|j=1,2,⋯,t}>|i=1,2,⋯,p}>。超级列族模型结构如图 4-28 所示。

Row Key	Super Colume Family		
	Column Key	Colume Family	
		Column Key	<Column Value,Timestamp>

图 4-28　超级列族模型结构

所谓超级列族指的是列族中嵌套列族，通俗来讲，就是列族中的每一列又是一个列族。列族模型非常适合于无模式数据聚合，当数据需要进行更复杂的层次聚合时，简单列族模型就难以胜任，超级列族就成为必然。比如，需要把一个人的工作、联系方式、家庭地址等信息动态地聚合在一起时就构成了复杂列族。超级列族数据实例如图 4-29 所示。

超级列族是可以把一行分拆若干个简单列族，把关联性强的列组织到一个列族中，这样的话，它不仅保留了简单列族的优势，还克服了简单列族的劣势，使得一次读写不再是整个超级列族，而是其中的简单列族。列族并不区分简单列族和超级列族的差异，理论上超级列族可以嵌套多层。所以，无论是简单列族还是超级列族，都称为列族。列族模型的优势是使得行可以任意动态扩展，每行没有固定模式。列族模型的劣势是列族作为一个整体，它也是个操作单位，无论是否使用列族中的数据都是一次读写单位。

<table>
<tr><th rowspan="3"></th><th rowspan="3">Row Key</th><th colspan="4">Super Colume Family</th><th rowspan="3">列族模型</th></tr>
<tr><th rowspan="2">Column Key</th><th colspan="3">Colume Family</th></tr>
<tr><th>Column Key</th><th colspan="2"><Column Value,Timestamp></th></tr>
<tr><td rowspan="11">第1个超级列族</td><td rowspan="11">001</td><td rowspan="3">“工作情况”</td><td>“姓名”</td><td>“李明力”</td><td>2018.4</td><td rowspan="3">第1个列族</td></tr>
<tr><td>“工资”</td><td>6900</td><td>2018.4</td></tr>
<tr><td>“工号”</td><td>123432</td><td>2010.5</td></tr>
<tr><td rowspan="4">“社会关系”</td><td>“父亲”</td><td>“李涛”</td><td>2010.5</td><td rowspan="4">第2个列族</td></tr>
<tr><td>“母亲”</td><td>“王芳”</td><td>2018.4</td></tr>
<tr><td>“儿子”</td><td>“李含”</td><td>2010.5</td></tr>
<tr><td>“儿子”</td><td>“李义”</td><td>2020.12</td></tr>
<tr><td rowspan="4">“联系方式”</td><td>“固定电话”</td><td>“6512335”</td><td>2010.5</td><td rowspan="4">第3个列族</td></tr>
<tr><td>“邮箱”</td><td>“li@yy.com”</td><td>2018.4</td></tr>
<tr><td>“手机号”</td><td>“136XXXX2845”</td><td>2020.12</td></tr>
<tr><td>“住址”</td><td>“上海,人民路”</td><td>2020.12</td></tr>
</table>

图 4-29　超级列族数据实例

列族模型是从列存储方式引入的，一方面它保持了列存储的优势，有利于数据的横向扩展与分布存储；另一方面通过附加时戳对列数据进行多版本管理，以形成列标识+数据+时戳的列数据组织方式，即<Column Key、Column Value、Timestamp>，使得该模型可以适应动态模式或者无模式数据的组织管理。列族上的操作非常简单，支持列族的存储、读取、删除和修改操作，不支持连接和投影运算，也不定义外键约束等。列族的键可用来定位或者查找列族，列键可用来定位或者查找列族中的行。列族在存储时一般不作存储转换，使其能够保持数据的原有类型，在行键、列键、列值和时戳上都可以建立索引。如果对列族作存储转换，那么数据统一转换成字节序列后，不能保持数据原有类型。

在关系模型中，关系模式缺乏灵活性，难以适应动态模式或者无模式数据管理；数据按行存储，弱化了数据的横向扩展性，难以实现数据分布存储；关系运算的复杂性增加了计算代价，降低了数据处理效率。在列族模型中，列组织方式提高了数据的横向扩展性，同时用列存储方式以强化数据的分布性。列族数据库不支持事务处理，也不支持关系代数，不遵循SQL 标准，比如 Hbase、Bigtable、Cassandra、Voldemort、Vertica、GBbase 8a 等都是列族数据库，列族数据库是 NoSQL 的一种。

键值模型

2. 键值模型

假如有一张 $M \times N$ 的表，它具有这样一些特性：M 和 N 都非常大（比如 M>1000 亿，N>10 万），每行数据非常稀疏，同列数据类型不同，动态添加和移除列，显然关系模型无法管理这样的表。首先是该表的行数据非常稀疏，不仅会出现大量空值（Null），还会带来存储空间的极大浪费；其次是关系模式不允许同列数据的类型不同；列过多、列频繁添加或移除极其影响数据存储。采用列族模型管理该表依然存在困难，虽然用它来组织管理数据较为宽松，但要求同列数据的类型相同。上述表最明显特点就是表格单元中存放数据的数量少、变化快、类型可变。不妨从表格单元着手，放弃行间和列间数据的一切关联，将表格单元完全独立出来，按照一种全新的方式组织表格单元中的数据，即键值对，并把这些键值对组成集合进行存储管理。当往表格单元中插入数据时，相当于增加一个键值对；当从表格单元中删除数据时，类似于移除一个键值对。

键值模型不像关系模型那样具有形式化描述，也不像列族模型那样复杂。键值模型只包括键和值两个固定部分，称为键值对，描述形式为：< key,value >，其中 key 是值的标识，value 是实际数据，键值是一对不可分割的整体。key 可以是任意类型数据，用于对 value 进行查询或者散列存储，key 的分布性对查询或者散列起决定性作用。value 没有任何限制，可以是任意类型、明文或密文、多模态等数据。键值对数据实例如图 4-30 所示。数据按键值对组织并形成键值对集合(有的键值数据库把键值对集合称作表)。

key	value	键值模型
user3371_photo	010010110101...0101010010111101	KV_1
user3371_birthday	12/12/1986	KV_2
install_path	C:\Windows\System32\Restricted	KV_3
user1923_name	Jim Smith	KV_4

图 4-30　键值对数据实例

键值对和键值对集合都是用户理解的逻辑数据，用户必须按照键值模型来生成和访问键值对。在很多实际应用中，它们的数据都可用键值对表示，比如用<w,count>表示单词 w 出现了 count 次，其中 w 作为 key，它是字符串；count 作为 value，它是整数值。又比如用<<w1,w2>,count>表示 w1 和 w2 单词对共同出现了 count 次，其中<w1,w2>作为 key。比如 HTML 页面结构差异较大，有些包含头部，有些包含表，有些包含图像等，很难用确定的模式来组织页面，而用键值对方式能够方便地对其进行组织和存储。把 HTML 页面内的所有内容全部转换成字节，并集中存放于一个数组中，用 URL 作为 key，用该字节数组作为 value。

键值对作为一个整体被存储在一起，这与用户理解的逻辑数据是一致的。在实际存储键值对时，通常对值进行转换，比如将值转换成二进制序列、字节序列或字符序列等。值被转换后则完全失去了数据原有的类型，应用程序读出键值对时，须再将值进行逆转换，转换和逆转换相互配合才能恢复数据原有的类型，这两个过程可由用户定义或系统提供。键值模型通常要求键值对转换后存储，因此它只支持键上建立索引，不支持值上建立索引。而且，由于值存储时已经被转换，键值模型不支持值上的统计、排序及其他有关运算等操作，仅限于保存、读取、删除和检索等，如 Set(key,value)、Get(key)、Delete(key)操作。键值模型适合点查询，即按键查询，而按范围查询时，其执行效率就相对低下。

键值模型非常简单，它可以灵活自由地组织数据，适合任意类型、任何模式的数据组织，但不支持键值对间关联。键值模型可满足从大规模数据集中进行高并发的单点查询，但不对数据进行解析和运算。按键值模型设计的数据库只需负责对数据进行存储和检索，它将复杂的数据操作和运算留给用户或上层应用去完成，因此数据分析功能完全依赖应用程序实现。综合上述分析可知，键值数据库所能支持的数据操作非常有限，它不支持事务处理，也不支持关系代数和集合运算，不遵循 SQL 标准，比如 Redis、Tokyo、Cabinet 等都是键值数据库，键值数据库是 NoSQL 的一种。

3. 文档模型

键值对的优势是可组织任何数据，对数据的类型和模式没有任何限制。如果允许键值对自由结合，那么就可以将一组任意数据组织在一起，这种方式非常适合于自由模式数据的组织管理，在键值对基础上衍生出一种新的数据组织方式，即文档(Document)。所谓文档就是一个长度可变的键值对序列$\{< key,value>_i|i=1,2,\cdots,m\}$，序列中的键值对既独立又相关联。文档模型描述形式为：$<Document\ Key,\{<key,value>_i|i=1,2,\cdots,m\}>$，其中$\{< key,value>_i|i=1,2,\cdots,m\}$是键值对序列，称为文档；Document Key 为文档键，用于标识文档。文档键用于对文档进行查询或者散列存储，它的分布性对查询或者散列起决定性作用。文档模型支持的操作非常简单，如文档的保存、读取、删除、修改和检索等操作。文档中的键值对可独立定位或检索，甚至可在键值对上建立索引。文档模型中的 Document Key 和$\{< key,value>_i|i=1,2,\cdots,m\}$与键值对模型< key,value >中的键和值相对应，文档对值进行了扩展。文档结构如图 4-31 所示。

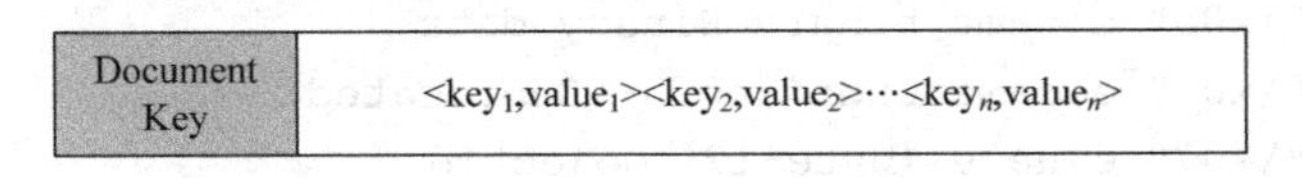

图 4-31　文档结构

列族模型$<Row\ Key、CF=<Column\ Key_i、\{<Column\ Value、Timestamp>_j\ |j=1,2,\cdots,m\}>|i=1,2,\cdots,n>$也是键值对模型<key,value>的一种复杂拓展形式。类似于列族中可以嵌套列族，文档中同样可以嵌套文档。由于文档具备这些特性，它不仅灵活而且可以进行更复杂的层次聚合。

不同编程语言用不同数据格式定义文档，JSON(JavaScript Object Notation) 是 JavaScript 对象表示法。比如，用 JSON 格式定义一本书的文档如下：

```
{
"书名":"MongoDB DataBase",
"作者": {"姓名":"Davis", "姓名":"Peter"},                /*文档嵌套*/
"出版社":"机械出版社",
"出版日期":2018/10/12
"图书号":"987-1-4302-5821-6"
}
```

数据按该模型组织成文档，由这些文档构成文档集合。文档及文档集合是用户理解的逻辑数据，用户必须按照文档模型来生成和访问文档。有些文档数据库在存储文档时进行了存储格式转换，比如转成 XML 格式、RDF 格式或 BSON 格式等，用户或上层应用分析文档之前，首先将文档进行逆转换。BSON 是一种常用的无模式(Schema-Less)的二进制格式存储格式，它的可读性好，解析和转换比较方便，具有可遍历性和高效性。

BSON 格式一般形式为：

```
<unsigned totalSize> {<byte BSONType><cstring FieldName><Data>}* EOO
```

其中，totalSize 表示文档的总字节长度(包含 totalSize 自身在内)；BSONType 表示 value 的存储数据类型；FieldName 表示 key 的名称；Data 表示实际 value；* 表示可以有多个{<byte **BSONType**><cstring **FieldName**><**Data**>}组成；EOO 是一个结束符(一般用/x00 来表示)。

unsigned 指示 totalSize 用 4 字节无符号整数来记录长度；byte 指示 **BSONType** 记录的 value 存储数据类型的编码；cstring 指示 **FieldName** 记录的 key 是 cstring 字符串类型，cstring 类型的串::=串+串结束符(串结束符通常为"\0")，string 类型的串::=串的字节长度+串+串结束符(串结束符通常为"\0")。例如，文档{"hello": "world"}转换成 BSON 格式为："\x16\x00\x00\x00 \x02 hello\x00 \x06\x00\x00\x00world\x00\x00"。

BSON 文档(二进制格式的文档)具体定义如下：

```
(1)Document::= int32 e_list "\x00"
(2)e_list::= element e_list|""
element::=
          "\x01" e_name double Floating point"
          |"\x02" e_name string UTF-8 string
          |"\x03" e_name document Embedded document
          |"\x04" e_name document Array
          |"\x05" e_name binary Binary data
          |"\x06" e_name Undefined — Deprecated
          |"\x07" e_name (byte*12) ObjectId
          |"\x08" e_name "\x00" Boolean "false"
          |"\x08" e_name "\x01" Boolean "true"
          |"\x09" e_name int64 UTC datetime
          |"\x0A" e_name Null value
          |"\x0B" e_name cstring cstring  Regular expression
          |"\x0C" e_name string (byte*12)  DBPointer
          |"\x0D" e_name string JavaScript code
          |"\x0E" e_name string Symbol
          |"\x0F" e_name code_w_s JavaScript code w/ scope
          |"\x10" e_name int32 32-bit Integer
          |"\x11" e_name int64 Timestamp
          |"\x12" e_name int64 64-bit integer
          |"\xFF" e_name Min key
          |"\x7F" e_name Max key
e_name::=cstring   Key name
string::=int32 (byte*) "\x00"
cstring::=(byte*) "\x00"
binary::=int32 subtype (byte*)
subtype::=
          "\x00"   Binary
          |"\x01"  Function
          |"\x02"  Binary (Old)
          |"\x03"  UUID
          |"\x05"  MD5
          |"\x80"  User defined
code_w_s    ::= int32 string document
```

例如：将文档{"BSON": ["awesome", 5.05, 1986]}表示成BSON格式，其中["awesome", 5.05, 1986]相当于{"0":"awesome","1":5.05,"2":1986}。

```
x31\x00\x00\x00                      文档的长度
\x04                                  元素的类型
BSON\x00                              元素的名字
x26\x00\x00\x00                      子文档的长度
\x02                                  元素的类型
0\x00                                 元素的名字
\x08\x00\x00\x00awesome\x00          元素的值
\x01                                  元素的类型
1\x00                                 元素的名字
333333\x14@                           元素的值
\x10                                  元素的类型
2\x00                                 元素的名字
\xc2\x07\x00\x00                     元素的值
\x00                                  子文档的结尾
\x00                                  文档的结尾
```

文档模型是键值模型的一种扩展形式，与列族模型相比较它更加灵活，横向扩展更加自由，但不支持文档间关联。列族模型保持了列存储方式特点，要求相同列下的数据类型一致，同时它还继承了关系模式的特点，不同列族之间可以通过行标识进行关联。建立在文档模型基础上的文档数据库所能支持的数据操作非常有限，既不支持事务处理，也不支持关系代数运算。它不遵循 SQL 标准，比如 MongoDB、SimpleDB 等就是文档数据库，文档数据库是 NoSQL 的一种。

4. 图模型

很多实际问题通常用图来描述或建模，比如网页链接、社交网络、传播网络及其他类型网络都用图描述，图分析处理就涉及图数据的存储与管理。图数据包括图的顶点数据和边数据，图管理是指按照某种方式对图数据进行组织，组织方式不限定顶点和边的类型，也不限定边的方向，支持顶点和边动态建立，支持图的各类计算。

图数据可以选择一种非图方式组织，比如用关系模式来组织图数据。用关系模型管理图数据的过程就是用关系模式描述图的顶点和边，即把顶点和边转换成关系，然后用N元组(行)组织顶点数据和边数据。用关系模型管理图数据存在两大局限性，首先是扩充、修改和删减各种不同类型的顶点和边，会引起关系模式的频繁添加、修改和移除，严重影响存储稳定性和存储效率；而且顶点和边受关系模式约束，难以水平扩展，实际上限制了顶点和边的类型。其次是关系模型支持的所有计算都基于关系，难以完成基于图的各类计算，比如图的路径搜索、最短路径、子图、图分割、图聚集系数等。由于关系模型很难满足图数据管理要求，需要寻找一种适应图数据管理与计算的模型。

用图结构来组织图数据是一种非常自然的方式，它不仅支持顶点和边的动态建立，还满足所有基于图的计算。用图结构来组织管理数据的模型称为图数据模型，简称图模型。图数据模型需要考虑两方面：一是图数据组织方式自由灵活，顶点和边可独立组织存储，顶点和边不限类型；二是支持图计算，能够减少耗时的复杂操作，提高检索性能和效率。

在图模型中，顶点和边的组织方式是核心，它决定能否满足图数据处理要求，可否适应顶点数据集和边数据集的独立存储管理要求。通常情况下，大规模图数据选择分布式存储，因此顶点和边的组织方式就不能约束性太强，而应该更自由，支持顶点和边的分离。比如可选择键值对、文档或者列族方式来组织顶点和边数据，这些方式能适应任何类型的顶点和边的动态建立，也能满足顶点数据集和边数据集的分布式存储。如果图处理中有特定的图计算要求，那么还必须充分考虑顶点和边的组织方式能否适应特定计算。基于图模型的数据库不具有关系模型一切特征，图数据库也是 NoSQL 的一种，比如 InfoGrid、Infinite Graph、Neo4j 等。

为便于图计算，对图模型略作调整，通常将顶点和边的定义与内容分开，定义描述状态(保持了结构特性)，内容描述属性(保持语义特性)，通过建立顶点和边的定义与内容组织图数据。顶点定义一般包括顶点标识、顶点名称、顶点类型、顶点状态等；边定义一般包括起始顶点、终止顶点、边标识、边名称、边类型、边状态等。顶点内容包括顶点属性列表(即顶点数据构成)，边内容包括边属性列表(即边数据构成)，这些属性都是动态的。图模型实际形式表示为：$G=(\overline{V},V,\overline{E},E)$，其中$\overline{V}$和$\overline{E}$为顶点定义和边定义的集合，$\overline{V}=\{\overline{v_i}\mid i=1,2,\cdots,m\}$，$\overline{E}=\{\overline{e_j}\mid j=1,2,\cdots,n\}$，$\overline{v_i}$和$\overline{e_j}$表示顶点定义和边定义；$V$和$E$是顶点内容和边内容的集合，$V=\{v_i\mid i=1,2,\cdots,m\}$，$E=\{e_j\mid j=1,2,\cdots,n\}$，$v_i$和$e_j$表示顶点内容和边内容。比如，以 Neo4j 图数据模型为例，它在顶点和边定义的基础上进行扩充，其扩充后的结构如图 4-32 所示，其中顶点定义新增两项，边定义新增 5 项，把属于同一顶点的边采用双链表形式链接起来。

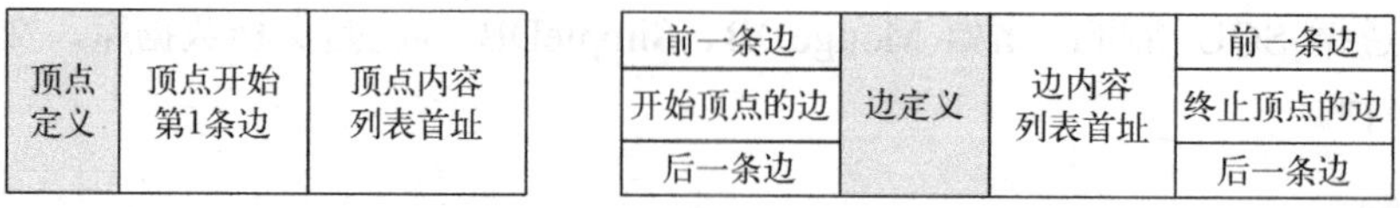

顶点定义	顶点开始第1条边	顶点内容列表首址

<table>
<tr><td>前一条边</td><td rowspan="3">边定义</td><td rowspan="3">边内容
列表首址</td><td>前一条边</td></tr>
<tr><td>开始顶点的边</td><td>终止顶点的边</td></tr>
<tr><td>后一条边</td><td>后一条边</td></tr>
</table>

图 4-32　顶点和边定义的扩充结构

假如用户建立了一个由 5 个顶点和 7 条边构成的无向图，根据 Neo4j 顶点和边定义的扩充结构，分别建立的顶点定义集合、边定义集合、无向图数据，如图 4-33 所示。图中顶点 A 内容包含了 p_1 和 p_2 两个属性，顶点 B 内容包含了 p_3 和 p_4 两个属性，…；边 e_2 内容包含了一个 p_{13} 属性，边 e_7 内容包含了 p_{11} 和 p_{12} 两个属性，…。这些属性分别是顶点数据和边数据，由于顶点属性和边属性可动态变化，顶点数据和边数据的组织方式要能够适应这种变化要求，比如采用键值对或者文档方式组织，顶点数据和边数据可以分开存储。

Neo4j 将图结构(只含有顶点和边定义，表示结构)与图属性(只含有顶点和边内容，表示属性)分开存储，这使得对图的遍历操作非常高效。每个顶点维护其邻接顶点的直接引用，顶点本身即为一个“局部索引”，通过顶点进行查找时即可按“局部索引”检索，与图的大小规模毫无关系。Neo4j 用记录方式描述顶点和边，顶点记录只需 3 个字段共 9 字节，分别是 inUse(标记顶点是否在用，1 字节)、nextReID(与该顶点相连的第 1 条边的标识，4 字节)、nextPropID(该顶点第 1 个属性的标识，4 字节)。边记录只需 9 个字段共 33 字节，分别是 inUse(标记边是否在用)、firstNode(该边开始顶点的标识，4 字节)、secondNode(该边结束顶点的标识，4 字节)、relType(指向该边所属的类型，4 字节)、firstPrevRelID(该边开始顶点的前一条边指针，4 字节)、firstNextRelID(该边开始顶点的后一条边指针，4 字节)、secPrevRelID(该边结束顶点的前一条边指针，4 字节)、secNextRelID(该边结束顶点的后一条

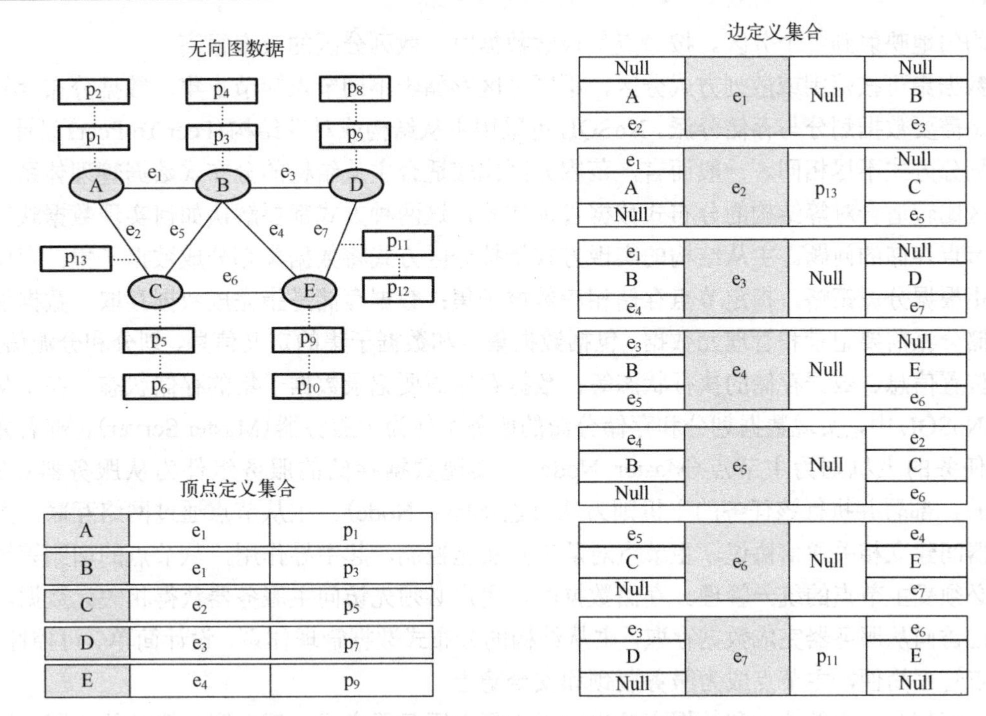

图 4-33　无向图数据、顶点定义集合和边定义集合

边指针，4 字节)、nextPropID(该边第一个属性的标识，4 字节)。顶点和边的记录分别用两个独立的文件进行存储，形成顶点记录文件和边记录文件。这两个文件都是定长记录，假设顶点和边的 ID 都从 0 开始，当检索 ID=i 的顶点或边记录时，那么只需从顶点记录文件的偏移量 9*i 处或者边记录文件的偏移量 33*i 处读出相应记录即可。在 Neo4j 图数据库中，既可以在图结构上建立索引，也可在顶点和边的属性数据上建立索引。

4.4.3　NoSQL 数据存储

NoSQL 数据库是为大规模数据管理而产生的，它需要大量存储节点为其提供分布化的存储空间，在此基础上完成数据分布存储。数据分布存储不仅能够提高数据 I/O 并发度以更好地增大吞吐率，还能够以适当的冗余代价解决数据存储安全，以避免产生耗时的数据恢复过程。实现数据分布存储是 NoSQL 数据库的重要任务。NoSQL 为提高管理规模和管理效率，需要将数据集划分成若干数据子集，俗称数据分区，并通过某种策略将数据子集分布在不同节点存储。

以键为基础的数据模型，数据集分区策略一般有以下两种。

(1) 范围分区：按键的范围来建立分区并对分区编号。范围可以是连续的或者离散的(比如特殊离散值可以是用户、应用或者业务类型)，由同一范围的键所标识的数据映射到相同分区中，每个分区的数据指派到相应节点进行存储。

(2) 散列分区：设定分区数量，按键的散列值来对应分区。将键标识的数据映射到键散列值对应的分区中，每个分区的数据指派到相应节点进行存储。

若采用范围分区，如果键的范围满足均衡分布，数据就能均匀地映射到各个分区中。按范围检索数据时，范围分区的效率很高。若采用散列分区，如果键散列满足随机分布，数据可以均匀地映射到各个分区。按“点”检索数据时，散列分区的效率很高。

数据集可按范围或散列方式分区，不同分区存储于不同节点或节点集，数据分布存储的前提是需要数据划分与存储分派。NoSQL 可采用主从结构或对等结构(Peer To Peer)设计，数据集划分方式不尽相同。一般而言，范围分区比较适合主从结构的分布式数据管理体系，散列分区比较适合对等结构的分布式数据管理体系，这两种方式都要解决如何实现数据映射到不同节点存储的问题。主从结构的实现方式指按分区方式将数据集划分成数据子集；存储分派是指根据分派策略，指定节点存储相应数据子集；数据存储是指完成数据存取。数据划分和存储分派需要记录和管理元数据，包括数据集合和数据子集的定义信息、划分和分派信息、存储位置信息、数据存储的执行状态等；数据存储需要记录数据子集的存储状态。在主从结构的 NoSQL 中，实现数据划分和存储分派的服务组件为主服务器(Master Server)，部署并执行该任务的主机则为主节点(Master Node)。实现数据存储的服务组件为从服务器(Slave Server)，部署并执行该任务的主机则为从节点(Slave Node)。主从节点通过网络互联，主从服务器间建立相关通信协议，主节点对从节点实施控制，起主导作用，从节点的增删等维护操作必须受主节点的统一管理。存储数据时，用户必须先访问主服务器获得相关元数据，然后通过访问从服务器完成数据存取。主从结构的分布式数据管理体系，设计简单、可控性好、从节点管理简便，主节点成为服务瓶颈和安全隐患。

数据划分、存储分派和数据存储也可以由每个服务器完成，每个服务器功能相同，地位对等。如果将若干服务器分别部署在多个节点(Node)上，利用网络互连并提供相关协议实现彼此通信，那么它们在逻辑上就构成一个功能地位对等的环形结构，即 Peer To Peer(P2P)。P2P 环形结构如图 4-34 所示。

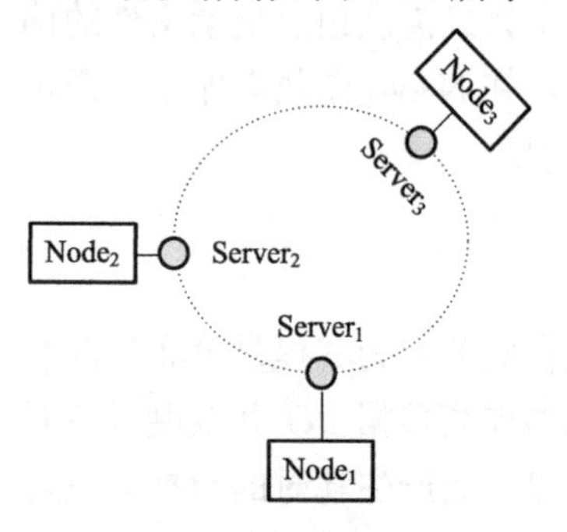

图 4-34 P2P 环形结构

这种结构没有中心，每个节点存储数据并管理自己负责的数据子集或者区域数据。用户存储数据时可以向任何一个服务器发出访问请求，接受请求的服务器则以该用户代理的身份，与实际存储了该用户数据的服务器进行通信并完成数据存储，充当用户代理的这个服务器知道应该与哪个实际服务器通信。对等结构的分布式数据管理体系自维护性好但可控性差，扩展性好但通信代价高。

对等结构中的节点实现自我管理，其优势是扩展好，如节点增删灵活，其劣势是易造成抖动。散列分区存储是将键散列值相同的数据划分到相同区域，每个区域指派到一个对应节点存储，比如有 N 个区域时，就指派 N 个节点来存储对应区域的数据。假设 N 个区域用 0～N–1 来标识，数据按照 Hash(key) mod N 划分区域，分析下列两种情况：当第 i(i<N) 个节点被移除或者出现宕机时，N 没有被及时改变成 N–1(节点增删没有集中统一管理)，依然按照 Hash(key) mod N 划分，将导致第 i 个区域的数据继续被指派到第 i 个节点而无法访问；当新增一个节点时，N 没有被及时改变成 N+1，依然按照 Hash(key) mod N 划分，导致不会产生新划分区域的数据被指派到新增节点存取，扩展无效。为此，提出了一种新的散列方式，即一致性散列(Consistent Hashing)，数据一致性散列的目标是使得数据子集分配给哪个节点存储完全动态，它不随节点的增删变化而对数据存储产生全局性影响。

数据一致性散列的基本原理是：假设键的散列值是一个 n 位二进制数，编码成 2^n 值，即

$0 \leqslant \text{Hash(key)} \leqslant 2^n-1$，将 0 到 2^n-1 之间的值首尾相连形成一个环，节点占用环上一个位置就分配其一个 0 到 2^n-1 之间的值，即卡槽 Slot。每个数据按照自己的键散列值 Hash(key)，沿着环的某种方向(如顺时针方向)寻找到第 1 个有效的卡槽 Slot 时，就将该 Slot 位置上的节点指派用于存储该数据。

数据一致性散列的基本原理如图 4-35 所示，假设 n=16，环上有 2^{16} 个 Slot，并已存在 3 个节点，这 3 个节点的卡槽 Slot 分别为 10000、24000 和 24。当某个数据的 Hash(key) 为 100 时，则从环上 100 处开始顺时针方向找到的有效卡槽 Slot 是 10000，它代表节点 1(为实际的服务器 Server_1)，将该数据指派到这个节点存储。图 4-36 示意了增加一个节点 4(Server_4)时的数据散列，其中节点 4 的卡槽 Slot 为 2000。当某个数据的 Hash(key) 为 900 时，则从环上的 900 处开始顺时针方向找到的有效卡槽 Slot 是 2000，它代表节点 4(Server_4)，将该数据指派到 Slot=2000 的节点存储。类似的过程，当移除某个节点时，比如移除节点 2(Server_2)后，当某个数据的 Hash(key) 为 12000 时，则从环上的 12000 处开始顺时针方向找到有效的卡槽 Slot 为 24，它代表节点 3(即 Server_3)，将该数据指派到该节点存储。

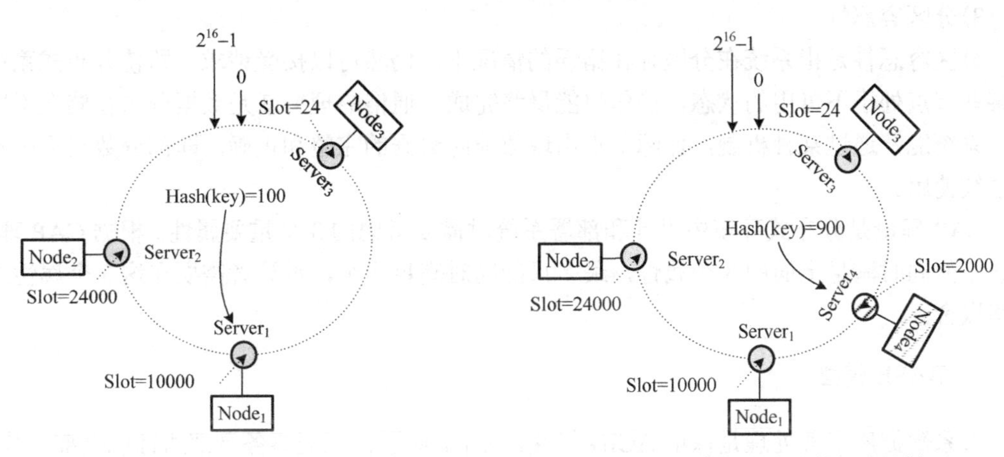

图 4-35　数据一致性散列原理　　　　图 4-36　增加节点时的一致性散列

传统的散列分区方式是将一个键散列值对应的数据固化地存储在某一个节点，一致性分区方式是将一段连续键散列值对应的数据动态地存储到某一个节点，当增加或移除某个节点时，只会影响其相邻节点的数据分布，这就降低了系统抖动。

4.4.4　NoSQL 基本理论

NoSQL 系统的理论包括 CAP 理论、BASE 模型和最终一致性理论，三者构成 NoSQL 存在的三大基石。

1. CAP 理论

CAP 理论由美国加州大学伯克利分校 Eric Brewer 教授在 ACM PODC(Principles of Distributed Computing)会议的主题报告中提出，这个理论是 NoSQL 数据库构建的基础。该理论包括一致性(Consistency)、可用性(Availability)、分区容忍性(Partition tolerance)。

1) 一致性

一致性是指系统在执行过某一操作后仍然处于一致的状态。在分布式系统中，操作的执行都是原子性的，也就是要么都执行，要么都不执行，这就保证了在同一时刻，所有用户都能够读取到同样的值。这句话可解释为在数据并发访问时，系统能够通过某种机制，保障相同时刻读出的数据相同、不同时刻写入的数据不丢失，即同一时刻具有相同的数据。

一致性包括 3 类：强一致性、弱一致性和最终一致性。强一致性指系统中的数据更新后，后续对数据的任何访问得到的都是更新后的数据。弱一致性指系统中的数据更新后，不能保证后续对数据的访问得到的都是更新后的数据，在系统还未达到一致之前，访问处在不一致状态窗口中。最终一致性指系统中的数据更新后，后续如果没有再次更新，则可以保证最后所有的数据访问都会得到最新的值。

2) 可用性

可用性是指每个操作总能在一定时间内返回结果，如果一个操作需要对整个系统加锁或其他类似的情形，导致在某个时间段内，系统无法对新的操作及时响应，则系统在该时间段内不可用。简单讲就是访问数据时，系统能够通过某种机制，保障数据在可容忍的时间范围内到达，即每个访问请求无论成功或失败都有响应。

3) 分区容忍性

分区容忍性是指系统在分区存在错误的情况下，仍然可以接受请求，即使分布式系统中的某些节点处于不可用的状态，操作也能最终完成。通俗的理解就是数据分布存储在不同节点，系统能够通过某种机制，保障节点出现故障时数据的完整和正确，即部分数据丢失不影响继续使用。

CAP 理论是分布式环境中设计和部署系统时需要考虑的 3 个重要属性。根据 CAP 理论，系统不能同时满足上面的 3 个属性，最多只能同时满足两个，设计者需要在这 3 个属性之中权衡取舍。

2. BASE 模型

关系数据库事务处理是保证 ACID 特性，其中，原子性保证事务全部执行或全部不执行；一致性保证事务执行前后事务始终处于强一致状态；隔离性保证事务的执行不被其他事务干扰；持久性保证事务提交后数据被永久改变。

CAP 理论认为，一致性、可用性和分区容忍性不能同时满足，NoSQL 更倾向于分区容忍性，通过消减模型或事务来放弃一致性。随着数据量的增长，对数据可用性和分区容忍性的要求高于一致性，NoSQL 也很难满足事务的 ACID 特性，因此提出 BASE(Basically Available Soft state Eventually consistent)模型。

BASE 模型是指基本可用性(Basically Available)，即能够基本运行以提供服务；软件状态(Soft state)不要求保持强一致，可以有段时间不同步；最终一致(Eventually consistent)是指不强求时刻保持高度一致，只要最终结果保持一致就可以。

4.4.5 NoSQL 体系框架

关系模型的提出起始于 20 世纪 70 年代，它用关系模式组织数据并以关系代数和集合论为基础定义关系操作。关系模型和关系理论在几十年的不断发展完善过程中，也使得关系数据库管理系统日趋成熟和完善并被广泛应用。非关系模型与关系模型相伴而生，在大数据推动下，以非关系方式组织数据迅速发展，形成了以键值、文档和列族等为典型代表的非关系模型，并建立起相应的 NoSQL 数据库管理系统。

NoSQL 框架分为 4 层，由下至上分为数据持久层、数据分布层、数据逻辑层和数据接口层，如图 4-37 所示。数据持久层定义了数据的存储形式，主要包括基于内存、基于硬盘、内存和硬盘接口、订制可拔插 4 种形式。基于内存形式的数据存取速度最快，但可能会造成数据丢失；基于硬盘的数据可能保存很久，但存取速度较基于内存形式的慢；内存与硬盘相结合的形式，综合了前两种形式的优点，既保证了速度；又保证数据不丢失；订制可拔插则保证了数据存取具有较高的灵活性。

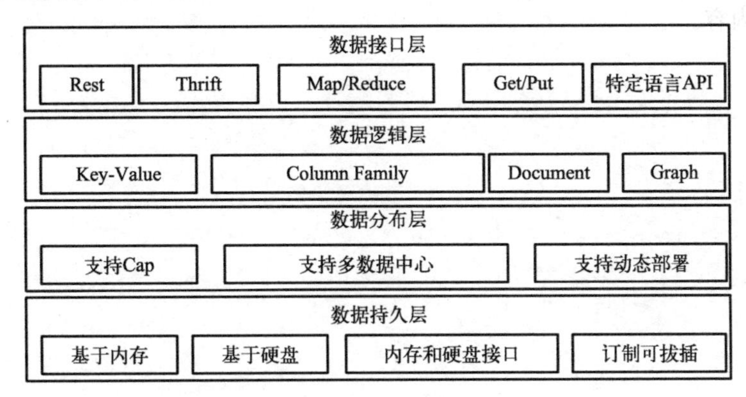

图 4-37　NoSQL 框架

数据分布层定义了数据是如何分布的。相对于关系数据库，NoSQL 可选的机制比较多，主要有 3 种形式：一是支持 CAP，可用于横向扩展；二是支持多数据中心，可以保证在跨越多数据中心时也能够平稳运行；三是支持动态部署，可以在运行着的集群中动态添加和删除节点。

数据逻辑层表述了数据的逻辑表达形式。与关系数据库相比，NoSQL 在逻辑表现形式上相当灵活，主要有 4 种形式：一是键值模型，这种模型在表达形式上比较单一，但有很强的扩展性；二是列族模型，这种模型能与键值模型相比能够支持较为复杂的数据，但扩展性较差；三是文档模型，这种模型对于复杂数据的支持和扩展都有很大优势；四是图模型，这种模型通常基于图数据结构的数据订制，适用场景受限。

数据接口层为上层应用提供方便的数据调用接口，提供的选择远多于关系数据库。接口层提供了 5 种选择：表征状态转移 Rest（Representational State Transfer）、Thrift、Map/Reduce、Get/Put、特定语言 API，使得应用程序和数据库的交互更加方便。NoSQL 不支持 SQL 语言及其接口。

NoSQL 分层架构并不代表每个产品在每一层只有一个选择，相反，这种分层设计提供了很大的灵活性和兼容性，每种数据库在不同层面可以支持多种特性。大数据管理没有统一的标准和模型，在很大程度上取决于大数据应用需求，大数据管理系统具有更高的数据检索速度和 I/O 吞吐率，尽可能将数据计算和复杂数据操作都迁移到应用层，从而弱化事务或者消除事务。

思　考　题

1．简述数据组织的含义和作用，数据管理模型概念。大数据管理要面对哪些问题？

2．简述分布式文件系统的命名空间的概念和组织方式，分布式文件系统的一般结构及各部分功能。

3．HDFS 名字节点是如何实现命名空间和数据块管理的？

4．你理解的 NoSQL 数据库有什么主要特点？

5．简述列族模型结构，试用该模型建立一个包含“姓名”“年龄”“薪资”3 列且含有不同版本列值的列族数据。

6．NoSQL 的数据逻辑层和数据分布层需要解决什么问题？简要分析图数据库的数据逻辑层包含哪些内容。

第 5 章　大数据计算

大算力支持是获取大数据价值的前提和基础，也是体现数据价值时效性和有效性的重要保障，并行计算系统和集群系统为大数据构筑了大算力计算平台。大数据多样化计算要求给计算模型及计算方法带来了全面挑战，为应对这种挑战，先后提出了大数据的批量计算模型、流式计算模型、基于 BSP 的图计算模型及交互式计算模型等，在这些模型基础上设计实现了相应的大数据计算服务系统，即计算引擎，它们在大数据计算方面发挥出重要作用。

5.1　计算系统及其体系结构

数据计算泛指在计算系统上对数据实施的运算或者变换等操作，它依托计算系统来完成。数据计算通常需要考虑处理规模和处理时间两个重要因素，比如大规模或超大规模、实时或非实时等。虽然没有衡量它们的统一指标，但对计算系统会产生实质影响。数量规模越大或实时要求越高，计算系统就需要越强的计算能力。大数据具有规模大和变化快的典型特征，必然要求计算系统能够为其提供强大的计算能力支持，而计算系统的能力与其体系结构密切相关。计算系统可简单理解为通过某种互连方式连接在一起的计算资源集合。比如，计算处理单元(CPU)与计算辅助单元(内存和外存)通过内外总线互连就是一种计算系统，俗称个人电脑，这种计算系统的数据处理规模和计算速度都十分有限。为应对大数据计算，计算系统须具备大规模处理和高速计算能力，形成这种能力需要足够的计算资源与有效结构的支撑。如超级计算机、大规模并行处理系统和集群系统等，这些系统利用高速网络将大量计算资源连接起来，形成了强大的分布并行计算能力，以适应大规模实时或非实时数据计算模型要求。

计算系统核心是体系结构，即计算资源互连方式，它决定或者直接影响计算系统的计算能力，计算模型则是计算资源互连方式的设计依据，是计算系统实现的基础。1972 年，美国斯坦福大学教授 Michael J Flynn 提出计算系统按计算模型分类的思想，他将计算模型分为以下 4 类。

(1) SISD (Single Instruction Stream，Single Data Stream)：支持单指令流对单数据流的处理。SISD 模型要求所有指令只能串行执行，即执行完当前指令后才能执行下一条指令。SISD 模型如图 5-1 (a) 所示，处理单元用于执行指令流，存储器用于存放数据流。按该模型设计的计算系统往往只有一个处理单元，处理单元一次只能执行一条指令，并通过本地存储器访问数据。SISD 模型不允许处理单元同时执行多个指令流中的指令去处理多数据流中的数据单元。

(2) SIMD (Single Instruction Stream，Multiple Data Stream)：支持单指令流对多数据流的处理。SIMD 模型如图 5-1 (b) 所示，该模型允许单指令流中的多条指令可并行执行，实现多数据流处理。按该模型设计的计算系统具有多个处理单元且可同时处理多条指令，每个处理单元不跨越本地存储器访问数据。

(3) MISD (Multiple Instruction Stream，Single Data Stream)：支持多指令流对单数据流的处理，该模型只有理论意义，无实际应用。

(4) MIMD (Multiple Instruction Stream，Multiple Data Stream)：支持多指令流对多数据流的处理。这些指令流分别对不同的数据流进行处理，数据访问方式与存储空间分布和共享形式相关。MIMD 是典型的并行计算模型，按该模型设计的计算系统具有多处理器/多处理节点的架构。MIMD 模型如图 5-1 (c) 所示。

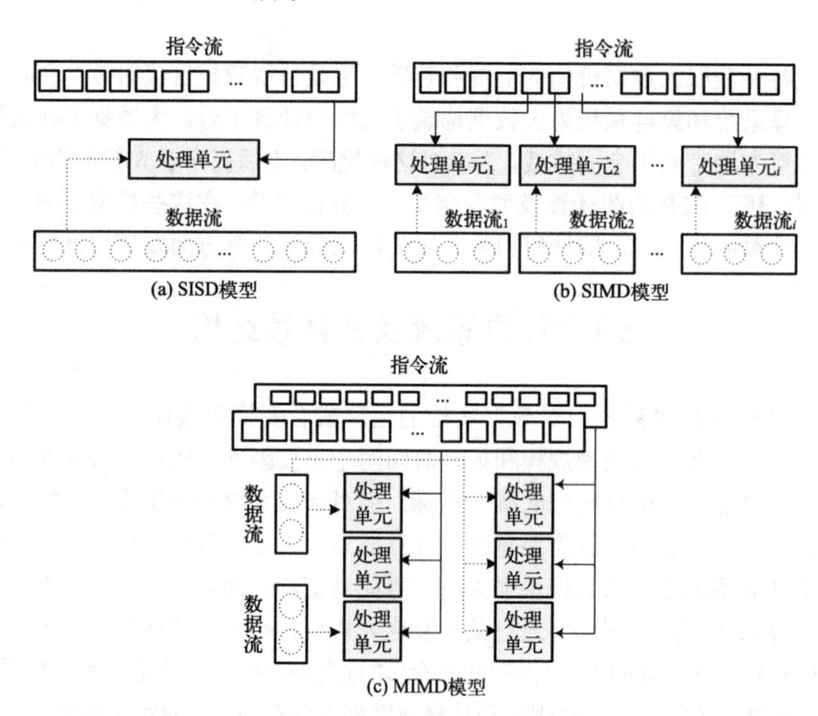

图 5-1　不同计算模型示意图

基于 MIMD 模型的计算系统，按照处理器是否共享内存又分成两类，一类是多处理器单地址空间上共享内存结构，另一类是多计算机多地址空间上非共享内存结构。多处理器单地址空间上的共享内存结构又分为集中式和分布式，集中式共享内存是统一存储访问 UMA (Uniform Memory Access)，分布式共享内存是非统一存储访问 NUMA (Non-Uniform Memory Access)。UMA 类有典型的 SMP (Symmetric Multi-Processing) 和 PVP (Pipeline Vector Processer) 系统；NUMA 类有典型的 CC-NUMA (Cache Coherent) 和 NCC-NUMA (Non-Cache Coherent) 系统。多计算机多地址空间上非共享内存结构分为松散耦合和较紧耦合，典型的松散耦合有集群，较紧耦合有 MPP。

虽然上述计算模型是为计算系统提出的，如果将计算模型中的指令泛化成粒度更大的任务，那么指令流就成了任务流，相应的数据单元粒度也更大了，指令处理的数据单元就成了任务处理的数据单元。与此同时，用于执行指令的硬件形态处理单元被替代成执行计算任务的软件形态计算单元(也称为计算实体)，比如线程、进程或容器等。实际上，计算模型可以抽象成更高层的数据计算模型或者编程计算模型，数据计算模型用于计算服务系统的设计，编程计算模型用于指导用户计算任务的设计。

计算模型需要充分考虑处理单元的计算能力、互连方式、访存方式及扩展性等因素，这些处理单元可以是单核 CPU、多核 CPU、节点(单 CPU、多 CPU SMP 结构或 NUMA 结构的主机)。大数据计算需要有强大计算能力的并行计算系统的支持，在这样的系统中，连接的处理单元可以是CPU形态或者是可独立运行管理的节点，如PC、工作站、专用服务器、SMP主机等计算系统。目前的大数据计算平台大多是基于 MPP 或者主机集群(包括虚拟机集群)的并行计算系统。

1. 大规模并行计算系统

大规模并行处理(Massively Parallel Processing，MPP)也称为大规模并行处理系统，它是由一组独立的处理单元通过专用高带宽网络组成的并行计算系统。MPP的每个处理单元都可以看成一台独立主机，拥有自己的处理器、内存、外存、I/O 及网络接口等部件，并且运行自己的操作系统、文件系统，甚至数据库管理系统。一个处理单元不能直接访问另一个处理单元中的内存、外存、I/O 及网络接口等本地资源。MPP 架构有多个显著特点：一是处理单元之间通过网络接口而非总线接口来交换信息，处理单元的本地资源彼此间互不共享(Shared Nothing)；二是横向扩展性好，能够扩展至成百上千个处理单元；三是支持分布存储，数据存储全局化，数据不再局限存储于处理单元本地；四是支持并行计算，一个计算作业可分解到多个处理单元并行执行，或者多个任务分散到多个处理单元并行执行。从整体上看，MPP就是一台能够执行计算的大型主机或者计算系统。

MPP 架构特点使得它非常适合于大规模数据的存储与计算，大数据计算处理选择 MPP 计算系统作为计算平台是当下一种可行的选择。然而，MPP 的处理单元大多选择专用服务器或高性能服务器，有的甚至运行专用操作系统(非商用操作系统)，MPP 的互联网络选择专用高带宽网络(非普通商业网络)，这些导致 MPP 性价比较低。而且，MPP 没有相应的硬件来为其所有计算资源提供统一的管控和消息通信功能，需要有一个软件层来负责计算资源的运行管理、分配调度与负载均衡及相互通信，MPP 计算系统本身并不具有这样的运行支撑环境或者专用系统软件或者中间件，需要为其单独配备。

2. 集群计算系统

集群(Cluster)是计算机集群(Computer Cluster)的简称，它是由一组独立的计算机通过商用局域网络(如 ATM、Ethernet 等)连接组成的、松散耦合的并行计算系统，集群中的计算机称为集群节点(Cluster Node)。集群与 MPP 并无实质差异，它们都是一种完全无任何共享的结构。MPP 架构特点也是集群架构特点，集群本身也需要专门软件来支持其运行管理，比如需要集群节点的管理组件、作业管理与调度组件等。二者细微区别就是在通用性方面，集群选用商用主机或商用服务器，运行商用操作系统，采用商用网络等为其制定配置，这决定了集群运维简单，选配的各种商用软件系统或开源软件系统丰富，性价比高。由于集群具有较强的通用性，它就有选择使用通用组件与编程方式的便利性，比如集群节点内部(即本地计算机上)可支持共享内存方式的并行计算，又比如可使用 OpenMP、Pthreads 等编程模型的并行计算。集群节点之间支持消息传递方式以实现数据交换的并行计算，比如可使用 PVM、MPI 中间件支持并行计算。由此可见，集群性价比较高，它是大数据计算处理普遍采用的计算系统，云平台中的虚拟机集群被广泛使用。

5.2 计算服务系统及其体系结构

无论 MPP 还是集群结构的计算系统，它们都可以提供大量计算资源以支持并行计算，但都不具有对计算资源进行管理、分配和调度的硬件机制，也不提供计算作业或者计算任务的管理、调度与控制服务，更没有为计算作业或者计算任务建立运行环境支撑。在计算系统的基础上建立某种较为理想的适配方式，使其能够充分发挥计算资源优势以实现计算任务的并行化，就成为计算系统的必然。通常做法是，将计算作业或计算任务的管理、调度、监控和执行等环境独立出来形成计算服务系统，也称为计算引擎；把计算服务系统运行时所依赖的资源分配与调度服务、资源间通信服务、数据存储管理服务、运行库等软件支撑环境进行单独构建，这些软件支撑环境统称为软件平台；将计算系统，比如 MPP 或者集群系统，作为支持数据计算、存储和传输的硬件支撑环境，即硬件平台。计算引擎、软件平台、硬件平台间相互支撑关系如图 5-2(a)所示。在某些文献中，对上述概念并未形成一致表述或达成相同内涵。比如，有的认为计算服务系统由数据计算引擎、数据计算平台和数据计算模型 3 部分共同构成，其构建关系如图 5-2(b)所示。有的把存储架构+计算模型+支撑平台组合构成的特定技术解决方案称为计算模式，但这并不影响对计算服务系统的理解。图 5-2(b)构成形式以数据计算模型为基础、数据计算平台为支撑、数据计算引擎为核心，现实中并非严格地按这种要求来构建计算服务系统，有些计算服务系统自身比较强大，包含了资源分配、调度及通信功能。

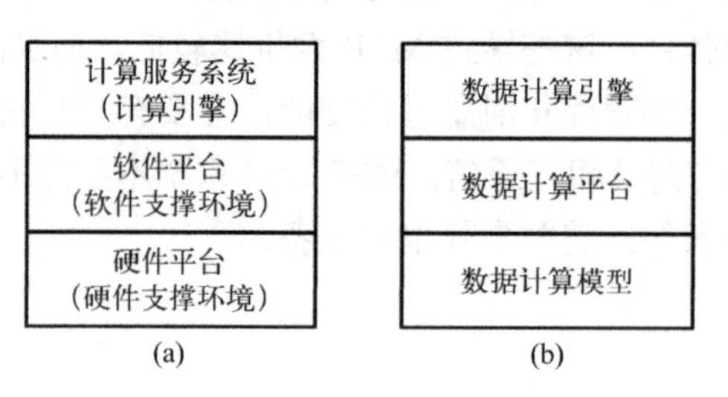

图 5-2　计算服务系统支撑或构建关系

数据计算引擎是基于数据计算平台的计算环境，它由一组服务组件、客户接口及相关配置构成，依据数据计算模型去解释、管理和控制计算过程。这些服务组件用于协同完成计算作业/任务的拆解与解析、提交与撤销、控制和调度，负责计算资源的管理与调度(这部分也可以由第三方提供中间件或相应服务提供)，执行数据计算分析过程、管理计算作业/任务的数据(这部分也可以由独立的数据管理系统负责)等系列功能。配置则是计算引擎中关于运行、环境和部署等方面的有关参数配备和设置。数据计算引擎实际上为用户的计算作业或计算任务提供了一种执行环境，它依据数据计算模型去解释、管理和控制代表用户计算任务中的应用程序，为其组织、分配、维护计算资源，管理计算时的数据等。数据计算引擎为支持特定数据计算模型而设计，它不仅需要计算系统支撑提供充分的分布式计算资源来支持计算作业或任务的并行处理，还需要相应存储管理系统提供数据存储支持。与此同时，数据计算引擎还需要集成测试系统或者工具、计算程序开发环境等。

数据计算平台是由硬件支撑环境(硬件平台)和软件支撑环境(软件平台)共同构建起来

的计算基础设施，硬件支撑环境为数据计算引擎提供计算、存储、通信能力的支持，涉及计算系统体系结构和系列技术标准。软件支撑环境为数据计算引擎、用户应用等提供各种运行条件、接口标准和技术规范，涉及开发技术和开发工具等。

1. 数据计算模型

数据计算模型是对数据计算过程的抽象，它用于描述指令流、数据流与处理单元之间的相互关系，其中指令流中的指令代表计算的行为或动作，数据流代表计算的对象，处理单元则是计算的执行体。当指令流泛化成任务流时，任务代表计算的行为序列，数据流则成了任务处理的对象，任务的执行体成了诸如线程、进程或容器等这样的计算单元，数据计算模型被抽象成了更高层次的计算过程。数据计算引擎中的数据计算模型，它的任务流是由一系列任务构成，任务代表计算的行为序列，行为序列则用一组相应代码来体现任务的计算逻辑，比如用函数、过程，甚至复杂的组件来体现任务的计算逻辑。更高层的数据计算模型同样可以归于SISD、SIMD、SIMD和MIMD四种类型，其本质依然是考虑计算单元的计算方式(串行或并行)、数据访存方式(本地或共享)、通信方式(同步或异步)及扩展性等因素。

数据计算模型也可以对更高层的数据计算过程进行抽象，体现不同数据特性下的计算规范或者范式，它不仅是设计实现计算引擎的基础，还是选择计算平台的依据，同时也是用户计算任务设计和实例化的范式。现实中，数据不仅具有诸如规模、多态、关联、高维和稀疏等众多特性，还可对其实施串行或并行、实时或非实时、集中或分布、迭代或非迭代等多种计算方式，数据特性与计算方式交织在一起形成各类计算问题。某类计算问题常常需要建立一种数据计算模型，这种模型就是针对特定类型和特定形态的数据建立的计算范式，也就是需要遵循的计算样式。

例如，按数据关联特性划分为图数据计算和非图数据计算两类，相对应的就有图数据和非图数据的计算模型。无论图或非图数据计算都要面对规模特性差异，大体量数据计算必须要考虑时效性，因此并行计算方式就是一种不二的选择。为了支持并行计算，计算平台往往选择分布式架构来提供大量计算资源以支撑巨大算力。并行计算一般要满足两个基本条件：一是数据集可以划分成若干独立子集，每个数据子集可被分派到相应计算单元上进行独立计算；二是计算单元能够并行执行。比如，有些大体量数据需要进行迭代计算，迭代强调一个全局计算过程的循环执行直到满足特定条件为止，同时保持全局数据在每轮迭代后的状态同步。迭代计算过程中，每次迭代不仅可能要面对大量数据计算，还可能面对大量数据同步更新，这样的数据计算模型或许更复杂。现实计算问题可能演化出各种不同的计算要求，比如全局串行局部并行、全局迭代局部并行等，根据不同数据特性和计算要求可以设计出不同数据计算模型。

2. 数据计算引擎体系结构

分布式计算系统是计算引擎中常用的硬件平台，它有其自身结构。数据计算引擎(即计算服务系统)是一种分布式软件系统，它不仅要使其各功能单元之间通过协同来完成计算任务的管理、控制和运行，而且要使各功能单元能够充分利用资源的计算、存储和通信能力，因此它也有其自身结构。在设计分布式软件系统时，通常要考虑其功能结构(Structure)和运行架构(Framework)两方面。功能结构是从功能的独立性、可控性和扩展性等方面来定义功能体及其相互关系，以形成功能体协同处理逻辑。运行架构是从发挥系统效率角度来定义资源对功能体的支撑关系，以形成资源关联结构。分布式软件系统的功能结构一般采用主从(Master-Slave)方式或者对等(Peer to Peer)方式来设计。主从方式强调功能体的地位不对等，被称为 Master 的功能体处于支配和控制地位，被称为 Slave 的功能体处于被支配和被控制地位。对等方式强调功能体的地位平等，不存在或不允许一个功能体支配或控制另一个功能体。主从方式的特点是设计简单、可控性好、管理方便、安全性弱；对等方式的特点是自协调性好、扩展简便、可控性差、安全性高。

按主从方式设计分布式软件系统时，把实现管理或控制功能的组件或组件集称为主服务器(Master Server)，把实现数据处理功能的组件或组件集称为从服务器(Slave Server)。主服务器能够向从服务器发布管控命令、分配资源、协调运行等，从服务器接受主服务器的管控命令、执行数据处理、报告自己的状态等。在系统功能结构中，主服务器和从服务器都是功能体，它们被视为功能结构中的节点，故而将主服务器和从服务器称为主节点(Master Node)和从节点(Slave Node)。支撑主服务器和从服务器部署和运行的主机之间就形成了某种关联结构，这种主机关联结构即为分布式软件系统的运行架构。部署和运行主服务器和从服务器的主机是运行架构中的节点，这两类主机也被分别称为主节点和从节点。主节点和从节点含义可从系统功能结构和系统运行架构两个层面来理解，主从方式下的分布式软件系统结构如图 5-3 所示。该结构的分布式软件系统由客户节点、主节点和从节点组成。客户节点(Custom Node)(即接口组件)建立了用户或应用与系统交互的规范，是对外提供的服务界面。管理/控制功能由主节点(Master Node)完成，为确保安全通常会增加一个备用主节点(Backup Master Node)。数据处理功能由从节点(Slave Node)完成。大数据管理系统和大数据计算引擎通常都采用分布式设计，不仅考虑功能结构，还要关注功能体在主机上的分布，即运行架构。

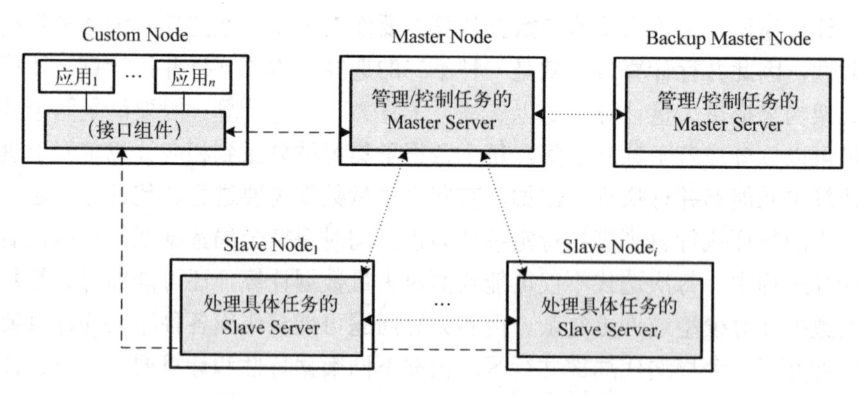

图 5-3　主从方式下的分布式软件系统结构

分布式软件系统中的主/从服务器与主/从节点经常不严格区分，统称为主节点和从节点，不同系统对主节点和从节点有不同命名，大多以组件名字来命名。比如在分布式文件系统 HDFS 中，由 Name Node 组件构成的 Master Server 称为 Name Node(名字节点)，名字节点也就是主节点；由 Data Node 组件构成的 Slave Server 称为 Data Node(数据节点)，Data Node 也就是从节点。类似地，批数据计算引擎 MapReduce，由 Job Tracker 组件构成的 Master Server 称为 Cluster Manager Node(集群管理节点)，此时的 Cluster Manager Node 也就是主节点；由

TaskTracker 组件构成的 Slave Server 称为 Worker Node(工作节点)，它就是从节点。同样地在流计算引擎 Spark 中，Cluster Manager Node 就是主节点，Worker Node 是从节点，Worker Node 又因其功能不同细分为 Driver Node 和 Executor Node。

计算任务和计算作业是分布式计算中的两个常用术语。计算任务(Task)，简称任务，泛指能够完成特定计算的逻辑，这种逻辑可以用函数/过程、类、应用等不同形式的组件来定义或描述。计算任务可以在不同计算单元上执行，计算单元可以是进程、线程和容器等软实体。假如用函数/过程来定义某种计算逻辑，那么函数/过程作为线程体/进程体被执行时，则可认为执行了一次计算任务。计算作业，简称作业，泛指一次计算请求，请求提交的所有信息(包括计算过程、计算数据、计算资源等描述)构成了作业内容。

构建数据计算引擎涉及计算平台和相应软件支撑环境。比如，在 Hadoop 大数据处理框架中，集群是其首选的通用型廉价计算平台，依托这样的平台部署各种软件支撑环境和不同计算引擎，这些软件支撑环境和计算引擎都采用主从方式设计，有各自主节点和从节点。这些主节点既可以部署在集群的同一主机上，也可以部署在集群的不同主机上，具体需要由集群资源的数量和性能决定。分布式软件部署示例如图 5-4 所示，在集群中部署 HDFS 分布式文件系统、YARN 集群资源管理调度系统、MapReduce 批量数据计算引擎和 Spark 流计算服务引擎，其中集群的第 1 台主机就部署了 HDFS、YARN 和 MapReduce 三个系统的主节点。

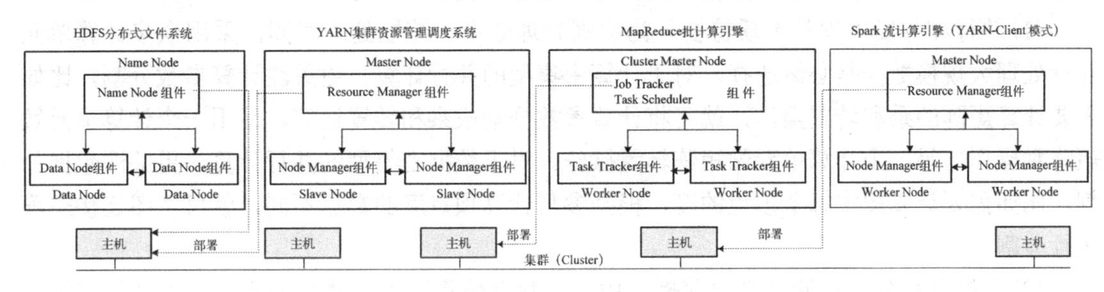

图 5-4　分布式软件部署

5.3　大数据的计算类型及特点

大数据计算是根据大数据特征和计算特点提出的，主要涉及批量计算(Batch Computing)、流计算(Stream Computing)、图计算(Graph Computing)和交互式计算(Interactive Computing)4 类。针对这 4 类计算，相继提出并建立了相应的批量数据计算模型、流数据计算模型、图数据计算模型和交互式数据计算模型，这些计算模型体现了大数据不同特性下的计算要求。

(1)批量计算。泛指对累积形成且已持久化存储的数据进行一次性计算，待计算的数据静态获取。批量计算的思想是分而治之，即将数据集静态切分成一系列数据子集，然后把各数据子集分配给多个计算单元进行并行计算。批量计算的特点是数据间不存在计算依赖关系，在预定的时间内(有确定的开始和结束时刻)结束计算并获得结果，强调数据计算的吞吐量而不考虑实时性。

(2)流计算。泛指对不断涌现的数据进行持续性计算，待计算的数据动态获取。流计算的基本思路是将持续到达的数据中的数据单元分配给多个计算单元进行并行计算，或者将流数据按某种策略(比如按时间单位)进行切分以形成连续不断的数据片段(每个片段中含有若干数据单元)，然后将数据片段分配给多个计算单元进行并行计算。流计算的特点是数据到达速率不受控制且数据到达的时间间隔并非均匀，即无法确定数据到来的时刻和间隔，需要不断接纳持续到达的数据，且只有在人为干预下才会终止计算(有确定的开始时刻)，强调数据计算时延小(即强调计算的实时性和查询的快速响应)且兼顾数据吞吐量。

(3)图计算。泛指对具有图特征的数据进行计算，这种计算往往关注子图划分和数据迭代。图计算可采用基于顶点、边或路径等方式，取决于应用类型或算法类型。图计算的特点是数据间关联性强，也侧重数据吞吐量和计算时延长，也支持实时处理。

(4)交互式计算。泛指以服务请求方式给出的检索和统计操作，通常不含非常耗时的运算。比如查询某些数据上的平均值、最大值，查询某些数据在分组上的平均值、最大值，当然还有复杂度较高的查询和统计操作。交互计算通常采用并行分布查询机制、数据和元数据分布存储策略等。交互计算的特点是并发服务请求数量巨大，请求应答时间短(时间以毫秒或者秒为量级)，在数据集上实现计算以完成请求服务。

大数据规模大、多模态、类型多、变化快、关联复杂等特征决定了大数据计算特点，这些特点主要包括：并发处理、数据分割、计算迁移、基于内存等。

(1)并行和并发处理是本质特征。为提高处理效率，缩短处理时间，采用众多计算单元并行处理大规模数据是必然选择。对于计算密集型的并行计算，更关注计算参数分割，比如需要计算矩阵的乘和转置操作，就可将计算参数分割成乘和转置运算，使用一个计算单元做矩阵乘操作，另一个计算单元做矩阵转置操作。对于数据密集型的并行计算，更关注数据分割，比如需要计算图中每个顶点的度，根据参与计算顶点度的数据不同，就可将图连接矩阵按行分割。

(2)数据分块分布存储是必要前提。由于大数据体量巨大，数据分割应先于计算实施之前进行。数据分割有利于开展并行处理，分割而成的数据块采用分布式存储，不仅能够提高磁盘I/O效率，而且有利于通过冗余提高数据可靠性。

(3)计算向数据迁移是必然结果。数据移动会耗费大量的网络传输和磁盘I/O时间，直接在存储数据的计算单元或计算机节点上执行数据计算是并行计算结合数据分布存储的必然结果。

(4)基于内存方式处理是增效途径。对于实时性要求很高的数据处理和迭代计算需求，要尽量减少甚至避免磁盘I/O，数据的读写、中间结果存储及计算单元间的数据交换都尽量不依赖外存而在内存中完成，减少数据访问时延以提升计算速度。

5.4　大数据的批量计算

5.4.1　MapReduce及其计算

MapReduce是基于集群的批量数据计算模型，以此模型为基础实现的批量数据计算引擎可服务于大数据批量计算，它具有较强的硬件故障容错能力。MapReduce 计算模型依赖 Map 和 Reduce 两种任务完成相应的计算逻辑，MapReduce 计算引擎为 Map 和 Reduce 任务分配计算资源(如计算单元)、管理 Map 和 Reduce 任务并行执行及任务间的协调，处理这两种任务的执行故障。用户编写 Map 和 Reduce 函数实现计算逻辑并通过作业形式交付。

1. MapReduce 计算模型及其数据结构

MapReduce 计算模型主要涉及 Map(映射)和 Reduce(化简)两种任务，以及计算处理时的数据结构。MapReduce 计算模型如图 5-5 所示，它是一种典型的多任务流多数据流计算模型，属于 MIMD 类型。MapReduce 计算模型把计算转换成 Map 和 Reduce 两种任务(Task)，计算单元(如线程、进程、容器等)是这两种任务的执行体。Map 和 Reduce 被抽象成 Map 和 Reduce 两种操作。

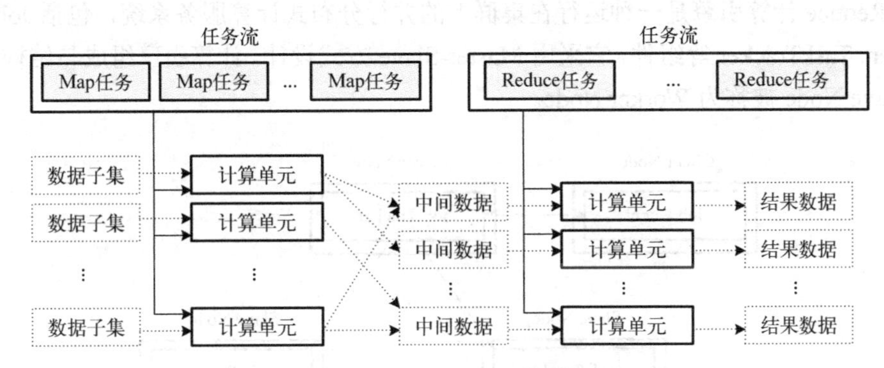

图 5-5　MapReduce 计算模型

映射是数学中描述两个集合中的元素之间对应关系的术语。对于两个非空集合 A 和 B，如果存在某个规则 f，使得 A 中任意一个元素 a 按照 f 在 B 中有唯一确定的元素 b 与之对应，则称 f 为从 A 到 B 的映射，记为 $f{:}A\rightarrow B$。映射可以是一对一或多对一的，它是一个可以高度独立的操作，完全能够并行执行。Map 并行执行过程如图 5-6 所示。

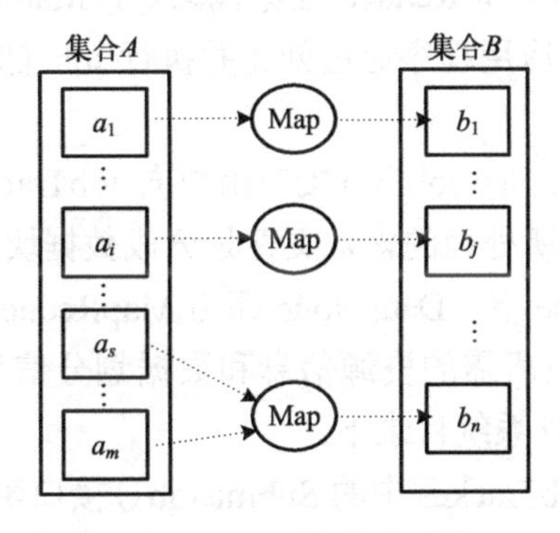

图 5-6　Map 并行执行过程

化简也是数学中的一个术语，是指将一个复杂式子化为一个简单式子的过程。化简后的式子更为简洁，其本质是由繁及简。比如：代数式中的约分、合并同类项和去括号，以及算术累加、累乘、平均值、最大值和最小值等都是化简，它们也可是相对独立的操作，适应于并行执行。

批量数据是一个统称，实际计算时针对的往往是某种类型的批量数据。程序的输入数据、中间数据和结果数据可能是数据集合、数据表或者数据列表等，统统视为数据集合，数据表或者数据列表中的数据单元就如同数据集合中的数据元素。MapReduce 将数据集合中的数据元素统一采用键值对(Key-Value Pair)形式表示，数据集合即为键值对的集合。为提高处理效率，MapReduce 将键值对集合划分成若干分区(Partition)，交付给 Map 任务或者 Reduce 任务进行并行计算。简单说，Map 任务就是对输入分区(键值对子集)中的每个键值对进行指定的计算，而 Reduce 操作是将 Map 输出分区(键值对子集)以某种形式进行合并计算。以此可知，MapReduce 计算模型是对无关联数据进行的批量计算，它采用的策略是对数据集合进行分区，分区由若干数据单位组成，数据单位用键值对形式表示，分区是 Map 和 Reduce 任务的计算对象。

2. MapReduce 计算引擎组成与结构

MapReduce 计算引擎是一种运行在集群上的并行分布式计算服务系统，包括 JobClient、JobTracker、TaskTracker 等组件，它采用 Master-Slave 方式设计。计算引擎组成与结构如图 5-7 所示，Slave Node 被称为 Worker Node。

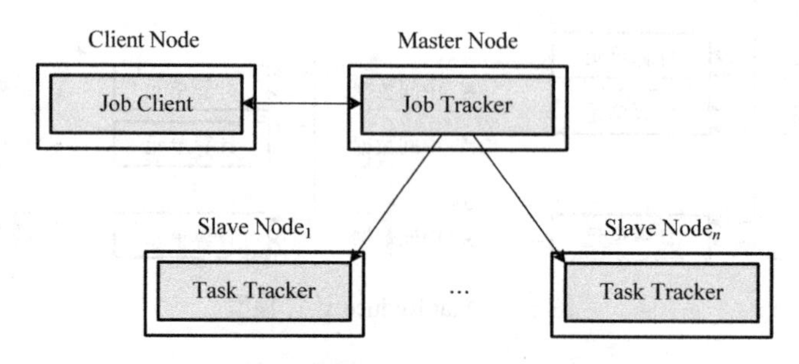

图 5-7 MapReduce 计算引擎组成与结构

1) Job Client

用户与 MapReduce 计算引擎之间接口用于提交用户作业，作业内容包括申请建立的作业号、作业所需的资源要求、Map 和 Reduce 任务代码等，MapReduce 应用程序即代表了用户作业的计算过程。MapReduce 应用程序通过创建并执行 Job Client 实例开启一个 MapReduce 作业，主要包括下列几个过程。

(1) Job Client 实例通过 GetNewJobIb()接口函数向 JobTracker 请求获得作业 ID。

(2) Job Client 实例将作业所处理的输入文件划分成数据块，并将各数据块分别存储到相应 HDFS 文件系统的 Data Node 下，Data Node 即为 MapReduce 的 Slave Node。

(3) Job Client 实例将作业所需的资源信息和数据划分信息打包成一个文件，并存储到 JobTracker 可以访问的本地文件系统目录下。

(4) Job Client 实例调用 JobTracker 中的 SubmitJob()接口函数提交作业。

(5) Job Client 实例调用 JobTracker 中的相关接口函数为该作业创建应用主程序 AM(Application Master)。

2) JobTracker

用于管理和分配集群资源、创建应用主程序 AM、监控 Map 和 Reduce 任务的运行状态、处理异常任务的迁移等。在 MapReduce v2 中，JobTracker 将集群资源的管理和分配功能分离出来，交给 Hadoop 集群资源管理系统 YARN 中的 ResourceManager 组件负责。JobTracker

工作过程如下。

(1)对将用户提交上来的作业进行初始化，需要创建一个作业对象，并在这个作业对象中描述该作业包含的任务及任务的主要状态信息等，同时为作业对象创建应用主程序AM。

(2)将作业对象放入作业队列中等待调度。

(3)从HDFS文件系统的Data Node下取出划分好的数据，为数据计算创建Map任务和Reduce任务。

(4)根据TaskTracker的状态，将Map任务和Reduce任务信息分配下发到TaskTracker所在的集群节点，即MapReduce的Slave Node下。

3) TaskTracker

用于接收和执行来自JobTracker的命令(如启动、停止、终结任务)，向JobTracker报告自身的运行状态及TaskTracker所属节点的资源(CPU和内存)状况，管理和执行由JobTracker分配的Map任务或Reduce任务，每个TaskTracker可以启动多个Map或Reduce任务。TaskTracker工作过程如下。

(1)根据JobTracker下发的任务信息启动TaskRunner实例，该实例在Java虚拟机JVM(Java Virtul Machine)中运行。

(2)创建TaskRunner实例并执行Map任务和Reduce任务。

MapReduce用户应用程序转换成用户作业(Job)形式，一个作业由应用主程序AM、若干Map任务和若干Reduce任务3部分组成，其中AM用于协调和控制Map任务和Reduce任务的执行，为Master角色；而Map任务和Reduce任务完成具体的计算逻辑，属于Slave角色。MapReduce用户应用程序(用户作业)的功能结构和运行架构，如同MapReduce计算引擎一样采用主从方式设计，Map任务和Reduce任务运行在Slave Node上，AM运行于Master Node上。MapReduce应用程序与MapReduce计算引擎之间的关系如图5-8所示。

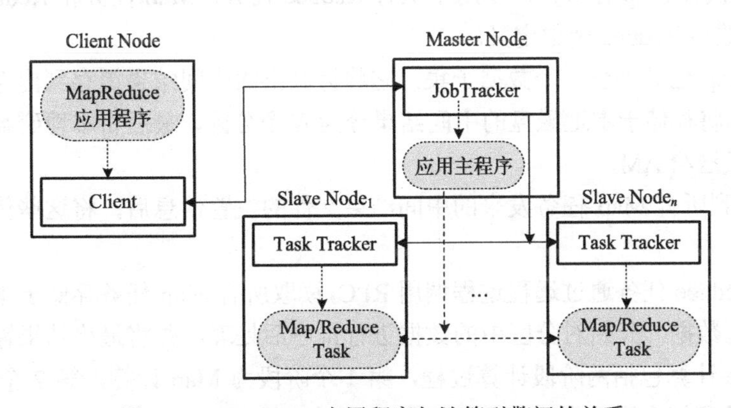

图5-8 MapReduce应用程序与计算引擎间的关系

Map任务负责输入数据的计算处理逻辑和输出中间结果文件，Reduce任务以Map任务的输出文件为输入，对中间结果合并处理。Map任务是对一个数据子集中的每个元素都要执行的一个指定运算，这个指定运算由用户来定义。Reduce任务是对Map操作输出的数据子集进行某种合并运算，这个合并运算由用户来定义。Map任务和Reduce任务均由TaskTracker负责创建和启动，在Slave Node上的相应计算单元上执行，比如用JVM执行Map任务和Reduce任务，而JVM则以进程方式运行。

4）MapReduce 计算流程

分布式应用遵循并继承其运行环境的结构关系。MapReduce 应用继承 MapReduce 计算引擎的结构关系，即功能结构和运行架构，因此 MapReduce 应用自然由 AM 和计算任务(Task)组成。AM 用于控制和协调 Task 的执行，相当于应用的主节点；Task 执行具体计算逻辑，相当于应用的从节点。

MapReduce 计算是把 MapReduce 用户应用程序转换成 AM 和 Task 的执行形式。AM 把一个大的数据集合划分成若干个规模较小的数据子集，然后分配若干个 Map 任务和 Reduce 任务，协调控制这些任务对数据子集进行计算，其计算流程如图 5-9 所示。

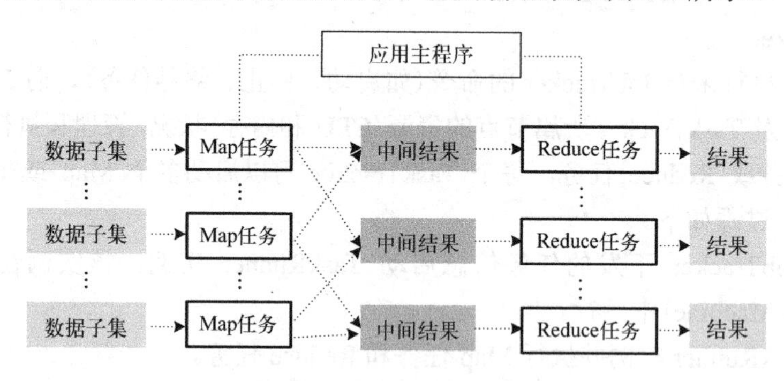

图 5-9　MapReduce 计算流程

(1) AM 利用 MapReduce 的库函数，把一个大的数据集合划分成 M 个小数据子集，并将其分布存储到集群节点上，同时记录每个数据子集在集群节点中的位置，以便将存有数据子集的节点分配给 Map 任务，确保计算向数据迁移。

(2) AM 从存有数据的集群节点中获得 $M+N$ 个空闲 Worker(工作进程，它是任务的执行体)，M 个用于执行 Map 任务，N 个用于执行 Reduce 任务，Map 任务和 Reduce 任务的计算逻辑由 map 函数和 Reduce 函数定义。

(3) 每个 Map 任务处理一个数据子集，它将计算出的中间结果缓存到内存，并定期写入本地磁盘，然后将存储于本地磁盘的中间结果分为 N 个分区，最后将本地磁盘及中间结果文件的位置信息发送给 AM。

(4) AM 收到所有 Map 任务发来的中间结果文件的位置信息后，将这些信息通告给所有 Reduce 任务。

(5) 每个 Reduce 任务通过远程过程调用 RPC，读取所有 Map 任务存储于本地磁盘的中间结果的相应分区数据，开始对分区中的数据进行排序后处理，并将最终结果输出到文件中。

MapReduce 计算包括两阶段计算过程，第 1 个阶段为 Map 计算，第 2 个阶段为 Reduce 计算。第 1 个阶段拥有许多个可并行执行的 Map 任务(worker 为 Map 任务的执行体)，第 2 个阶段拥有若干可并行执行的 Reduce 任务(worker 为 Reduce 任务的执行体)，第 1 个与第 2 个阶段是按流水线方式执行的，即串行执行。Map 任务读取的数据和产生的中间结果需要存储于本地节点，而 Reduce 任务对所有 Map 任务产生的中间结果进行处理获得最终结果，导致 Reduce 计算阶段需要远程读取中间结果而产生大量的 I/O 操作和网络传输开销。MapReduce 计算对数据集采用一次性处理，如果采用 MapReduce 作业来实现迭代算法，那么就要反复执行这个 MapReduce 作业，每启动一次 MapReduce 作业不仅带来相应开销，而且这样的反复过程会大大增加网络传输和磁盘 I/O 的开销。显然 MapReduce 计算适合一次性完成的并行计算，不适合具有重复计算或迭代特性的计算。

5.4.2　Spark 及其计算

MapReduce 计算对数据集进行一次性处理，先从磁盘文件上加载数据集，然后操作数据集，最后写入磁盘文件。这种工作模式效率较低，不适合迭代计算，因此需要效率高且支持迭代算法的计算模型，Spark 应运而生。Spark 设计目标是要避免计算时出现大量磁盘 I/O 和网络传输开销，为此引入了一种新的核心数据结构，即弹性分布式数据集 RDD(Resilient Distributed Dataset)。Spark 利用 RDD 将部分数据缓冲在内存中，在此基础上建立一系列基于 RDD 的算子，即对 RDD 进行操作的函数，使这些算子在并行执行时可以高效地重复使用这些在内存中缓冲的数据。Spark 为避免出现像 MapReduce 那样在启动和调度作业时产生过大的时间消耗的情况，它采用有向无环图 DAG(Directed Acyclic Graph)的任务调度机制进行优化，无须将每一个阶段的中间结果数据存入磁盘文件中，这样可以将多个阶段的任务串行或并行执行。这种优化不仅为迭代计算创造条件，而且 Spark 在此基础上扩展出流式计算，即 Spark Streaming 流式计算。

1. Spark 计算模型及其数据结构

Spark 系统的核心是 SparkCore，SparkCore 的核心是 RDD。SparkCore 建立在统一的抽象 RDD 之上，这使得 Spark 系统各组件能够随意集成，也可以在同一个应用程序中使用不同组件以完成复杂的大数据处理任务。

RDD 是 Spark 对分布在集群主机内存或磁盘中的数据抽象，可以从 3 方面来理解 RDD。

(1)从应用层面来理解。RDD 是由分区(Partition)组成的集合，RDD 结构如图 5-10 所示。分区是由数据元素组成的集合，数据元素可以是字节、整数、浮点数及字符串等标准类型的数据，也可以是用户自定义类型的数据，如键值对。分区类似于数组，有时也将 RDD 解释成由一系列同类型数组构成的集合。

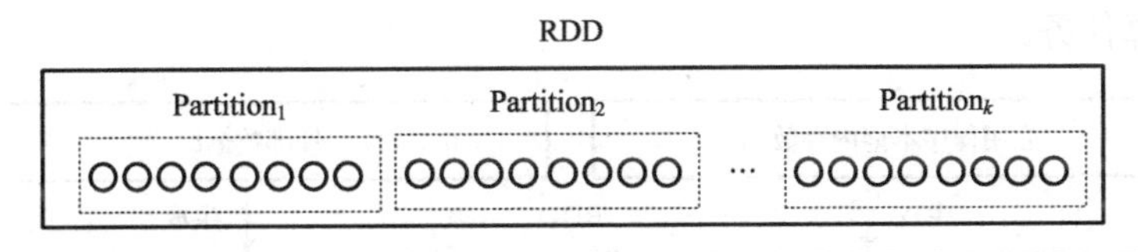

图 5-10　RDD 结构

(2)从物理层面来理解。RDD 中的分区映射到集群节点内存或磁盘中的一个数据块(Block)，分区与数据块之间映射关系如图 5-11 所示。图中 RDD_i 由集群的 n 个节点内存数据块映射而成，RDD_j 由集群的 n 个节点磁盘数据块映射而成，RDD 是 Spark 对分布式数据的抽象，底层是数据块。RDD 中的分区映射到集群的不同节点上，RDD 表示的数据集是跨节点分布，而且在其每个分区上可并行操作。

(3)从管理层面来理解。分区是对数据块的映射，映射就是需要记录分区与其所对应的数据块相关信息，比如记录数据块所在的节点位置、内存地址或磁盘文件等信息等，因此分区实际上是记录对应数据块的元数据，RDD 实质上是数据块元数据的集合。为便于管理，

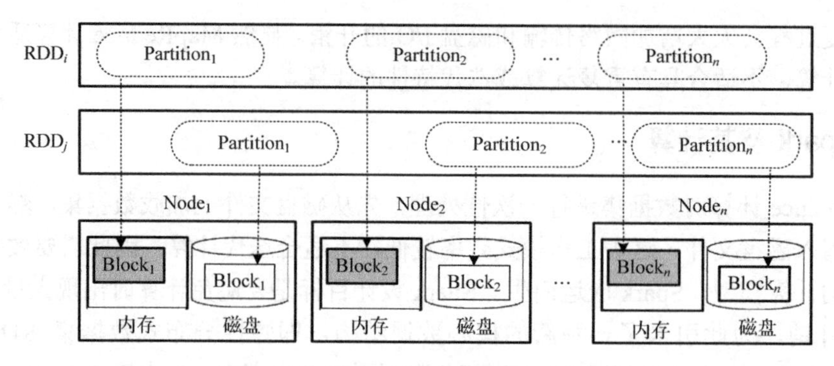

图 5-11　分区与数据块间的映射关系

Spark 的数据块有唯一的 Block id，其构成方式为：“RDD”+rddId+“_”+PartitionId，rddId 为 RDD 标识，PartitionId 为分区标识。假设某数据块的 Block id 为 RDD100_20，它表示该 RDD 标识为 100，分区标识为 20。Spark 在创建 RDD 时为其分配 rddId，划分分区时产生 PartitionId；而后 Spark 用 PartitionId 对分区进行检索，用 Block id 来管理数据块。

在 Spark 中，数据按照指定规则进行分区并表示成 RDD，被这些分区映射的数据块分布在集群中各主机内存或磁盘中，每台主机都以 RDD 为计算对象，主机执行的计算任务只对 RDD 中的相应分区进行运算操作，从而实现了 RDD 的分布式并行计算。由于 RDD 中的每个分区只由一个计算任务来处理，所以 RDD 中的分区数决定了并行处理数量。RDD 分区映射的数据块可以在内存中，对于迭代计算或交互式计算，RDD 就可以将中间结果保存在内存中，保证后续计算可以直接从内存中访问数据，减少磁盘 I/O，从而极大提高了计算速度。

Spark 通过两种方式创建 RDD，一种是基于已有数据创建 RDD，另一种是在其他 RDD 上通过转换操作得到新的 RDD。利用已有数据创建初始 RDD 时，数据可以是应用程序本地内存中的集合、列表、数组等，也可以是来自外部数据源的文本文件、格式文件、数据库等。RDD 数据源如图 5-12 所示。例如，应用程序内存中有一份列表(List)数据，通过 parallelize 算子用该列表创建一个初始 RDD，该算子将这个列表划分成指定数量的分区，每个分区被分配到不同主机上，并通过 Executor 进程来执行计算任务，或者分配同一主机上的不同 Executor 进程来执行计算任务。

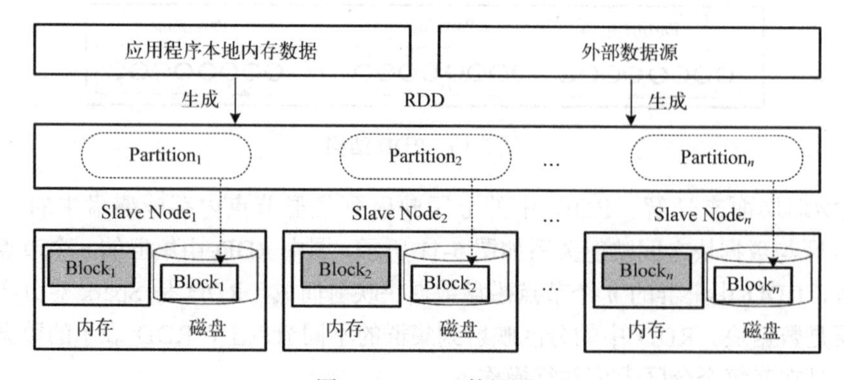

图 5-12　RDD 数据源

Spark 只支持对 RDD 进行整体操作，不单独对 RDD 中的数据元素进行操作，也就是说一次计算或转换，对 RDD 内的每个分区中的每个数据单元都进行操作。例如，rdd1.**union**(rdd2)

是把属于 rdd1 和 rdd2 的所有数据单元进行合并，生成一个新 rdd；rdd1.**intersection**(rdd2)是把同时属于 rdd1 和 rdd2 的所有数据单元生成一个新 rdd；rdd1.**substract**(rdd2)是把属于 rdd1 中且不属于 rdd2 中的所有数据单元生成一个新 rdd；rdd1.**cartesian**(rdd2)是对 rdd1 和 rdd2 中所有的数据单元进行笛卡尔乘积生成一个新 rdd。

RDD 可以保存在内存中，使其在并行操作时能够反复使用，以减少大量的 I/O 操作和网络传输。比如，用户在执行多个查询时，允许显式地将数据集 RDD 缓存在内存中，后续查询能够重用该数据集，大大提升了查询速度。RDD 具有自动容错、位置感知性调度及可伸缩性等流数据模型特点。在 Spark 程序中，所有计算任务都会被组织成在一系列 RDD 上执行的 Transformations(转换)和 Actions(动作)。RDD 转换会生成一个新 RDD，由此在 RDD 之间就会形成流水线一样的依赖关系。这种依赖关系可以用有向无环图 DAG 来表达，一个 DAG 实例则表示一个 Spark 计算。如果 RDD 中某些分区丢失时，根据这种依赖关系就可以重新计算丢失的分区，而不必对 RDD 中的所有分区进行重新计算。

对已有 RDD 进行转换产生新 RDD，已有 RDD 被称为父 RDD，新产生的 RDD 被称为子 RDD，它们之间形成一个前后依赖(Dependencies)关系，这种依赖关系有宽依赖(Wide Dependencies)和窄依赖(Narrow Dependencies)两种形式。宽依赖是指子 RDD 中每个分区(Partition)由父 RDD 中的全部分区或者多个分区映射而成，窄依赖是指父 RDD 中分区与子 RDD 中分区是一对一或者一对多的映射。在依赖关系的 RDD 中，若子 RDD 中的分区失效时，则只需重新计算父 RDD 的相应分区即可；在宽依赖关系的 RDD 中，若子 RDD 中的分区失效时，则需重新计算父 RDD 的多个分区，代价较高。

有向无环图 DAG 是图论中一个重要概念。如果有向图中的任何一个顶点都无法从其自身出发经过若干条边回到该顶点，那么这样的有向图即为有向无环图。有向无环图中的连接关系可用来表示节点间的时序，其中顶点代表某种任务，边代表任务间的某种约束转化。任务间的某种约束转化就会构成一种任务序列，后继任务依赖前期任务的执行，由此可进一步划分出可并行执行的不同任务子集。DAG 表示的计算流程如图 5-13 所示，DAG 顶点代表计算中不同阶段的计算任务，比如计算任务的逻辑可以用过程、函数或组件等表示，有向边代表计算时的输出输入约束转化。

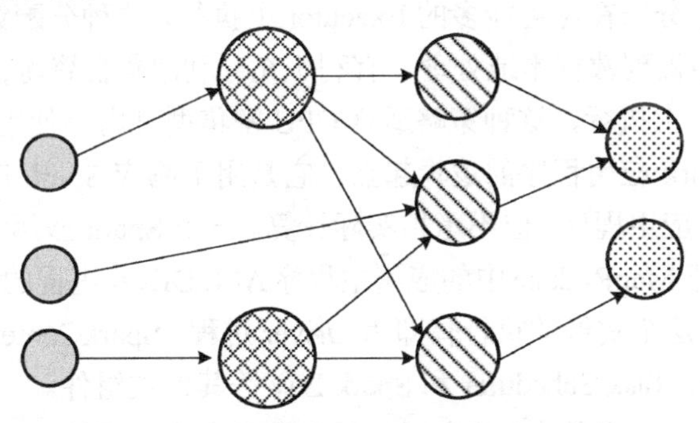

图 5-13　DAG 表示的计算流程

根据 DAG 表示的计算流程，用户要定义 DAG 中顶点(计算任务)和有向边(约束转化)，而后选用某种程序设计语言描述这些顶点和有向边，即建立了一个计算实例，最终通过相应接口将该计算实例交付给计算引擎。计算引擎根据 DAG 为用户计算实例自动分配计算资源和创建相应计算单元，协调各计算单元执行并完成各自承载的计算任务。在这一过程中，用户是数据计算逻辑的设计和建立者，计算引擎是数据计算逻辑的解释和执行协调者，Spark 采用 DAG 表达计算流程和计算模型。

2. Spark 计算引擎组成与结构

Spark 计算引擎是一种运行在集群上的并行分布式计算服务系统，它由 Client(客户端)、Cluster Manager(集群资源管理器)、Driver(任务驱动程序)及 Executor(任务执行体)4 部分组件构成。Spark 计算引擎组成与结构如图 5-14 所示，Spark 计算引擎采用 Master-Slave 方式设计， Slave Node 称为 Worker Node。

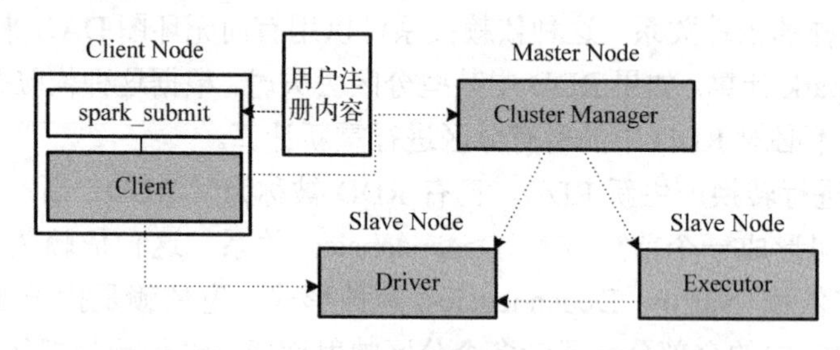

图 5-14 Spark 计算引擎组成与结构

(1) Client：是用户向 Spark 集群注册应用程序和启动 Driver 的接口。注册的内容包括应用程序压缩包所在地址、输入输出数据所在地址、Executor 资源配置要求、应用程序的入口、入口参数、运行 Driver 的节点地址、应用名称等信息。

(2) CM (Cluster Manager)：是 Spark 集群计算资源的统一管理者，不承担实际计算。负责创建和启动 Slave 节点上的 Driver、管理 Spark 集群内所有 Slave 节点上的计算资源 Executor、启动和监控 Slave 节点及相应 Executor 的运行状态，为 Spark 应用程序合理分配计算资源 Executor。

CM 根据 FIFO(先进先出)策略和当前集群资源使用情况，先分配的应用程序尽可能多地获取资源，后分配的应用程序则在剩余资源中筛选或只能等待其他应用程序释放资源。一种策略是 CM 将应用程序分布在尽可能多的 Executor 上执行，这种分配策略适合内存使用多的场景，这样可以更好地做到数据本地处理，有利于充分利用集群资源；另一种策略则是分布在尽可能少的 Executor 上执行，这种策略适合 CPU 密集型且内存使用较少的场景。

(3) Driver：是 Spark 应用程序的逻辑起点，它是用于响应 Spark 应用程序执行的进程，用于驱动和控制 Spark 应用程序，但不承担实际计算。一个 Spark 应用程序必须有一个 Driver 进程，Driver 进程类似于 MapReduce 中的应用主程序 AM。Driver 进程的程序体是 SparkContext 类组件派生出的实例，这个实例的执行体即为 Driver 进程。SparkContext 类组件包括 RDD 的 DAG、DAG Scheduler、Task Scheduler 和 Spark Env 等其他类组件。

在 Spark 应用程序的主函数中，建立了一系列用于完成计算的 RDD 创建、转换和存储等操作，Driver 要承担的主要工作包括：代表 Spark 应用程序向 CM 申请计算资源；为了响应 Spark 应用程序主函数 main 的执行，创建和启动所需要的各种服务进程，这些服务进程是应用程序连接集群的接口，通过这些服务划分 RDD 并生成有向无环图 DAG，为应用程序划分出最小可执行单元——Task(任务)，为 Task 指派最合适的 Slave 节点(部署了 Executor 组件的)并协调这些 Task 在 Slave 节点执行等；为 Spark 应用程序创建和启动数据块及 Cache 管理进程等。

(4) Executor：是应用程序中独立 Task 的计算单元(比如线程或进程)，一个 Spark 应用程序通常需要有多个 Executor 来并行执行 Task。这些 Executor 可分布运行在一个或多个集群节点上，Executor 主要承担的工作包括：向 Driver 注册表明它执行了哪些 Task，报告执行 Task 的状态，为 Task 中要求缓存的 RDD 提供内存存储。

上述 4 部分组件的功能是 Spark 系统必须具备的，但这些功能并非全部由 Spark 系统提供。比如资源管理组件 Cluster Manager，它既可由 Spark 系统自己提供，又可由 Hadoop 体系中的集群资源管理系统 YARN 或 Mesos 来提供。由于这 4 部分组件的提供者及部署方式不同，它们对应的进程既可以运行在一个主机节点中，也可以分布运行在多个主机节点上。于是 Spark 计算引擎就有了 Standalone(独立模式)、Local cluster（独立模式的单机版)、Spark on YARN（YARN 集群模式)和 Spark on Mesos(Mesos 集群模式) 4 种运行模式，不同运行模式下的 CM 提供者不同，名称也不同。

(1) Standalone 模式：Spark 系统提供完整服务并可独立部署到一个集群中，Standalone 模式的 Spark 计算引擎组成与结构如图 5-15 所示。Spark 系统不依赖其他任何资源管理系统的支持，它自带一个 Master 组件对资源进行管理，该模式下的 CM 就是 Spark 系统自带的 Master 组件，Client 直接向 Master 组件注册应用程序，由 Master 组件负责分配资源。

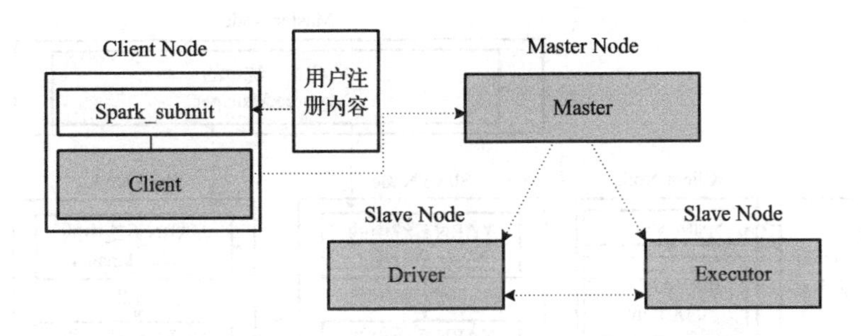

图 5-15　Standalone 模式的 Spark 计算引擎组成与结构

Standalone 模式下 Spark 执行流程是：用户利用 Client 的 Spark_submit 函数或命令向 Master 注册应用程序，Master 根据注册内容中指定的 Slave 节点来启动 Driver；Driver 根据注册内容要求的资源需求为应用程序向 Master 申请 Executor 计算资源；Master 分配 Executor 计算资源后并启动该资源；启动后的 Executor 计算资源再向 Driver 进行注册；Driver 根据应用程序的入口 main 函数开始执行应用程序，创建和启动 Spark 应用程序所需的各种服务进程(如生成 DAG 的 DAG、DAG 调度和 Task 调度等)，创建和启动 Spark 应用程序的运行环境(比如数据块管理和 cache 管理等)，找到行动算子并划分 Stage，将每个 Stage 划分生成任务集 TaskSet，为每个 TaskSet 生成 Task，将 Task 分发给指定的 Executor 去执行，Executor 不断地向 Driver 报告 Task 的执行状况。

(2) Local cluster 模式：是 Standalone(独立模式)单机版，Client、Master、Driver 和 Executor 组件部署并运行在一个主机节点的不同进程上。因为 Driver 和 Client 在同一主机节点上，它不再需要通过 Master 来启动。

Local cluster 模式下的 Spark 执行流程是：用户利用 Client 启动本地主机节点上的 Driver，

再通过 Client 的 Spark_submit 函数或命令向 Master 注册应用程序；Driver 根据注册内容要求的资源需求为应用程序向 Master 申请 Executor 计算资源；Master 分配 Executor 计算资源后并启动该资源；启动后的 Executor 计算资源再向 Driver 进行注册；Driver 根据应用程序的入口 main 函数开始执行应用程序，创建和启动 Spark 应用程序所需要的各种服务进程(如生成 DAG 的 DAG、DAG 调度和 Task 调度等)，创建和启动 Spark 应用程序的运行环境(比如数据块管理和 cache 管理等)，找到行动算子并划分 Stage，将每个 Stage 划分生成任务集 TaskSet，为每个 TaskSet 生成 Task，将 Task 分发给指定的 Executor 去执行，Executor 不断向 Driver 报告 Task 的执行状况。

(3) Spark on YARN 模式：Spark 系统建立在 YARN 资源管理系统上，它依赖 YARN 对集群资源进行管理。YARN 资源管理系统设计也采用主从方式，它由 RM(Resource Manager)和 NM(Node Manager)两个组件构成。RM 部署在 Master 节点上，它负责监控 Slave 节点的运行状态，并对整个集群计算资源进行统一管理，NM 只负责自身资源的管理。为了与 YARN 系统实现对接，Spark 提供一个应用主程序 AM(Application Master)组件，它内含 Driver 组件功能并用容器封装，AM 实际充当了接受 YARN 系统管理的 Driver。AM 进程的程序体就是 AM 组件实例，该模式下的一个 Spark 应用程序必须有一个 AM 相对应。Spark on YARN 分为 Cluster 和 Client 两种，Spark on YARN(Cluster)模式的 Spark 计算引擎组成与结构如图 5-16 所示。

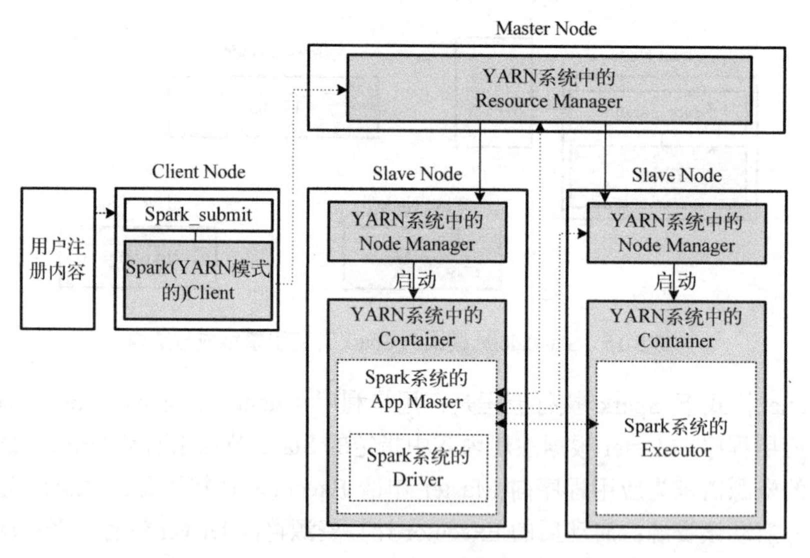

图 5-16 Spark on YARN 模式的 Spark 计算引擎组成与结构

Spark on YARN(Cluster)模式下的 Spark 执行流程是：用户利用 Client 的 Spark_submit 函数或命令向 RM(YARN 系统的)注册应用程序；RM 通告 NM(YARN 系统的)来启动 AM(等同于 Driver)，这个 NM 所在的 Slave 节点由注册内容中指定的；AM 根据注册内容要求的资源需求为应用程序向 RM 申请 Executor 计算资源；RM 分配 Executor 计算资源后并启动该资源；启动后的 Executor 计算资源再向 AM 进行注册；AM 根据应用程序的入口 main 函数开始执行应用程序，创建和启动 Spark 应用程序所需要的各种服务进程(如生成 DAG 的 DAG、DAG 调度和 Task 调度等)，创建和启动 Spark 应用程序的运行环境(比如数据块管理和 cache

管理等)，找到行动算子并划分 Stage，将每个 Stage 划分生成任务集(TaskSet)，为每个 TaskSet 生成 Task，将 Task 分发给指定的 Executor 去执行；Executor 不断向 AM 报告 Task 的执行状况。

Spark on YARN(Client)模式是将 AM 与 Spark 的 Client 部署在同一主机节点上，AM 不再通过 RM 来启动，其他部分均与 Spark on YARN 的 Cluster 模式相同。

(4) Spark on Mesos 模式：它与 Spark on YARN 有类似的组成和部署关系，执行流程相似。

Spark 应用类似于 MapReduce 应用，Spark 应用同样继承了 Spark 计算引擎的主从结构关系，因此 Spark 应用必须包括 Driver(应用驱动)/AM(应用主程序)及承担具体计算任务的 Executor。Driver/AM 相当于应用的主节点，用于控制和协调 Executor 的执行；Executor 相当于应用的从节点，用于执行计算任务。

5.5 大数据的流式计算

5.5.1 流数据概念及特点

流数据(Stream Data)最早出现在通信领域，对它并没有形成一致的概念和确切的定义。以网络通信协议为例，在协议信道中形成了以协议报文为数据单元的流，即协议流数据，如图 5-17 所示。

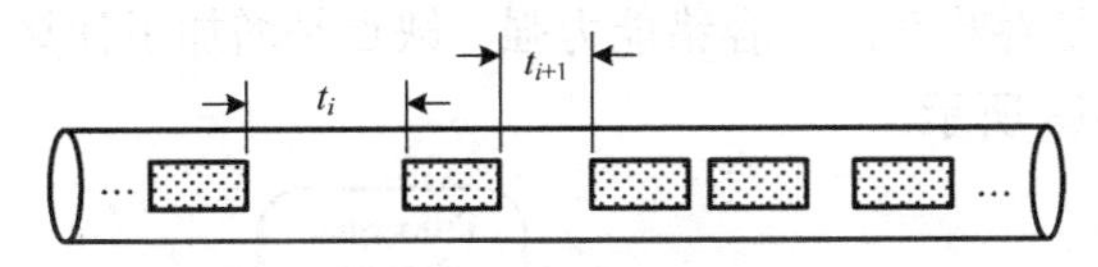

图 5-17　协议流数据

在协议信道中，协议报文持续不断产生且产生次序独立，协议报文产生时间随机且间隔也随机($\Delta t_i \neq \Delta t_{i+1}$)，每个协议报文在其到达信道末端后仅可被读取一次。现实中，还可组成很多类型的流数据，只是流中的数据单元不同而已。比如由网页形成的流数据，流中的数据单元是网页；视频是由帧形成的流数据，帧是流中的数据单元；由日志形成的流数据，即流中的数据单元是日志记录。这些流数据与协议流数据非常类似。所谓流数据，其形式上是由连续不断的数据单元组成的，不妨把流数据看成一个无限数据单元序列，表示为：$S<\cdots, x_i, x_{i+1},\cdots, x_{i+n},\cdots>$，$S$ 代表流数据，x_i 代表在第 i 个时刻的数据单元。流数据表现出以下显著特点：

(1) 数据单元持续不断地产生，产生的次序独立。

(2) 数据单元产生的时间随机，产生的间隔随机。

(3) 数据单元在相应的时刻仅可被读取一次。

具有上述特点的数据序列称为流数据，而针对流数据的计算则称为流计算。这些特点反映出流数据是持续的、无限的、突发的和易失的，流数据处理的重点不是进行持久性存储(很多时候无法做到实时存储，更无法全部存储)而是进行及时计算，因为其价值会随时间的流逝而降低。流计算注重整体或者一个时间的段内数据的计算结果，而不看重个别数据单元的计算结果。流计算服务系统对每个数据单元都是独立处理，流数据特点使得对应的流计算服务系统能够适应下列两个要求：

(1) 数据单元到达的顺序和时间不可预测和控制，能够及时做出响应。

(2) 数据单元到达时即可对其进行计算处理，计算结果可以实时输出。

批计算服务系统与流计算服务系统存在差异性。批计算服务系统是对存储在文件系统或者数据库系统中的数据进行一次性计算处理并允许有较长的计算时间，而且参与计算的数据是静态的，即数据的数量和数值是不变的。批计算特点是：对确定数据的计算结果，计算有起始和结束时间，获得或者查询计算结果的时间较长。流计算服务系统是对实时接收到的数据进行持续计算处理，参与计算的数据连续不断地到达(即数量是变化的)，系统则对每个到达的数据单元进行实时处理。流计算针对实时产生的数据，待计算的数据在对其访问时可能尚未产生、尚未到达或者已经流逝。流计算特点是：对不确定数据的计算结果，计算有起始时间但无结束时间(可人工干预其终止)，获得或者查询计算结果的时间极短。

目前，实现分布式流数据计算引擎的方式有两种。第 1 种实现方式是对数据流中的数据单元进行逐个计算，每个数据单元即时到及时处理，这种流计算引擎称为 Native Stream Processing(本地流处理)。本地流处理引擎能够将多个数据单元同时分发给多个计算单元进行并行处理，它的优点是计算延迟小，缺点是吞吐率较低且容错能力弱。第 2 种实现方式是对数据流中的数据单元先进行分组，一个分组包含若干数据单元，分组本质上是一种微小的批量(Batch)，然后对每个 Batch 及时处理，这种流计算引擎称为 Micro-Batch Stream Processing(微批量流处理)。微批量流处理引擎能够将多个 Batch 同时分发给多个计算单元进行并行处理，它的优点是吞吐率高、容错能力强，缺点是增加了计算延迟量。这两种流计算引擎的处理流程如图 5-18 所示。

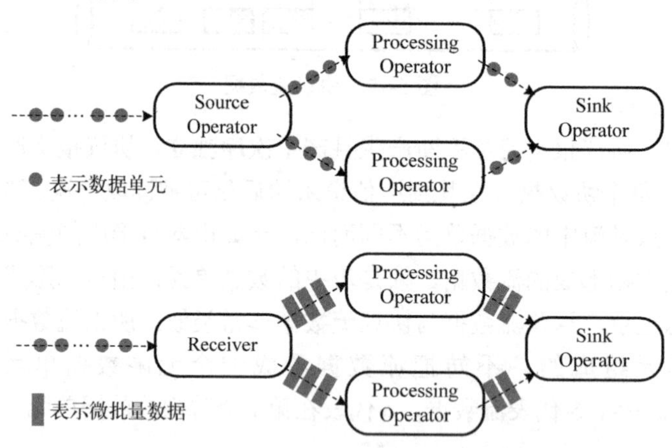

图 5-18　Native 和 Micro-Batch 两种流计算引擎的处理流程

由于流中的数据单元类型和格式纷繁复杂，这使得流数据的类型变得更加多样化。任何一种流数据计算模型都很难应对多样化的流数据，因此流数据计算模型就需要对流数据进行定义以形成自己的格式。现实中的流数据计算服务系统通常基于 Native Stream Processing 或者 Micro-Batch Stream Processing 的实现方式，流数据也必须定义成与系统相适应的格式。下面简要介绍大数据计算中常用的两种流计算引擎，即 Spark Streaming 和 Storm。

5.5.2　Spark Streaming 及其流计算

目前，常见于大数据的流计算引擎，即流数据计算服务系统，有 Spark Streaming、Apache

Storm 和 Apache Samza 等，它们都是开源流计算引擎。这些流计算引擎具有低延迟、可扩展和容错性特点，提供简单的 API 来简化底层实现的复杂程度。Spark Streaming 是由 Spark 计算引擎扩展而成的一种流式处理框架，它支持可扩展、高吞吐量、容错的实时流数据处理。Spark Streaming 属于 Micro-Batch Stream Processing 实现方式的一种，它将流数据先打包成 Batch(在 Spark 中 Batch 被定义成 RDD)序列后，再利用 Spark 对 Batch 进行逐个处理。Spark Streaming 定义了其并行计算的流计算模型，也从系统的功能结构上设计了并行计算的流程。

1. Spark Streaming 计算模型及其数据结构

Spark Streaming 是 Spark 处理大规模流式数据的技术组件，它将不断涌入的流数据按时间片方式生成系列的微小批量数据，然后以时间粒度的批处理模式实现流数据的计算。在 Spark Streaming 的流数据计算中，流数据被称为 DStream(Discretized Stream，离散化流)，DStream 是 Spark Streaming 对持续实时流数据的抽象描述。Spark Streaming 按指定时间间隔(比如以 1 秒为间隔单位)划分输入的实时 Stream Data(流数据)，并生成一系列 Batch(微小批量)即为 DStream。它将连续数据离散化成一个个 Batch(Batch 之间并不是真正意义的连续)，然后对 Batch 进行连续计算。Spark Streaming 可以从多种数据源中接收数据并将其划分并生成一个个 Batch。每个 Batch 都是独立的，它代表了一个时间间隔内的数据，每个 Batch 按时间间隔创建，用户可通过参数指定时间间隔。如图 5-19 所示为以 t 为间隔单位对流数据划分产生的 DStream。在每个时间间隔的起始时刻开始创建一个 Batch，并把该时间间隔内接收到的全部数据单元进行生成并归属到这个 Batch 中，在这个时间间隔的终止时刻，结束该 Batch 的生成。

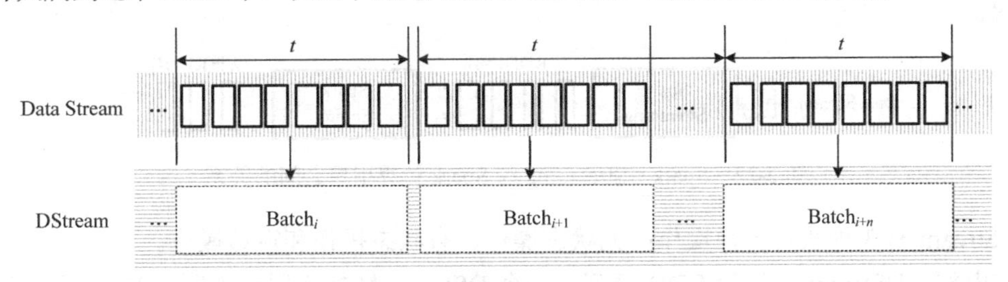

图 5-19　流数据划分产生的 DStream

Spark Streaming 使用数据源产生的流数据来创建初始 DStream，或者在已有 DStream 上使用一些转化操作来生成新 DStream。在 Spark Streaming 创建好初始 DStream 后，就可对其调用多种算子进行转化操作，再将这些转化操作用到 DStream 内的每一个 Batch 上。图 5-20 示意了以 t 秒为间隔，接收器从 ip 数据流中创建 Spark Streaming 的输入 DStream(也称为初始 DStream)，然后通过转换操作生成新的 DStream 的过程。其中，输入 DStream 的每个 Batch 中包含的是 ip 包头，通过转换获取 ip 包头中<载荷的协议类型、载荷长度> 二元组来生成新的流数据，并以此生成新的 DStream。

DStream 中的 Batch 类似于 Spark 中的 RDD。DStream 本质上表示的是 RDD 序列，生成 RDD 的过程就是从流数据中的数据单元中取出相应内容，将其生成所需的内容并存放于 RDD 中，数据单元的结构与 RDD 的结构毫无关系，它们各有各的定义。每个 RDD 包含了规定时间段内的多个数据单元生成的结果，时间段的可配置性使得 RDD 的划分和生成规模可以不同，生成 RDD 和创建 DStream 的过程如图 5-21 所示。

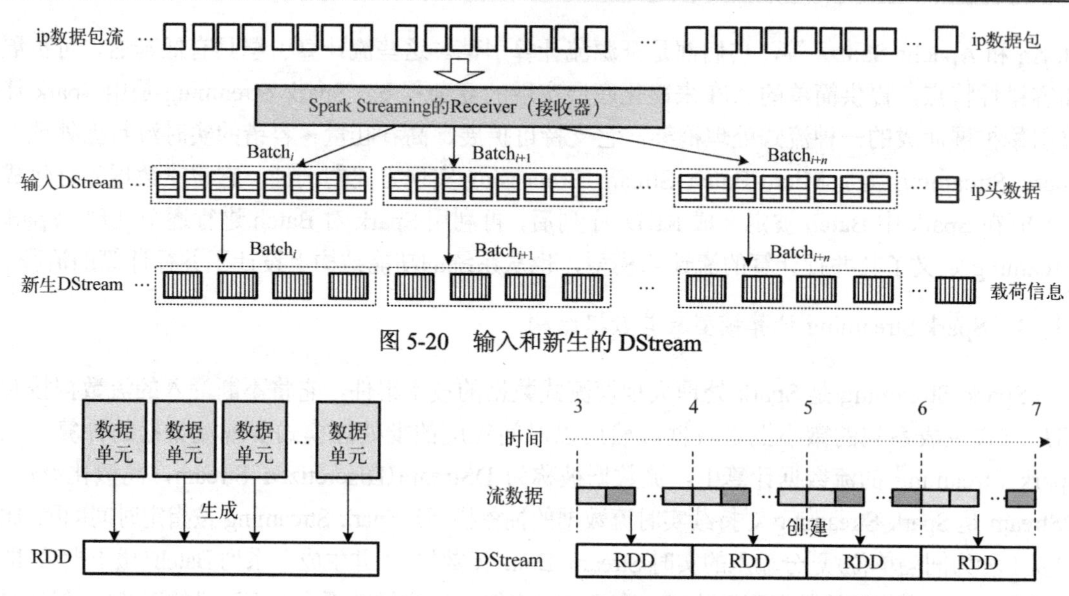

图 5-20　输入和新生的 DStream

图 5-21　生成 RDD 和创建 DStream 的过程

Spark Streaming 与 Spark 计算引擎之间的关系如图 5-22 所示。在 Spark Streaming 内部，DStream 用 RDD 序列表示，对 DStream 的操作都会转变成对 RDD 的操作。Spark Streaming 实质上就是将实时流数据计算分解成一系列的 RDD(即 DStream)，然后将其交给 Spark 计算引擎处理，生成按照 RDD 划分的结果数据，并输出到 HDFS 或者数据库或者前端页面等。

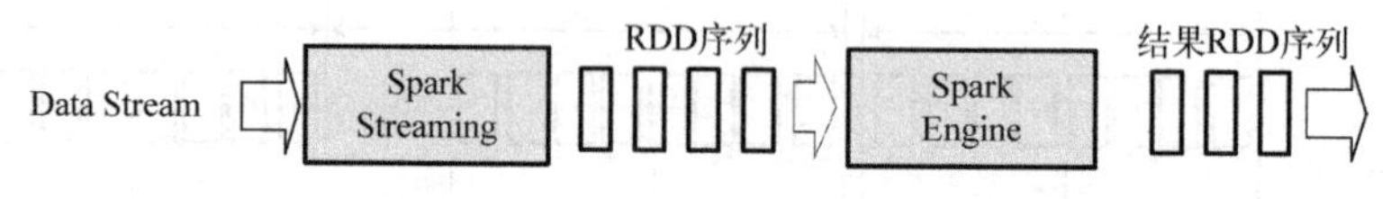

图 5-22　Spark　Streaming 与 Spark 计算引擎之间的关系

DStream 有 3 种状态转换操作：无状态操作、有状态操作和窗口操作。

在内部，DStream 表示为 RDD 序列，一个 DStream 转换作用在其所有 RDD 上。如果对每个 RDD 的计算都与其前面的 RDD 的计算结果无关，也就说对每个 RDD 上的计算不受前面 RDD 计算结果的影响，那么这种转换为无状态转换。如果对每个 RDD 的计算都与其前面的 RDD 的计算结果相关，则为有状态转换。

Dstream 内每个 RDD 都是一个时间间隔内的数据，如果需要对若干个连续的时间间隔内数据进行转化操作，那么就可以设置一个时间窗口。窗口大小或者长度是划分时间间隔的倍数，一个窗口内的数据就是一个连续的 RDD，对窗口内 RDD 的操作，即为窗口化 Dstream 操作。通过指定步幅移动窗口就可以改变窗口的起始位置，获得从另一个时刻开始的时间宽度内的数据，并对其进行窗口内 RDD 的操作。Spark 的计算可以基于单个 RDD，也可以基于 DStream 上的滑动窗口，即通过移动一个固定长度的窗口来读取的 DStream 上的若干个 RDD。通过变换(Transformation)将一种 RDD 变换成另一种 RDD，实现流数据的计算，每一个变换操作都是分布并行的，每一个变换操作需要相应函数来完成。无论是创建的初始 DStream，还是变换或窗口化的 DStream，都是 RDD 序列，只不过是 RDD 的格式和内容不同而已，这本身就是 Spark Streaming 划分流数据的过程。DStream 的各种变换操作如图 5-23 所示。

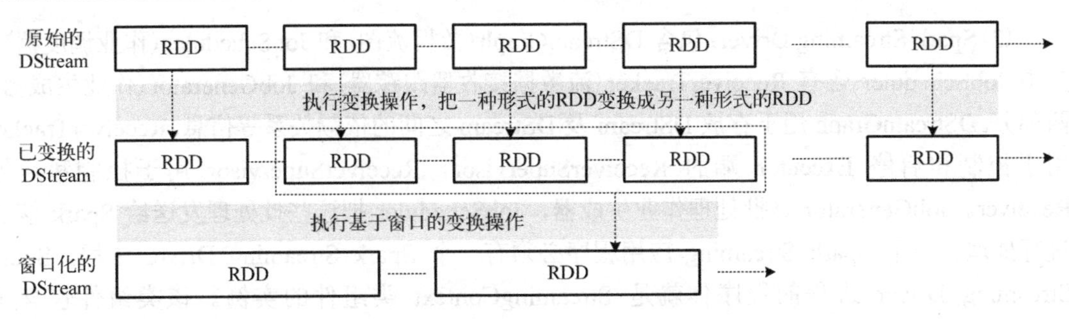

图 5-23 DStream 的各种变换操作

Spark Streaming 按照特定时间间隔将数据切分成一系列持续的 RDD，从而形成了一个 DStream，然后在该 DStream 上可以继续实施无状态、有状态或者窗口等操作，生成新的 DStream，最终把 DStream 的每个 RDD 交付给 Spark 进行并行计算，获得按照 RDD 划分的计算结果数据。Spark Streaming 是对 Spark 计算引擎的应用扩展，它在 Spark 计算引擎的基础上添加了一些组件，这些组件可以实现数据实时接收并划分成 RDD、完成 RDD 存储或变换、分发 RDD 给 Spark 计算引擎进行并发计算等。由此可见，Spark Streaming 并非独立计算引擎，它是以 Spark 计算为基础的 Spark 应用扩展。换句话说，Spark Streaming 负责形成和转换 DStream，并不承担对 DStream 中 RDD 的实际计算，因此 Spark Streaming 没有自己独有的计算模型，计算任务完全依赖 Spark 来实现。

2. Spark Streaming 计算引擎组成与结构

Spark Streaming 计算引擎与 Spark 计算引擎同处一个软件栈，其中 Spark Streaming 主要完成流数据的接收与存储、RDD 划分及批量数据(Batch)处理作业的生成与管理，Spark Core 处理 Spark Streaming 发送过来的批量数据作业。Spark Streaming 建立在 Spark 之上，它扩展了自己的 Driver(任务驱动程序)和 Executor(任务执行进程)两部分组件。Spark Streaming 计算引擎组成与结构如图 5-24 所示。

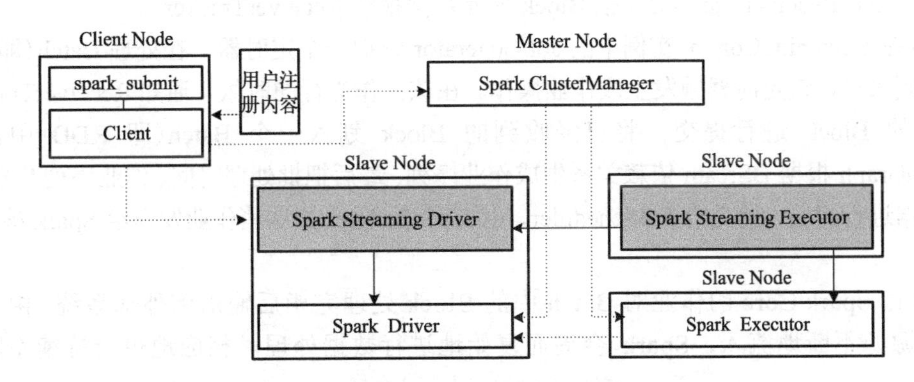

图 5-24 Spark Streaming 计算引擎组成与结构

(1) Spark Streaming Executor：主要包含 Receiver(流数据接收器)和 ReceiverSupervisor(流数据接收管理器)。Receiver 用于接收输入流数据、划分和存储数据块、向 Spark Streaming Driver 报告数据块信息(如数据块的 id 号、存储位置和偏移位置等元数据)；ReceiverSupervisor 用于控制(启动、停止、查看)Receiver。

(2) Spark Streaming Driver：包含 DStreamGraph（数据流图）和 JobScheduler（作业调度器）。其中 JobScheduler 含有 ReceiverTracker（流数据接收器跟踪器）和 JobGenerator（作业生成器）两部分。DStreamGraph 用于存放 DStream 及 DStream 之间的依赖关系等信息。ReceiverTracker 用于控制和启停 Executor 端的 ReceiverSupervisor，ReceiverSupervisor 用于控制和启停 Receiver。JobGenerator 是批处理作业生成器，JobScheduler 把这些批处理发送给 Spark 核心进行处理。一个 Spark Streaming 应用程序必须有一个 Spark Streaming Driver 进程，Spark Streaming Driver 进程的程序体就是 StreamingContext 类组件的实例。该类组件包含了 DStreamGraph 和 JobScheduler 类组件，该实例的执行体即为 Spark Streaming Driver 进程。

3. Spark Streaming 计算过程

当启动 Spark Streaming 应用时，首先在一个 Slave 节点的 Executor 上启动一个 Receiver，Receiver 接收到数据之后会将数据划分成很多个 Block，每个 Block 存储到相应 Slave 节点上并在其他 Slave 节点上进行相应备份；然后 Receiver 向 StreamingContext 实例（Spark Streaming Driver 进程）报告 Block 的信息，说明这些 Block 可在哪些 Slave 节点的 Executor 上计算；在一定间隔时间内，StreamingContext 实例将这些 Block 处理形成 RDD，并且交给 SparkContext 实例（Spark 中的实例）分配到各个 Slave 节点进行并行计算。SparkStreaming 进行流数据处理大致可以分为：启动 Spark Streaming Driver 进程、接收及存储流数据、处理流数据和输出处理结果 4 个步骤。

(1) 初始化 StreamingContext 实例，即开始启动 Spark Streaming Driver 进程。StreamingContext 实例初始化并启动 JobScheduler 和 DStreamGraph 实例，由 JobScheduler 中的 ReceiverTracker 启动对应 Executor 中的流数据接收管理器（ReceiverSupervisor），再由 ReceiverSupervisor 启动 Receiver（流数据接收器）。

(2) Receiver 启动后，持续不断地接收实时流数据和存储流数据。Receiver 接收数据并划分成 Block，然后交给 ReceiverSupervisor，由其进行数据转储操作（内存或磁盘中）；在 Block 存储完毕后，ReceiverSupervisor 把 Block 的元数据报给 ReceiverTracker。

(3) 在 StreamingContex 实例中的 JobGenerator 维护一个定时器，在处理 Batch（即 RDD）的时刻到来时，该定时器触发生成作业操作。在该操作进行的时候，通知 ReceiverTracker 将接收到的 Block 进行提交，将已经收到的 Block 划入一个 Batch（即 RDD）中，再由 DStreamGraph 根据 DSream 依赖关系生成作业序列；最后把批处理时间、作业序列及本 Batch 的元数据进行封装，提交给 JobScheduler，由 JobScheduler 把这些作业发送给 Spark 核心进行处理。

(4) 在 Spark Core 的作业对 Batch 中的 Block 处理完毕后输出到外部系统。由于实时流数据源源不断地流入，Spark 会周而复始地进行数据处理，相应地也会持续不断地输出结果。

5.5.3 Storm 及其流计算

Spark Streaming 是将流数据分解成一系列的微 Batch，每个微 Batch 都转换成 Spark 中的 RDD，由这些 RDD 序列构成了离散化的流数据 DStream。然后将 Spark Streaming 中对 DStream 的转换操作转化成 Spark 中对 RDD 的转换操作。RDD 转换操作的中间结果存储于内存中，

Spark 可以对中间结果进行迭代计算，并将最终结果输出到磁盘文件或者其他系统。Storm 是直接对流数据中的数据单元进行逐个处理，属于 Native Stream Processing 实现方式的一种，它定义了其并行计算的流计算模型，也从系统的功能结构上设计了并行计算的流程。

1. Storm 流计算模型及其数据结构

在 Storm 流计算中，流数据被定义成持续不断的 Tuple(元组)序列，Tuple 序列是 Storm 对流数据的抽象，Tuple 即为 Storm 流数据中的数据单元。Storm 规定 Tuple 由一组 Field(域)构成，域的类型可以是所有基本类型，比如数值、字符、各类数组等，用户也可以定义自己的类型。Storm 的流数据形式和 Tuple 的格式如图 5-25 所示。

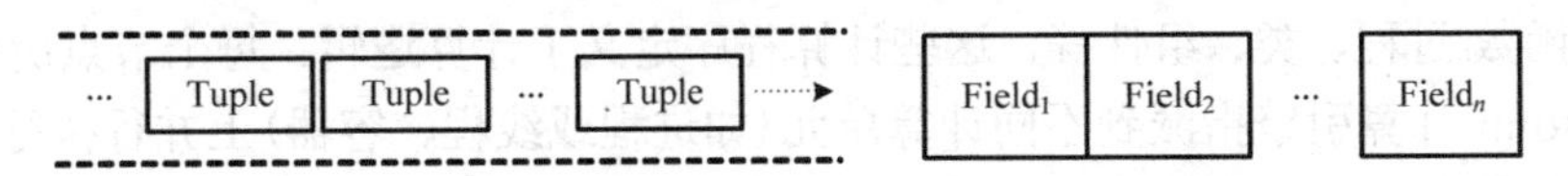

图 5-25　Storm 的流数据形式和 Tuple 的格式

Storm 流计算处理的对象是由 Tuple 构成的流数据，它在自己定义的流数据上实现流计算处理。Storm 创建流数据，必须指定 Tuple 中的 Field 类型，而后按 Field 类型要求生成 Tuple，Storm 为此建立 Spout 计算。Storm 要处理一个流数据就是必须要对其中的 Tuple 进行相应计算，Storm 为此建立 Bolt 计算。

Spout 是 Storm 用于对数据源头的抽象，也是 Storm 的一类计算逻辑，表示流数据的产生。Spout 的作用是将输入的原始数据转换成由 Tuple 构成的流数据并发送给 Bolt。Tuple 发送给 Bolt 的方式可以有多种，如不分组、直接分组、随机分组、按字段分组、全局分组及广播等方式。 Bolt 是 Storm 用于对流数据处理的抽象，也是 Storm 另一类计算逻辑，表示流数据的计算。Bolt 是对流数据的具体计算，还可以包括过滤、聚合、查询等操作。Bolt 不仅对接收的 Tuple 流进行计算，还可以输出新的 Tuple 流给下游的 Bolt 计算。Spout 和 Bolt 的流数据计算形式如图 5-26 所示。

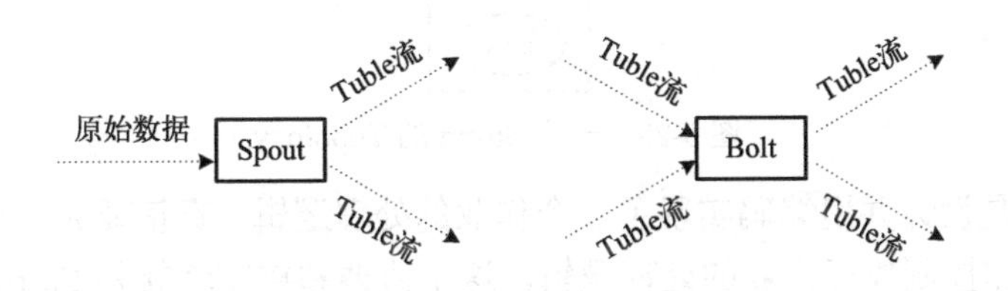

图 5-26　Spout 和 Bolt 的流数据计算形式

Storm 流计算模型是由 Spout 计算、Bolt 计算和 Tuple 流数据组成的一个有向非循环图 DAG，Storm 将这个 DAG 称为 Topology(拓扑)。Storm 流计算模型如图 5-27 所示。在 Topology 中，Spout 和 Bolt 是其中的节点，有向边代表 Tuple 流被哪些 Bolt 节点订阅，订阅者对 Tuple 流解析处理。Tuple 流的产生过程封装在 Spout 节点中，对数据的处理逻辑和相应算法都封装在 Bolt 节点中。实际上，Topology 也描述了一个计算流程和计算步骤。

Storm 流计算模型实例就是一个 Topology。在 Topology 中，每个 Spout 和 Bolt 节点都代表了具体的计算任务，计算任务是用户根据相应算法并通过相应程序设计语言设计实现的计

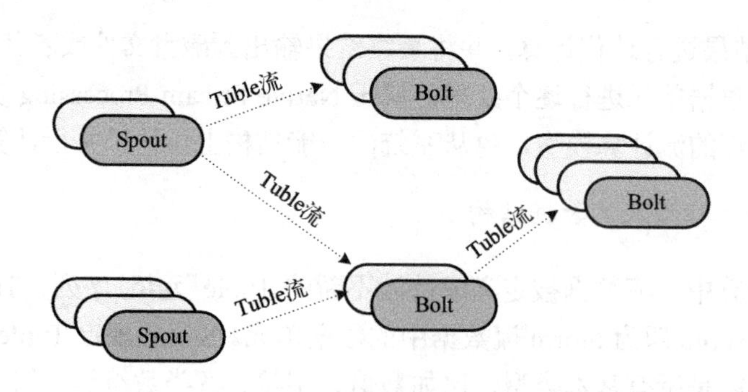

图 5-27　Storm 流计算模型

算程序，如函数/过程、类、组件等，这些计算程序定义了计算逻辑。每个节点所代表的计算任务可被 Storm 计算引擎指派到不同计算单元(如进程或线程、容器)上并行执行。Topology 代表一个计算作业(Job)，用户向 Storm 引擎提交的计算请求就是交付一个计算作业，包括交付 Topology 及运行时相关资源和配置要求。用户只需根据自己所要解决的问题创建一个 Topology，设计并实现 Topology 中 Spout 和 Bolt 节点代表的计算任务，定义计算任务的执行代码(比如用类来封装)，然后将这个 Job 提交给 Storm 流计引擎执行即可。如图 5-28 所示为一个 Storm 的 Topology，它定义了 1 个 Spout 节点和 3 个 Bolt 节点，通过配置把这些节点所代表的计算任务分配到多个计算单元中并行执行。

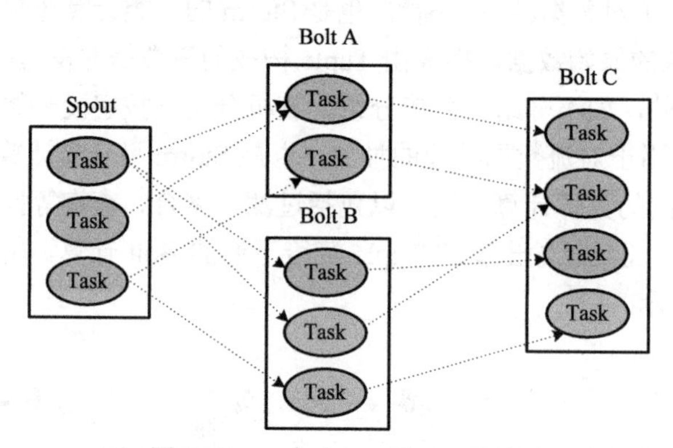

图 5-28　一个 Storm 的 Topology

Topology 只是设计并用编码实现了一个作业的处理逻辑，真正要完成这个作业就必须有一个系统来协调和控制执行作业的处理逻辑，这个协调和控制者就是 Storm 流计算引擎。为了执行 Job 的处理逻辑，Storm 流计算引擎需要负责分配、管理和调度计算资源，解析、管理和执行 Spout 和 Bolt 节点代表的计算任务。

2. Storm 流计算引擎组成与结构

Storm 流计算引擎是一种部署在集群上的分布并行计算服务系统，它采用 Master-Slave 方式设计，Slave Node 称为 Worker Node。Storm 流计算引擎组成与结构如图 5-29 所示。它由 Client、Nimbus(主控程序)、ZooKeeper(集群调度程序)、Supervisor(监控程序)、Worker(工作程序)、Executor(任务执行程序)等组件构成。

(1) Client：是用户向 Nimbus 上传 Spout 和 Bolt 功能代码和提交 Topology 的接口。

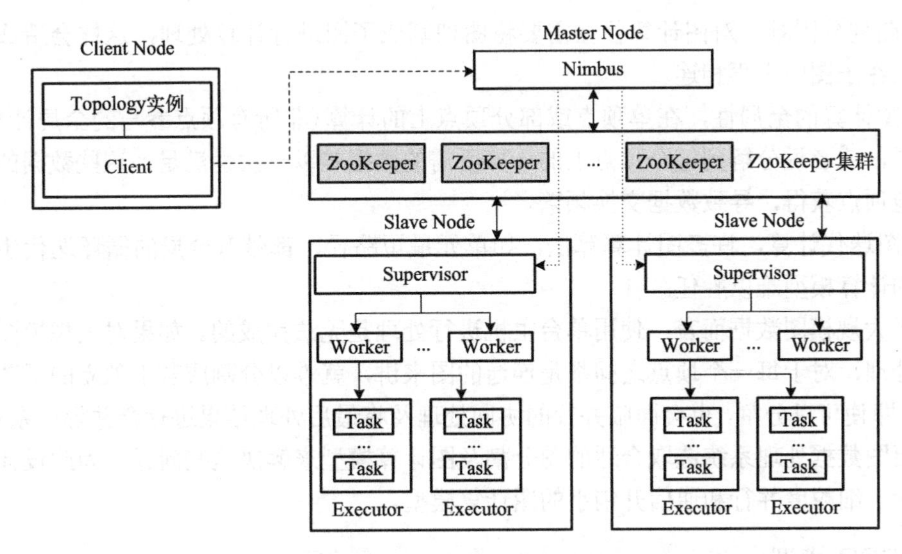

图 5-29　Storm 流计算引擎组成与结构

(2) Nimbus：是计算引擎的控制核心，负责 Topology 提交，向 Worker Node 分派计算任务并监测其运行状态，完成集群主机的负载均衡与故障监测等。

(3) ZooKeeper：是 Hadoop 体系中的分布式协同服务系统，它是由 Hadoop 平台而非 Storm 自身提供的服务。ZooKeeper 由一组 Server 组成，每个 Server 运行在集群的一个主机节点上，通过一组 Server 来管理 Storm 的众多 Worker Node(即 Slave Node)。ZooKeeper 负责 Storm 集群的状态同步协调，当作业运行出错或新作业提交时，将作业信息同步写入相应 Server 中。它还负责存储公共信息，比如存储集群各主机的状态和配置信息、计算任务的信息，接收 Supervisor、Worker 和 Executor 等心跳信息等，心跳信息用于表征自身存活的状态。

(4) Supervisor：负责监听宿主机(即运行 Supervisor 程序的主机)的状态，接收 Nimbus 的命令和分配的任务，管理(如启动或停止)本地 Worker 程序，监控本地 Worker 程序的工作状态。

(5) Worker：是运行具体计算逻辑的进程，还负责这些进程之间的通信。一个 Worker 可以运行多个 Executor，实现任务并发处理。

(6) Executor：是任务的执行体，比如线程，通过执行 Spout 和 Bolt 的代码完成规定的计算逻辑。一个 Executor 可以执行多个任务。

Nimbus 在接收到 Client 上传的 Spout 和 Bolt 功能代码并提交 Topology 后，它将进行任务分配并将任务信息同步到 ZooKeeper。

在 Supervisor 从 ZooKeeper 获得任务分配信息后同步到其管理下的 Worker，Worker 根据分配到的任务来决定启动若干 Executor，开始实例化 Spout 和 Bolt 类组件(即创建该类组件对象)，开始一个 Storm 作业的执行。

5.6　大数据的图计算

图数据特点是结构复杂多样，比如连通性或者稀疏性，使得图算法难以在分布不均匀的图数据上实现高效的并行计算。图计算的显著特点如下：

(1) 图划分困难，对图计算往往需要将图切割成子图进行计算处理，这样会造成原本相连的顶点在子图中不再相连。

(2) 图计算的全局性，在单顶点或部分顶点上的计算(非所有顶点参与的全局计算)难以获得结果，或者说分解到每个顶点上的计算所需的数据难以一次性满足，这些数据的更新需要从其他顶点获得，导致数据交换频繁。

(3) 图迭代计算，许多图计算算法，如单元最短路径，都带有全局的循环迭代步骤，流水方式的计算模型难以胜任。

对于大规模图数据而言，使用单台主机进行处理是无法完成的。如果对大规模图数据进行并行处理，对于每一个顶点之间都是连通的图来讲，就难以分割成若干独立的子图进行并行处理。即使可以分割，也会面临并行的协同处理及将最后处理结果进行合并等一系列问题。这就需要图数据处理系统选取合适的图分割及图计算模型来解决这些问题。为此设计可支持频繁迭代、细粒度并行和通信开销小的图计算模型。

5.6.1 BSP 模型

BSP (Bulk Synchronous Parallel，整体或块同步并行) 是由美国哈佛大学的 L. G. Valiant 于 20 世纪 90 年代提出的并行计算概念模型，它由计算单元、通信单元和栅栏同步 3 部分组成，其结构如图 5-30 所示。

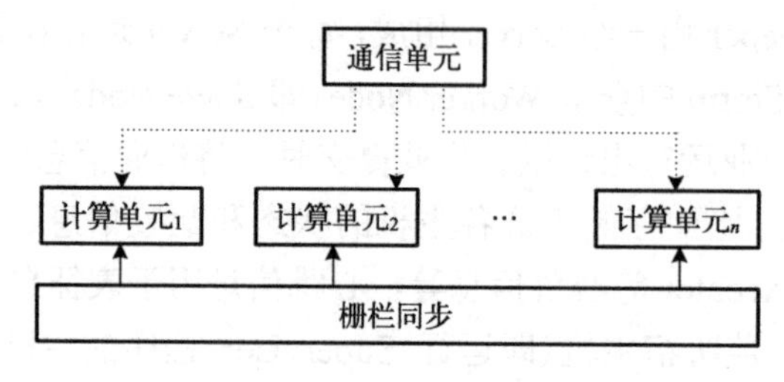

图 5-30 BSP 结构

(1) 计算单元 (Computation)：用于执行计算的实体集合，各计算单元之间相互独立。比如，处理器或者主机、进程或线程等都可作为某种形式的计算单元，其完成的计算逻辑由相应任务代码来实现。

(2) 通信单元 (Communication)：用于计算单元之间点到点的消息传递或数据传输，不支持组播和广播方式的通信。比如，路由器或者通信服务器等都可作为某种形式的通信单元。

(3) 栅栏同步 (Barrier Synchronization)：也称为栅障同步，用于协调全部或部分计算单元进行同步计算的实体。比如，全局时钟或者同步机制都可作为某种形式的栅栏同步。

该模型将计算单元与通信单元分开，一方面是为了减少计算和通信的耦合，提高模型的可实现性；另一方面将通信抽象出来，屏蔽异构网络或者拓扑结构带来的差异，简化通信协议。栅栏同步采用硬件实现全局时钟同步，是提供执行紧耦合同步的有效方式，无需上层应用承担设计同步的负担。BSP 模型中的栅栏同步是假定用特定硬件支持的，而很多并行机中可能没这样的硬件。

BSP 思想是将计算任务分步骤完成，每一个步骤被定义成一个超步 (SuperStep) 计算，因此一个计算任务被分解成若干数量的超步计算。一次超步计算包含了本地计算、全局通信和栅栏同步 3 个阶段，当一次超步计算结束后，就完成了一次全局数据的同步。BSP 超步计算结构如图 5-31 所示。

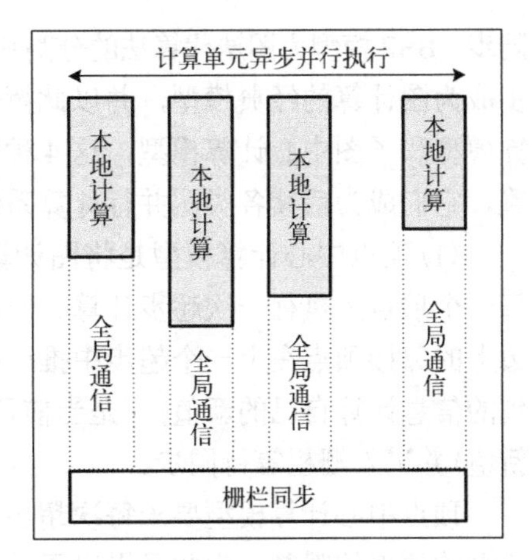

图 5-31　BSP 超步计算结构

(1) 本地计算阶段：是指每个计算单元都使用存放在其本地可访问的局部数据进行计算(称为本地计算)，局部数据就是计算单元完成计算所需要的数据子集，计算单元通过执行相应任务代码来完成特定计算逻辑，计算单元之间是异步并行执行的。

在所有计算单元开始下一次本地计算的时候，也就是在进入下一个超步之前，由于每个计算单元各自的局部数据可能会发生了变化，这就要求谁带来的数据变化就由谁来负责更新并通告相关方，这种更新意味着在相关计算单元之间传送数据。更新数据的方式有两种，一是发送消息，利用消息来通告并将数据传输给相关方；二是共享内存，所有计算单元的局部数据都存放在共享内存中，各自的局部数据变化后都能直接访问到。

(2) 全局通信阶段：是指所有计算单元执行并完成彼此相关的通信，为下一次超步的本地计算阶段做好全局数据准备，也就是为该阶段的每个计算单元准备好它们的局部数据，即为下一次迭代计算准备好全局数据。由于每个计算单元都按照各自的执行进度独立完成自己的计算，它们进入通信阶段的时刻不一样，传送数据的时间长度可能也不同，难以实现同步更新数据，因此先完成的必须等待后完成的。

(3) 栅栏同步阶段：是指等待所有计算单元彼此通信都结束，为在同一时刻进入下一次超步做好准备。在一个超步内所有计算单元异步并行执行，当每个计算单元都完成计算和数据传送后才能进入下一个超步。设立栅栏同步就是为了检查计算单元全局完成状态。显然，在一个超步内遵照先计算、后通信、再同步的规则，当一次超步结束后就完成了全局数据同步，随即可进入下一个超步。

在 BSP 模型中，计算过程由一系列超步所组成。在一个超步内，每个计算单元首先完成其负责的局部计算，然后利用通信单元接收和发送消息来完成相应的计算单元的数据传送，最后通过栅栏同步来保证当前超步的执行已在所有的计算单元上全部结束。BSP 在栅栏同步阶段，只有当所有计算单元都完成了当前超步并处在栅栏等待时，表明全局数据已被更新，所有计算单元才能进入下一个超步继续执行，迭代执行每一个超步直到满足终止条件或者达到一定的超步次数而强制终止。

BSP 是一种异步多指令多数据流-分布存储(MIMD-DM)计算模型，异步是指各计算单元在超步内异步并行执行，多指令多数据流是指每个计算单元执行一项计算子任务，每项计算子任务都有各自的局部数据。BSP 模型不仅是一种计算系统体系结构模型，同样也是并行程序设计的一种方法，BSP 程序设计准则就是整体或块同步。一个 BSP 程序由一系列串行的超步组成，在一个超步内，所有进程或线程并行执行局部计算和全局通信，而后进入栅栏同步等待当前超步完成并循环迭代。

BSP 模型非常适合于迭代计算，即将迭代计算划分成多个超步计算，一个超步完成一轮迭代，即计算-通信-同步 3 个步骤在超步内并行执行，每个超步计算结束后即完成全局数据同步。BSP 模型为图迭代算法的分割和并行计算提供了解决思路，由它抽象而来的计算-通信-同步成为图计算的经典模型，并以此衍生出顶点中心计算模型、边中心计算模型、路径中心计算模型和子图中心计算模型，这 4 种图计算模型分别以顶点、边、路径和子图为粒度进行计算，它们成为后续各类图并行计算系统设计实现的基础。

(1) 顶点中心计算模型是将图计算转换为在图的顶点上执行迭代计算，一次迭代就是在每一个顶点上执行一次超步计算。一次超步包括 3 个步骤：一是当前顶点被动接收其所有入边上的邻接顶点在上一个超步中推送的消息(计算邻接顶点的数据)；二是当前顶点根据接收到的信息计算自己的新值；三是当前顶点向其所有出边的邻接顶点发送更新消息(通告自己的新值)并进入栅栏等待同步。

顶点中心计算模型要求每次超步计算需等待全局数据同步，使得计算效率受到计算速度最慢的顶点的限制，为此又提出了异步顶点中心计算模型。异步顶点中心计算模型中不设置栅栏进行全局数据同步，每个顶点异步地读取或更新邻接顶点的信息。它定义的一次超步包括 3 个步骤：一是当前顶点从其所有入边上的邻接顶点主动获取消息(计算邻接顶点的数据)；二是当前顶点根据获得的信息计算自己的新值；三是当前顶点向其所有出边的邻接顶点发送更新消息(通告自己的新值)。为保证数据一致性，异步顶点中心计算模型中根据每个顶点可异步读取和更新的关联边和邻接顶点的范围，采用顶点一致性、边一致性、全局一致性 3 种方案。顶点一致性方案要求顶点只能写自己的数据或读关联边的数据，不能访问邻接顶点的数据；边一致性方案要求顶点可以对自己的关联边数据进行读和写，对邻接顶点的数据只读而不改；全局一致性方案要求顶点可以对自己的关联边和邻接顶点数据进行读和写。

顶点中心计算模型是将边作为消息传递的路径，它的缺点是当边数量远远大于顶点数量时，由于顶点的计算结果需要通告的邻接顶点数量大而产生大量通信，导致通信时间大于计算时间。

(2) 边中心计算模型是将图计算建立在图的边列表上执行流式迭代计算。边上的计算只需要边的头顶点和尾顶点的数据，每次迭代只计算边列表中尾顶点的新数据(即更新尾顶点列表)，将这些尾顶点进行合并排序(相同尾顶点的数据进行合并，减少了尾顶点数目)形成以它们为头顶点的更新消息流，再读取更新消息流和头顶点列表，更新头顶点数据。每一次超步计算要完成计算、排序和更新 3 个步骤：一是读取边列表流，完成用户定义的计算操作，更新信息输出到尾顶点列表中；二是将尾顶点列表重排序，形成以它们为头顶点的更新消息流；三是读取更新消息流和头节点列表，更新头节点点值。边中心计算模型将每次迭代计算生成的尾顶点更新消息序列进行合并排序，获得以它们为头顶点的更新消息流，更新消息数不大于头顶点数，简化了消息更新同步的开销。

顶点中心计算模型和边中心计算模型将图计算分别转换在顶点和边上执行迭代计算，它们将图计算的并行性局限在顶点和边上，然而有些图算法是沿顶点到边再到顶点的顺序进行计算的，因此需要以路径为计算单元的图计算模型。

(3) 路径中心计算模型是以路径为计算单元，路径即为从源顶点出发到目标顶点构成的边序列。该模型将图数据组织成前向边遍历树(forward-edge traversal tree)和后向边遍历树(reverse-edge traversal tree)，从而将图计算转换为在树上的迭代计算。对树的每次迭代计算经历两个步骤：一是分发消息，即父顶点沿前向边遍历树更新子顶点或出边信息；二是收集信息，即父顶点沿后向边遍历树收集子顶点或入边信息。路径中心计算模型从数据结构决定图算法计算顺序的角度出发，设计前向边遍历树和后向边遍历树，简化了图计算时顶点访问入边邻居和出边邻居的查找操作。

(4)子图中心计算模型是将图计算转换为在图的多个子图上执行迭代计算，一次迭代就是在多个子图上执行一次超步计算。一次超步计算包含两个步骤：一是并行执行子图计算，获得计算结果；二是包含相同顶点的子图间更新顶点信息。第2个步骤可在所有子图的计算结束后同步执行，或者在保持数据一致性前提下异步执行。子图中心计算模型通过子图划分方法，将整个图结构上的计算转换为多个子图上的迭代超步计算，减少了计算时的通信开销和迭代操作次数。

5.6.2　图计算系统Pregel

图计算模型是针对图数据和图计算特点而设计的计算模型，广泛应用于图计算系统(图计算引擎)中。基于上述4种图计算模型，先后推出了Pregel、Hama、GraphLab、PowerGraph、GraphX、X-Stream、PathGraph、Graph++等各种图计算系统。2010年，美国Google公司提出了基于BSP的顶点中心计算模型，该模型将图计算的粒度划分到每个顶点上的计算。顶点中心计算模型将频繁迭代的全局计算转换成一系列超步，所有顶点在超步内独立执行并行计算，数据间依赖仅存在于相邻超步之间。Pregel是Google采用顶点中心计算模型设计实现的分布式图计算系统，它继承了BSP模型结构和设计思想，并将BSP概念模型用于实际系统。

在Pregel设计中，考虑到在不同顶点上的迭代次数可能有所不同，要求对每个顶点都执行相同轮次的迭代计算是不合理的，为此针对超步内的顶点的计算进行了相应修改。首先将图中顶点分成活跃(Active)和不活跃(Inactive)两种状态，在图计算初始时刻所有顶点为活跃态。当顶点接收到入边邻接顶点发送的信息时，则令其为活跃态，否则为不活跃；活跃态顶点执行计算并向其所有出边的邻接顶点发送更新消息，不活跃顶点不需要执行计算也不向其所有出边的邻接顶点发更新消息，因为与其入边邻接顶点的数据没有发生改变；当所有顶点(不考虑初始时刻)都成为不活跃状态时，图计算结束。

Pregel系统采用Master/Slave结构并部署在集群，即由一个主节点(Master Node)和若干个从节点(Slave Node)构成。主节点负责计算任务的分配、调度和管理，具体讲就是把图分割成若干分区，然后把每个分区作为一个计算任务分发到一个工作节点(Worker Node)，这里的工作节点就是从节点，完成全局同步和超步的分界。工作节点负责分区中每个顶点的计算和通信，即每个工作节点按照超步规定步骤对分区中每个顶点并行执行计算和通信。Pregel计算框架如图5-32所示。

主节点首先执行图划分，按照某种算法将一个图划分成一系列分区，每个分区包含若干个顶点及以这些顶点为起点的边。一个顶点被划分到哪个分区完全由具体的划分算法决定，比如采用散列算法，顶点所在的分区=hash(顶点ID) mod n，n为分区的数量。然后主节点将一个或多个分区分配给一个工作节点，各分区中的所有顶点初始为活跃状态。

工作节点按照超步规定的步骤进行图并行计算，即对分区中包含的所有顶点进行计算、状态更新、顶点间通信。大致过程如下：

(1)在一个超步内，对每个活跃态顶点的计算都调用用户定义的计算函数来完成，这个计算过程是并行的。每一个超步内各顶点的计算都在工作节点本地进行，各顶点的计算是独立的，即不依赖其他顶点的计算结果或计算逻辑。不存在工作节点之外资源竞争，即各顶点的计算只依靠工作节点内的资源。

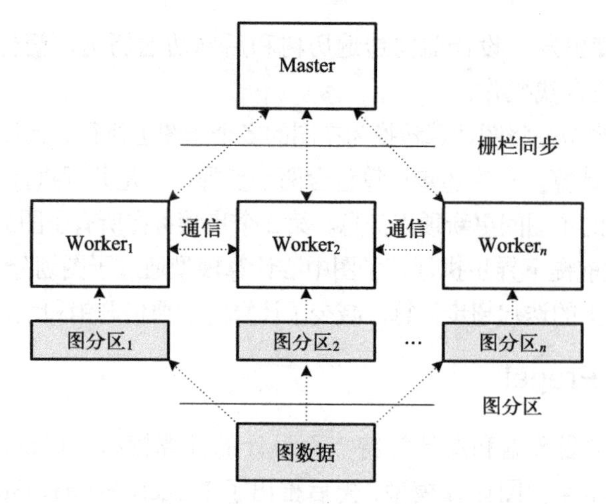

图 5-32　Pregel 计算框架

(2)每个活跃态顶点在一个超步内完成了它的计算后，就将自己置为不活跃状态，同时将自己的新消息发送给所有相关顶点。顶点间的通信被限制在超步内的栅栏同步阶段完成，也就说是每个顶点可以在超步内将自己的新消息发送给所有相关顶点，但这些相关顶点是不会立即处理该消息的。只有当这个超步结束并开始下一个超步之前，所有顶点统一处理各自收到的全部消息。一个顶点的不活跃状态可以被其他顶点发送过来的消息而改成活跃状态(被其他顶点激活)。

(3)当所有的顶点都进入了不活跃状态，而且没有任何消息发送时，主节点结束整个图计算过程。

Pregel 系统的顶点间通信采用消息传输机制，因为消息传输不涉及远程数据读取和共享内存，它有两个益处：一是可适应各类图算法的通信需要；二是使用异步批量消息传输可以减少数据交换次数，同时避免了远程数据读取的时延(磁盘 I/O 和网络传输)，因此提高了整体数据更新性能。由此可见，基于顶点中心计算模型的 Pregel 图并行计算系统核心有两点：一是顶点的迭代计算局限于工作节点内，避免了大量的远程数据读取和网络开销；二是超步内各顶点间的通信集中在栅栏同步阶段完成，消除了不同顶点的计算在数据上或逻辑上的依赖性和顺序相关性。

在 Pregel 系统中，图计算应用程序的结构如同 Pregel 系统一样，它的运行需要一个应用主程序(Application Master)来控制和协调多个计算程序的并行执行，一个计算程序负责图中一个或多个分区的所有顶点的计算，多个计算程序的并行执行一次即完成了一次超步计算。Pregel 系统中的图计算应用程序结构也是主从关系，应用主程序 AM 由 Pregel 系统的主节点在工作节点上创建一个进程来执行，而计算程序由 Pregel 系统的主节点分配到不同的工作节点上并为其创建一个任务进程来执行。

思　考　题

1. 简述数据计算模型内涵、计算服务系统的功能结构和运行架构。
2. 计算服务系统由哪几部分组成？它们的作用分别是什么？

3．简述分布式计算系统中关于计算任务和计算作业的含义。

4．简述大数据计算涉及哪几个基本问题，大数据的计算有哪些特点。

5．简述大数据批量计算、图计算、流式计算的主要差别。

6．根据多指令流多数据流计算模型，试描述多任务流多数据流的 MapReduce 计算模型结构和计算过程。

7．简述 Spark 中的 RDD 和 Spark Streaming 中的 DStream 的含义和联系。

8．简述 BSP 模型结构和思想，有哪几种 BSP 模型？各有什么优势？

9．试分析 BSP 模型用于图计算的原因。

第 6 章　大数据分析

大数据分析既是数据分析概念的延伸，也是对传统数据分析方法的改造升级或全新发展，包括适用性较强的传统分析方法和面向大数据提出的新分析方法。数据分析的本质是通过对已知数据进行分析，挖掘数据中潜在模式、规律或趋势，为人们利用数据进行决策或预测提供支撑。大数据分析也如此，它是发挥大数据价值的必要手段，在大数据生命周期中处于核心地位。本章将首先介绍大数据分析概念的内涵，然后重点介绍分类算法、聚类算法、关联规则、图数据分析等数据分析的基本方法，并简要介绍深度学习、强化学习、迁移学习等数据分析的高级方法。

6.1　大数据分析概念

就数据分析内涵而言，可以从广义和狭义两个层面来理解。从广义来说，对现实世界中的问题进行模型量化后的所有分析工作都可以看成数据分析。从狭义来讲，数据分析是指用适当的数学方法对收集来的数据进行统计、挖掘和预测等过程，以提取有价值的信息或者形成可辅助决策的数据产品。

数据分析算法是机器用于执行数据分析任务的步骤或者过程。数据分析算法因其目标任务不同而不同，典型的数据分析任务包括分类、聚类、关联规则、回归预测、降维映射及图数据分析等不同种类，据此划分可形成不同种类的算法。分类是指在给定类别或带类别标签(Label)的训练数据情况下，判定新收到数据的类别，典型分类算法有朴素贝叶斯和 C4.5 等；聚类是指在没有预先给定类别标签的情形下，将大量原始数据聚合成少数几个类别，K-均值算法是其中的典型代表；关联规则是指在大量数据中寻找一些经常会一起出现的数据，即寻找关联，Apriori 算法是其中的典型代表；回归预测是通过预测目标和影响因素之间的相关关系对未知目标值进行预测，主要方法是建立回归方程并利用样本数据对方程系数进行估计和检验；降维映射是指在能够保留原始数据主要信息的前提下，对高维度数据进行变换、压缩和映射等操作，以降低计算难度或提升计算效率；图数据分析是使用基于图的方法来分析关联数据。

数据分析算法因其学习方式不同而不同，学习方式包括有监督学习、无监督学习、半监督学习、强化学习和迁移学习等，据此划分也可形成不同种类的算法。有监督学习和无监督学习的主要区别是看输入数据是否有标签，输入数据有标签则为有监督学习，输入数据没标签则为无监督学习。如果输入数据既有有标签的也有没标签的，则称为半监督学习。强化学习和迁移学习是近年来提出的新学习方法。强化学习是一类通过奖励和惩罚提高学习正确性的算法，其中智能体能够根据奖励或惩罚不断地改进其学习策略以更好地适应环境；迁移学习是指能够实现不同机器学习模型之间知识、模型、结构迁移的算法，使其能够借助旧模型的参数帮助新模型进行训练。

大数据分析是数据分析概念、方法和技术在大数据领域的延伸与发展，它泛指面向大数据时，对传统数据分析方法进行改造升级或全新发展的数据分析方法。它既继承了传统的统计分析、数据挖掘、机器学习的优秀内容，又根据新需求进行了针对性的改造和发展。维克托·迈尔-舍恩伯格在《大数据时代》一书中，将大数据分析特指不采用随机抽样方法而直接采用全量数据进行分析的数据分析方法。随机抽样是以统计理论为基础的传统数据分析方法的核心步骤，具有理论较为系统、能够降低算法

复杂度等特性，但存在事先需要知道数据的分布形态等不足；而直接采用全量数据进行分析则可避免对数据分布形态的假设，减少对假设检验的依赖，这点也体现了大数据分析与一般数据分析的一个区别。

现实中，并不需要经常关注或者区分数据分析与大数据分析的差别，若传统数据分析方法能够适用于现实中的大数据，也可以认为它就是大数据分析方法的一部分。因此，大数据分析既包括面向大数据发展出来的新分析方法，也包括适用性较强的传统分析方法。

6.2　数据分析的基本方法

数据分析内涵十分丰富，其包含的算法成百上千，不可能在有限的篇幅内对其进行逐个介绍。为建立起数据分析算法的初步认知，本节选择分类、聚类、关联、图数据分析等典型任务，分别对其中较为经典的算法予以介绍，包括朴素贝叶斯分类和决策树分类、K-均值聚类、Apriori 关联规则、Pagerank 图数据分析等算法，以加强对数据分析任务、概念及算法的理解。

6.2.1　数据分类算法

1. 数据分类概述

分类是人们每天都在不断做的事情。比如：人们准备出门时，会看看外面的天，判断天气状况是好是坏；看见动物时，会判别其物种或品种；看到汽车时，会判别其类型和品牌，等等。人们之所以能够完成这些分类任务，是基于过去的经验构建起了不同类别，并建立了所看到对象的属性特征与类别之间的对应关系。

数据分类算法是机器用于执行分类任务的步骤，比如邮件服务器完成垃圾邮件过滤，其核心是通过垃圾邮件分类算法来执行分类任务，即邮件服务器将由其转发的每一封邮件分成“正常”和“不正常”两类，“正常”邮件存入用户收件箱，“不正常”邮件存入用户垃圾邮箱。为了使邮件服务器能够实现邮件分类任务，首先需要通过人工标记得到含有正常邮件和垃圾邮件的训练数据集，然后利用训练数据来训练分类算法，以建立起邮件特征与其类别之间的关系。

对现实数据分类任务进行抽象就可以得到数据分类算法的基本定义。数据分类算法是指通过研究一组已知类别的数据对象(训练数据集)的属性与其类别间的关系，发现或抽象其规律(分类规则)，并用这些分类规则对未知类别的数据对象做出类别判断。在现代数据分析体系中，有诸多算法是关于数据分类的，例如朴素贝叶斯、ID3、C4.5、CART、随机森林、KNN、

支持向量机(SVM)、逻辑回归等算法，如表 6-1 所示。

表 6-1　常见的数据分类算法

分类算法	算法特点
朴素贝叶斯	源于贝叶斯公式，算法简单
ID3	属于决策树算法，利用了信息增益
C4.5	属于决策树算法，利用了信息增益率
CART	属于决策树算法，利用了基尼指数
随机森林	集成学习方法，利用多个决策树集体决策
KNN	K 近邻算法，基于 K 个最近的邻居进行分类
SVM	支持向量机，基于少数支持向量构造分类
逻辑回归	二分类算法，利用 S 型逻辑函数刻画分类概率

2. 朴素贝叶斯分类算法

朴素贝叶斯算法来源于著名的贝叶斯公式：

$$P(C_i \mid B)=\frac{P(B \mid C_i)P(C_i)}{P(B)}$$

其中，$P(C_i)(i=1,2,\cdots,m)$ 称为先验概率(或原因概率)；$P(B \mid C_i)$ 称为事件 C_i 发生的条件下事件 B 发生的条件概率；$P(B)=\sum_{i=1}^{m}P(B \mid C_i)P(C_i)$ 称为观察概率(或结果概率)，即事件 B 的发生可能是多个先验事件 C_i 所导致的结果。贝叶斯公式给出了一种已知结果事件 B 发生要反推是哪种原因最有可能导致这个结果发生的计算公式。

如果将贝叶斯公式中的概率和分类任务中的相关量对应起来，则可以直接将其应用于数据分类。更为具体地说，如果将事件 C_i 具体化为“某个对象属于第 i 个分类”，将事件 B 具体化为“所给对象的特征向量 X 的取值为 x (即 $X=x$)”，此时后验概率 $P(C_i \mid B)=P(C_i \mid X=x)$ 则表示“已知所给对象的特征向量 X 的取值为 x 的条件下，该对象属于第 i 个分类”的概率。根据贝叶斯公式可知，如果已知公式右边所有的量，即所有的 $P(X=x \mid C_i)$ 和 $P(C_i)$，则可以计算得到公式左边的概率 $P(C_i \mid X=x)$。

这样就得到了基于贝叶斯公式的分类算法基本思想：

(1) 假定有 m 个类别 $C_1,C_2,\cdots,C_m$，先验概率分别为 $P(C_i),i=1,2,\cdots,m$。

(2) 若类别给定，可统计其中对象取值的条件概率 $P(X=x \mid C_i)$。

(3) 给定对象的特征取值 $X=x$ 时，依据贝叶斯公式计算

$$P(C_i \mid X=\boldsymbol{x})=\frac{P(X=\boldsymbol{x} \mid C_i)P(C_i)}{P(X=\boldsymbol{x})},i=1,2,\cdots,m$$

(4) 找到最大后验概率 $P(C_{i*} \mid X=\boldsymbol{x})$，将对象划分为第 $i*$ 类。

上述算法思想非常直观，但是在实际应用中可能会存在这样的困难：如果分类对象的特征维数(即向量 X 的维数)过大，相应的训练数据较少，则“可统计对象取值的条件概率 $P(X=x \mid C_i)$ ”的假设可能难以实现。

例 6.1　用朴素贝叶斯分类算法来解决电商依据用户购买历史数据划分用户类别问题。

假设电商记录了过去一段时间用户购电脑数据，其中用户属性包括(age,income,student,credit_rating)，需划分的用户类别为：买电脑（记为 $C_1=$"buys_computer = yes"）和不买电脑（记为 $C_2=$"buys_computer = no"）2 类。电商记录的用户购电脑数据和分类标签如表 6-2 所示。

表 6-2　某电商记录的用户属性和购买数据

rid	age	income	student	credit_rating	Class: buys_computer
1	<30	high	no	fair	no
2	<30	high	no	excellent	no
3	30～40	high	no	fair	yes
4	>40	medium	no	fair	yes
5	>40	low	yes	fair	yes
6	>40	low	yes	excellent	no
7	30～40	low	yes	excellent	yes
8	<30	medium	no	fair	no
9	<30	low	yes	fair	yes
10	> 40	medium	yes	fair	yes
11	<30	medium	yes	excellent	yes
12	30～40	medium	no	excellent	yes
13	30～40	high	yes	fair	yes
14	>40	medium	no	excellent	no

比如，现在需要判断属性取值向量为

$$X=("\leqslant 30","medium","yes","fair")$$

的一个新用户是会买电脑还是不买电脑，其核心是分别计算购买电脑和不购买电脑的后验概率。

在本例中，属性向量 $X=("\leqslant 30","medium","yes","fair")$ 根本就没有出现在历史数据中，从而无法基于数据直接统计频率得到条件概率

$$P(X=("\leqslant 30","medium","yes","fair")\,|\,C_i),i=1,2$$

事实上，由于特征向量(age,income,student,credit_rating)共有 $3\times3\times2\times2=36$ 种可能的取值，而表 6-2 中仅拥有 14 条训练数据，利用训练数据统计频率来估计所有可能的条件概率 $P(X=x\,|\,C_i)$ 将大概率是很困难的。

为了降低估算 $P(\boldsymbol{X}=\boldsymbol{x}\,|\,C_i)$ 所需的数据量，可以作“特征条件独立的朴素假设”。

定义 6.1　(特征条件独立的朴素假设)：假设给定样本的类别 C_i 时，属性 $X=(X_1,X_2,\cdots,X_d)$ 相互条件独立，即条件概率满足等式

$$\begin{aligned}P(X=\boldsymbol{x}\,|\,C_i)&=P((X_1,X_2,\cdots,X_d)=(x_1,x_2,\cdots,x_d)\,|\,C_i)\\&=\prod_{k=1}^{d}P(X_k=x_k\,|\,C_i)\end{aligned}$$

在“特征条件独立的朴素假设”下，计算条件概率 $P(X=\boldsymbol{x}\,|\,C_i)$ 可由概率 $P(X_1=x_1\,|\,C_i)$，$P(X_2=x_2\,|\,C_i),\cdots,P(X_d=x_d\,|\,C_i)$ 的乘积得到。由于一个特征 X_k 的可能取值个数要比特征向

量$(X_1,X_2,\cdots,X_d)$的可能取值个数要少得多，所以估计概率$P(X_k=x_k|C_i)$就比估计概率$P(X=\boldsymbol{x}|C_i)$所需要的训练样本的数量少得多，这将显著增加基于贝叶斯公式的分类算法的实用性。在例 6.1 中，由于(X_1,X_2,X_3,X_4)分别有 3, 3, 2, 2 种可能的取值，而训练数据有 14 条，基于训练数据可以分别统计得到概率$P(X_1=\text{"}\leqslant 30\text{"}|C_i)$，$P(X_2=\text{"medium"}|C_i)$，$P(X_3=\text{"yes"}|C_i)$，$P(X_4=\text{"fair"}|C_i)$，进一步可以基于特征条件独立假设得到$P(X=(\text{"}\leqslant 30\text{"},\text{"medium"},\text{"yes"},\text{"fair"})|C_i)$。

结合“特征条件独立的朴素假设”和贝叶斯公式，就可以得到朴素的贝叶斯分类算法(Naïve Bayes Model)如下：

(1) 假定有m个类别$C_1,C_2,\cdots,C_m$，先验概率分别为$P(C_i),i=1,2,\cdots,m$。

(2) 若类别给定，可统计其中每个特征取值的条件概率$P(X_k=x_k|C_i)$，$k=1,2,\cdots,d$，$i=1,2,\cdots,m$。

(3) 给定对象的特征取值$X=x$时，首先计算

$$P(X=\boldsymbol{x}|C_i)=\prod_{k=1}^{d}P(X_k=x_k|C_i)$$

然后，依据贝叶斯公式计算

$$P(C_i|X=\boldsymbol{x})=\frac{P(X=\boldsymbol{x}|C_i)P(C_i)}{P(X=\boldsymbol{x})},i=1,2,\cdots,m$$

(4) 找到最大后验概率$P(C_{i*}|X=\boldsymbol{x})$，将对象划分为第$i*$类。

下面利用朴素贝叶斯分类算法对例 6.1 进行计算。首先，每个类的先验概率$P(C_i)$可以根据训练样本计算如下：

$$P(C_1)=P(\text{"buys\_computer = yes"})=9/14=0.643$$
$$P(C_2)=P(\text{"buys\_computer = no"})=5/14=0.357$$

其次，为了计算$P(X=(\text{"}\leqslant 30\text{"},\text{"medium"},\text{"yes"},\text{"fair"})|C_i),i=1,2$，先计算下面的条件概率：

$$P(X_1=\text{"}\leqslant 30\text{"}|C_1)=2/9=0.222$$
$$P(X_1=\text{"}\leqslant 30\text{"}|C_2)=3/5=0.600$$
$$P(X_2=\text{"medium"}|C_1)=4/9=0.444$$
$$P(X_2=\text{"medium"}|C_2)=2/5=0.400$$
$$P(X_3=\text{"yes"}|C_1)=6/9=0.667$$
$$P(X_3=\text{"yes"}|C_2)=1/5=0.200$$
$$P(X_4=\text{"fair"}|C_1)=6/9=0.667$$
$$P(X_4=\text{"fair"}|C_2)=2/5=0.400$$

基于“特征条件独立的朴素假设”，可以计算得到

$$\begin{aligned}&P(X=(\text{"}\leqslant 30\text{"},\text{"medium"},\text{"yes"},\text{"fair"})|C_1)\\&=P(X_1=\text{"}\leqslant 30\text{"}|C_1)\cdot P(X_2=\text{"medium"}|C_1)\\&P(X_3=\text{"yes"}|C_1)\cdot P(X_4=\text{"fair"}|C_1)\\&=0.222\times 0.444\times 0.667\times 0.667=0.044\end{aligned}$$

$$P(X=(\text{"}\leqslant 30\text{"},\text{"medium"},\text{"yes"},\text{"fair"})|C_2)$$

$$= P(X_1 = "\leqslant 30" \mid C_2) \cdot P(X_2 = "\text{medium}" \mid C_2)$$
$$P(X_3 = "\text{yes}" \mid C_2) \cdot P(X_4 = "\text{fair}" \mid C_2)$$
$$= 0.600 \times 0.400 \times 0.200 \times 0.400 = 0.019$$

进一步可以计算得到

$$P(X = ("\leqslant 30", "\text{medium}", "\text{yes}", "\text{fair}") \mid C_1) \cdot P(C_1)$$
$$= 0.044 \times 0.643 = 0.028$$
$$P(X = ("\leqslant 30", "\text{medium}", "\text{yes}", "\text{fair}") \mid C_2) \cdot P(C_2)$$
$$= 0.019 \times 0.357 = 0.007$$

因此，$P(X = \boldsymbol{x} \mid C_1) > P(X = \boldsymbol{x} \mid C_2)$，依据朴素贝叶斯算法应将对象分为 C_1 类。

朴素贝叶斯分类源于古典数学理论，有着坚实的数学基础，是一种实现简单且容易理解的分类方法，虽然看起来很 Naïve(朴素甚至幼稚)，但用起来却很有效。不过，朴素贝叶斯分类也有着非常明显的缺点：该算法依赖于“特征条件独立的朴素假设”，因此在多维属性之间相关性较大时，特征条件独立的假设并不一定成立，此时算法分类的准确率可能会下降。

3. 决策树分类算法

顾名思义，决策树(Decision Tree)就是依靠一个树形结构来进行分类决策。决策树的决策过程是从根节点开始的，根据待分类对象的某个特征属性取值来进行分支决策，分支之后再依据某个剩下的特征属性取值进行进一步的分支决策，一直到可以确定最终的类别为止。因此，决策树的每个中间节点都表示了一次分支决策过程，而最终的每个叶子节点都代表了一种类别。决策树结构示意如图 6-1 所示。

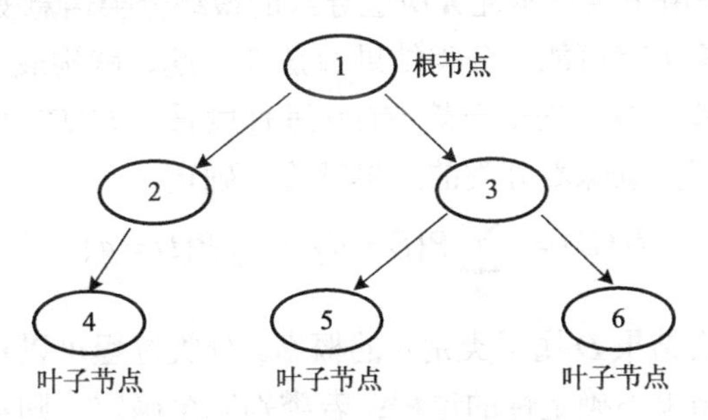

图 6-1　决策树结构示意图

例 6.2　假设一名人工智能专业的大学生想要购买一台笔记本电脑，他通过咨询销售人员关于笔记本电脑的各种数据，以决定是否购买。他们之间进行如下对话。

大学生：这台笔记本电脑价格多少？

销　售：不贵，不到 8000 元。

大学生：是否配置有独立显卡？

销　售：有，配置了主流显卡，显存 8G 呢！

大学生：硬盘容量是多少？

销　售：1TB 的固态硬盘。

大学生：屏幕多大？

销　售：16 英寸，屏幕大，显示清晰。

大学生：笔记本电脑有多重？

销　售：约 3kg，方便携带。

大学生：那好，我买一台。

在这个对话中，这名大学生一直在做决策和分类，他通过价格、显卡、硬盘、屏幕、重量等，将笔记本电脑分为值得买和不值得买(简记为“买”和“不买”)两个类别。比如，他的标准要求可能是：1 万元以上就通过价格一票否决，肯定不买；1 万元以下还可以考虑，但还需要看看是否配置了独立显卡；配置了独立显卡，还要看看硬盘容量，等等。

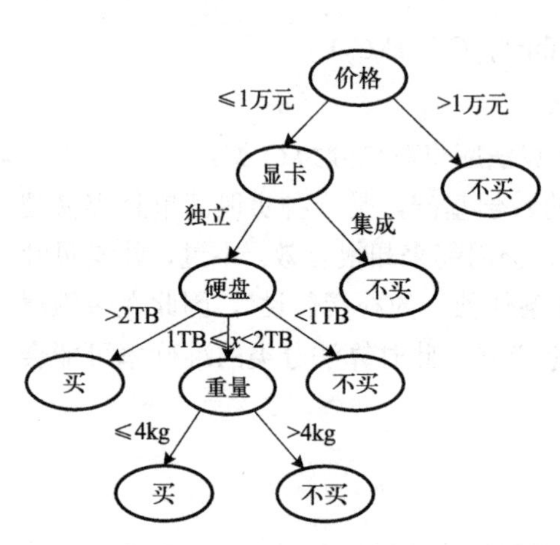

图 6-2　一棵以买笔记本电脑为例的决策树

将这个决策过程写下来，就可以得到如图 6-2 所示的一棵决策树，中间节点是这名大学生关注的条件，叶子节点是最终的决策分类“买”和“不买”。在这棵决策树的构建过程中，大学生会优先提问他最关心的问题，这些问题对分类结果的影响也自然会更大一些。

基于类似的思想，20 世纪 80 年代，Quinlan 开发了决策树算法，即迭代分类器(Iterative Dichotomiser)，也就是现在被人们所熟知的 ID3 算法。ID3 算法采用自顶而下构造决策树的方法，将信息增益(Information Gain)最大的属性作为根节点，然后逐级找出信息增益次小的属性，作为下一层决策点。

信息增益 Gain(A) 是用来度量属性 A 所能导致的最终分类信息变化多少的量。Quinlan 等发现，如果将待分类对象所有可能的分类结果 D 放在一起，就构成了一个概率分布。分类结果的不确定性可以用该概率分布的信息熵 $H(D)$ 进行度量，$H(D)$ 表示确定分类结果 D 所需的期望信息量，信息熵越大意味着分类的结果越难以确定。

$$H(D)=-\sum_{d}P\{D=d\}\cdot\log_2 P\{D=d\}$$

其中，$P\{D=d\}$ 表示分类结果 D 属于类别 d 的概率。分类过程可以看成根据属性取值的逐步知晓来一步步消除分类结果不确定性的过程：若类别完全确定，则意味着完全消除了不确定性；若知晓了部分属性值，即使不能完全确定所研究对象的最终类别，关于类别的不确定性也必然会有所降低。若知晓了某个属性 A 的取值，最终分类的不确定性则可以用条件熵 $H(D\mid A)$ 刻画。

$$H(D\mid A)=-\sum_{a}\sum_{d}P\{A=a,D=d\}\cdot\log_2 P\{D=d\mid A=a\}$$

此时，信息熵 $H(D)$ 和条件熵 $H(D\mid A)$ 之间的差值就表示属性 A 所能导致的最终分类不确定性的变化量，即属性 A 的信息增益定义为

$$\text{Gain}(A)=H(D)-H(D\mid A)$$

如何基于信息增益构造决策树呢？

为了说明 ID3 算法的具体步骤，下面举一个例子。

例 6.3　假设某电商收集了过去一段时间的用户属性数据和购买历史数据，如表 6-2 所示。为了更好地对顾客进行有针对性的服务，现在需要根据已知的信息构建一棵决策树，判断具有哪些属性的人有可能买电脑。

从表 6-2 中可以看出，一共有 14 条历史记录，其中 9 条是“yes”，对应买电脑的类别；5 条是“No”，对应不买电脑的类别。因此，一个用户买电脑的不确定性是

$$H(D)=-\frac{9}{14}\log_2\frac{9}{14}-\frac{5}{14}\log_2\frac{5}{14}=0.94$$

分别计算各个属性对最终结果分布的影响。年龄 age 一共有 3 种可能取值，分别是<30、30～40，以及 40 以上。年龄<30 一共有 5 条记录，其中 2 条对应着买电脑，3 条对应着不买电脑；年龄为 30～40 之间有 4 条记录，全部都买电脑；年龄>40 有 5 条记录，其中 3 条买电脑，2 条不买电脑。利用条件熵的计算公式可知，在已知年龄 age 的条件下最终分类 D 的条件熵为

$$H(D\,|\,\text{Age})=\frac{5}{14}\cdot\left(-\frac{2}{5}\log_2\frac{2}{5}-\frac{3}{5}\log_2\frac{3}{5}\right)+\frac{4}{14}\cdot\left(-\frac{4}{4}\log_2\frac{4}{4}-\frac{0}{4}\log_2\frac{0}{4}\right)+\frac{5}{14}\cdot\left(-\frac{2}{5}\log_2\frac{2}{5}-\frac{3}{5}\log_2\frac{3}{5}\right)=0.694$$

由此可以计算得到年龄 age 属性的信息增益为

$$\text{Gain}(\text{age})=H(D)-H(D\,|\,\text{age})=0.246$$

类似地，可以计算得到其他 3 个属性 income、student、credit_rating 所对应的信息增益，它们分别是

$$\text{Gain}(\text{income})=0.029,\text{Gain}(\text{student})=0.151,\text{Gain}(\text{credit\_rating})=0.048$$

年龄具有最大的信息增益，故将年龄作为根节点，将原始的表格分成了 3 个子表格。其中，年龄 30～40 所对应的表格中全部是 Yes，对应着该年龄段都会买电脑，所以当年龄取 30～40 这个值时就可以直接作出最终的决策。而对于其他两个年龄段，还需要根据更多的属性进行进一步的判别。根节点确定后表格数据的划分如图 6-3 所示。

age

<30

Income	Student	Credit	class
High	No	fair	No
High	No	excellent	No
Medium	No	fair	No
Low	Yes	fair	Yes
Medium	Yes	excellent	Yes

30~40

Income	Student	Credit	class
High	No	fair	Yes
Low	Yes	excellent	Yes
Medium	No	excellent	Yes
High	Yes	fair	Yes

>40

Income	Student	Credit	class
Medium	No	fair	Yes
Low	Yes	fair	Yes
Low	Yes	excellent	No
Medium	Yes	fair	Yes
Medium	No	excellent	No

图 6-3　根节点确定后表格数据的划分

从图 6-3 可以看出，当年龄 age 取值为<30 或>40 时，可以得到剩余 3 个属性和类别组成

的子表格。因此，可以采用类似上述步骤的方法，计算子表格中每个属性的信息增益，决定下一层决策节点，然后将子表格细分为更小的子表格。如此递归，一直到确定最终的分类为止，最终建立的决策树如图 6-4 所示。

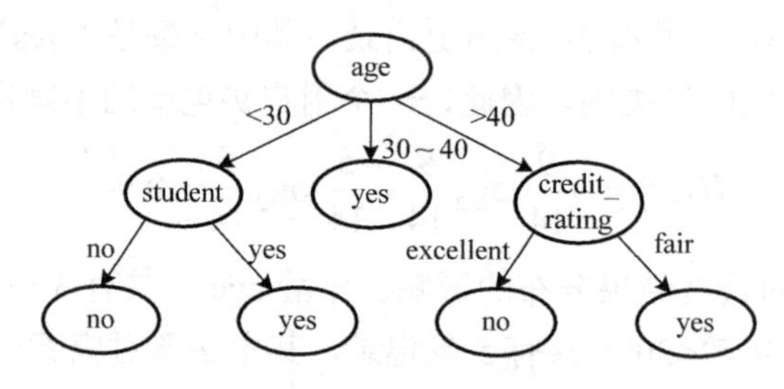

图 6-4　例 6.3 所对应的决策树

从本质上看，决策树算法是一个不断迭代分类的过程，所以此算法被称为迭代分类器(Iterative Dichotomiser)，这也是 ID3 算法名称的由来。

决策树算法主要有以下两个优点：一是决策树易于理解和解释，所表达的物理意义明确；二是最终得到的决策树的大小独立于数据库的大小，可很好地扩展到大数据环境。作为最早提出的决策树算法，即 ID3 算法，存在的不足点是：对于各类别样本数量有差异的数据，信息增益的结果偏向于那些具有更多种数值的特征。假如在例 6.3 的数据(表 6-2)中，将编号 rid 作为一个属性，通过计算表明它具有较大的信息增益。

针对 ID3 算法的缺点，Quinlan 等在 1993 年提出了改进的 C4.5 算法，它与 ID3 算法的最大不同之处在于：每次选取特征属性时，不再使用信息增益作为判断标准，而是使用信息增益率(Information Gain Ratio)这个概念，其定义为

$$\text{Gain-Ratio}(A) = \text{Gain}(A) / H(A)$$

从定义可以看出，信息增益率可以有效地防止某个属性因为可能取值显著多于其他属性而导致的信息增益相对过大的情形。不过，增益率准则对可取值数目较少的属性有偏好。因此，C4.5 算法并不是直接选择增益率最大的属性，而是先从划分属性中找出信息增益高出平均水平的属性，再从中选择增益率最高的。

除了 ID3 算法和 C4.5 算法之外，还有一种著名的决策树分类算法是分类回归树(Classification And Regression Tree，CART)，它是由 Breiman 等于 1984 年提出的。不同于前两种算法依赖于信息熵来定义分类的不确定程度，CART 算法使用 Gini 指数来衡量数据集的纯度。

假设样本数据一共有 K 种可能的类别，取值每一种类别的概率为 p_k，则相应的 Gini 指数被定义为

$$\text{Gini}(D) = \sum_{k=1}^{K}\sum_{k'\neq k} p_k p_{k'} = 1 - \sum_{k=1}^{K} p_k^2$$

直观来说，Gini(D) 反映了从数据集 D 中随机抽取两个样本，其类别标记不一致的概率。因此，Gini(D) 越小，则数据集 D 的纯度越高。

对于某个属性 A，当其取值 $A=a$ 给定时，记所对应的子表格的分类取值分布为 D^a，则可以类似于条件熵，定义条件基尼指数和基尼指数增益如下：

$$\text{Gini}(D \mid A) = \sum_a \frac{|D^a|}{|D|} \text{Gini}(D^a)$$

$$\text{GiniGain}(A) = \text{Gini}(D) - \text{Gini}(D \mid A)$$

6.2.2　数据聚类方法

聚类分析

1. 聚类分析概述

从《易经》的“方以类聚，物以群分，吉凶生矣”，到现在常用的成语“物以类聚，人以群分”，聚类已经成为人们认识世界和事物的一种重要方法和手段。所谓聚类分析算法，又称作聚类算法或集群分析算法，它是研究“物以类聚”的一种数理统计方法，是一个把观察对象依据某些特征划分成不同子集的过程，其中每一个子集称作一个簇(Cluster)。

聚类算法是大数据分析最为基本的工具之一，通常应用于以下 3 方面：发现数据潜在结构，如判断数据异同、异常检测、发现主要特征；分组数据，即根据数据间的相似关系(或系统关系)形成分组；缩减数据规模，如使用聚类将数据进行重新组织与概括，以便以簇为单位进行数据分析。

聚类和分类算法的最大不同在于，分类算法是一种有监督学习(Spervised Learning)方法，而聚类算法是一种无监督学习(Unspervised Learning)方法。分类要求必须事先明确知道各个类别的信息，通常依赖于预先定义的类和具有类标签的训练数据。不过，在处理海量数据的时候，上述条件常常难以满足，或得到满足要求的训练数据集的代价非常大。这时候可以考虑使用聚类分析算法，聚类不依赖于事先给定的训练数据。

实现聚类算法的过程，就是将“物以类聚，人以群分”的思想变成具有可操作性的步骤的过程，这就要求把相似的样本尽量归在一类，不相似的样本应归在不同的类。在这个过程中，需要解决两个问题：一是如何刻画两个样本的相似性；二是在可以衡量任何两个样本相似性的情况下，如何将样本划分到某个类。为了解决第 1 个问题，常需事先给出两个样本之间的相似性或距离的定义；而为了解决第 2 个问题，人们给出了不同的处理方法，对应着现实中多种多样的聚类算法，例如基于划分的聚类、基于层次的聚类、基于密度的聚类等。

从比较抽象的角度来看，聚类算法的基本步骤包括：对数据集进行表示和预处理；给定数据之间的相似度或距离的定义方法；根据相似度，对给定数据集进行划分，即聚类；对聚类结果进行评估。

1)典型的距离定义方式

聚类分析算法的簇不是事先给定的，而是根据数据的相似性和距离来划分的。给出任意两个数据向量之间的相似性(或距离)的定义，是实现聚类分析所需的基础步骤之一。距离是一种常见的度量方式，两个向量距离越远则表明它们越不相似，反之距离越近则越相似。

典型的距离定义方式有 Minkowski 距离、Euclidean 距离、Manhattan 距离等。其中，Minkowski 距离表示的是一类距离的定义方式，给定不同的正整数 q 将得到不同的距离度量。

(1) Minkowski 距离：设 $\boldsymbol{x}_i = (x_{i1}, x_{i2}, \cdots, x_{id})$，$\boldsymbol{x}_j = (x_{j1}, x_{j2}, \cdots, x_{jd})$ 是两个 d 维的数据向量，q 是给定的正整数，那么相应的 Minkowski 距离被定义为

$$d(\boldsymbol{x}_i,\boldsymbol{x}_j)=\sqrt[q]{\left|x_{i1}-x_{j1}\right|^q+\left|x_{i2}-x_{j2}\right|^q+\cdots+\left|x_{id}-x_{jd}\right|^q}$$

当取 Minkowski 距离定义中的 $q=2$ 时，就可以得到常用的 Euclidean 距离；当 $q=1$ 时，就可以得到 Manhattan 距离。

(2) Euclidean 距离：是 Minkowski 距离在 $q=2$ 时的特例。

$$d(\boldsymbol{x}_i,\boldsymbol{x}_j)=\sqrt{\left|x_{i1}-x_{j1}\right|^2+\left|x_{i2}-x_{j2}\right|^2+\cdots+\left|x_{id}-x_{jd}\right|^2}$$

(3) Manhattan 距离：是 Minkowski 距离在 $q=1$ 时的特例。

$$d(\boldsymbol{x}_i,\boldsymbol{x}_j)=\left|x_{i1}-x_{j1}\right|+\left|x_{i2}-x_{j2}\right|+\cdots+\left|x_{id}-x_{jd}\right|$$

2) 典型的相似度定义方式

在部分应用中，人们也常采用直接定义相似度的方式，例如用夹角余弦相似度来衡量两个文本向量化后的相似度，用 Jaccard 系数来衡量两个集合之间的相似度。

(1) 夹角余弦相似度：设 $\boldsymbol{x}_i=(x_{i1},x_{i2},\cdots,x_{id})$，$\boldsymbol{x}_j=(x_{j1},x_{j2},\cdots,x_{jd})$ 是两个 d 维的数据向量，则其夹角余弦相似度被定义为

$$\cos(\boldsymbol{x}_i,\boldsymbol{x}_j)=\frac{\sum_{k=1}^{d}x_{ik}x_{jk}}{\sqrt{\sum_{k=1}^{d}x_{ik}^2}\cdot\sqrt{\sum_{k=1}^{d}x_{jk}^2}}=\frac{\sum_{k=1}^{d}x_{ik}x_{jk}}{\|\boldsymbol{x}_i\|\cdot\|\boldsymbol{x}_j\|}$$

(2) Jaccard 系数：设是 A,B 是两个集合，则相应的 Jaccard 系数为

$$J(A,B)=\frac{|A\cap B|}{|A\cup B|}=\frac{|A\cap B|}{|A|+|B|-|A\cap B|}$$

3) 聚类算法

在相同的数据集上，不同的聚类算法决定了如何把数据对象分组，可能产生不同的聚类效果。主要的聚类算法可以分为以下 4 类：

(1) 基于划分的聚类是最简单也是最常用的一种聚类方法。它将数据集按某种目标划分为互斥的簇，划分的目的是使目标函数值最大(或最小)，也就是簇内相似度尽可能高，簇间相似度尽可能低。常用贪心算法迭代求解。基于划分的方法中距离的定义方式和簇中心点的选择对于结果影响较大，不同的选择将定义不同的划分聚类算法。

(2) 基于层次的方法将数据集的簇按不同的粒度分层表示，根据这种分层表示的生成过程可分为合并的层次聚类和分裂的层次聚类两大类。

①合并方法：采用自底向上(Bottom Up)的方式，将每个数据点作为一个簇的开始，逐次合并相近的簇，直到所有的簇合并为一个簇(或者符合某种终止条件)。合并策略的不同会产生不同的聚合算法，要在算法质量和效率之间权衡。

②分裂方法：采用自顶向下(Top Down)的方式，最初将整个数据集作为一个簇，然后对数据集进行持续的分裂，按一定的准则划分为多个簇，直至满足终止条件，类似于树型结构。这种方法在树型结构和簇平衡方面更加灵活。

(3) 基于密度的方法。基于划分的聚类算法和基于层次的聚类方法通常都是根据距离来

划分簇的，但对于任意形状的聚类簇，它的效果就不太理想。基于密度的聚类算法利用密度思想，通过划分高密度区域以形成簇，其主要目的就是将低密度区域与高密度区域分割开来，主要用于空间型数据的聚类。基于密度的算法最大优势是可以用于挖掘任意形状的簇，这对空间数据挖掘非常有价值，但在处理高维数据时具有局限性。

(4) 基于网格的方法。基于密度的算法一般时间复杂度较高，因此学者们研发出基于网格的算法，可以看作基于密度算法的一种变形。这类方法将数据空间划分为有限个单元的网格，将每个网格内数据点的数量作为密度，并将相邻的稠密网格拼接起来从而形成簇。网格的划分(粒度和是否均匀)策略和密度阈值的选取不同会导致不同的网格算法。基于网格的算法可以处理高维数据，通过在每个维度定义合适的区间划分可以在高维空间中构建灵活的划分，减小“维数灾难”对聚类算法结果带来的不确定性。

2. *K*-均值聚类算法

K-均值聚类算法(*K*-means Clustring)是一种基于划分的聚类算法，它通过不断的迭代过程来进行聚类，如图 6-5 所示。该算法思想简洁、易于实现，被国际权威的学术组织 IEEE 评选为数据挖掘领域的十大经典算法之一，时至今日仍被广泛使用。

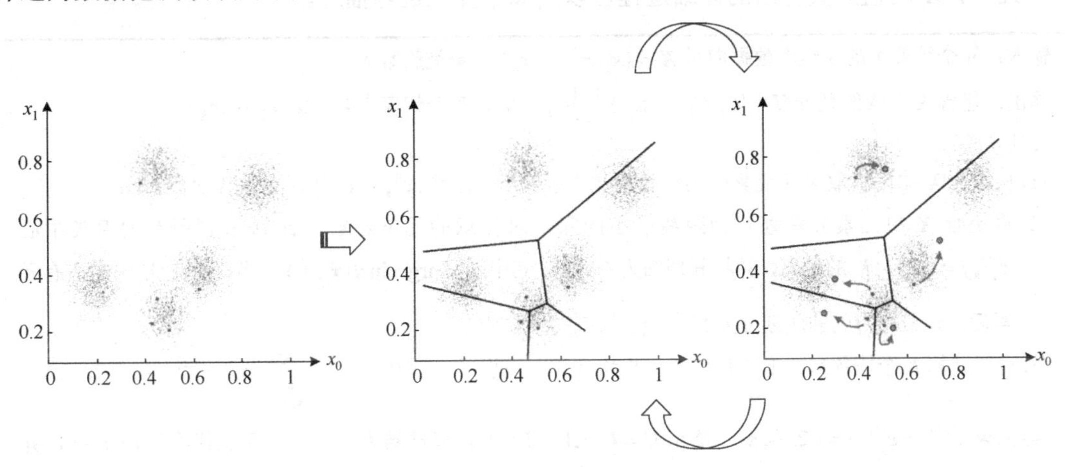

图 6-5　*K*-均值聚类基本思想示意图

K-均值聚类算法的设计思想如下。假设已知 *K* 个簇所对应的 *K* 个代表点，那么根据距离最小原则可以很容易地将任何数据对象划分到相应的簇；假设已经将全体数据划分为 *K* 个簇，那么通过几何平均方法很容易地可以求得每个簇的代表点。然而，作为无监督算法，*K*-均值聚类算法开始时既不知道 *K* 个簇也不知道 *K* 个代表点。因此，随机选择 *K* 个点作为代表点(初始聚类中心)，然后通过不断迭代的方式更新 *K* 个簇和 *K* 个代表点，在算法收敛时将得到所需的聚类结果。

粗略地看，*K* 均值聚类算法的基本步骤是：

(1) 从待聚类对象集合 ***X*** 中随机取 *K* 个元素，作为 *K* 个簇各自的初始中心。

(2) 分别计算剩下的元素到 *K* 个簇中心的距离，将这些元素分别划归到距离最小的簇。

(3) 重新计算 *K* 个簇各自的中心，计算方法是取簇中所有元素各自维度的算术平均数。

(4) 重复第(2)、(3)步，直到聚类结果不再变化。

记 $\boldsymbol{X}=\{\boldsymbol{x}_1,\boldsymbol{x}_2,\cdots,\boldsymbol{x}_n\}$ 为 n 个待聚类的数据向量 $\boldsymbol{x}_i=(x_{i1},x_{i2},\cdots,x_{id})$，$i=1,2,\cdots,n$ 所构成的集合，划分聚类算法旨在寻找包含 K 个簇的划分

$$\boldsymbol{U}=\{C_1,C_2,\cdots,C_K\},\bigcup C_j=\boldsymbol{X}$$

和 K 个代表点 $\boldsymbol{V}=\{\boldsymbol{c}_1,\boldsymbol{c}_2,\cdots,\boldsymbol{c}_K\}$ 使得以下误差平方和最小化。

$$J(\boldsymbol{U},\boldsymbol{V})=\sum_{j=1}^{K}\sum_{x_i\in C_j}d(\boldsymbol{x}_i,\boldsymbol{c}_j)^2$$

K-均值聚类算法采用了分步优化的思想解决上述最小值优化问题。假设已给定 K 个代表点 $\boldsymbol{V}=\{\boldsymbol{c}_1,\boldsymbol{c}_2,\cdots,\boldsymbol{c}_K\}$，则显然是将数据对象 $\boldsymbol{x}_i$ 归为距离最小的代表点 $\boldsymbol{c}_{j^*}$ 所在的类 C_{j^*}，其中

$$d(\boldsymbol{x}_i,\boldsymbol{c}_{j^*})\leqslant d(\boldsymbol{x}_i,\boldsymbol{c}_j),j=1,2,\cdots,K$$

可以使得 $J(\boldsymbol{U},\boldsymbol{V})$ 最小。假设已经给定包含 K 个簇的划分 $\boldsymbol{U}=\{C_1,C_2,\cdots,C_K\},\bigcup C_j=\boldsymbol{X}$，也容易推得将代表点取为每个簇的算术平均 $\boldsymbol{c}_j=\sum_{\boldsymbol{x}_i\in C_j}\boldsymbol{x}_i/|C_j|$，将使得 $J(\boldsymbol{U},\boldsymbol{V})$ 最小。

此时，K-均值聚类算法的详细过程可以用如下算法进行描述。

输入：n 个待聚类的 d 维度数据向量 $\boldsymbol{X}=\{\boldsymbol{x}_1,\boldsymbol{x}_2,\cdots,\boldsymbol{x}_n\}$，聚类簇数 K；

输出：包含 K 个簇的划分 $\boldsymbol{U}=\{C_1,C_2,\cdots,C_K\},\bigcup C_j=\boldsymbol{X}$，$K$ 个代表点 $\boldsymbol{V}=\{\boldsymbol{c}_1,\boldsymbol{c}_2,\cdots,\boldsymbol{c}_K\}$；

算法步骤：

(1) 从集合 $\boldsymbol{X}$ 中随机取 K 个元素作为初始聚类中心 $\boldsymbol{V}^{(0)}=\{\boldsymbol{c}_1^{(0)},\boldsymbol{c}_2^{(0)},\cdots,\boldsymbol{c}_K^{(0)}\}$，令迭代次数 $t=0$。

(2) 将集合 $\boldsymbol{X}$ 中元素分别划归到距离最小的簇。对任意的元 $\boldsymbol{x}_i\in\boldsymbol{X}$，计算 $\boldsymbol{x}_i$ 到所有的聚类中心 $\boldsymbol{c}_j^{(t)},j=1,2,\cdots,K$ 的距离，并将其划归为 C_{j^*} 类，其中 $j^*=\arg\min_j d(\boldsymbol{x}_i,\boldsymbol{c}_j)$，当遍历完 $\boldsymbol{X}$ 中的所有元素后，记最终得到的簇划分为 $\boldsymbol{U}^{(t)}=\{C_1^{(t)},C_2^{(t)},\cdots,C_K^{(t)}\}$。

(3) 重新计算 K 个簇各自的中心 $\boldsymbol{V}^{(t+1)}=\{\boldsymbol{c}_1^{(t+1)},\boldsymbol{c}_2^{(t+1)},\cdots,\boldsymbol{c}_K^{(t+1)}\}$，其中 $\boldsymbol{c}_j^{(t+1)}=\sum_{\boldsymbol{x}_i\in C_j^{(t)}}\boldsymbol{x}_i/|C_j^{(t)}|,j=1,2,\cdots,K$。

(4) 如果 $\boldsymbol{c}_j^{(t+1)}=\boldsymbol{c}_j^{(t)},j=1,2,\cdots,K$，输出 $\boldsymbol{U}=\boldsymbol{U}^{(t)},V=V^{(t+1)}$，算法结束；否则，令迭代次数 $t=t+1$，并转至步骤(2)。

需要注意的是，K-均值聚类算法本身思想比较简单，但是合理地确定 K 值和 K 个初始聚类中心点对于聚类效果的好坏有很大的影响。

确定 K 个初始聚类中心点的方法很多。最简单的方法是随机选择 K 个点作为初始的聚类中心点，但是该方法在有些情况下的效果较差。在现实中，可以通过选择距离上尽可能互相远离的 K 个点，以增加其代表性。当数据体量很大时，可以通过抽样部分数据进行初始聚类，然后利用所得类簇的中心点作为整体 K-均值算法的初始聚类中心点，以降低整体算法的迭代次数和运行复杂度。

K-均值聚类算法还需要确定合理的 K 值。一般而言，人们可以根据先验知识，或者通过对数据进行简单分析以得到几个可能的候选值；当没有先验知识时，可以通过枚举法逐个尝试，以确定最适合的 K 值。

下面来看看 K-均值聚类算法一个有趣的应用示例：将亚洲国家的足球队划分为 3 个等级。

例 6.4　亚洲球队在 2015～2019 年的排名如表 6-3 所示。其中 2019 年国际排名和 2015 年亚洲杯排名均为实际排名。2018 年世界杯中，很多球队没有进入决赛圈，只有进入决赛圈的球队才有实际的排名。如果是进入亚洲区预选赛 12 强的球队，排名会设置为 40；如果没有进入亚洲区预选赛 12 强，球队排名会设置成 50。

表 6-3　亚洲各国球队在 2015～2019 年间的排名

国家	2019 年国际排名	2018 年世界杯	2015 年亚洲杯
中国	73	40	7
日本	60	15	5
韩国	61	19	2
伊朗	34	18	6
沙特阿拉伯	67	26	10
伊拉克	91	40	4
卡塔尔	101	40	13
阿联酋	81	40	6
乌兹别克斯坦	88	40	8
泰国	122	40	17
越南	102	50	17
阿曼	87	50	12
巴林	116	50	11
朝鲜	110	50	14
印度尼西亚	164	50	17
澳大利亚	40	30	1
叙利亚	76	40	17
约旦	118	50	9
科威特	160	50	15
巴勒斯坦	96	50	16

说明：澳大利亚球队被归为亚洲球队。

由于数据的差异性大，因此先对数据做规范化处理。下面先对数据进行规范化，采用最大最小规范化，将各个属性均映射到[0, 1]。规范化后的数据如表 6-4 所示。

表 6-4　规范化之后的球队排名

国家	2019 年国际排名	2018 年世界杯	2015 年亚洲杯
中国	0.3	0.714286	0.375
日本	0.2	0	0.25
韩国	0.207692	0.114286	0.0625
伊朗	0	0.085714	0.3125
沙特阿拉伯	0.253846	0.314286	0.5625
伊拉克	0.438462	0.714286	0.1875

续表

国家	2019 年国际排名	2018 年世界杯	2015 年亚洲杯
卡塔尔	0.515385	0.714286	0.75
阿联酋	0.361538	0.714286	0.3125
乌兹别克斯坦	0.415385	0.714286	0.4375
泰国	0.676923	0.714286	1
越南	0.523077	1	1
阿曼	0.407692	1	0.6875
巴林	0.630769	1	0.625
朝鲜	0.584615	1	0.8125
印度尼西亚	1	1	1
澳大利亚	0.046154	0.428571	0
叙利亚	0.323077	0.714286	1
约旦	0.646154	1	0.5
科威特	0.969231	1	0.875
巴勒斯坦	0.476923	1	0.9375

设 $K=3$，随机选取初始中心点，以欧氏距离作为距离衡量方式。

现通过随机方式抽取阿联酋、泰国、日本作为 3 个聚类簇的初始中心，计算所有球队分别到 3 个中心点的距离。例如，中国(0.3, 0.714286, 0.375)到 3 个初始中心点的距离分别为：

$$d1 = 0.08771074873697068$$

$$d2 = 0.7298602249259786$$

$$d3 = 0.732003749851051$$

其到第 1 个中心点的距离最小，故将中国分到第 1 个类中。

根据第 1 次聚类结果，调整各个簇的中心点，第 1 次迭代后的中心点为(0.37884615, 0.71428571, 0.328125)，(0.61398601, 0.92207792, 0.83522727)，(0.14153846, 0.18857143, 0.2375)。

第 2 次迭代后的结果无变化，说明结果已收敛，最终聚类结果如表 6-5 所示。

表 6-5　聚类算法的输出结果

国家	2019 年国际排名	2018 年世界杯	2015 年亚洲杯	聚类
中国	73	40	7	0
日本	60	15	5	2
韩国	61	19	2	2
伊朗	34	18	6	2
沙特阿拉伯	67	26	10	2
伊拉克	91	40	4	0
卡塔尔	101	40	13	1
阿联酋	81	40	6	0

续表

国家	2019 年国际排名	2018 年世界杯	2015 年亚洲杯	聚类
乌兹别克斯坦	88	40	8	0
泰国	122	40	17	1
越南	102	50	17	1
阿曼	87	50	12	1
巴林	116	50	11	1
朝鲜	110	50	14	1
印度尼西亚	164	50	17	1
澳大利亚	40	30	1	2
叙利亚	76	40	17	1
约旦	118	50	9	1
科威特	160	50	15	1
巴勒斯坦	96	50	16	1

亚洲足球的实力梯度情况如下。

亚洲一流球队：日本、韩国、伊朗、沙特阿拉伯、澳大利亚。

亚洲二流球队：卡塔尔、泰国、越南、阿曼、巴林、朝鲜、印尼、叙利亚、约旦、科威特、巴勒斯坦。

亚洲三流球队：中国、伊拉克、阿联酋、乌兹别克斯坦。

6.2.3　关联规则算法

1. 关联规则概述

数据分析里有一个经典的案例：20 世纪 90 年代，美国沃尔玛超市的管理人员分析销售数据时发现了一个令人难以理解的现象：啤酒和尿布经常一起被购买。于是他们调整了货架，把两者放在一起，结果这个举措使尿布和啤酒的销量双双增加。这个案例就是著名的“啤酒和尿布”的故事，已经成为了数据挖掘领域的一个经典故事，甚至被舍恩伯格在其撰写的《大数据时代》中作为经典的案例予以介绍。

这种通过研究用户购物数据，将购买清单中的不同商品之间进行关联，并挖掘潜在联系的分析方法，被称为“购物篮分析”，也被称为关联规则算法或关联挖掘算法，泛指从大规模的数据中发现物品间隐含关系的方法。如同舍恩伯格主张的“要相关，不要因果”那样，很多数据分析场合中可以先不用管不同商品背后到底是为什么关联起来的，只需要知道哪些物品(或数据)之间存在关联就可以了。

关联规则算法应用非常广泛。例如，在移动互联网应用中，可以利用关联规则分析用户特征和商户之间的关联关系，并有针对性地为商户推送相应的商品优惠和广告信息给潜在的用户；在医疗应用中，可以利用关联规则分析症状和病位之间的关联关系，或特定疾病与基因变异位点之间的关联关系，以帮助医疗人员确定可能的发病原因；在军事领域，可以利用关联规则对在地理、空间上分散的人、装备、环境、事件等进行实时关联，以指导复杂战场环境下的军事行动。

2. Apriori 算法

沃尔玛是如何从浩如烟海却又杂乱无章的数据中，发现啤酒和尿布销售之间的联系呢？相应的方法是否具有推广性，即是否存在一种通用的方法，从一份资料库中(如销售记录)中发现某些特征(如商品种类)之间的联系呢？下面将介绍一种经典的关联规则算法——Apriori 算法。Apriori 算法是第一个关联规则挖掘算法，它利用逐层搜索的迭代方法找出数据库中频繁出现的项集，以形成规则。

1) Apriori 算法相关概念

为了量化和发现关联，Apriori 算法中需要用到下述概念。

(1) 项(Item)：项是关联规则算法的具体研究对象，例如购物场景下的商品(如啤酒、尿布等)、医疗场景下症状或基因位点等。

(2) 项集合(Itemset)：由一个或多个项组成的集合。其中，由所有可能的项构成的集合 $I=\{i_1,i_2,\cdots,i_n\}$ 称为项全集，由 k 个项组成的项集称为 k 项集。

(3) 事务(Transaction)：项全集的一个子集 $T\subseteq I$ 称为一个事务。例如，假设一个商店的所有商品的集合构成了项全集 I，那么任意 $T\subseteq I$ 都是一个事务，表示了一次购物事件。

(4) 事务数据库(Transaction Set)：一个事务数据库是指由多个事务所构成的集合，记为 $D=\{T_1,T_2,\cdots,T_n\}$，其中 $T_i\subseteq I$ 是事务。为了便于描述和区分不同事务，还要求每个事务都具有对应的唯一标识 TID_i。例如，每个顾客的购物数据都构成了一个事务，将一段时间内的所有的(顾客标识、该顾客购物数据)放在一起就构成了一个事务数据库。

例 6.5 假设一家商店出售的商品只有“豆奶”“啤酒”“尿布”“面包”4 种，那么每一种商品都是一个项，所有商品的集合 $I=\{$“豆奶”,“啤酒”,“尿布”,“面包”$\}$构成了项全集。假设某一天商店的销售数据如表 6-6 所示。那么，其中每一行构成了一个事务，整个表格就构成了一个事务数据库。

表 6-6 某商店的销售数据

TID	事务
1	豆奶、啤酒
2	啤酒、尿布、面包
3	豆奶、啤酒、尿布
4	啤酒、尿布

关联规则就是基于给定的事务数据库分析出哪些项(或项集)之间存在关联——即经常一起在事务中出现。例如，在上例中“啤酒”和“尿布”经常一起出现，就可以认为存在关联规则“啤酒 $\Rightarrow$ 尿布”。

为了给出关联规则 $A\Rightarrow B$ 的严谨定义，还需要下述概念。

(1) 支持度(Support)：对于给定的项(或项集) C，支持度 $\text{Support}(C)$ 是指在整个事务数据库中，包含了项集 C 的事务占整个数据库 D 的比例，即

$$\text{Support}(C)=\frac{|\{T_i \mid T_i\in D, C\subseteq T_i\}|}{|D|}$$

特别地，当 $C=A\cup B$ 时，$\text{Support}(C)=\text{Support}(A\cup B)$ 表示同时包含了项集 A 和项集 B 中的事务占整个数据库的比例。

(2) 置信度(Confidence)：对于给定的两个项(或项集) A,B，置信度 $\text{Confidence}(A\Rightarrow B)$ 是指，同时包含了项集 A 和项集 B 中的事务，在那些仅包含项集 A 的事务中的占比，即

$$\text{Confidence}(A \Rightarrow B) = \frac{|\{T_i \mid T_i \in D, A \subseteq T_i, B \subseteq T_i\}|}{|\{T_i \mid T_i \in D, A \subseteq T_i\}|}$$

(3) 关联规则(Association Rules)：对于给定的两个项(或项集) A,B ，如果支持度 Support $(A \cup B)$ 和置信度 Confidence$(A \Rightarrow B)$ 都超过了预先定义的最小支持度阈值和最小置信度阈值，则称存在关联规则“ $A \Rightarrow B$ ”。其中， A 和 B 分别称为关联规则的先导(Antecedent 或 Left-Hand-Side，LHS)和后继(Consequent 或 Right-Hand-Side，RHS)。

例 6.6 在例 6.5 中，取项集 $A=\{$ “啤酒” $\}$，项集 $B=\{$ “尿布” $\}$，则可以根据表 6-6 计算得到

$$\text{Support}(A \cup B) = \frac{|\{T_i \mid T_i \in D, A \subseteq T_i, B \subseteq T_i\}|}{|D|} = \frac{3}{4}$$

$$\text{Confidence}(A \Rightarrow B) = \frac{|\{T_i \mid T_i \in D, A \subseteq T_i, B \subseteq T_i\}|}{|\{T_i \mid T_i \in D, A \subseteq T_i\}|} = \frac{3}{4}$$

$$\text{Confidence}(B \Rightarrow A) = \frac{|\{T_i \mid T_i \in D, A \subseteq T_i, B \subseteq T_i\}|}{|\{T_i \mid T_i \in D, B \subseteq T_i\}|} = \frac{3}{3} = 1$$

简单地说，挖掘关联规则就是找出所有满足支持度 Support$(A \cup B)$ 和置信度 Confidence $(A \Rightarrow B)$ 都超过了预先定义的最小支持度阈值和最小置信度阈值的那些项集对 A,B 。为了解决这个双目标问题，人们常常首先关注支持度超过预定义的最小支持度阈值这个目标，然后在满足条件的项集中进一步筛选置信度满足目标条件的项集对。

观察可以发现，不同项集的支持度的计算共用了相同的分母 $|D|$ ，故在筛选支持度满足条件的项集时，可以不考虑分母，仅仅考虑分子间的比较，即要求分子的计数超过某个给定的阈值即可。为此，引入下述定义。

频繁项集(Frequent Itemset)：称一个给定的项(或项集) C 为频繁项集，如果该项集在事务数据库中出现的次数计数 $|\{T_i \mid T_i \in D, C \subseteq T_i\}|$ 超过了某预定义的最小支持度计数阈值。

寻找支持度满足条件的项集和寻找频繁项集的效果是一致的。但是，如何寻找频繁项集也是一个困难的问题。一种直观的解决思路是穷举项全集 $I=\{i_1,i_2,\cdots,i_n\}$ 的所有可能的子集 $C \subseteq I$ ，逐个计数 $|\{T_i \mid T_i \in D, C \subseteq T_i\}|$ 并找出其中满足计数超过某个给定的阈值的子集。然而，简单地分析就可以知道这种方法在现实中不可行：当项全集中的项数为 N 时，非空子集的个数为 2^N-1 ，随着 N 的增大很快会增大到无法穷举的一个天文数字。例如，当 $N=100$ 时，非空子集的个数为 $2^{100}-1 \approx 10^{30}$ 。

2) Apriori 算法基本原理

Apriori 原理是关于项集是否为频繁项集的一个性质，能够有效地减少寻找频繁项集时需要穷举的项集的数目。

定理 1(Apriori 原理)：如果某个项集是频繁的，那么它的所有子集也是频繁的。

假设 $A,B \subseteq I$ 都是项集，其中 B 是频繁项集，即 $|\{T_i \mid T_i \in D, B \subseteq T_i\}|$ 大于或等于某个给定的阈值。假设 $A \subseteq B$ ，则对于集合 $\{T_i \mid T_i \in D, B \subseteq T_i\}$ 中的任意事务 T_i 都成立 $A \subseteq B \subseteq T_i$ ，从而可知集合计数 $|\{T_i \mid T_i \in D, A \subseteq T_i\}| \geqslant |\{T_i \mid T_i \in D, B \subseteq T_i\}|$ 大于或等于给定的阈值。从例子上看，如图 6-6 所示，假设 $B=\{1,2\}$，且在事务数据库中出现的次数为 m 次，则显然 $A=\{1\}$ 作为集合 B 的子集，出现的次数一定大于等于 m 次。

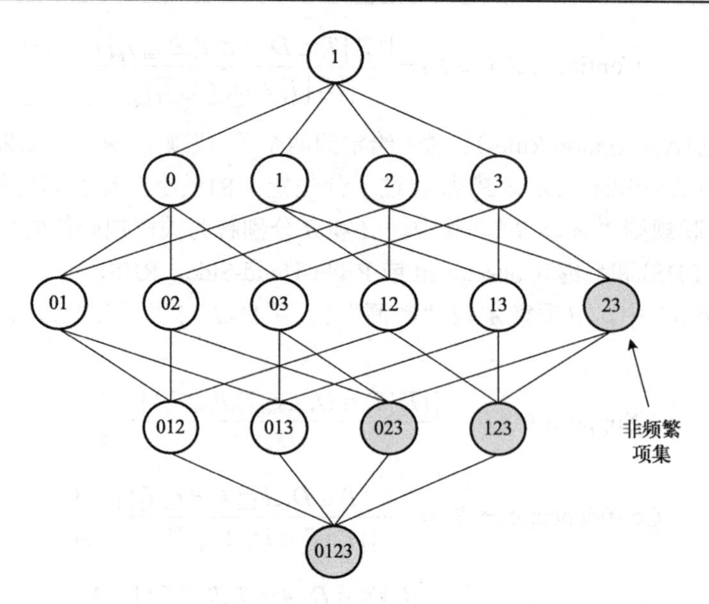

图 6-6　Apriori 原理示意图

现实中，更常用的是上述定理的逆否命题。

定理 2：如果某个项集是非频繁的，那么它的所有超集也是非频繁的。

定理 2 和定理 1 互为逆否命题，所以定理 2 成立是显然的。从例子上看，假设项集 $A=\{2, 3\}$ 出现的次数 m' 没有达到给定的阈值，项集 $B=\{1, 2, 3\}$ 为项集 A 的超集，则项集 B 出现的次数一定不多于 m'，必定也没有达到给定的阈值，从而也是非频繁的。

进一步，可以得到下述两个实用的推论。

定理 3：频繁 k 项集的所有 $k-1$ 项子集一定全部是频繁 $k-1$ 项集；

定理 4：任何频繁 k 项集一定都是由频繁 $k-1$ 项集组合生成的。

定理 3 是定理 1 的直接推论，即直接应用定理 1 可知定理 3 成立。定理 4 可以由定理 3 经过如下推理得到。首先，任何 k 项集一定可以表示成为两个 $k-1$ 项集的并集。假设 $C=\{i_1,i_2,\cdots,i_{k-2},i_{k-1},i_k\}$ 为 k 项集合，则

$$A=\{i_1,i_2,\cdots,i_{k-2},i_{k-1}\}, B=\{i_1,i_2,\cdots,i_{k-2},i_k\}$$

为两个 $k-1$ 项集且 $C=A\cup B$。其次，已知 C 是频繁 k 项集，由定理 3 可知项集 A,B 均为频繁 $k-1$ 项集。从而，定理 4 成立。

Apriori 算法最核心的步骤就是通过频繁 $k-1$ 项集组合生成频繁 k 项集。具体而言，Apriori 算法通过逐层搜索的迭代法，先找到所有的频繁 $k-1$ 项集，然后通过组合 $k-1$ 项集得到候选 k 项集，定理 4 保证了频繁 k 项集一定来自于上述候选 k 项集。

记所有的频繁 k 项集构成的集合为 $L(k)$，组合频繁 $k-1$ 项集得到的所有候选 k 项集的集合为 $C(k)$，则 Apriori 算法主要包含两个步骤：连接步和剪枝步。连接步通过合并 $L(k-1)$ 中的频繁 $k-1$ 项集，得到 k 项集的集合 $C(k)$，作为候选 k 项集；剪枝步针对 $C(k)$ 中的每个候选 k 项集，剔除不是频繁集的，得到频繁 k 项集的集合 $L(k)$，其中包括：剔除含有非频繁子集的，剔除计数不超过阈值的，示意图如图 6-7 所示。

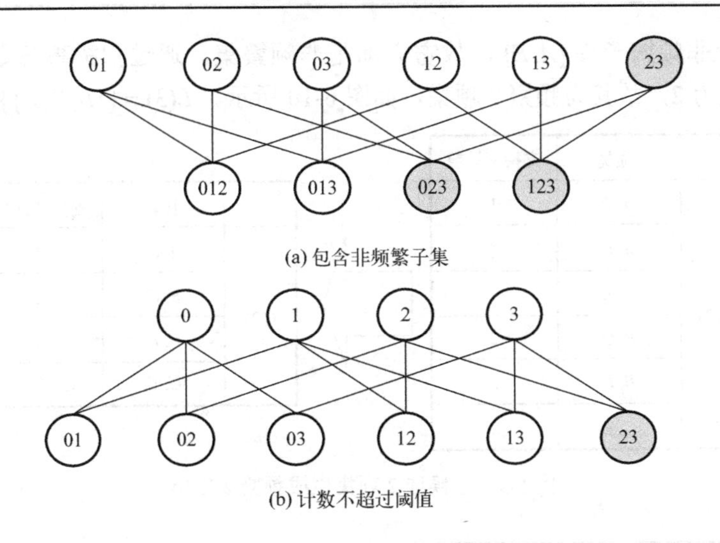

(a) 包含非频繁子集

(b) 计数不超过阈值

图 6-7　剪枝步骤示意图

3) Apriori 算法应用举例

接下来，将用一个例子演示基于上述 Apriori 算法寻找关联规则的流程。

表 6-7　例 6.7 中的商品交易数据库

TID	事务
T1	A, C, D
T2	B, C, E
T3	A, B, C, E
T4	B, E

例 6.7　现有 5 种商品的交易数据库，如表 6-7 所示。假设要求最小支持度≥50%，最小置信度≥70%。尝试使用 Apriori 算法找出频繁项集和关联规则。

解：已知事务数据库的规模为 4，可以将最小支持度≥50%转化为对应的频繁项集的最小阈值 2。首先，考虑包含 1 个元素的项集，即候选 1 项集 $C(1)=\{A,B,C,D,E\}$，通过扫描事务数据库对每个 1 项集计数，剔除掉支持度计数小于阈值 2 的项，如图 6-8 所示。得到频繁 1 项集的集合 $L(1)=\{A,B,C,E\}$。

	项集	支持度计数
$C(1)$	A	2
	B	3
	C	3
	D	1
	E	3

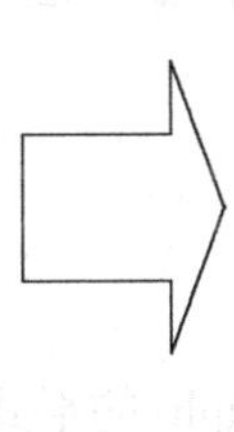

	项集	支持度计数
$L(1)$	A	2
	B	3
	C	3
	E	3

图 6-8　由候选 1 项集生成频繁 1 项集

然后，通过连接所有的频繁 1 项集得到候选 2 项集 $C(2)=\{\{A,B\},\{A,C\},\{A,E\},\{B,C\},\{B,E\},\{C,E\}\}$，通过扫描事务数据库对每个候选 2 项集计数，剔除支持度计数小于阈值 2 的项集，如图 6-9 所示。得到频繁 2 项集的集合 $L(2)=\{\{A,C\},\{B,C\},\{B,E\},\{C,E\}\}$。

随后，通过连接频繁 2 项集得到候选 3 项集 $C(3)=\{\{A,B,C\},\{A,C,E\},\{B,C,E\}\}$，剔除其中包含非频繁子集的项集 $\{A,B,C\},\{A,C,E\}$，其中项集 $\{A,B,C\}$ 包含非频繁子集 $\{A,B\}$，项

集 $\{A,C,E\}$ 包含非频繁子集 $\{A,E\}$，故它们都是非频繁集。通过扫描事务数据库得到项集 $\{B,C,E\}$ 的计数为 2，故其为频繁 3 项集，如图 6-10 所示。$L(3)=\{\{B,C,E\}\}$ 。

	项集	支持度计数
C(2)	A, B	1
	A, C	2
	A, E	1
	B, C	2
	B, E	3
	C, E	2

⇒

	项集	支持度计数
L(2)	A, C	2
	B, C	2
	B, E	3
	C, E	2

图 6-9　由候选 2 项集生成频繁 2 项集

	项集	支持度计数
C(3)	A, B, C	1
	A, C, E	1
	B, C, E	1

⇒

	项集	支持度计数
L(3)	B, C, E	2

图 6-10　由候选 3 项集生成频繁 3 项集

表 6-8　最终求得的关联规则

规则	置信度
$A\Rightarrow C$	1
$B\Rightarrow E$	1
$E\Rightarrow B$	1
$CE\Rightarrow B$	1
$BC\Rightarrow E$	1

对于 $L(2)$ 和 $L(3)$ 中的频繁项集，分别计算其中的非空子集对之间的置信度，并保留那些满足置信度≥70%的规则，即可得符合要求的关联规则，如表 6-8 所示。

从上述例子可以看出，Apriori 算法对于每个候选项集，如果不能通过其非频繁子集判断出其属于非频繁集，就需要通过扫描整个事务数据库统计其出现的次数以计算支持度。这将导致 Apriori 算法需要多次扫描事务数据库，当事务数据库很大时将会极大地降低算法的效率。

6.2.4　图数据分析

1. 图数据分析概述

在实际应用中，许多数据都以图(Graph)的形式存在，比如，互联网、关系网络都可以看作一个图。图数据指由节点(例如互联网中的网页、关系网络中的人等)和边(例如网页的链接关系、人与人之间的关系等)组成的一种抽象的数据结构，用以表示若干对象集合及这些对象之间关系。

典型图数据分析的主要任务有以下 3 种。

1)社区发现

网络中的社区指的是一组由节点及与其相连的边紧密地形成的实体。直观来看，指网络上的密集群体，每个社区内部的节点紧密连接，但是社区之间的联系相对比较稀疏。社区发现可以帮助人们理解网络内在的模式和功能。在现实世界的应用中，社区将复杂系统中的信息聚集了起来。例如，论文引用网络(图 6-11)中，通过社区发现技术确定通过论文引用连接起来的课题的重要性、相互关联及演变情况；在线社交网络中拥有共同兴趣或朋友的用户可能来自同一个社区。

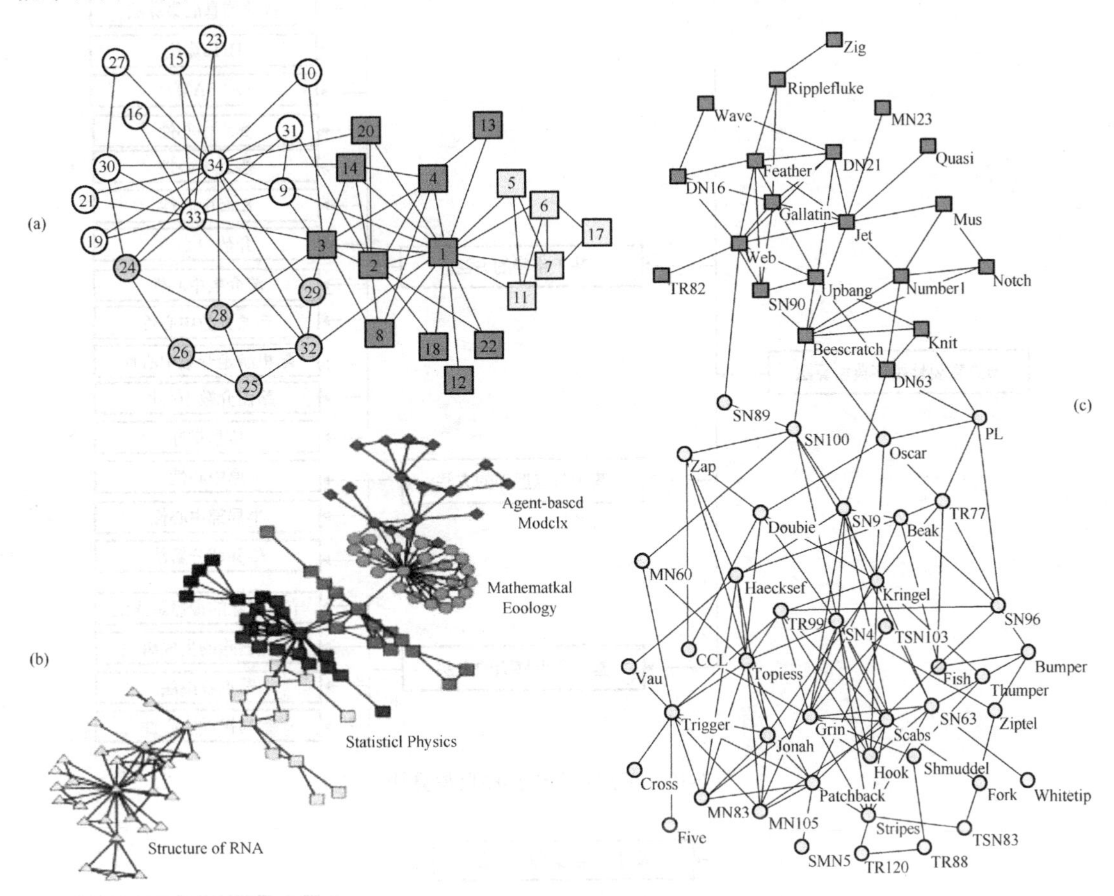

图 6-11　经典的社区研究案例

2) 节点重要程度排序

重要节点对网络的结构和功能有着巨大的影响，节点重要性的排序已成为近年来的研究热点，如图 6-12 所示。典型应用有搜索引擎、新产品推广与应用。PageRank 算法是网络重要节点排序的典型算法之一。

3) 链路预测

链路预测指通过已知的网络节点及网络结构等信息，预测网络中尚未产生连边的两个节点之间产生链接的可能性。典型应用有社交网络中的好友推荐、电子商务网站的推荐等。如图 6-13 所示为链路预测典型方法。

图数据的价值在于它能够显式地表达出数据间的复杂关联结构，以辅助机器学习的数据分析过程，帮助机器学习算法更好地挖掘出数据背后的结构特征，提供更精准、更可靠的决策支持。图数据的这种能力对一些领域格外重要。

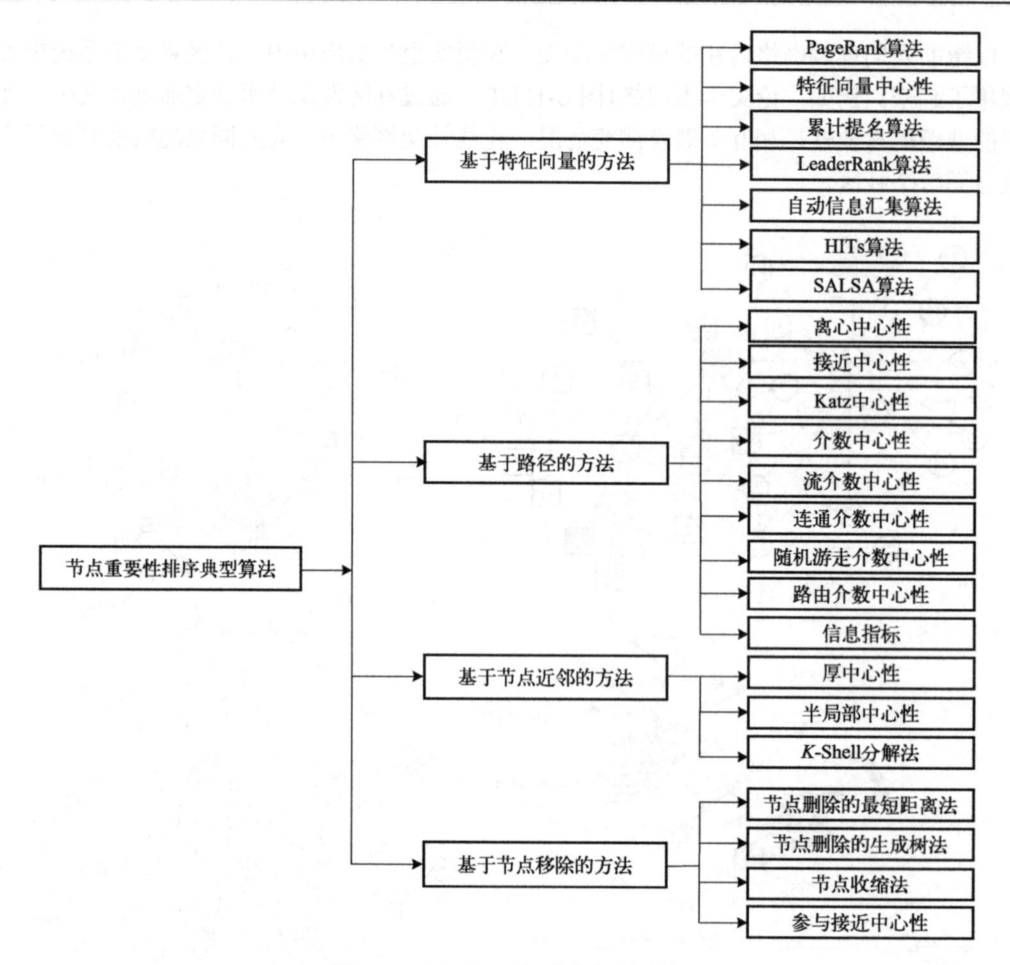

图 6-12　节点重要性排序典型算法

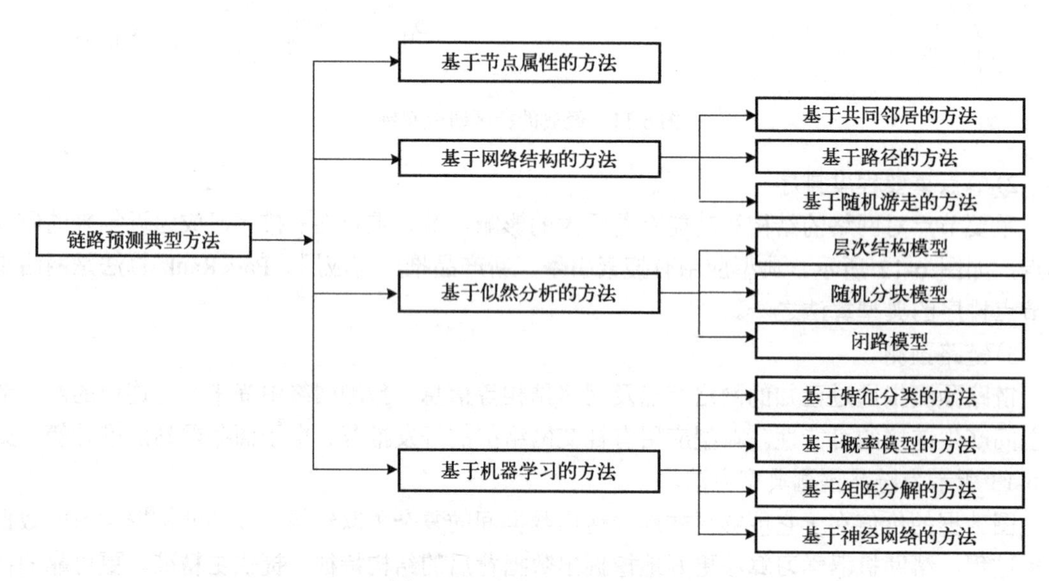

图 6-13　链路预测典型方法

2. PageRank 算法

Google 早期使用的搜索算法 PageRank 就利用了图数据的分析能力。PageRank 算法是由 Google 创始人 Larry Page 及 Sergey Brin 于 20 世纪 90 年代发明的，他们对网页的链接关系进行抽象，将互联网中的网页模拟成一个个节点，网页的出链可看作指向其他节点的有向边，入链则是指向该节点的有向边，整个网络则变成了一张有向图。PageRank 算法可以定义在任意有向图上，在社会影响力分析、文本摘要等方面都有应用。

1) PageRank 算法思想

历史上，PageRank 算法作为计算互联网网页重要度的算法被提出，算法的核心思想是：

(1) 如果一个网页被很多其他网页链接，则说明这个网页受到普遍的承认与信赖，也就是该网页的 PageRank 值会相对较高。

(2) 如果一个 PageRank 值很高的网页链接到一个其他的网页，则被链接到的网页的 PageRank 值也会因为链接关系的存在而相应地提高。

PageRank 是定义在网页集合上的表示网页重要程度的函数，它对每个网页给出一个正实数，整体构成一个向量，PageRank 值越高，就表示此网页越重要，在互联网搜索的排序中就可能被排在前面。

假设互联网是一个有向图，在其基础上定义随机游走模型，表示网页浏览者在互联网上随机浏览网页的过程。假设浏览者在每个网页依照连接出去的超链接以等概率跳转到下一个网页，并在网上持续不断地进行这样的随机跳转，这个过程形成一阶马尔可夫链。PageRank 表示这个马尔可夫链的平稳分布，每个网页的 PageRank 值就是平稳概率。

下面给出 PageRank 的一般定义：

给定一个含有 n 个节点的任意有向图(见图 6-14)，在有向图上定义一个一般的随机游走模型，即一阶马尔可夫链。一般的随机游走模型的转移矩阵由两部分的线性组合组成，一部分是有向图的基本转移矩阵 M，表示从一个节点到其连出的所有节点的转移概率相等；另一部分是完全随机的转移矩阵，表示从任意一个节点到任意一个节点的转移概率都是 $1/n$，线性组合系数为阻尼因子 $d(0 \leqslant d \leqslant 1)$。这个一般随机游走的马尔可夫链存在平稳分布，记作 R。定义平稳分布向量 R 为这个有向图的一般 PageRank。R 由公式

$$R = dMR + \frac{1-d}{n}l$$

决定，其中 l 是所有分量为 l 的 n 维向量。

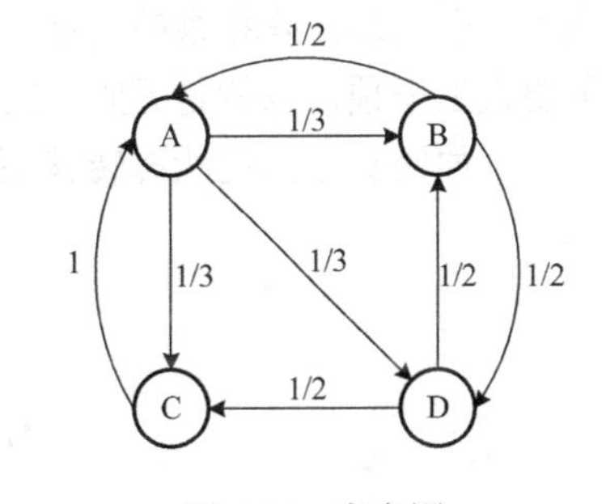

图 6-14　有向图

一般 PageRank 的定义意味着互联网浏览者按照以下方法在网上随机游走：在任意一个网页上，浏览者或者以概率 d 决定按照超链接随机跳转，这时以等概率从链接出去的超链接跳转到下一个网页；或者以概率 $(1-d)$ 决定完全随机跳转，这时以等概率 $1/n$ 跳转到任意一个网页。第 2 个机制保证从没有连接出去的超链接的网页也可以跳转出。这样可以保证平稳分布，即一般 PageRank 的存在，因而一般 PageRank 适用于任何结构的网络。

图 6-14 表示一个有向图，假设是简化的互联网，节点 A,B,C 和 D 表示网页，节点之间

的有向边表示网页之间的超链接，边上的权值表示网页之间随机跳转的概率。假设有一个浏览者在网上随机游走。如果浏览者在网页 A，则下一步以 $1/3$ 的概率转移到网页 B,C 和 D。如果浏览者在网页 B，则下一步以 $1/2$ 的概率转移到网页 A 和 D。

直观上，一个网页，如果指向该网页的超链接越多，随机跳转到该网页的概率也就越高，该网页的 PageRank 值就越高，这个网页也就越重要。一个网页，如果指向该网页的 PageRank 值越高，随机跳转到该网页的概率也就越高，该网页的 PageRank 值就越高，这个网页也就越重要。PageRank 值依赖于网络的拓扑结构，一旦网络的拓扑(连接关系)确定，PageRank 值就确定。

如果把互联网看作一个有向图，则 PageRank 的计算通常是一个迭代过程。先假设一个初始分布，通过迭代，不断计算所有网页的 PageRank 值，直到收敛为止。

2) PageRank 算法步骤

PageRank 的定义是构造性的，即定义本身就给出了算法。下面给出 PageRank 迭代算法。

输入：含有 n 个节点的有向图，转移矩阵 M，阻尼因子 d，初始向量 R_0。

输出：有向图的 PageRank 向量 R。

算法步骤：

(1) 令 $t=0$。

(2) 计算

$$R_{t+1}=d\cdot M\cdot R_t+\frac{1-d}{n}\cdot 1$$

(3) 如果 R_{t+1} 与 R_t 充分接近，令 $R=R_{t+1}$，停止迭代。

(4) 否则，令 $t=t+1$，执行步骤(2)。

Google 的创始人将互联网抽象为一个有向图，节点表示网页，有向边表示网页间的转移，在其基础上定义随机游走模型，表示浏览者在互联网上随机浏览，这样就把网页排序问题变成了一个二维矩阵相乘的问题，并且用迭代的方法解决了这个问题。在这个迭代过程中，不需要人工干预，也就是无监督的。

假如网页之间的状态转移矩阵如下：

$$M=\begin{bmatrix} a_{11} & \cdots & a_{1n} & \cdots & a_{1M} \\ \vdots & \ddots & \vdots & \ddots & \vdots \\ a_{m1} & \cdots & a_{mn} & \cdots & a_{mM} \\ \vdots & \ddots & \vdots & \ddots & \vdots \\ a_{M1} & \cdots & a_{Mn} & \cdots & a_{MM} \end{bmatrix}$$

取初始 PageRank 向量 $V_0=\left(\frac{1}{M},\frac{1}{M},\cdots,\frac{1}{M}\right)$，反复计算 $V_i=M\cdot V_{i-1}$。以一个具体的例子来说明。

例 6.8 以图 6-14 为例来说明 PageRank 算法步骤。

该图的转移矩阵为：

$$M=\begin{bmatrix}0 & 1/2 & 1 & 0\\ 1/3 & 0 & 0 & 1/2\\ 1/3 & 0 & 0 & 1/2\\ 1/3 & 1/2 & 0 & 0\end{bmatrix}$$

初始，假设上网者浏览每一个网页的概率都是相等的，即$1/n$，于是初始的概率分布就是一个所有值都为$1/n$的n维列向量V_0。从而，

$$V_1=MV_0=\begin{bmatrix}0 & 1/2 & 1 & 0\\ 1/3 & 0 & 0 & 1/2\\ 1/3 & 0 & 0 & 1/2\\ 1/3 & 1/2 & 0 & 0\end{bmatrix}\begin{bmatrix}1/4\\ 1/4\\ 1/4\\ 1/4\end{bmatrix}=\begin{bmatrix}9/24\\ 5/24\\ 5/24\\ 5/24\end{bmatrix}$$

反复迭代，最终V会收敛。

$$\begin{bmatrix}1/4\\ 1/4\\ 1/4\\ 1/4\end{bmatrix}\Rightarrow\begin{bmatrix}9/24\\ 5/24\\ 5/24\\ 5/24\end{bmatrix}\Rightarrow\begin{bmatrix}15/48\\ 11/48\\ 11/48\\ 11/48\end{bmatrix}\Rightarrow\begin{bmatrix}11/32\\ 7/32\\ 7/32\\ 7/32\end{bmatrix}\Rightarrow\cdots\Rightarrow\begin{bmatrix}3/9\\ 2/9\\ 2/9\\ 2/9\end{bmatrix}$$

上述所得的最终向量就是网页的重要程度排序向量。

PageRank 算法的优点：通过网页之间的链接来决定网页的重要性，与查询无关，不需要人工干预；可以离线计算 PageRank 值，极大降低了在线查询响应时间。

该算法的缺点：忽略了查询相关特性，导致结果的相关性和主题性会降低，查询结果可能偏离搜索内容；旧网页的 PageRank 值会越来越大，而新网页由于导入链接较少，即便网页内容质量很高，PageRank 值增长也很慢；没有区分页面内外导航链接、广告链接和功能链接，可能会对广告页面有过高的评价。

6.3 数据分析的高级方法

要想从大规模、多模态、高维度及复杂关联的大数据中学习数据特征和挖掘数据价值，以人工经验为主的传统机器学习和统计分析方法尚不足以达成这一目标，更需要研究和应用如深度学习、强化学习和迁移学习等“高级”数据分析方法。本节将对这些“高级”数据分析方法的概念、原理和模型予以简单介绍。

6.3.1 深度学习

人工神经网络(Artificial Neural Network，ANN)通过模仿人脑中生物神经网络的结构和功能，将大量抽象和简化的人工神经元相互连接组成一种复杂网络结构的信息系统。ANN 从最初的感知机模型发现到多层感知机模型、再到深度学习模型，它在图像分类、语音识别、文本处理和趋势预测等领域成功地解决了诸多复杂数据分析任务，表现出了良好的智能特性。目前，ANN 已经成为人工智能领域的研究热点，也是在大数据分析过程中实现数据智能的基础性技术。

感知器(Perceptron)，又被称为人工神经元，是 ANN 的基本组成单位，也是最简单的人

工神经网络。从生物学上讲，人脑中的神经系统是由生物神经元作为基本单位构成的，而感知器就是仿照生物神经元构建的。如图 6-15 所示，一个生物神经元主要由细胞体、树突和轴突 3 个部分构成。其中树突的主要作用是接收其他神经元传来的信息并将其传送给细胞体；细胞体整合输入信息并决定是否输出信息；轴突的主要作用是向其他的神经元传递信息。感知器是一个包含输入、输出和计算单元的简单计算模型，其中输入模块相当于生物神经元的树突，输出模块类似于轴突，计算单元类似于细胞体。

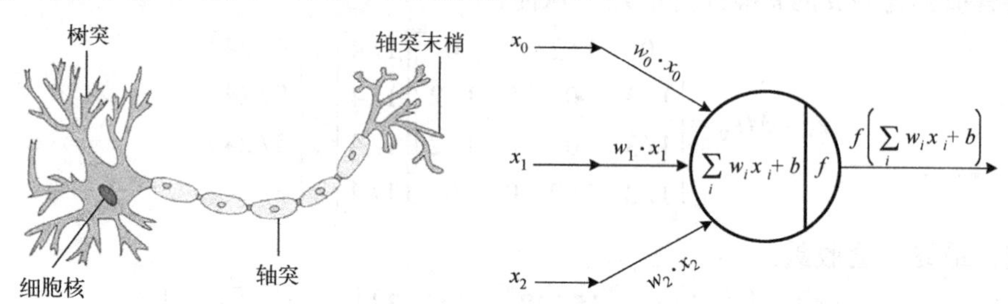

图 6-15　感知器与生物神经元的类比图

更为具体地说，一个感知器可以接收多个输入 $x_1, x_2, \cdots, x_n$，其中每个输入都对应着不同的权重 $w_1, w_2, \cdots, w_n$，所有输入的线性组合 $\sum_i w_i x_i + b$ 经过非线性激活函数 f 作用，得到的值 $f\left(\sum_i w_i x_i + b\right)$ 被作为感知器的输出。作为神经元的仿生系统，感知器可以处理任意线性分类问题和线性回归问题。不过，如同单个神经元不能完成大脑的全部功能一样，单个感知器在解决复杂的非线性问题上也存在局限。

作为感知器模型的扩展，多层感知器(Multi-Layer Perceptron，MLP)模型被研究者们提了出来，它把多个人工神经元按照层级级联的方式链接起来构成一个网络。如图 6-16 所示，一个典型的 MLP 模型结构通常包含输入层、隐藏层和输出层，其中的隐藏层还可以有多个层次。MLP 模型结构有两个特点：一是相同层级的人工神经元之间没有连接，相邻层级的人工神经元之间是全连接的，即上一层的每一个人工神经元与下一层的所有人工神经元之间都有连接；二是整个信息朝一个方向传播，没有反向的信息传播。因此，MLP 也称为全连接前馈神经网络。针对 MLP 模型的理论工作表明，MLP 网络可以近似任意函数(具体参见 Cybenko 等的万能近似定理)，并且是图灵完备的，即具有与图灵机等价的表达能力。

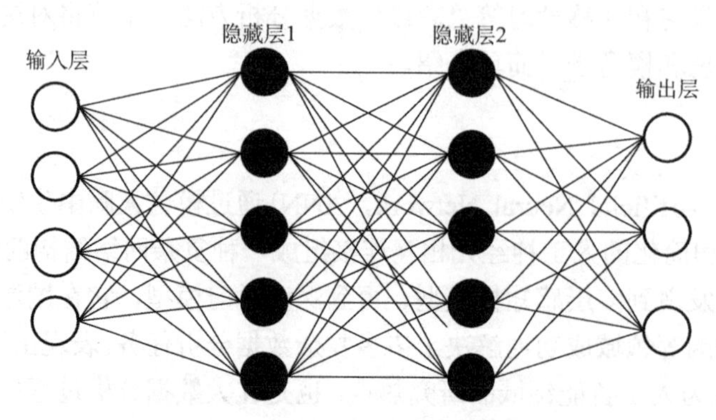

图 6-16　多层感知器结构示意图

针对 MLP 的多层复杂结构给连接权重参数学习带来的挑战，Rumelhart 等提出了著名的误差反向传播(Back Propagation，BP)算法，采用链式求导的方式把误差按权重“分配”到不同的连接上，即逐层地做误差的“反向传播”。BP 算法在复杂神经网络模型训练中大获成功，推动了基于联结主义的神经网络研究的一波热潮。同时，BP 算法也构成了诸多深度学习模型训练的理论基础，让神经网络的研究者们可以面向现实任务，任意地构造深度神经网络学习框架，而不用担心其训练和学习模式。

虽然理论上 MLP 网络可以近似任意函数，但在实际应用中 MLP 网络往往由于输入数据维度高、参数量大而面临一系列的训练问题，效果并不好。为此研究人员从网络结构入手，设计出很多新型、实用的网络结构，这其中以卷积神经网络(CNN)、循环神经网络(RNN)和生成式对抗网络(GAN)最为典型。相比层级较少(浅层)的 MLP 网络，这些新型的网络结构通常具有更多层级(深层)，对输入数据也实施了更多的非线性变换，将输入数据变成更高层次、更抽象的表示，这就是“深度”的由来。而从数据中学习出一个“深度模型”的方法就是深度学习。

1. 卷积神经网络

卷积神经网络(Convolutional Neural Network，CNN)是 MLP 的变种，是一种将卷积作为核心运算的前馈深度学习网络，它一般由最初的输入层、多个卷积层和池化层及最终的全连接层和输出层构成，典型结构如图 6-17 所示。

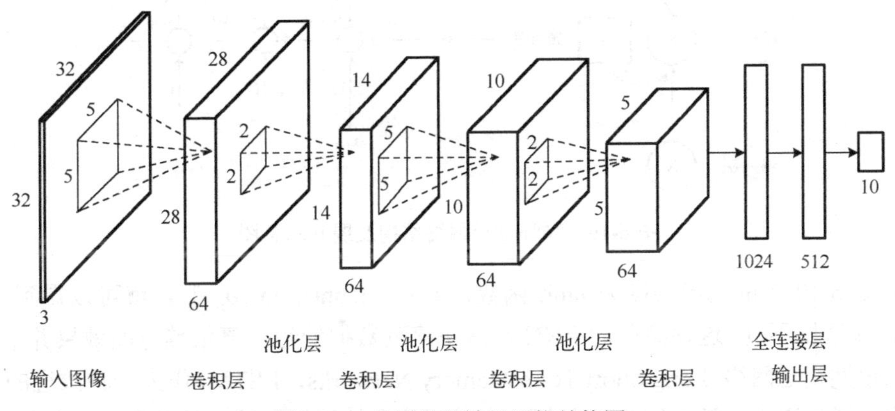

图 6-17　典型卷积神经网络结构图

其中，卷积层主要利用卷积运算来增强原始图像不同方面的特征信息。从形式上看，卷积运算过程十分简单，就是将卷积核与输入图像中相同规模的数据对应相乘后求和，如图 6-18 所示。有趣的是，不同的卷积核提取的特征一般是不同的，因此卷积核的大小与内容选取是 CNN 设计的核心内容之一。

卷积神经网络的输入可以是图像、视频等多维数据。目前，有很多经典的卷积神经网络模型有着突出的表现，例如 AlexNet、VGG、GoogLeNet、ResNet 等，已经被广泛地应用于计算机视觉、自然语言处理等领域。

2. 循环神经网络

循环神经网络(Recurrent Neural Network，RNN)是一种具有存储记忆功能的深度学习模型，常用于对序列数据进行建模。不同于传统的前馈神经网络(如 MLP、CNN 等)每一层都将输出传递给下一层，RNN 模型允许网络单元将某个时刻的输出和下一个时刻的输入一起输入网络单元中，达到刻画序列数据中前后数据之间的依赖关系的目的。一般的循环神经网络的结构如图 6-19 所示，其中隐藏层的输出被重新作为下一个时刻的输入，即每一时刻的隐藏层不仅由该时刻的当前输入决定，还由上一时刻的隐藏层输出共同决定。

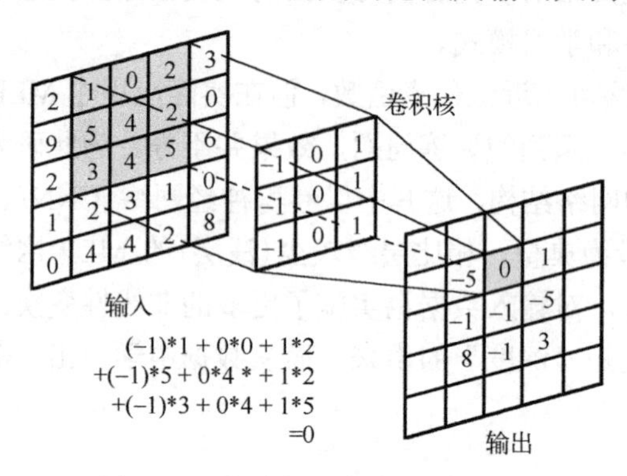

图 6-18　典型卷积神经网络结构图

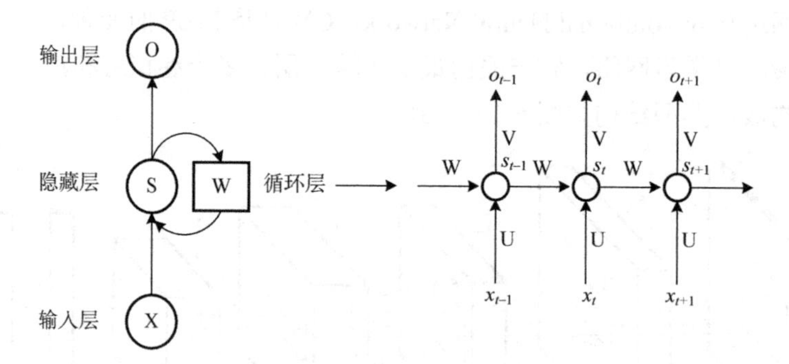

图 6-19　循环神经网络结构及展开示意图

若将图 6-19 中的隐藏层取为 tanh 函数，即 $o_t = \tanh(w \cdot [x_t, o_{t-1}])$，就可以得到一个最简单的 RNN 模型。不过，这种简单的 RNN 在解决序列数据的远距离依赖方面效果并不是很好。为此，长短期记忆网络(Long Short Term Memory Networks，LSTM)作为一种改进的 RNN 网络被提出，通过引入门控装置来控制每一个时刻信息的记忆和遗忘的效果。更具体地说，如图 6-20(a)所示，LSTM 引入了输入门、遗忘门和输出门来选择性地记忆信息，以解决长程时序数据训练过程中的梯度消失问题，其中输入门和输出门决定哪些信息可以输入或输出到记忆单元，遗忘门决定哪些信息需要被遗忘。

LSTM 模型是一种效果出色的 RNN 模型，后续有很多关于 LSTM 的改进模型，例如增加窥视孔连接的 LSTM 等。门控循环单元(Gated Recurrent Unit，GRU)也是 LSTM 模型的一种变体，它具有比 LSTM 更简单的结构，因此相比 LSTM 所需要的计算花销更小，但是在解决长期依赖上具有和 LSTM 类似的效果，因此是当前非常流行的一种循环神经网络。具体而言，一个 GRU 模块只有两个“门控”，分别为重置门和更新门，如图 6-20(b)所示。其中利用重置门的输出对上一个时刻的隐藏状态进行重置，利用更新门控制前一时刻的隐藏状态有多大程度更新到当前隐藏状态。

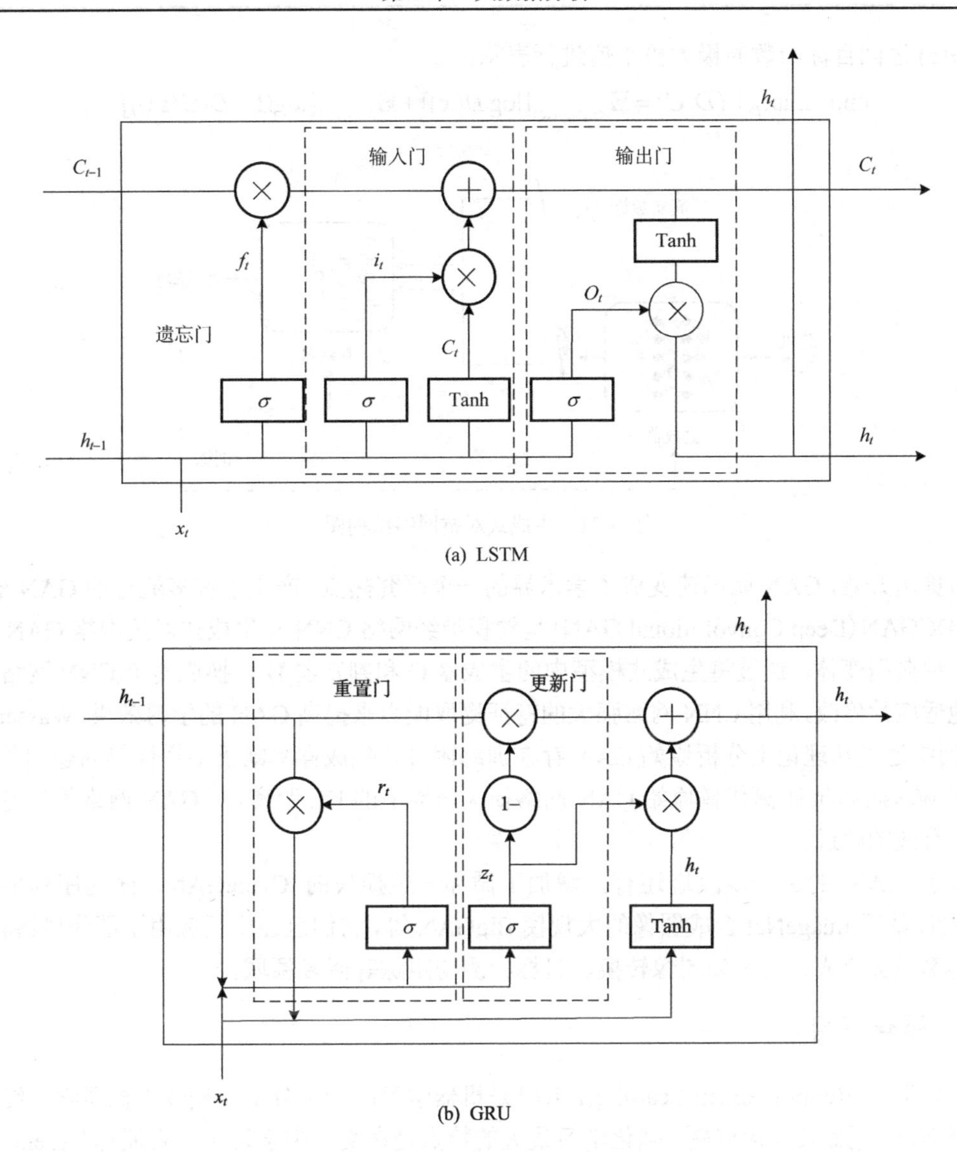

图 6-20　LSTM 和 GRU 单元结构图

3. 生成式对抗网络

生成式对抗网络(Generative Adversarial Network，GAN)是由 Goodfellow 提出的一种深度学习网络，如图 6-21 所示。其结构包括一个生成器 G(Generator)和一个判别器 D(Discriminator)，其中生成器的目的是生成符合要求的数据(如图片、视频等)，而判别器的目的是判别所生成数据的真伪。

在训练过程中，生成器 G 和判别器 D 的学习过程构成了一个动态博弈过程，其中生成器 G 希望生成尽可能真实的数据欺骗判别器 D，而判别器 D 需要提升判别能力以求把 G 生成的数据与真实数据区分开来。此时，针对 GAN 的训练过程可以看成 G 和 D 同时从“新手”成长为“专家”的过程，即模型最终可以将生成器 G 训练成一个“造假”的专家、将判别器 D 训练成一个“鉴别”的专家。从数学上讲，GAN 的对抗博弈可以通过判别函数 $D(\boldsymbol{x})$ 和生成

函数 $G(z)$ 之间目标函数的极大极小值进行表示。

$$\min_G \max_D V(D,G) = \mathbb{E}_{x\sim p_{\text{data}}(x)}[\log D(x)] + \mathbb{E}_{z\sim p_z(z)}[\log(1-D(G(z)))]$$

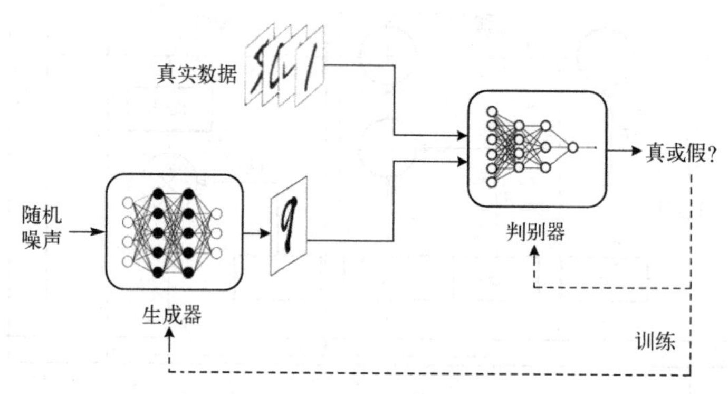

图 6-21　生成式对抗网络结构图

自提出开始，GAN 就迅速变成了学术界的一个研究热点，产生了许多流行的 GAN 变体。其中，DCGAN(Deep Convolutional GAN)是卷积神经网络 CNN 与生成式对抗网络 GAN 相结合的一种典型变体，通过将生成式模型中的生成器 G 和判别器 D 替换成两个 CNN 网络并进行其他适应性修改，利用 CNN 网络强大的特征提取能力来提高 GAN 的学习效果；Wasserstein GAN 网络通过从理论上分析原始 GAN 存在训练困难、生成样本缺乏多样性等问题的原因，并使用 Wasserstein 距离代替原始 GAN 网络损失函数中的 KL 距离，对 GAN 网络的学习效果进行了有效的改进。

关于 GAN 的进一步改进还有，增加了循环一致损失的 CycleGAN、面向序列生成的 SeqGAN、基于 ImageNet 合成图像的大规模 BigGAN 等，它们已经广泛应用于图像风格转换、高分辨率图像合成、文本到图像转换、目标检测与跟踪等诸多领域。

6.3.2　强化学习

强化学习(Reinforcement Learning，RL)是机器学习的一个分支，相较于机器学习经典的有监督学习、无监督学习问题，强化学习最大的特点是在交互中学习——智能体(Agent)与环境(Environment)在交互中根据获得的奖励或惩罚不断地学习应对策略，使得智能体的行为更加适应环境。基于这个特点，强化学习在能形成序列决策的领域，如自动驾驶、游戏对抗等，有着非常广阔的应用前景。例如，2017 年谷歌公司发布的 AlphaGo，是第一个击败人类职业围棋选手、第一个战胜围棋世界冠军的人工智能围棋程序，其成功的关键就是采用了强化学习技术。

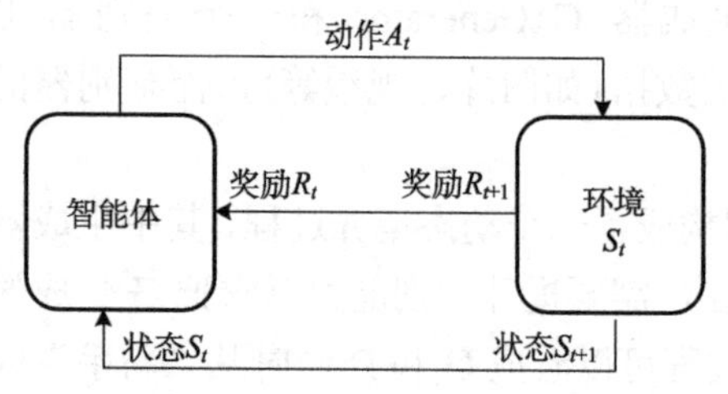

图 6-22　智能体与环境交互示意图

智能体与环境的交互是通过动作及其评价实现的，预先定义的动作集合 $\mathcal{A}=\{A_1,A_2,\cdots\}$ 描述了所有可能的动作，评价机制根据用户的动作和当前环境确定智能体获得的奖励。如图 6-22 所示，给定时间 t，智能体会根据当前环境状态 S_t 和当前的奖励值 R_t 决定如何动作 A_t，环境对智能体的动作进行反馈获得下一步的状态 S_{t+1} 和奖励 R_{t+1}。

在强化学习的描述中，常用轨迹来记录智能体与环境交互的一系列状态、动作。

$$\tau=(S_0,A_0,S_1,A_1,\cdots)$$

其中，一个状态 S_t 到下一个状态 S_{t+1} 的转移过程由一个确定性函数 $S_{t+1}=f(S_t,A_t)$ 或一个条件概率分布 $S_{t+1}\sim p(S_{t+1}\mid S_t,A_t)$ 来确定，奖励函数取决于当前的环境状态及智能体的动作 $R_t=R(S_t,A_t)$，一条轨迹 τ 的累积奖励被称为相应的回报。

$$R(\tau)=\sum_{t=0}^{T}R_t$$

当考虑不同时间的奖励产生的影响不同时，可以引入奖励折扣因子 γ，对回报函数进行修正。

$$R(\tau)=\sum_{t=0}^{T}\gamma^t\cdot R_t$$

假设智能体的行动是基于某种策略 π，则起始状态 $S_0=s$ 的价值函数 $V(s)$ 被定义为所有可能轨迹的回报的期望值。

$$V^{\pi}(s)=\mathbb{E}_{\tau\sim\pi}[R(\tau)\mid S_0=s]$$

其中，策略 π 表示了智能体根据环境状态来采取动作的方式，可表示为概率

$$\pi(a\mid s)=P(A_t=a\mid S_t=s)$$

式中，策略 π 表示给定条件 s 时，关于输入 a 的一个(概率)函数。

马尔可夫决策过程(Markov Decision Process)是一类重要的强化学习模型，其中假设状态和奖励满足下述马尔可夫性：

$$P\{S_{t+1}\mid S_0,A_0,\cdots,S_t,A_t\}=P\{S_{t+1}\mid S_t,A_t\}$$

给定初始分布 $\rho_0=P\{S_0=s_0\}$ 和策略 π，马尔可夫决策过程中的一个长度为 T 的轨迹 $\tau=(s_0,a_0,s_1,a_1,\cdots,s_T,a_T)$ 的概率为

$$p(\tau\mid\pi)=\rho_0\cdot\prod_{t=0}^{T}P\{S_{t+1}=s_{t+1}\mid S_t=s_t,A_t=a_t\}\cdot\pi(a_t\mid s_t)$$

此时，对于给定的奖励函数 R，策略 π 所对应的而价值函数为

$$V^{\pi}(s_0)=\mathbb{E}_{\tau\sim\pi}[R(\tau)\mid S_0=s_0]=\int_{\tau}R(\tau)\cdot p(\tau\mid\pi)\mathrm{d}\tau$$

强化学习的目的就是通过优化策略使得价值函数所表示的期望回报最大化。求解价值函数的方法有很多，例如蒙特卡罗法、贝尔曼期望方程、逆矩阵法等。深度强化学习是深度学习与强化学习的结合。如图 6-23 所示，其中假设策略 $\pi_\theta(a\mid s)$ 是由一个深度学习网络决定的，

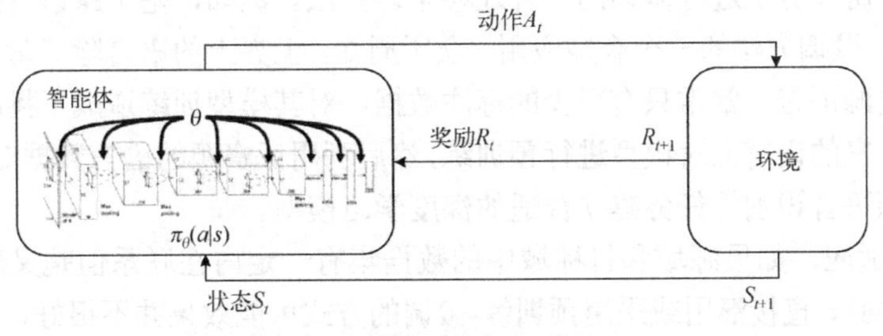

图 6-23　深度强化学习示意图

即存在一个深度学习网络的输入是当前状态 s，输出是智能体采取的动作 a，而深度学习网络由参数 θ 来确定。

6.3.3　迁移学习

将所学习到的知识迁移应用在相似或相近的领域，对人类而言是一种常见的能力。例如当一个人学会了如何骑两轮自行车，那么再学习如何骑两轮电瓶车时就会变得较为容易，可以认为在学习骑两轮电瓶车的过程中自然地迁移用到了骑自行车时习得的知识与技巧。类似地，当一名学生学会了一门编程语言(例如 C 语言)后，再学习其他语言(例如 Python)的时候也会比完全从头学要简单,因为很多编程的基础知识是可以从上一门语言中直接迁移过来的。在利用机器学习或深度学习解决现实问题的时候，如何仿照人类的学习过程，借助在解决一个问题时学习的知识来提升解决另外一个问题的效果，就是迁移学习的最初思想，如图 6-24 所示。

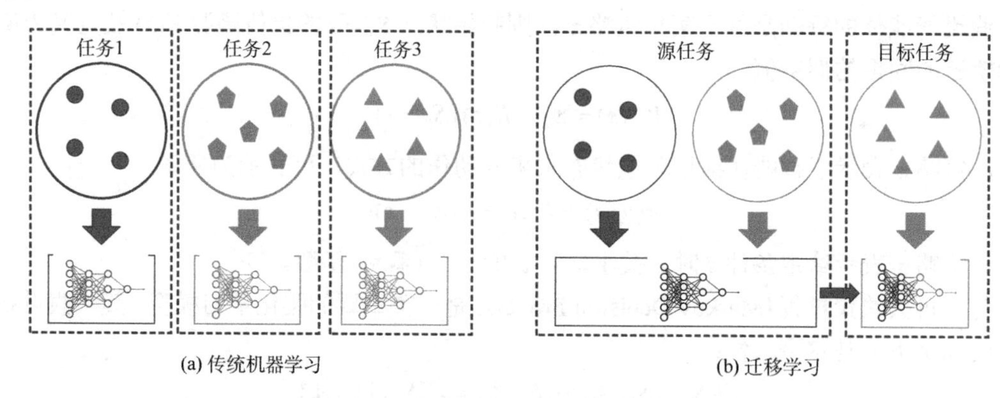

图 6-24　传统机器学习与迁移学习的区别

迁移学习(Transfer Learning，TL)就是在不同的机器学习模型之间进行迁移，通常指把源域已有的知识、模型、结构迁移到目标域的数据上来，帮助新模型训练。从形式上讲，给定一个源域 $D_S=\{X_S,P_S(X)\}$ 及源域上的学习任务 $T_S=\{Y_S,f_S(X)\}$，一个目标域 $D_T=\{X_T,P_T(X)\}$ 及目标域上的学习任务 $T_T=\{Y_T,f_T(X)\}$，迁移学习的目的是，在 $D_S\neq D_T$ 或 $T_S\neq T_T$ 的条件下，利用源域 D_S 和任务 T_S 的知识来提升任务 T_T 中的预测函数 $f_T(X)$ 的性能。

近年来，迁移学习的研究热潮持续升温，从最简单有效的预训练-微调(Pre-train and Fine-tuning)、领域自适应(Domain Adaptation，DA)、领域泛化(Domain Generalization，DG)，发展到安全迁移学习(Safe Transfer Learning)，迁移学习的研究领域呈现出不断扩展的趋势。

(1) 预训练-微调指的是先在规模较大的数据集上训练得到一个具有强泛化能力的预训练模型，然后在下游任务上进行微调的一种迁移学习方法。例如，基于跨语言技术的低资源语音识别是预训练-微调方法的一个有趣应用。众所周知，世界上的语言除了常用的几十种以外还有很多的低资源语言，常常只有很少的标注数据，对其模型训练造成了挑战。迁移学习能够通过在资源丰富的语言上对模型进行预训练,然后利用低资源的语言数据对模型进行微调，就可以为低资源语音识别等任务建立合适的深度学习模型。

(2) 领域自适应，如果源域和目标域中的数据集有一定内在联系但是又表现出很大的差异性(即分布不同)，直接混用或采用预训练-微调的方式可能效果并不很好，就可以考虑用领域自适应的方法：将域和目标域的数据映射到一个特征空间中，让它们在特征空间中的距离尽可能近，在特征空间中就可以基于源域数据的训练模型并将其应用于目标域数据上了。

(3) 领域泛化，假设有若干个具有不同数据分布的数据集，尝试从中学习一个具有很强泛化能力的通用模型，以用于未知的测试数据。领域泛化和领域自适应的最大不同点在于，领域自适应中假设源数据和目标数据都是可以访问的，但领域泛化中假设只能访问若干源数据但是不能访问目标数据。

(4) 安全迁移学习是指针对迁移学习过程中的安全性问题进行的研究，包括迁移模型的滥用问题、预训练模型的受攻击特性继承问题等。迁移学习中经常会使用复杂的预训练模型，这些预训练模型往往是开源的，如果攻击者知道一个迁移学习模型以哪个预训练模型作为基础，那么他就可以利用其从预训练模型中继承的受攻击特性实施攻击。如何防范诸如此类的攻击，就是安全迁移学习的研究目标。

思 考 题

1．数据分类和数据聚类两种算法的不同点是什么？这两种算法是否有相似之处？

2．Apriori 关联规则算法的优点是什么？缺点是什么？

3．PageRank 算法为什么会收敛？算法最终所得的向量为什么能体现节点的不同权重？

4．多层感知器用作分类模型的时候，从训练数据确定的模型参数是多层感知器的哪一部分？

5．试想一下，强化学习和迁移学习在军事领域中有哪些潜在的应用场景？

第 7 章　大数据可视化

大数据需要对其所蕴含的语义、知识、规律等进行多维度、多要素的直观展现，并辅助用户对大数据进行推理和分析。视觉表现形式是对现实的具象表达，可视化作为用视觉表现形式来表达数据的一种方式，可以将大数据在不同空间或者维度上的含义，转换成人可直观感受或者接受的视觉元素。它是一种能够很好地展示和分析大数据的方法。本章主要介绍数据可视化概念、数据可视化方法与工具、大数据可视化面临的问题。

7.1　数据可视化概述

7.1.1　可视化与可视化技术

可视化是一种用视觉表示形式来表达事物的方式，它是人类表达事物最直接最有效的途径。可视化与人类的绘画、测绘、制图及科技发展一脉相承，最初用于生成地图和几何图表，以期展现某些重要信息。科技的发展进步，可观测或计算的事物愈发精细复杂，可视化也由此被逐渐用来表达不易理解或不易察觉的事物特性或特征信息。人类历史上有很多可视化实例，例如 19 世纪英国伦敦的霍乱成因分析和英国在克里米亚战争中死亡人员状态分布是较为经典的可视化实例，通过南丁格尔的“玫瑰图”，发现了非战场死亡居高的事实。霍乱图呈现出了霍乱患者分布与水井分布之间的关系，并从其中发现在一口井的供水范围内患者明显偏多，据此找到了霍乱暴发根源是一个被污染的水泵。南丁格尔的《东部军队(战士)死亡原因示意图》(即“玫瑰图”)如图 7-1 所示。它以不同颜色表示不同原因造成的人员死亡情况，

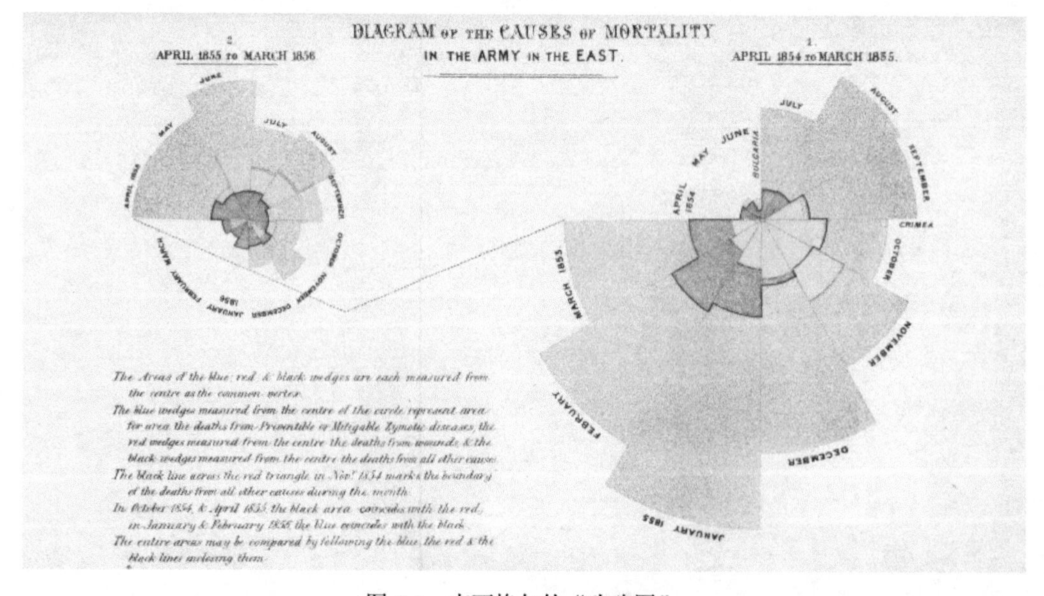

图 7-1　南丁格尔的“玫瑰图”

扇面半径和面积表示死亡人数，它直观地呈现出英国在克里米亚战争中死亡人员数量和死亡原因，有力地说明了在战地开展医疗救护和促进伤员医疗工作的必要性。可视化最早出现可以追溯到17世纪，随着法国数学家笛卡儿和皮埃尔·德·费马发明了解析几何和二维坐标系，数值显示和计算方法产生了革命性变化，基于真实测量数据的可视化方法由此出现，并开启了可视化模式。18世纪后半叶，苏格兰工程师与经济学家William Playfair(威廉·普莱费尔)发明了折线图来表示时间上的数值变化，随后又发明了柱状图、饼状图等。这些用于直观表达数据的折线图、柱状图、饼状图及散点图等逐步发展起来，这些图形被大量应用于统计学领域绘制图表。

可视化技术是指通过图形化方式将数据、信息或知识直观表达出来并呈现给用户的一种技术。1967年，法国人Jacques Bertin(雅克·贝尔廷)出版了*Semiology of Graphic*(《图形符号学》)一书，在该书中确定了构成图形的基本要素并描述了图形设计的框架，由此奠定了信息可视化的理论基础，成为后续可视化技术发展的奠基石。1977年，美国普林斯顿大学统计学教授提出了一种称为探索性数据分析(Exploratory Data Analysis，EDA)的新统计模式，并将可视化技术运用其中，从真正意义上赋予了可视化在定量数据表达上的能力。20世纪后半期，计算机应用促进了计算机图形学的发展，人们可以利用计算机技术在显示屏上绘制出各种图形图表，可视化技术由此开启了全新的发展阶段。进入21世纪后，随着大数据和开源软件等理念的形成与技术的发展，可视化技术广泛应用于指挥、决策、控制、商务、地理等不同类型系统，它增强了人们对不同类型数据的认知。

7.1.2　数据可视化概念

数据可视化是关于数据视觉表现形式的科学技术，它使得人们可以快速认识数据，同时传达数据中的信息。目前，对于数据可视化定义存在不同的观点，有研究者认为数据可视化属于可视化的一个子类，是将数据用统计图表方式呈现的过程。随着技术发展，数据可视化概念在不断演变，其边界也在不断扩大，本节仅从可视形式角度对其概念进行阐述。数据可视化是一种将原本不可见或难以直接显示的数据转化为人可以直观理解和感知的元素，如图形符号、颜色纹理等，并将这些元素组合为图形图像以呈现信息的技术。从这个定义中可知，可视化的基础是数据，结果是便于理解的图形图像。如图7-2所示描绘了一个从数据到图形图像的可视化过程参考模型。

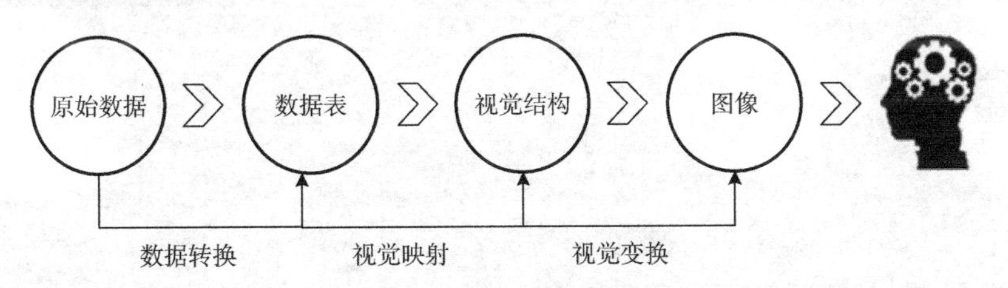

图7-2　可视化过程参考模型

该参考模型将数据可视化划分为3个阶段。阶段一是原始数据转化为结构化数据表，这个阶段就是对多源异构数据进行标准化和结构化处理，形成统一的结构化表格数据。阶段二是进行视觉映射，将结构化数据映射为由空间基、标记及标记的图形属性等可视化要素构成的视觉结构。阶段三是视觉变换，根据位置、比例、大小等参数设置，将可视化结构形成图像并在输出设备上显示，这个过程也称为图像转换阶段。这 3 个阶段并非一次性全部完成的，而是可以通过人机交互方式不断地进行调整。

7.1.3　数据可视化作用

大数据时代的智慧决策被描绘为从数据出发，提取相应信息，将信息转化为知识，再根据对知识的理解，做出智能判断的过程。在整个过程中，数据可视化借助于人眼对视觉符号快速感知能力，可以起到清晰有效地传递信息、辅助数据分析、直观解释分析结果等作用。

1. 直观展示信息

数据可视化可以将数据蕴含的信息在特定空间中以最直观的方式展现出来。假如某个网络拥有百万量级的节点和数亿量级的边，这些节点和边数据被存于数据库后，人们无法对该网络的结构形成直观认识，但可以通过网络数据的可视化，构建其结构并发现其结构特征。如图 7-3 所示为 AG-Monien 网络数据集的拓扑结构可视化结果，从图中可发现数据集中的每个网络都含有大量节点和边，网络之间没有关联。其中，有些网络的结构特征明显，而有些网络的结构则毫无特征。

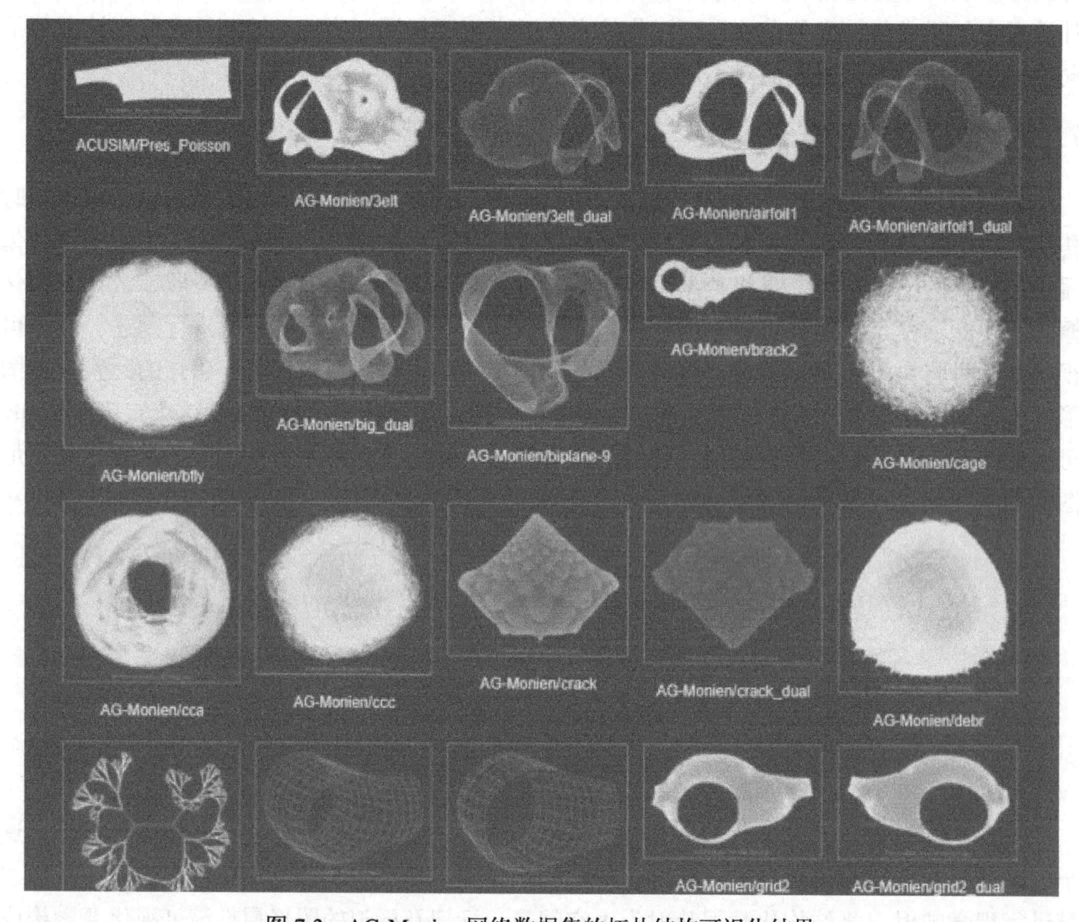

图 7-3　AG-Monien 网络数据集的拓扑结构可视化结果

2. 观测和追踪信息

数据可视化可以通过多种视觉元素透视出数据的信息变化，从中发现、定位和捕捉难以察觉的事物状态和变化趋势。如图 7-4 所示，水平方向从左到右每个方格表示单词序列；在垂直方向上，前 3 条表示虚假信息(0～2)，后 3 条表示真实信息(3～5)。图中每个格子颜色的深浅反映了在信息传播过程中，用户对单词的关注度。从该图中每个单词的颜色变化可以看出：假信息的部分内容受到了广泛关注，而对真实信息的各个组成部分的关注相对统一。

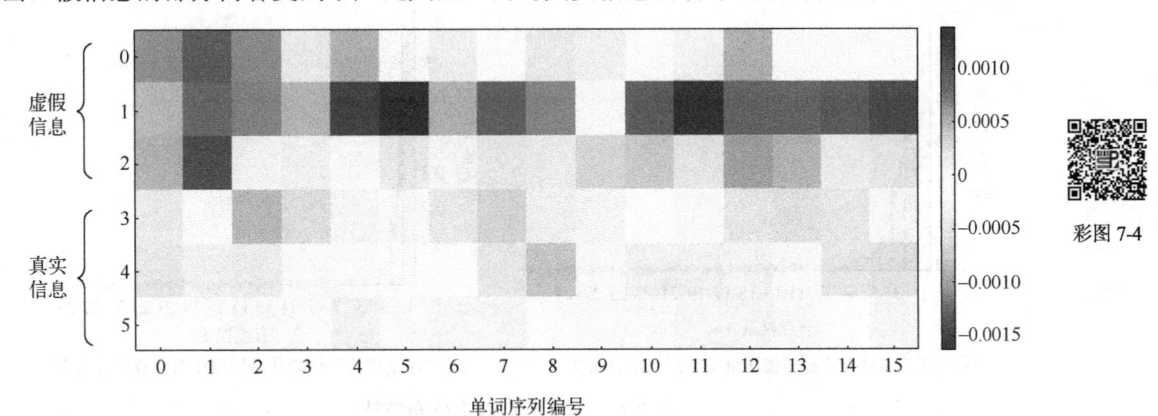

彩图 7-4

图 7-4　3 条虚假(0～2)和 3 条真实(3～5)传播中单词级注意力权重的可视化

3. 辅助挖掘隐藏模式

数据可视化在通过图形、动画等方式展现数据特征的过程中，可以启发或引导用户挖掘数据中的隐含模式、关系、规律和趋势等。如图 7-5 所示分别表示两个特定微博话题的传播关系网络，图中节点代表参与话题讨论的用户，边代表用户之间的转发和评论关系，即用户之间的交互；节点形状大小表征用户的“吸引度”，将其定义为节点权重，它主要通过用户的粉丝数、等级、发布与话题相关的博文数等相关属性衡量；节点颜色表征转发和评论其博文的用户数量，即节点的入度。从图 7-5 中可以观察到，在话题传播过程中权重较大的节点其

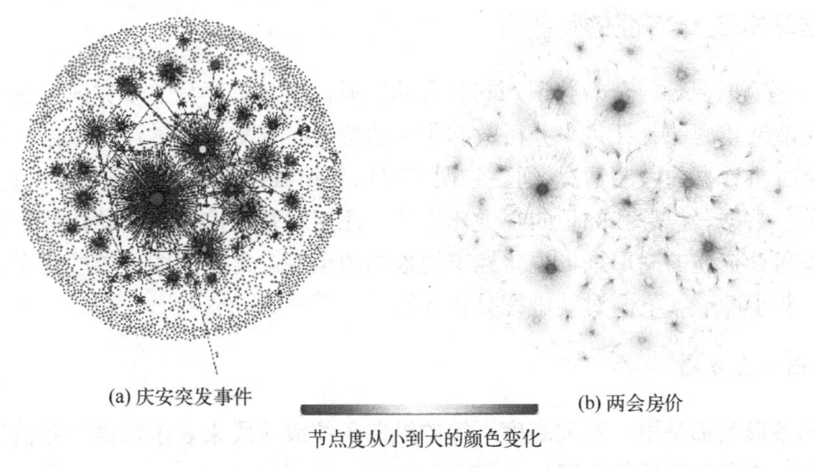

图 7-5　微博话题的传播关系网络

入度也较大，而且权重和入度较大的节点数量相对较少。为了分析和解释这一现象，对两个网络的节点权重分布进行统计，其统计特征如图 7-6 所示。图中横坐标表示节点权重，由大到小均匀地分为 30 段；纵坐标表示每个分段中的节点占比。从图 7-6 中可以发现，当节点权重增加时，节点占比迅速下降，节点权重近似服从幂律分布。形成这种现象的潜在原因是新节点遵从了择优选择的规律，即网络中新加入节点遵从优先选择权重大的节点进行交互，话题传播过程中用户之间的交互行为也符合这一规律。

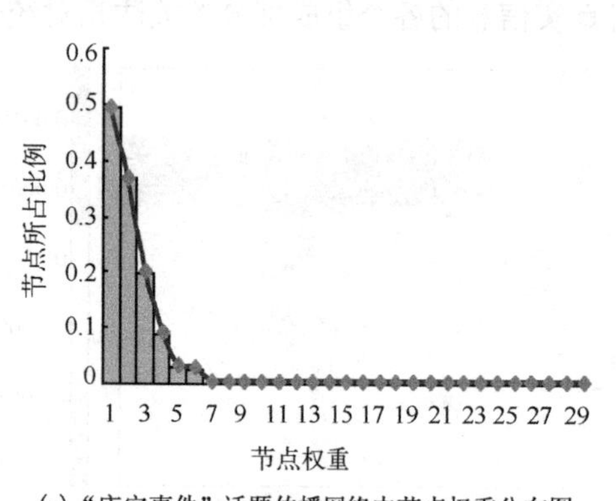

(a)“庆安事件”话题传播网络中节点权重分布图

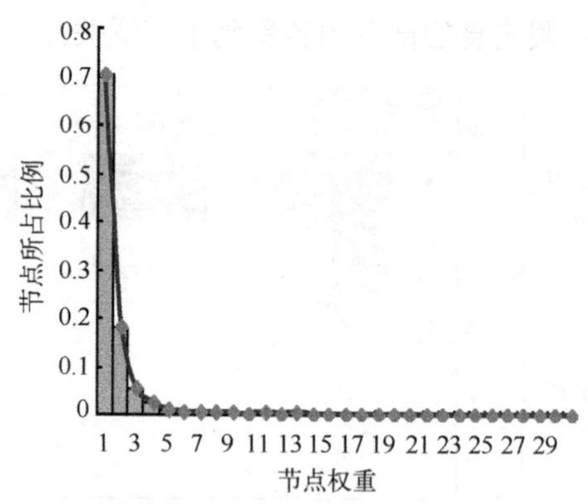

(b)“两会房价”话题传播网络中节点权重分布图

图 7-6 网络节点权重分布统计

总而言之，可视化的作用并不仅限于直观展现，还可体现在由数据到信息、从信息到知识的整个过程中，如通过辅助挖掘数据潜在模式，指导发现隐含的规律和趋势，帮助验证假设等。

7.2 数据可视化技术

数据可视化技术，从维度上可分为一维、二维及多维的可视化；从结构上可分为层次、网状和时序等类型的可视化，从效果上可分为动态、静态及混合态的可视化。下面简要介绍数据基本统计特征的可视化、高维数据可视化、面向大数据主流应用的数据可视化。

7.2.1 数据基本统计特征的可视化

如果要清晰地把握数据全貌并识别其具有的性质，通常需要分 3 步完成：首先，通过计算反映数据中心或重心的统计量来分析数据集中的位置；其次，通过计算数据分散程度和倾斜程度指标来分析数据的散布情况。通过这两步可以获得数据大致的性质并予以直观地展示。由于图表是关于数据、信息和知识的视觉化表达，还应对知识挖掘起辅助作用。因此，最后还需使用基本统计描述的图形来可视化地审视数据的全貌。常见的图表类型有直方图、折线图、散点图、箱型图等。下面对其进行具体介绍。

1. 条形图与直方图

直方图和条形图都是用一系列高度不等的纵向条纹或线段来表示数据分布情况的图形，但它们的绘制方式和应用场景不同。

直方图又称为质量分布图，用来表示连续变量的分布情况，将数据划分为若干不相交的等宽的连续子域，又称作桶或者箱。对于每个子域，画一个竖直条，其高度表示在该子域观测到的计数。例如，某班级考试成绩统计直方图如图 7-7(a)所示。其横轴表示考试成绩，纵轴表示落在每个成绩区间的计数。通过直方图展示，可以发现大部分学生的成绩集中在 80～90 分，总体分布峰值偏右。因此，直方图可以根据数据分布状况不同，体现数据的不同分布模式，主要包括对称单峰、偏左单峰、偏右单峰、双峰等。

条形图适用于比较不同类别或者不同组的数据，横轴表示数值，纵轴表示类型或者组，条形图的条的宽度和间距通常是相等的，条形的长度表示数据的大小或者比例。例如，不同产品的销售额如图 7-7(b)所示。从条形图中可以发现，Ty-5 类型的商品的销售额最高。因此，条形图通常用于分析 Top 场景。

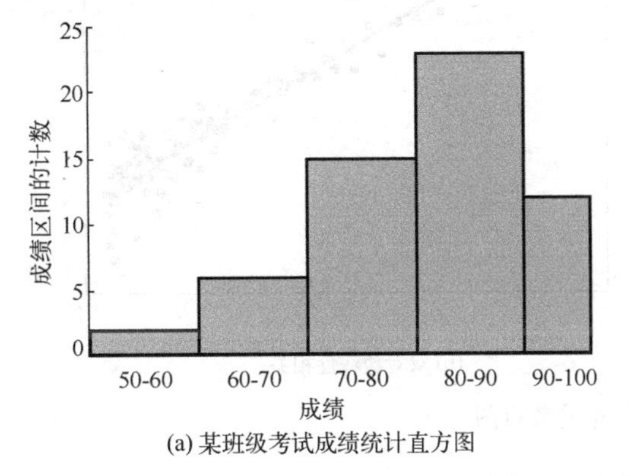

(a) 某班级考试成绩统计直方图

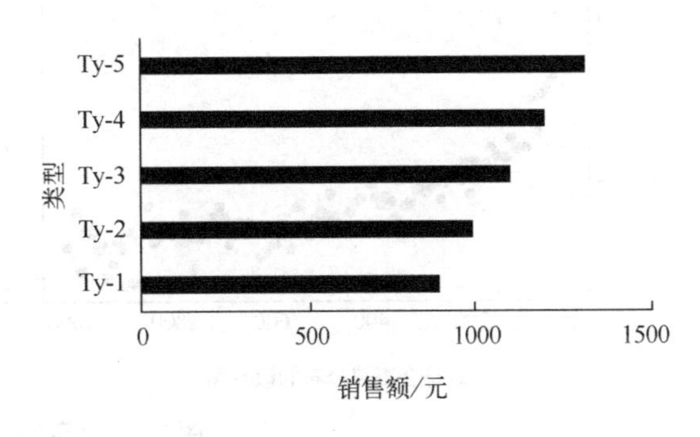

(b) 不同类型商品销售额统计条形图

图 7-7　直方图与条形图示例

2. 散点图

散点图是指数据点在坐标系平面上的分布图，通常数据点用代数坐标对来表示。散点反映因变量随自变量变化的大致趋势，可以用来判断两变量之间是否存在某种关联或总结数据分布模式。用散点图呈现数据关联性的示例如图 7-8 所示，其中，图 7-8(a)呈现数据之间呈正相关性，图 7-8(b)呈现数据之间呈负相关性，图 7-8(c)呈现数据之间完全无关性。用散点图总结数据分布模式的示例如图 7-9 所示，其中，图 7-9(a)通过散点图发现数据符合幂律分布规律，图 7-9(b)利用双对数图来验证数据是否呈现幂律分布模型。通过图 7-9(b)发现，当将两个坐标轴的数据进行对数变换后，其呈现线性相关。

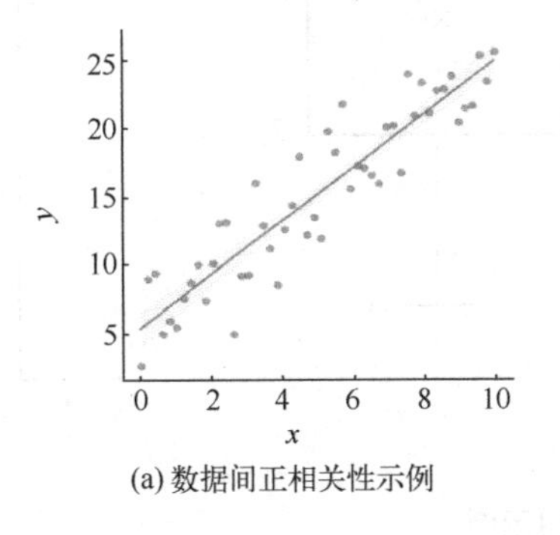

(a) 数据间正相关性示例

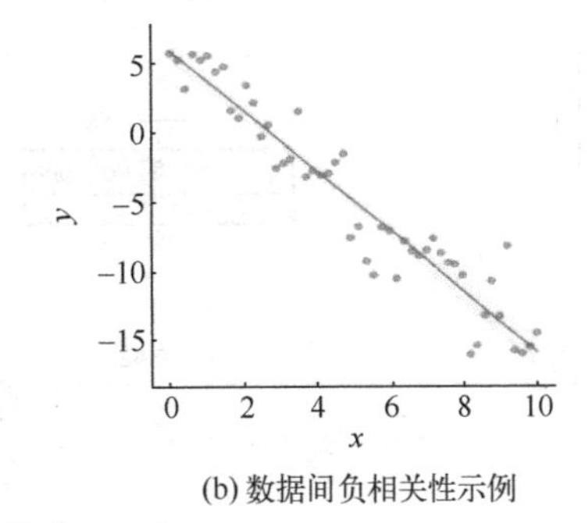

(b) 数据间负相关性示例

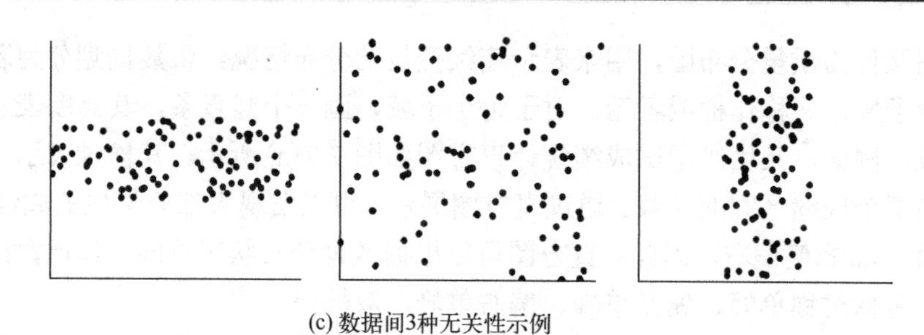

(c) 数据间3种无关性示例

图 7-8　3 种数据散点图示例

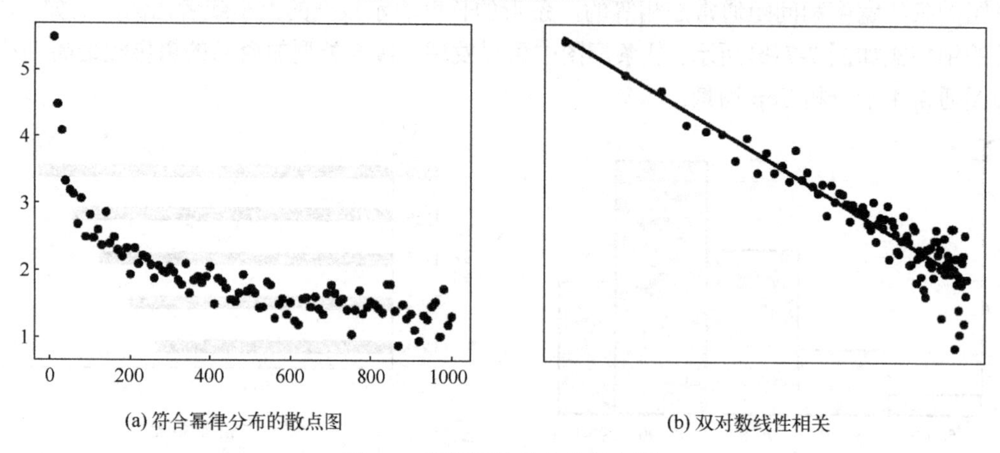

(a) 符合幂律分布的散点图　　　　(b) 双对数线性相关

图 7-9　体现幂律分布的散点图

3. 箱型图

箱型图是用来呈现一组数据分布情况的统计图。它除了用来反映原始数据分布的特征以外，也可以进行多组数据分布特征的比较，不同班级竞赛成绩统计示例如图 7-10 所示。箱型

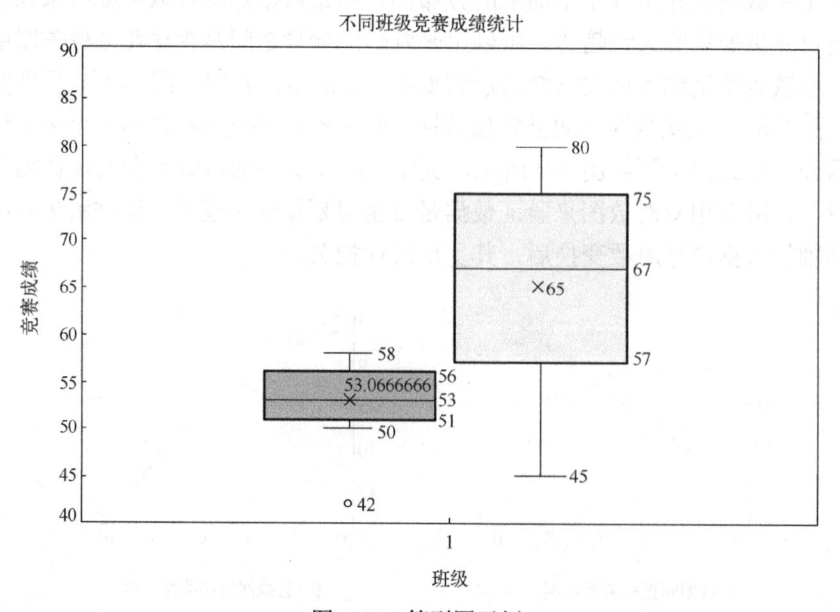

图 7-10　箱型图示例

图的绘制方法是：先找出一组数据的上边缘、下边缘、中位数和两个四分位数；然后，连接两个四分位数画出箱体；再将上边缘和下边缘与箱体相连接，中位数在箱体中间。

为了使得箱型图还能够捕捉数据集中的异常点，箱型图的上(下)边缘一般位于距离箱体上(下)方的 1.5IQR①的位置，表示异常值截断点。当数据集中存在超出这两个位置的点时，单独将其绘制出来，并将这些点视为异常点。

除此之外，其他基本统计图形还有折线图、饼图等，具体如表 7-1 所示。

表 7-1　其他基本统计图表

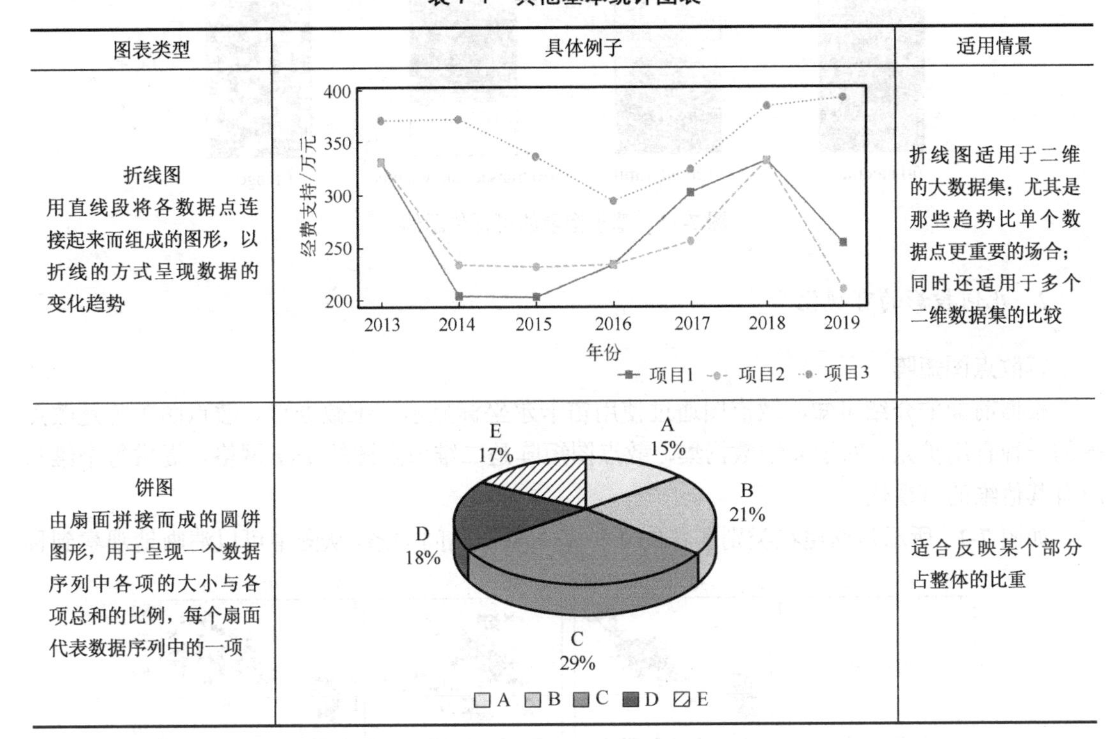

图表类型	具体例子	适用情景
折线图 用直线段将各数据点连接起来而组成的图形，以折线的方式呈现数据的变化趋势		折线图适用于二维的大数据集；尤其是那些趋势比单个数据点更重要的场合；同时还适用于多个二维数据集的比较
饼图 由扇面拼接而成的圆饼图形，用于呈现一个数据序列中各项的大小与各项总和的比例，每个扇面代表数据序列中的一项		适合反映某个部分占整体的比重

7.2.2　高维数据的可视化

高维指数据具有多个属性，高维数据指每个数据有两个或两个以上独立或者相关属性的数据。下面简要介绍几种常用的高维多元数据的可视化。

1. 基于像素的可视化

基于像素的可视化又称为可视化像素图，是一种用来表示数据大小的可视化形式，通常以像素为基本单元，通过颜色和亮度的变化来表达信息。基于像素的可视化是将一个数据项的值映射到一个带颜色的像素，这样就可以在屏幕中尽可能多地显示数据项。比如屏幕分辨率为 1024*768 时，最多可以显示 78 万多个数据项。

例如，对于一个具有 m 维的数据，基于像素的可视化主要包括 3 步：①创建 m 个窗口；②每一个维度的值与对应窗口的特定位置上的像素点对应；③像素的颜色反映对应的值。在窗口内，数据值按所有窗口共用的某种全局序安排。全局序可以用一种对项目任务有一定意

① IQR 表示四分位数极差即第 3 个四分位数与第 1 个四分位数的差，也就是箱体的长度。

义的方法，通过对所有记录排序得到。数据记录也可以按查询依赖的方法排序。例如，给定一个点查询，可以把所有记录按照与该点查询的相似性递减排序。

如图 7-11 所示描述的是利用像素可视化，分析顾客收入与顾客其他属性信息之间的关系。像素颜色值越小，着色越浅。可以很容易地观察到以下情况：顾客信用额度随着收入的增加而增加；收入处于中等水平的顾客更有可能购买产品；收入和年龄之间没有明显的相关性。

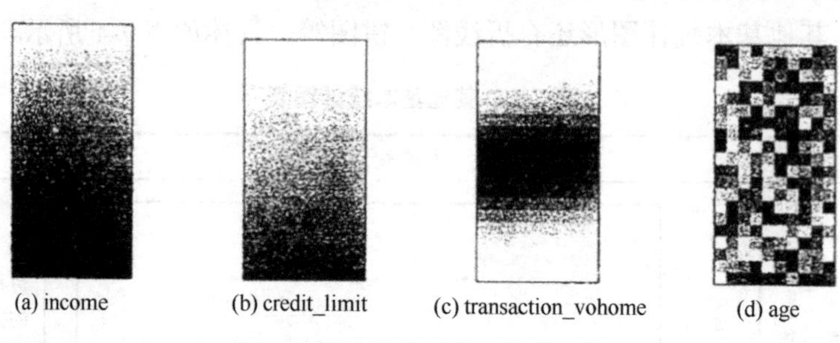

图 7-11　基于像素的可视化示例

2. 几何投影的可视化

1) 散点图矩阵

根据前面的介绍可知，散点图通过使用笛卡尔坐标显示二维数据点。散点图矩阵是散点图的一种有用扩充。对于 n 维数据集，散点图矩阵是二维散点图的 $n\times n$ 网格，提供每个维与所有其他维的可视化。

如图 7-12 所示是鸢尾花类别和花的 4 种基本特征之间关系。从图中可以清晰地观察到种

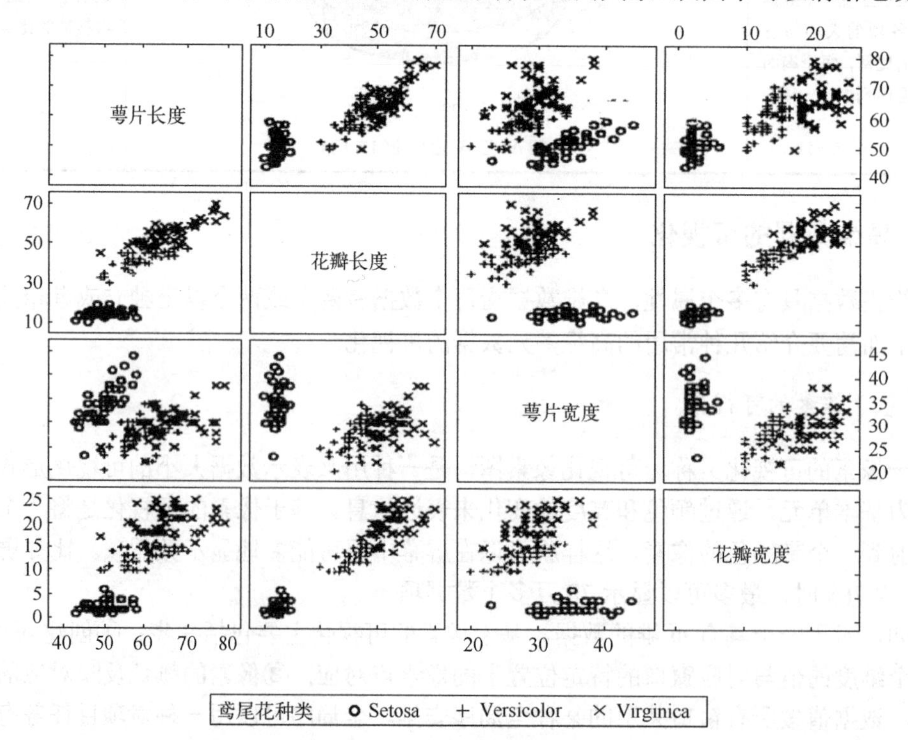

图 7-12　散点图矩阵示例

类为 Setosa 的鸢尾花的 4 种特征相较于 Versicolor 和 Virginca 差异比较明显，而 Versicolor 和 Virginca 在花瓣宽度这维特征上差异比较明显，其他维度差异不大。

2) 平行坐标系

平行坐标系是一种含有多个垂直平行坐标轴的统计图表，每个垂直坐标轴表示一个维度，每个维度又用刻度来标明范围。数据记录用一条折线表示，与每个轴相交点对应于数据记录中每一维的值，多维数据可以很容易地在每一条轴上找到"落点"，如图 7-13 所示。随着数据增多，折线堆叠，分析者就有可能从中发现特性和规律，比如发现数据之间的聚类关系。

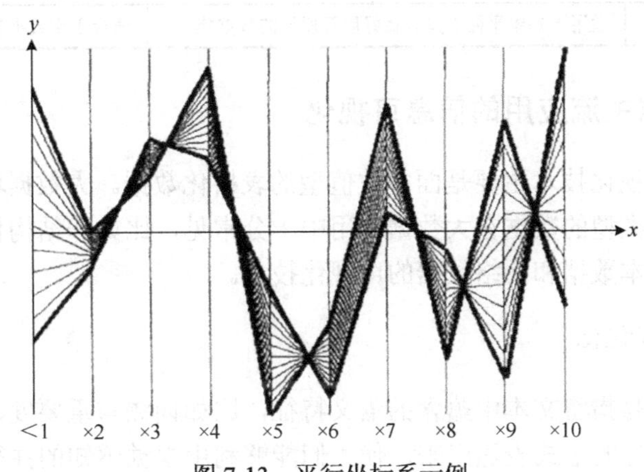

图 7-13　平行坐标系示例

平行坐标系最适用于多维数据的分析和比较，例如，多个学科、多个考核指标、多个关键参数等。前提条件是用来比较的数据都具有相同维度。当记录数据量达到数千条以上时，数据可能会存在重叠，视觉上常常降低可视化的可读性，使得很难发现模式。因此，平行坐标系适合数据维度多，但数据量不大的数据集。

3. 基于图符的可视化

切尔诺夫脸是以人脸的形式展现多维数据(最多 15 维)，用面部特征，包括脸的范围、形状，鼻子的长度，嘴的宽度、位置，眼睛的位置、分开程度、角度、形状和宽度等表示数据的不同维度，如图 7-14 所示。面部特征因感知的重要性而异，两张脸(代表两个多维数据)的相似性可能会因指派到面部特征的维的次序而异，需要小心选择映射。

由于人类非常善于识别脸部特征，脸谱化使得多维数据容易被用户理解。这样有助于数据的规律和不规律性的可视化，但在多重特征之间相关性分析方面存在局限性，而且也不显示具体数值。

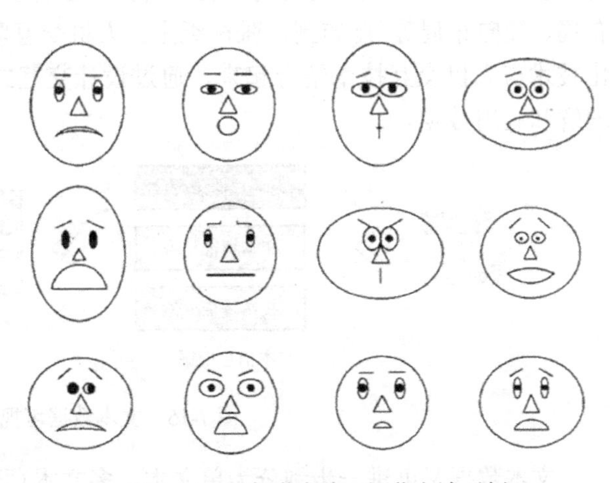

图 7-14　切尔诺夫脸可视化方法示例

表 7-2 总结了以上 3 种高维数据可视化技术的优缺点。

表 7-2　3 种高维数据可视化技术对比

可视化技术	优点	缺点
面向像素的可视化	适合大数据集可视化，对输入的查询数据能够给出详细的信息，便于用户从中发现隐含的关系	数据量受限于可显示的像素数量，需要用户组织数据，可以表示有序数据和无序数据
基于几何投影的可视化	适用于维数较多的数据集，比较容易观察数据的分布并发现其中的歧义点	适用于数据量不大的数据集，数据量很大时折线密度大，图形存在重叠，使用户难于识别
基于图符的可视化	适用于二维平面上具有良好展开属性的数据集	适合于维数不多的数据

7.2.3　面向大数据主流应用的信息可视化

前两节介绍的可视化技术主要是面向数值型的表格化数据。大数据环境下，存在许多其他类型的数据，这些类型的数据在大数据应用中十分常见，比如非结构化的文本数据和网络数据等。本节介绍文本数据和网络数据的可视化技术。

1. 文本数据的可视化

文本数据可视化是指将文本中蕴含的语义特征，比如词频与重要度、逻辑结构、主题动态演变等，以视觉符号的形式表达出来，使人们能够利用视觉感知的并行处理能力，快速获取文本中所蕴含的信息。

文本数据可视化基本流程包括：文本信息挖掘、视图绘制和人机交互 3 个阶段，其流程如图 7-15 所示。在文本信息挖掘阶段，文本数据预处理是指过滤无效数据、去除重复数据和提取有效信息等；文本特征抽取是指提取文本的关键词、词频分布、语法级的实体信息及语义级的主题等；文本特征度量是指对文本特征进行深层分析，如相似性等。在视图绘制阶段，主要包括两部分：图元设计和图元布局。其中，图元(即图形元素)设计是指将要设计的元素(包括插图、文字等)进行图形化(符号化、概括化)的处理；图元布局是指通过设置一张虚拟图纸，利用窗口将设计好的图形元素按照不同的方法(例如力引导图、正交布局、径向布局等)排布到这张图纸上。人机交互阶段的主要任务为交互设计，将数据可视化技术与人机交互技术结合起来，通过设计交互式的数据可视化界面，使用户能够更好地理解和利用数据。

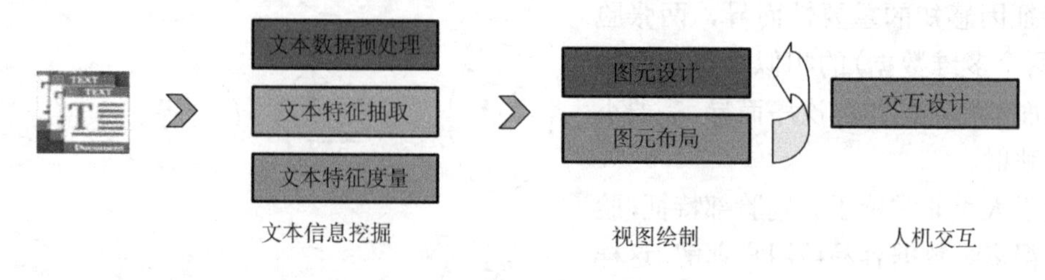

图 7-15　文本数据可视化基本流程

文本数据又可进一步划分为单文本、多文本(即文本或文档集合)及时序文本 3 种形态，其可视化也对应分为基于文本内容、基于文本关系、文本时序信息 3 种可视化。

1) 基于文本内容可视化

基于文本内容可视化的典型技术是标签云。标签云是指依据词频或者其他规则，对文本中关键词进行排序，并按照一定规律进行布局排列，然后用大小、颜色、字体等图形属性对关键词进行标签化处理并可视化。

如图 7-16 所示为基于清朝词人纳兰性德的词内容制作的词云图。其中关键词的大小和颜色标签由其词频所决定，这种词云图仅用于展示单词级别的文本特征。

为了揭示文本内部的语义层次关系，在词云图基础上改进形成文档散可视化技术。它采用径向布局的方式将整篇文章内的词汇呈现在一个放射式层次圆环中。其中，外层的词为内层词的下义词；单一层次中某个单词覆盖的弧度表示其与这一层次中其他单词频率的比例关系；颜色饱和度的深浅用来体现词频的高低。如图 7-17 所示为采用文档散的方式呈现一篇文章中关于“idea”方面的词汇。

图 7-16　标签云示例

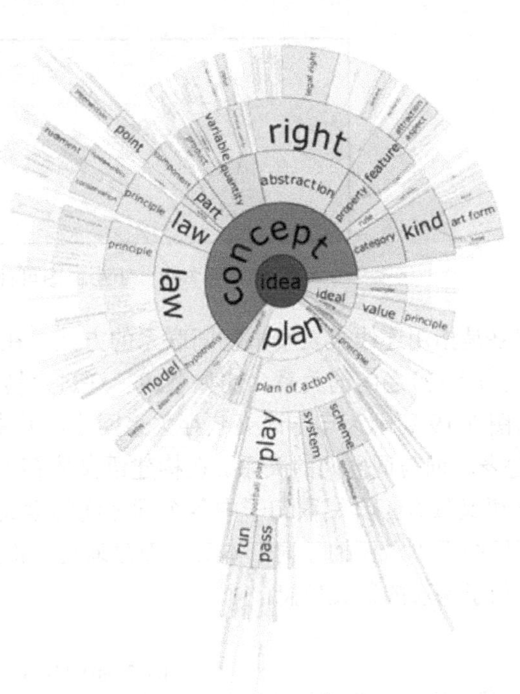

图 7-17　文档散可视化技术示例①

2) 基于文本关系可视化

文本关系可视化主要用于展示多文本（即文本或者文档集合）中的关系信息，比如论文的引文关系、单个文本之间的语法依存关系等。文本关系可视化又可细分为基于文档内容关系可视化和基于文档集关系可视化。这里只介绍基于文档内容关系可视化，内容关系布局一般采用树图或者网络形式展示。

树图是一种经典的可视化关系布局。在树图中，用矩形表示层次结构中的节点，父子节点间的层次关系用矩形嵌套形式来表达，这种展示方式可以充分利用屏幕空间。如图 7-18 所

① 制作文档散时，需要选择一个单词作为中心点，中心点词汇可以由用户指定，选择不同的中心点词汇呈现出的可视化结果是不同的。

示使用矩形树图展示唐朝诗人李白诗歌的主题分布，用不同的颜色区分不同的主题类别，相同类别的信息用矩阵嵌套来表达它们之间的关系。

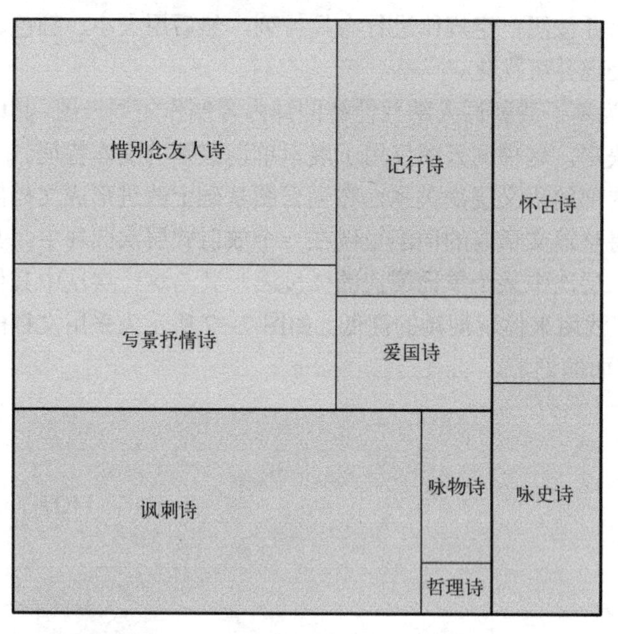

彩图 7-18

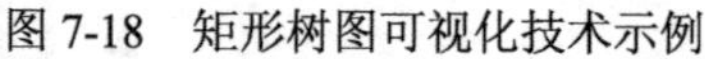

图 7-18　矩形树图可视化技术示例

网络是指用连线来表示事物间联系的方法。在文本可视化里面，用网络来表示文本内容(各个语言单位)之间的关系，比如顺成、递进、转折、原因等关系。

如图 7-19 所示为句子语义依存关系网络，其中节点表示文本的各个语言单元(这里为词组)，边表示词与词之间的关系。在构建语义依存关系网络时，首先对文本进行分词，然后利用 LTP 语义依存工具提取句子中各个词之间的语义依存关系。使用语义依存关系刻画句子语义，好处在于不需要抽象词汇本身，而是通过词汇所承受的语义框架来描述该词汇，可以直接获取句子深层的语义信息。

['常', '发生', '肌抽跃', '的', '人', '一定', '要', '注意', '了', '，', '这', '表明', '你', '这时', '的', '身体机能', '不是', '很', '好', '哦', '。']

①文本分词

[(1, 2, 'mDEPD'), (2, 5, 'rAGT'), (3, 2, 'CONT'), (4, 2, 'mDEPD'), (5, 8, 'AGT'), (6, 8, 'mDEPD'), (7, 8, 'mDEPD'), (8, 0, 'Root'), (9, 8, 'mDEPD'), (10, 8, 'mPUNC'), …]

②语义依存关系分析

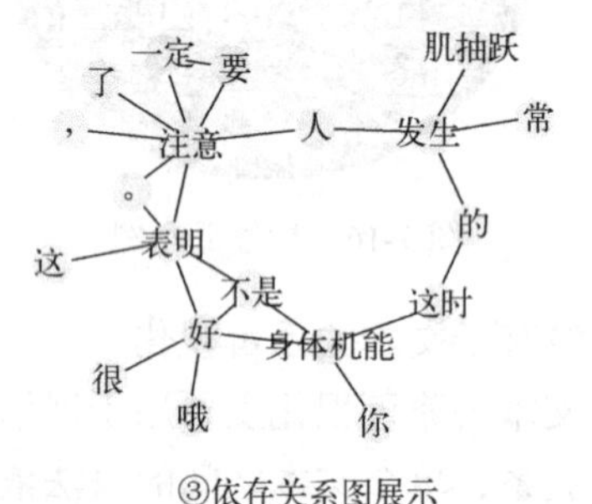

③依存关系图展示

图 7-19　文本的语义依存关系网络可视化技术示例

3) 文本时序信息可视化

文本时序信息可视化主要用于展示具有时间或顺序特性的文本内容，例如一个新闻事件随时间演化、一篇文章主题内容随时间变化。为了更加清晰地展示文本内容的动态变化，发现文本内容中存在与时间相关的模式与规律，需要引入时间轴。例如，SparkClouds 在标签云图的基础上，在每个词下面增加了一条折线图，用以显示该词的词频随时间的演化，如图 7-20 所示。

图 7-20　SparkClouds 可视化技术示例

河流图是目前比较经典的文本时序信息可视化技术，根据需要展示文本的语义粒度不同，又细分为主题河流图、文本河流图、事件河流图等。如图 7-21 所示的主题河流图示例，它的横轴表示时间，每一条河流代表一个主题，并用不同颜色的线条表示，河流的宽度代表其在当前时间点上的一个度量(如主题的强度)。这样既可以在宏观上看出多个主题的发展变化，又能看出在特定时间点上主题的分布。

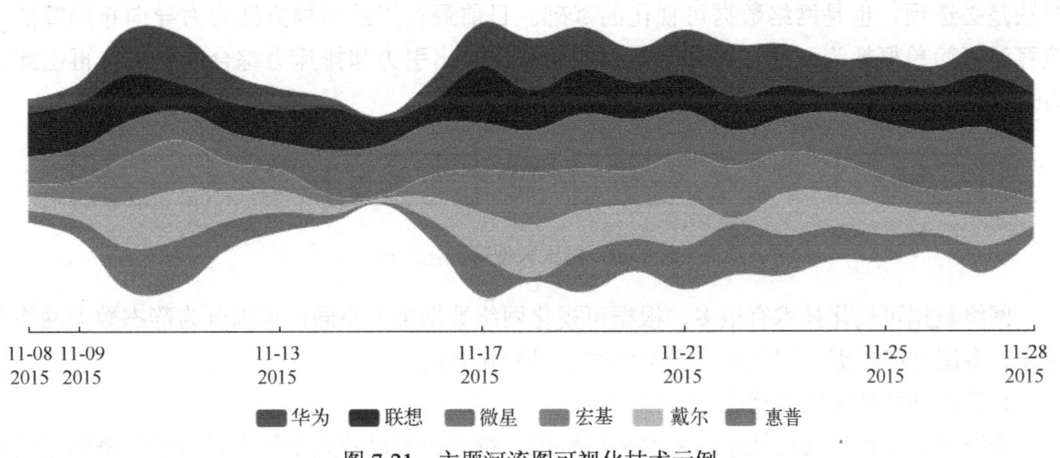

图 7-21　主题河流图可视化技术示例

主题河流图不仅可以表达出主题的变化，还可表达出各个主题随时间变化的分裂与合并状况，如图 7-22 所示。例如，某个主题在某个时间分成两个主题，或多个主题在某个时间合并成一个主题。

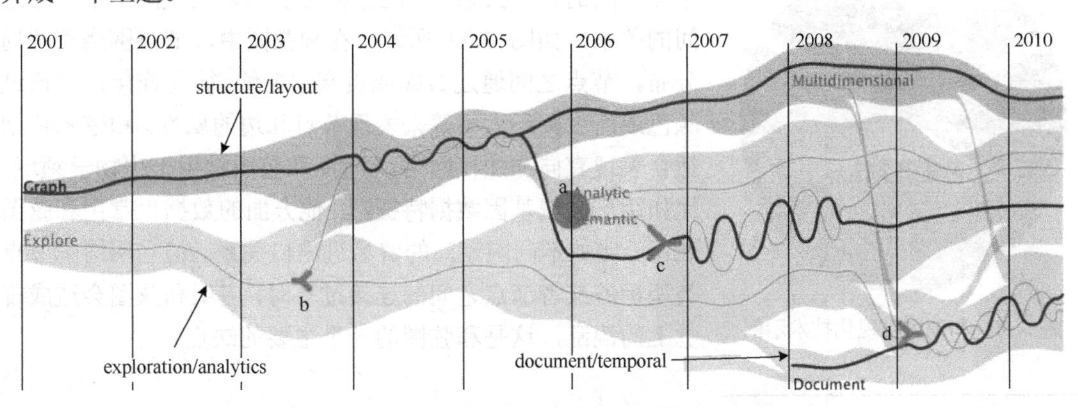

图 7-22　各个主题随时间变化的分裂与合并状况示例

2. 网络数据的可视化

网络数据，例如互联网络、万维网络及社交网络等，这些网络中的实体及其相互间的联系形成了庞大的网络数据，是大数据中最常见一类数据。网络数据中存在着丰富的节点和复杂的连接关系，蕴含了大量潜在模式需要挖掘利用。网络数据可视化就是利用各种挖掘算法，从这些相互联系的复杂数据中发现网络的结构特征或社区，合理布局并直观地展示出来，有助于揭示网络随时间演化的规律。

网络数据可视化的基本流程如图 7-23 所示。首先，将原始信息进行抽象，一般用邻接矩阵表示。如果网络中两个节点之间的边是有方向的，即从节点 u 出发指向节点 v，其为有向网络(有向图)，否则为无向网络(无向图)。网络的边也可以赋予权重，称为加权网络。其次，针对抽象的图结构，开展图计算以获取网络结构的特征，比如：找到网络节点较为紧密的社群，从而给节点打上标签；计算各个节点的排序，得到节点不同角度的重要性程度。最后，利用不同的布局算法(即按照一些特定的模型，将抽象数据进行具象展示)，得到节点的相对位置，从而可以真正从整体上较为清楚地看到整个网络。在该流程中，布局算法是必选项，也是网络数据可视化的基础。目前最有用的布局方法为力导向布局算法，该算法可简单概括为：通过对每个节点的计算，算出引力和排斥力综合的合力，再由此合力来移动节点的位置。

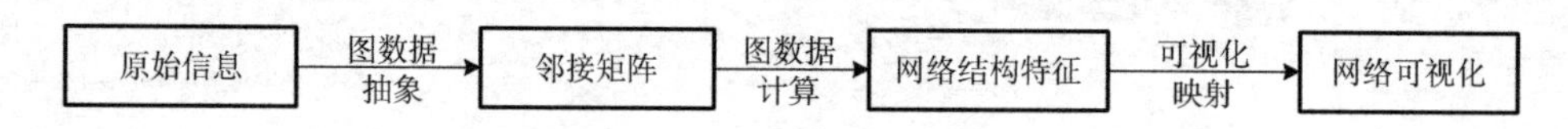

图 7-23　网络数据可视化流程

网络数据可视化技术有很多，根据可视化网络数据类型不同，可以分为静态数据网络可视化、多层网络数据可视化及广义网络数据可视化方法。

1) 静态网络数据的可视化

静态网络数据可视化技术，主要通过颜色、符号或者尺寸大小等方式展示网络的不同结构特征，主要包括网络图、和弦图、弧线图。网络图在文本关系网络可视化已经介绍，这里不再赘述。

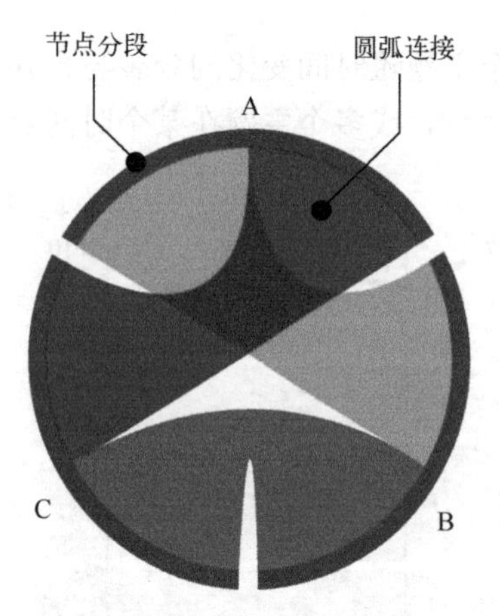

图 7-24　和弦图可视化技术示例

和弦图采用圆形布局，可用于比较一个数据集中不同数据点之间的相互关系，因此它也可以用来表现网络中节点之间的关系，如图 7-24 所示。在和弦图中，节点围绕着圆周分布，节点之间通过弧线或贝塞尔曲线[①]彼此连接，可通过颜色或所占圆环大小等来表现节点和边的属性。和弦图特别适合表现有向和加权网络。目前，和弦图常用于生物学领域，比如用于展现基因数据特征。其他方面的数据也常用和弦图表示，比如不同国家间的贸易进出口关系。但当网络中节点类型标签或者节点之间的连接过多时，应用和弦图会造成视觉上的混乱，这是和弦图的一个主要的缺点。

① 贝塞尔曲线是应用于二维图形应用程序的数学曲线，主要由线段与节点组成，节点是可拖动的支点，线段像可伸缩的皮筋。

弧线图如图 7-25 所示。在某种意义上它可以视为和弦图的一种简化形式，它更关注节点之间的联系。

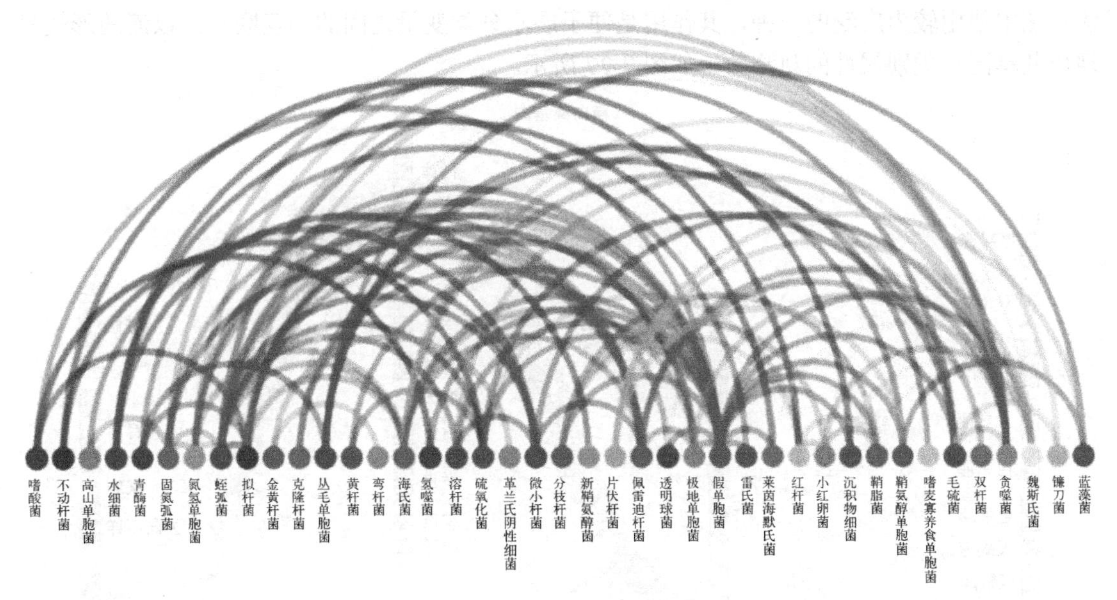

图 7-25　弧线图可视化技术示例

2) 多层网络数据的可视化

多层网络是指一组网络，其中的每个网络被称为一层，每层代表一种由特定类型的节点及其连接的网络，每层之间存在连接的边，如图 7-26 所示。比如，一个交通网络，用一层代表机场(节点)和航班(边)，用另一个层代表火车站(节点)和铁路(边)；层之间位于相同地理位置或便于换乘的节点之间存在连接。这个网络就可以表示一个存在换乘关系的复杂交通网络，它可以通过多层网络布局的方法及可视化技术，进行多层网络展现。多层网络可根据布局差异，可以分为完全布局、对两个层各自布局、只固定一个层布局的方式进行可视化展示。

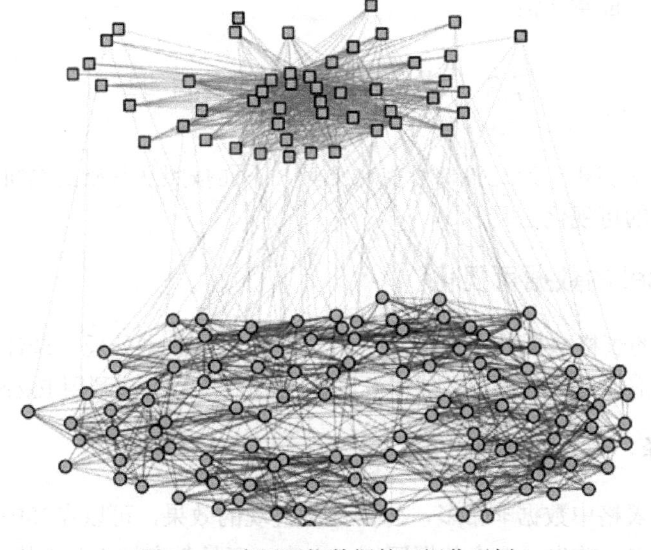

图 7-26　多层网络数据的可视化示例

3）广义网络数据的可视化

当网络结构存在先后顺序或者时间变化时，适合采用表示流程的图形来展示。桑基图是流程图中使用较为广泛的一种，其作用是便于展示分类变量之间的相互联系，以流的形式呈现出共享同一类别属性的观测数，如图 7-27 所示。

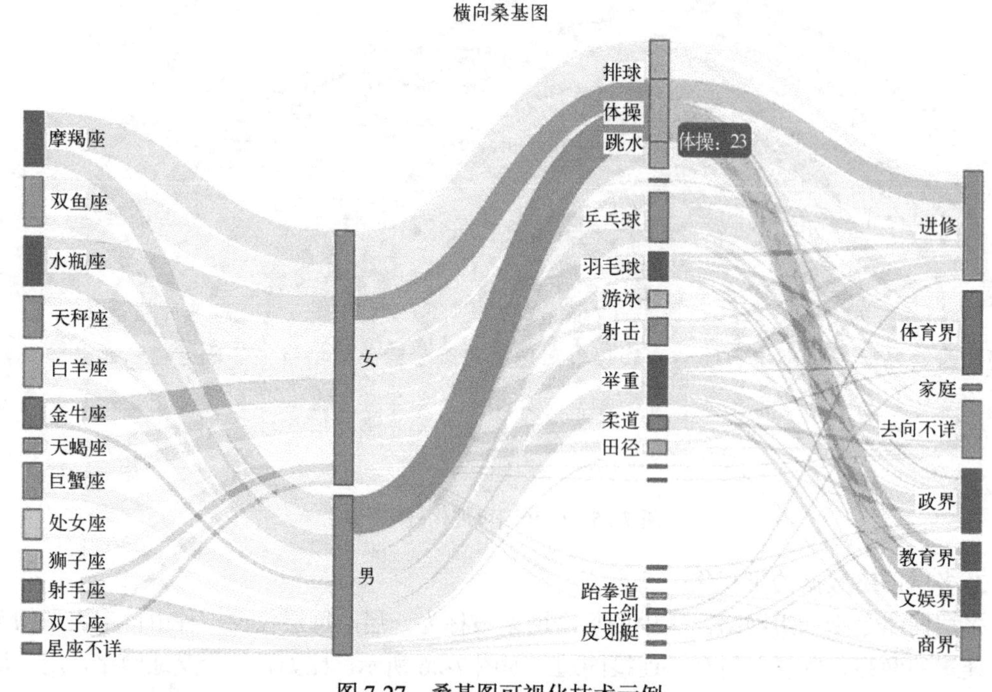

图 7-27　桑基图可视化技术示例

桑基图由节点、边和流量 3 部分组成。节点就是分类变量的属性，边是不同节点之间的联系，流量是边的取值，也就是“流动”的数据值。在图形上，流量的大小与边的宽度成比例。桑基图最重要的特征是从初始变量各节点出发的流量总和等于到达终止变量各节点的流量总和，也就是要“能量守恒”。

7.3　常用数据可视化工具

与数据可视化密切相关的是各种可视化工具，下面按照从基础到高阶的顺序，简要介绍几种目前比较主流的可视化工具。

7.3.1　基于 Excel 的数据可视化

Excel 是常用的表格数据处理工具，它用于各种表格数据处理、统计分析和辅助决策操作，也能创建供内部使用的数据图。具体可以通过以下几个方法利用 Excel 表格进行可视化。

1. 添加数据条，使数据更加直观

通常情况下，表格中数据非常多，想要达到直观的效果，可以在其中加入数据条。具体操作也相对比较简单。首先，选中数据区域，点击“开始”中的“条件格式”，并选择“数据条”，然后将不同类型的数据条划分成不同的颜色，这样就可以更加清楚地看出不同数据的差异[①]，具体示例如图 7-28 所示。

除了可以把数据转换成数据条以外，还可以在“条件格式”中对数据的图标集等多个参数进行可视化样式的操作，使得整个数据表更加直观和美观，如图 7-29 所示。

	A	B	C	D
1	Column1	Column2	Column3	Column4
2	0.1794	0.3799	0.4803	0.2799
3	0.275	0.2752	0.6755	0.4753
4	0.3692	0.5689	0.769	0.869
5	0.5634	0.4689	0.269	0.669

图 7-28　添加数据条示例

	A	B	C	D
1	Column1	Column2	Column3	Column4
2	★0.1794	★0.3799	☆0.4803	★0.2799
3	★0.275	★0.2752	☆0.6755	★0.4753
4	★0.3692	★0.5689	☆0.769	★0.869
5	★0.5634	★0.4689	☆0.269	★0.669

图 7-29　在数据条的基础上添加图标

2. 单元格里的迷你图

条件格式中的数据条不能在所有的数据表中使用，只能简单展现数据的大小，而无法展现数据的增长趋势。而 Excel 中的迷你图功能可弥补上述缺点。通过增加新的一列来放置迷你图。例如，通过选择“迷你图”中的“折线”，然后在打开的对话框中选择两个参数，分别是“数据范围”和“位置范围”，点击“确定”就能够自动生成迷你图，具体示例如图 7-30 所示。

	A	B	C	D	E
1	Column1	Column2	Column3	Column4	
2	0.1794	0.3799	0.4803	0.2799	
3	0.275	0.2752	0.6755	0.4753	
4	0.3692	0.5689	0.769	0.869	
5	0.5634	0.4689	0.269	0.969	

图 7-30　单元格里的迷你图示例

3. Excel 表格数据生成统计图

除了上述两个方法外，还可以利用 Excel 生成对应的统计图。具体操作为：先选中需要可视分析的数据，再点击工具栏中的“插入”项并选择“图表”，按照所需要的效果来选择最为合适的统计图类型。等确定好后，点击“确定”，即完成了统计图的制作。如，某公司 2021 年及 2022 年各季度利润情况柱状图表创建示例如图 7-31 所示。

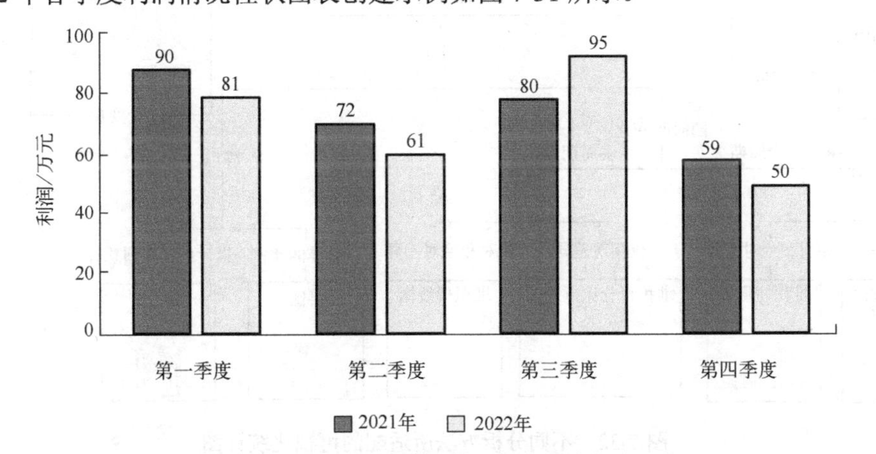

图 7-31　公司各季度利润情况柱状图表创建示例

① 可以选择“条件格式”中的“管理规则”，在“编辑规则”中设置最大的值，要求比实际数据集的最大值要大。

这是最简单的默认图表样式。还可通过对图表的布局、配色和字体设置，制作出非常精美的高级图表，其前提是要掌握图表制作各方面的知识。

4. 利用 Excel 进行可视化图表分析

利用 Excel 进行业务分析，主要用到以下 4 类可视化分析方法。

(1) 比较(对比分析)：是实际应用中最为常用且重要的方法，主要包括差异性分析(体现两个项目之间的差异程度值)、时间序列(对比同一指标在不同时间点下的情况)等。

(2) 构成分析：反映部分与整体、部分与部分间构成关系的分析方法。如可以利用漏斗图、瀑布图等体现部分与整体间构成关系。

(3) 分布探索：对目标值进行多维度、多层次、多规则的分析观察。

(4) 关联分析：分析多个变量之间的关联关系。

4 个可视化分析方法所适配的可视化统计图如图 7-32 所示。

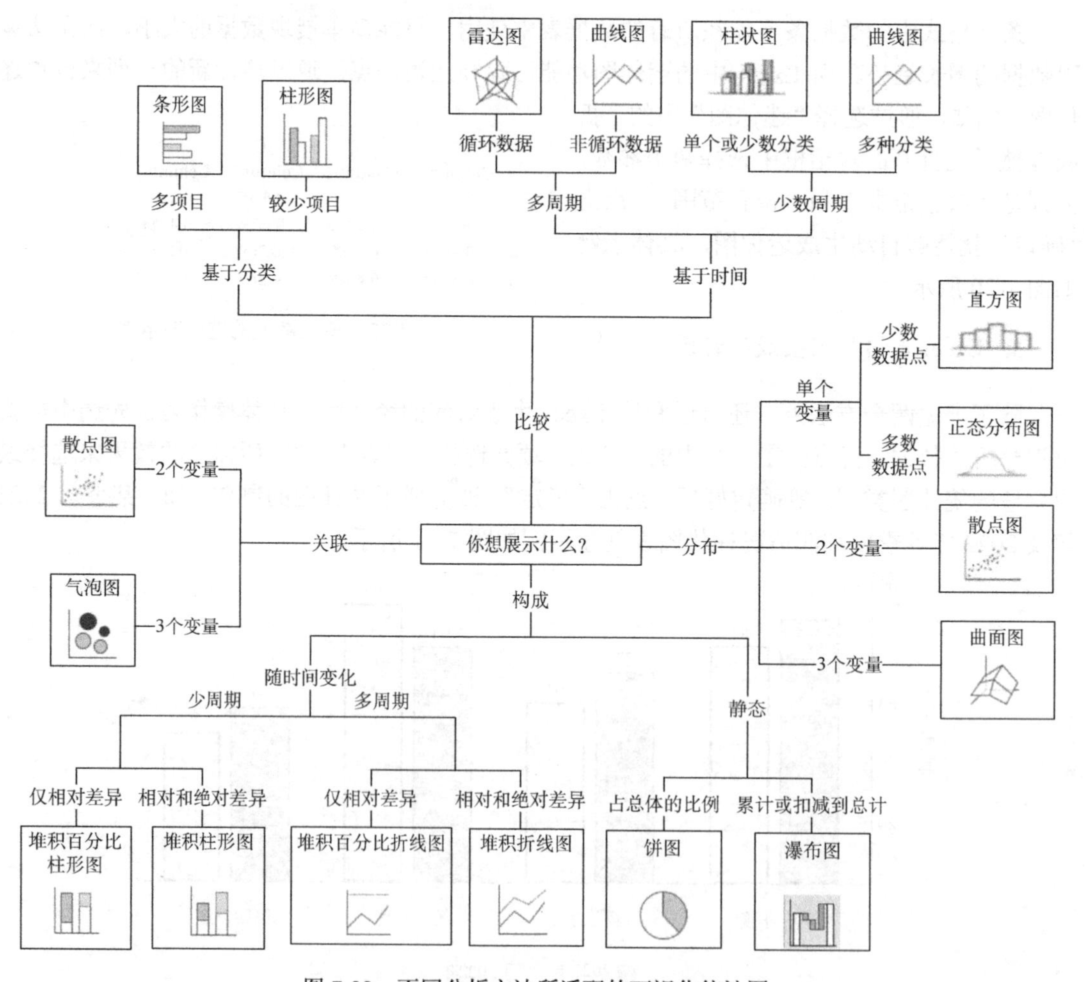

图 7-32　不同分析方法所适配的可视化统计图

虽然利用 Excel 可以完成很多数据可视化分析任务，但是 Excel 在颜色、线条和样式上可选择的范围有限，用 Excel 很难制作出能符合专业需要的数据图。

7.3.2 基于 Tableau 的数据可视化

Tableau 是一种简单的商业智能可视分析工具，以拖拽方式(无需编写复杂程序)就能够将抽象数据快速转换为各类直观图表，方便对各类数据进行探索分析，适合日常数据报表和数据可视化分析工作。同时，Tableau 具有高度交互功能，用户可以根据现实需求，对数据进行查看、排序和筛选等操作。下面将从 Tableau 的界面和基本图表绘制等方面进行简要介绍。

1. Tableau 界面

Tableau 界面包括菜单栏、工具栏、“数据”窗格、筛选器&标记、卡和功能区及智能推荐等，如图 7-33 所示。其中，菜单栏主要用来设置工作表或仪表盘的格式，保存文件等操作；工具栏设置了常用命令，包括撤销、保存、添加数据源、交换行和列等命令；“数据”窗格位于工作区左侧，显示数据源中已有的字段、创建的新字段和参数等，在可视化分析过程中，需要将“数据”窗格中的相关字段拖放到功能区，“数据”窗格可分为 4 个区域，包括维度、度量、集及参数[①]；筛选器&标记用来筛选字段枚举值，标记命令上设置画布以显示样式及显示效果；卡和功能区用来将字段放置于行或列。

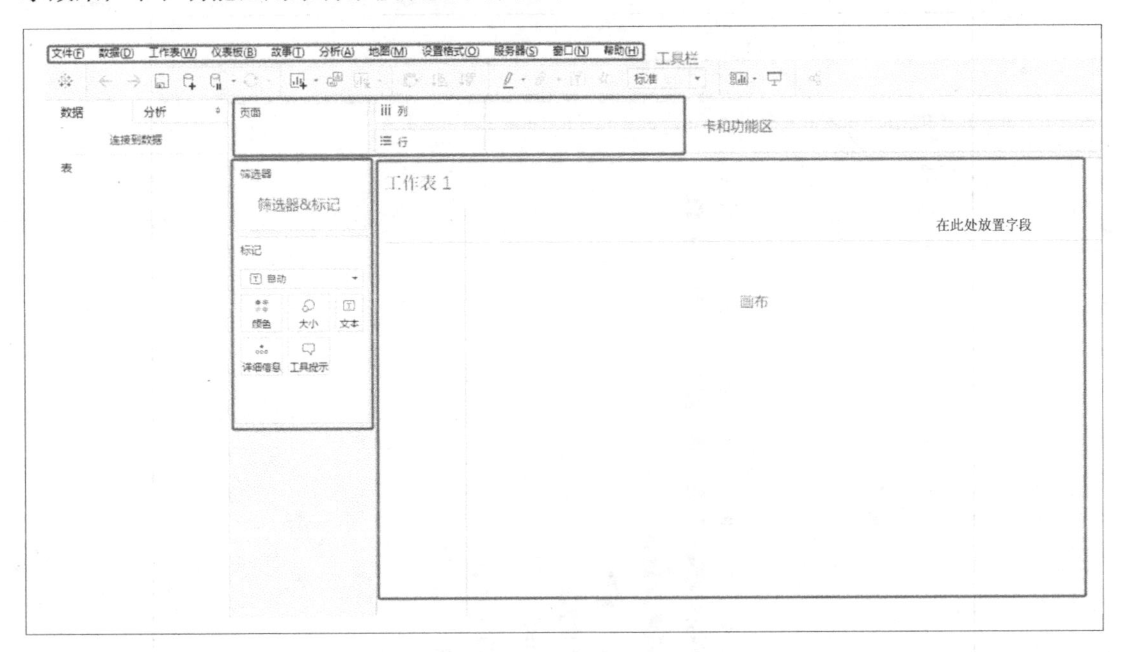

图 7-33 Tableau 界面

2. Tableau 基本图表绘制

下面以绘制各地区酒店数量的条形图为例，来说明 Tableau 基本图表绘制过程。

---

① 维度，包含文本和日期等类别数据的字段；度量，包含可以聚合的数值字段；集，定义数据的子集；参数，可替换计算字段和“筛选器”中常量值的动态占位符。

(1) 连接 Excel 文件“酒店数据”。

(2) 在数据源中拖拽工作表“酒店数据”查看数据源，新建工作表并重命名为“各地区酒店数量条形图”。

(3) 将“地区”拖拽为列，将“记录数”拖拽为行，选择“降序排列”，选择显示为“整个视图”。

其过程如图 7-34 所示。

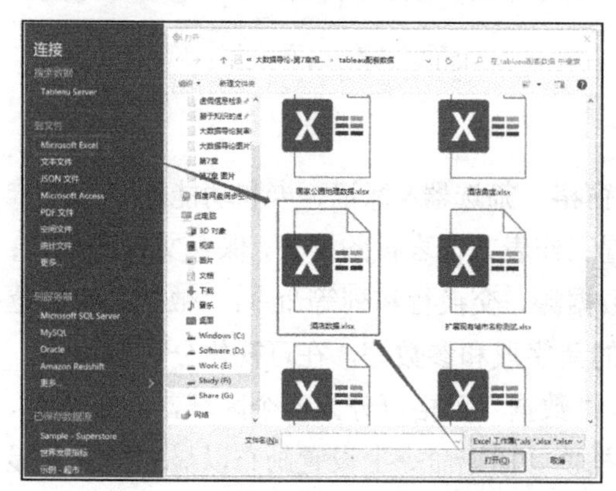

(1) 连接 Excel 文件

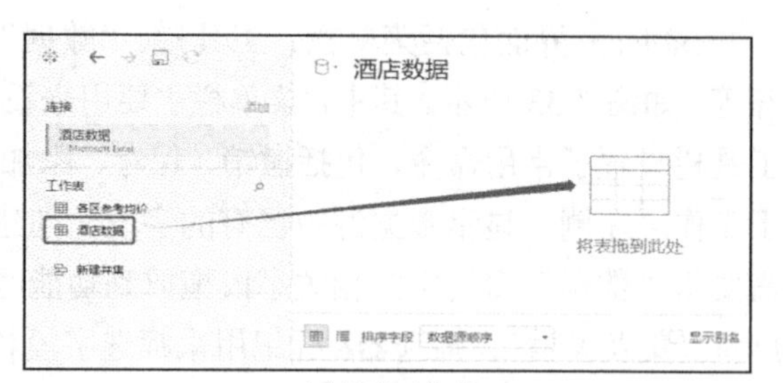

(2) 新建工作表

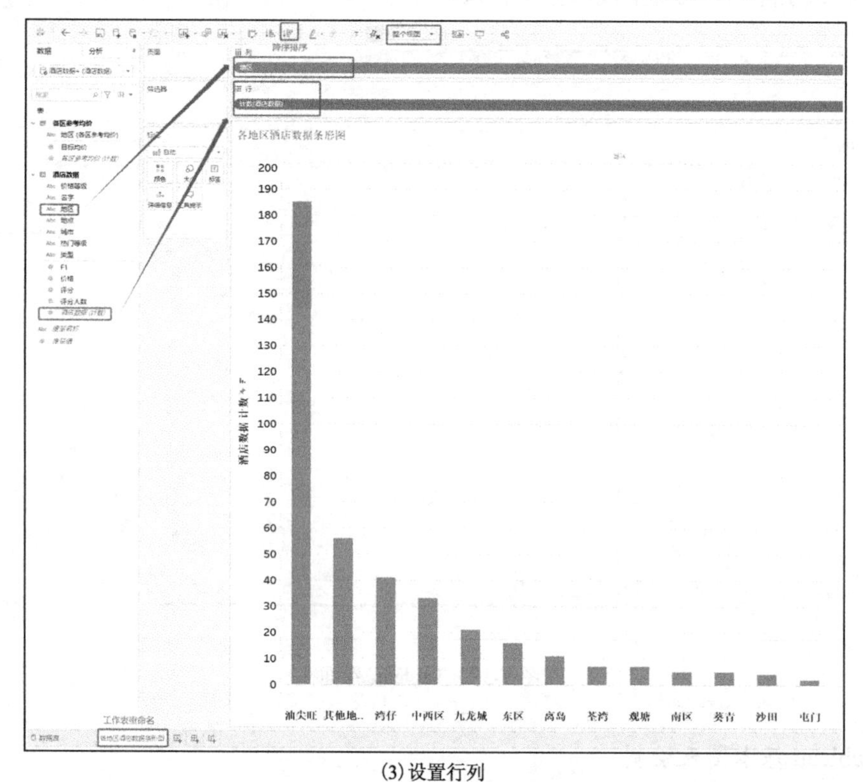

(3) 设置行列

图 7-34　Tableau 绘制条形图过程

下面以某品牌门店数据集为例，简要展示利用 Tableau 绘制的常用基础图表过程，如表 7-3 所示。

表 7-3　Tableau 绘制常用基础图表及步骤

名称	绘制步骤及可视化结果
柱状图	(1)将“门店名称”拖至列，“GMV”拖至行，便可得到各门店关于 GMV 的柱状图。 (2)将“GMV”拖至标记卡的“标签”处，即可在柱状图上显示 GMV 数值，按图中指示还可进行升序和降序操作。 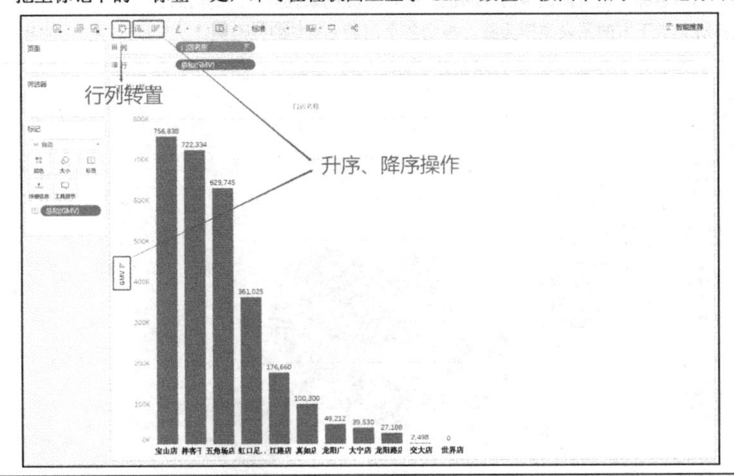
条形图	在上图的基础上，对柱状图进行转置，便可转换行列，设置图形为条形图或柱状图。 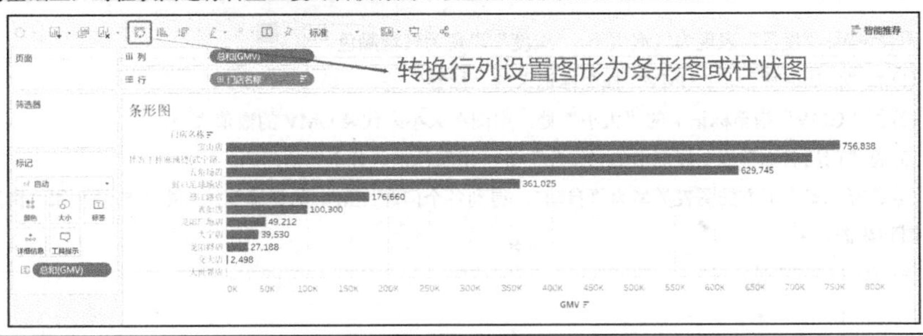
热力图	(1)将“品牌名称”拖至行功能区，点击加号转至“门店名称”。 (2)将度量值“GMV”、“商家实收”、“商户补贴”和“平台补贴”拖至图中箭头所指区域。 (3)将“GMV”拖至标记卡的“颜色”。 (4)选择标记卡下方的图表类型为方形(不选择方形则是数值变色)。 图表逻辑：在文本表上根据度量值大小加上颜色深浅标记。

续表

名称	绘制步骤及可视化结果
气泡图	(1)将“门店名称”和“GMV”拖至标记卡的“标签”处。 (2)将“GMV”拖至标记卡的“大小”处，用图形大小来代表 GMV 的数值大小。 (3)将“门店名称”拖至标记卡的“颜色”处，用颜色来区分不同的门店。 (4)选择标记卡下方的图表类型为圆，得到各个门店 GMV 的气泡图。 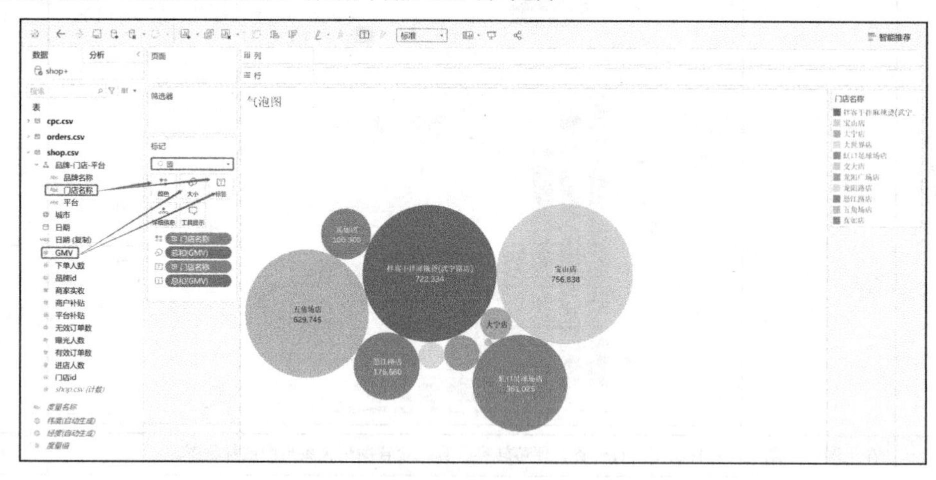 图表逻辑：“度量”表现为气泡大小，“维度”表现为气泡颜色。
矩阵树图	(1)将“门店名称”和“GMV”拖至标记卡的“标签”处。 (2)将“GMV”拖至标记卡的“大小”处，用图形大小来代表 GMV 的数值大小。 (3)将“门店名称”拖至标记卡的“颜色”处，用颜色来区分不同的门店。 (4)选择标记卡下方的图表类型为“自动”，得到各个门店 GMV 的树地图。其中“自动”和“饼图”分别对应树地图和饼图。 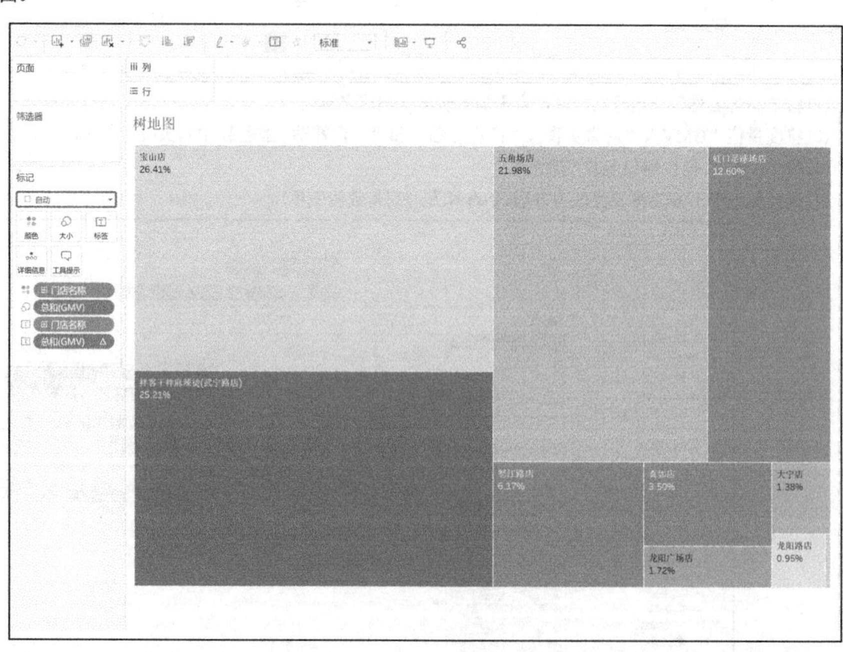 图表逻辑： (1)每个方格代表一个该“维度”下的变量，方格的大小代表此变量在该“维度”下的“度量”占比大小。 (2)方格会按顺序排列，占比最大的在左上方。

表 7-3 列出了 Tableau 绘制基础图表的几个常用的样例，其他还有饼图、堆积图、面积图等。此外，Tableau 还可绘制一些高级图表，如地图、动态图等。

7.3.3　基于 JavaScript 开发的数据可视分析

1. Echarts

Echarts 是由百度团队使用 JavaScript 开发的开源可视化图表库，可以运行在 PC 和移动设备上。Echarts 提供了 20 余种图表和 10 余种组件，支持图表和组件的任意组合，同时支持数据过滤、聚类和回归等操作，帮助实现数据的多维度分析。如图 7-35 所示为 Echarts 的官方示例。

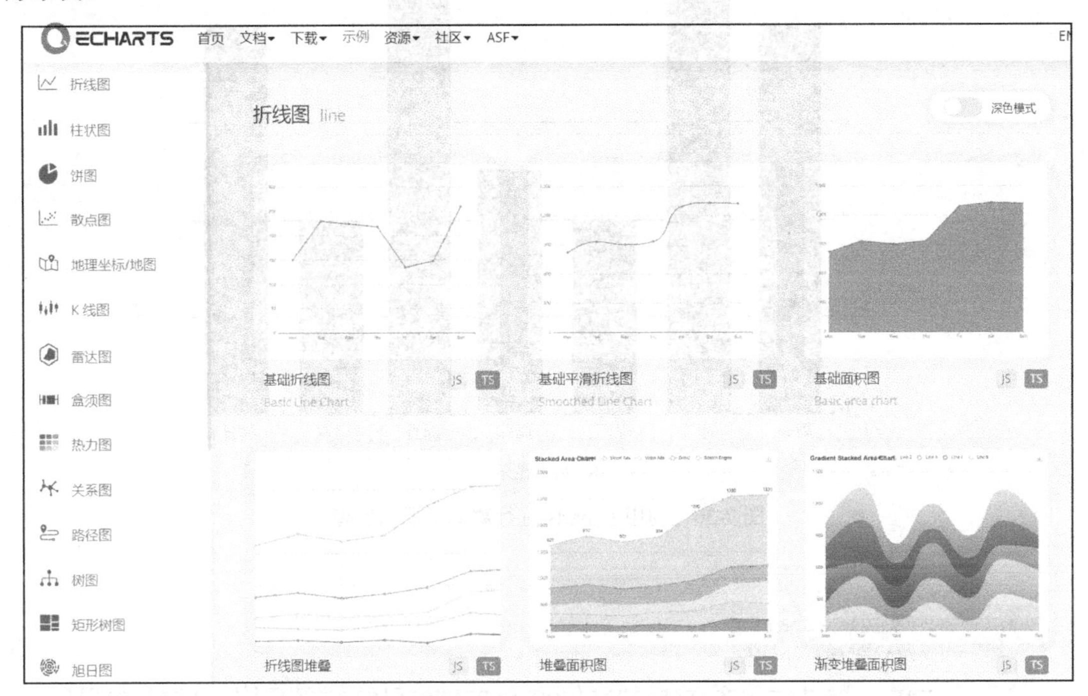

图 7-35　Echarts 官方示例

1) 利用 Echarts 进行数据可视化的步骤

利用 Echarts 进行数据可视化一般包括以下 4 个步骤：

(1) 下载 Echarts①。

(2) 新建一个 HTML 页面，一般为 HTML5 页面，可以将下载的 Echarts 文件和创建的 HTML5 页面放在一个文件夹下，如图 7-36(a) 所示。

(3) 在 HTML 页面头部中导入 js 文件，如图 7-36(b) 所示。

(4) 在 HTML 页面正文中用以下 JavaScript 代码实现图表显示，结果如图 7-36(c) 所示。

① 可以直接下载 echarts.min.js 使用；在开发环境中，由于期望使用的版本中能够包含常见的错误提示和警告，因此，可以使用源代码本 echarts.js 并使用<script>标签引入；如果想要包含不同的主题和语言，可以在 Echarts 的官网上直接下载更丰富的版本。

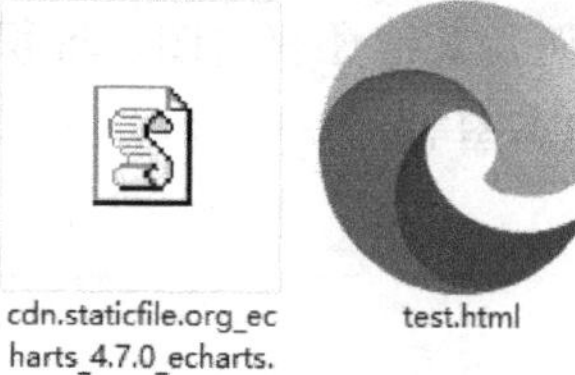

(a)新建一个 HTML 页面

```
1 <!DOCTYPE html>
2 <html>
3 <head>
4     <meta charset="utf-8">
5     <!-- 引入 ECharts 文件 -->
6     <script src="echarts.min.js"></script>
7 </head>
8 </html>
```

(b)导入 js 文件

我的第一个图表　　睡眠时长

10 8 6 4 2 0

周一 周二 周三 周四 周五 周六 周日

(c)结果显示

图 7-36　利用 Echarts 进行数据可视化步骤

```
<script>
    //实例化 echarts
    //(1)创建一个实例
    var echart = echarts.init(document.getElementById("container"))
    //(2)定义配置项
    var option = {
            //图表的标题
            title: {
                text: "我的第一个图表"
            },
            //图表的提示
            tooltip: {},
            //图例
            legend: {
                data: ["睡眠时长"]
            },
            //x 轴线
            xAxis: {
                data: ["周一", "周二", "周三", "周四", "周五", "周六", "周日"]
```

```
            },
            //y 轴线
            yAxis: {},
            //设置数据
            series: [{
                //数据名称
                name: "睡眠时长",
                //类型为柱状图
                type: "bar",
                //数据 data
                data: [8, 10, 4, 5, 9, 4, 8]
            }]
        }
        //(3)更新配置
        echart.setOption(option);
        //charts 图表，通过 set Option()方法更新配置。主要包括图表的标题(title)、
          提示(tool tip)、图例(legend)、坐标轴设置(Axis)、数据设置(Series)
        //数据设置(Series)中可以自定义数据名称(name)、数据可视表现方式(如条形图 bar)、
          具体数据(data)
    </script>
```

2) Echarts 的基础配置

Echarts 官方给出了许多示例，都可以直接拿来用，如图 7-35 所示。还可以通过更改一些 Echarts 的基础配置，并根据自己的需求来修改示例。比较常用的配置如表 7-4 所示。

表 7-4　Echarts 的常用配置

配置名称	主要功能
series	系列列表：每个系列通过 type 决定自己的图表类型 通俗的理解：图标数据，指定什么类型的图标，可以多个图表重叠
xAxis/ yAxis	直角坐标系 grid 中的 x 轴 直角坐标系 grid 中的 y 轴
boundaryGap	坐标轴两边留白策略 true，这时候刻度只是作为分隔线，标签和数据点都会在两个刻度之间的带(band)中间
grid	直角坐标系内绘图网格
title	标题组件
tooltip	提示框组件
legend	图例组件
color	调色盘颜色列表
stack	数据堆叠，同类目轴上系列配置相同的 stack 值后，后一个系列的值会在前一个系列的值上相加

2. D3

与 Echarts 等各种 charts 那样的 javaScript 图表库不同，D3 的设计理念是把数据映射到视觉元素(形状、长度、方向、角度、颜色、面积)，并通过视觉元素的组合来进行数据可视化。即 D3 只生成图形语言中最基本、最底层的一些元素，如点、线、面，开发者可以根据所需，利用这些基本图形元素自由地搭建出各种具体的图表。因此，D3 更加灵活，更加适用于创建

定制化的交互式数据可视化。同时，使用 D3 可以实现各种有趣的动画，以协助讲述数据背后的故事，通过数据可视化提供动态交互，鼓励用户进行数据探索。

3. Vue

利用 Vue 对海量数据进行可视化大屏展示，能够帮助用户更好地理解和分析数据，从而做出明智的决策。下面简要介绍如何在 Java Script 框架 Vue[①]中快速实现数据可视化大屏显示。其具体步骤如下：

(1) 选择可视化库。在 Vue 中进行数据可视化大屏展示，需要选择一个可视化库，如 Echarts、D3 等。这些库各有特点，可以结合实际需求进行选择。

(2) 创建 Vue 项目。可以使用 Vue CLI 来创建一个基础的 Vue 项目。

(3) 创建可视化组件。在 Vue 中，可以将可视化组件封装成一个独立的组件，以方便在不同页面中进行复用。简单的可视化组件代码如下。

```
<template>
   <div ref ="chart" style="width: 100%; height: 500px;"></div>
</template>

<script>
import * as echarts from 'echarts';

export default {
  name: 'MyChart',
  props: ['option'],
  mounted( ) {
     // 初始化图表
      this.chart = echarts.init(this.$refs.chart);
     // 设置图表选项
      this.chart.setOption(this.option);
  },
  beforeDestroy( ) {
     // 销毁图表
       this.chart.dispose( );
  }
};
</script>

<style scoped>
/* 可选的组件样式 */
</style>
```

在这个组件中，通过 props 接收一个 option 参数，这个参数是一个 Echarts 的图表配置对象。在 mounted 钩子函数中，使用 this.$refs.chart 获取图表容器的引用，并使用 echarts.init 方法初始化图表。然后，使用 this.chart.setOption 方法设置图表选项。在 beforeDestroy 钩子

① Vue 是一套构建用户界面的渐进式框架，采用自底向上增量开发设计，只关注视图层。

函数中，使用 this.chart.dispose 方法销毁图表，以防止内存泄漏。

(4) 创建数据模型。在进行数据可视化大屏展示时，还需要先定义一个数据模型，用于存储和处理数据。数据模型可以是一个简单的 JavaScript 对象，也可以是一个复杂的数据结构，根据具体需求而定。简单的数据模型示例代码如下。

```
export default {
    data() {
        return {
          data: []
        };
    },
    methods: {
      fetchData() {
      // 从后端获取数据
        axios.get('/api/data').then(response => {
          this.data = response.data;
      });
      }
    }
};
```

在这个数据模型中，使用 data 函数来定义一个 data 属性，这个属性用于存储从后端获取的数据。另外，还定义了一个 fetchData 方法，用于从后端获取数据，并将获取到的数据存储到 data 属性中。在实际开发中，需要根据具体的业务需求来设计数据模型。

(5) 创建大屏组件。在 Vue 中，可以将数据可视化大屏封装成一个独立的组件。简单的大屏组件示例代码如下。

```
<template>
    <div>
        <my-chart :option="chartOption"></my-chart>
    </div>
</template>

<script>
import MyChart from './MyChart.vue';
import dataModel from './dataModel.js';

export default {
    name: 'Dashboard',
    components: {
        MyChart
    },
   data( ) {
       return {
         dataModel: dataModel,
         chartOption: {}
       };
```

```
    },
    mounted( ) {
        this.fetchData( );
    },
    methods: {
        fetchData( ) {
            this.dataModel.fetchData( ).then(() => {
                this.updateChartOption( );
            });
        },
        updateChartOption() {
            // 根据数据模型中的数据生成图表选项
            this.chartOption = {
            // Echarts 图表选项配置
            };
        }
    }
};
</script>

<style scoped>
/* 可选的组件样式 */
</style>
```

在这个组件中，引入了用户定义的可视化组件 MyChart 和数据模型 dataModel。在 data 函数中，定义了一个 dataModel 属性，用于存储数据模型的实例。在 mounted 钩子函数中，调用 fetchData 方法从后端获取数据，并在获取到数据后调用 updateChartOption 方法生成图表选项。在 updateChartOption 方法中，根据数据模型中的数据生成图表选项，并将生成的图表选项赋值给 chartOption 属性。最后，在模板中使用 MyChart 组件，并将 chartOption 传递给 MyChart 组件的 props。

(6)封装常用图表组件。在实际开发中，往往需要使用多种不同类型的图表进行数据可视化大屏展示。为了提高代码的复用性和可维护性，可以封装常用的图表组件。一个简单的柱状图组件示例代码如下。

```
<template>
    <div ref="chart" style="width: 100%; height: 500px;"></div>
</template>

<script>
import * as echarts from 'echarts';

export default {
    name: 'BarChart',
    props: ['data'],
    mounted( ) {
    // 初始化图表
        this.chart = echarts.init(this.$refs.chart);
```

```
    // 设置图表选项
    this.chart.setOption({
        xAxis: {
            type: 'category',
            data: this.data.categories
        },
        yAxis: {
            type: 'value'
        },
        series: [{
            data: this.data.values,
            type: 'bar'
        }]
    });
  },
  beforeDestroy( ) {
    // 销毁图表
    this.chart.dispose();
  }
};
</script>

<style scoped>
/* 可选的组件样式 */
</style>
```

在这个组件中，通过 props 来接收一个 data 参数，这个参数包含了柱状图的数据。在 mounted 钩子函数中，使用 this.$refs.chart 获取图表容器的引用，并使用 echarts.init 方法初始化图表。然后，使用 this.chart.setOption 方法设置图表选项。在 beforeDestroy 钩子函数中，使用 this.chart.dispose 方法销毁图表。

除此之外，还有一些基于编程语言的数据可视分析工具。比如，基于 Python 语言的可视化库，包括：2D 绘图库 Matplotlib、专攻统计的 Seaborn 绘图库、交互式绘图库 Bokeh、类似于 ECharts 的 pyecharts 库，以及封装为 python 可调用的库。又比如，基于 R 语言的可视化库 ggplot2，ggplot2 包的基本思想是图层的叠加，一个基本图形是从 ggplot2 的一个基础绘图函数出发，通过不断叠加绘图元素，最终构成一幅完整的图形，在平面上的可视化效果表现优秀。

7.4　大数据可视化面临问题与挑战

随着数据的爆炸式增长和数据模式的高度复杂化，数据可视化变得很困难。当前大多数的数据可视化工具在扩展性、功能和响应时间上表现不理想，数据可视化在大数据场景下面临诸多新的挑战。主要挑战如下。

1) 图表绘制效率

随着数据规模的增加，传统的可视化工具产生图表可视化的效率问题越来越突出，成为大数据可视化一大挑战。为了减少延迟，一些可视化工具开始通过 WebGL 借助 GPU 实现并行绘制，而并行可视化算法的难点则是如何将一个问题分解为多个可同时运行的独立的任务。与此同时，为了帮助用户及时理解数据，需要实现对图表的秒级更新与快速进行定制。

2) 可视交互的可感知性

大数据可视化交互技术通过对可视化与图表背后的数据和处理逻辑进行交互，帮助用户用一种交互迭代的方式理解数据。在传统的交互手段基础上，更加自然的交互方式将有助于使用者与数据更好的交互，也有助于拓展大数据可视化产品的使用范围与应用场景。因此，如何设计更加可感知、可视的交互技术，成为大数据背景下，数据可视化一大挑战。

3) 可视化系统的可扩展性

大数据对于数据可视化系统的扩展能力提出了新的挑战，系统的可扩展性将成为衡量一个大数据可视化系统的重要指标。

思 考 题

1. 尝试举例说明通过数据可视化辅助大数据分析的现实例子。

2. 面对数据量比较大的高维多元数据，用平行坐标轴方法进行可视化存在哪些挑战？如何进行优化？

3. 如果想要对文本序列数据的主题变化进行可视化分析，基本处理步骤包括哪些？可能采用的可视化技术有哪些？

4. 网络数据可视化的基本流程包括哪几步？目前比较主流的网络可视化工具有哪些？

第 8 章　大数据安全

大数据技术在推动数据资源汇聚而产生巨大价值的同时，也带来了前所未有的安全威胁，大数据安全保护已成为当前大数据面临且亟需解决的问题。本章以大数据在个体、企业和国家层面的安全形势为起点，分析大数据面临的安全威胁，针对大数据处理不同阶段的安全需求，介绍其相应的安全技术，主要包括匿名认证技术、访问控制技术、数据存储完整性证明技术、数据处理安全技术和数据发布隐私保护技术等。

8.1　大数据安全概览

8.1.1　大数据安全形势

大数据被比喻为新世纪的“金矿”或“石油”，被广泛应用于各个领域，如电子商务、网络金融、智能医疗、智能交通、国防军事等，产生了巨大的经济和社会价值。然而，在大数据带来众多机遇的同时，也给数据安全带来了不可忽视的一系列挑战，数据安全形势更为严峻。下面从个体、企业和国家等层面简要讨论大数据安全所面临的形势。

在个体层面，数据比以往任何时候都更加广泛地介入人们的工作和生活，这也使得个人隐私数据更容易被记录、传播甚至泄露，从而造成个人财产损失或人身安全伤害。以航空售票平台为例，用户在航空售票平台上订购机票时，该平台就会记录用户的姓名、身份证号、航班号、起始地、目的地、起飞时间等数据。如果该平台中的这些用户数据被无意或恶意泄露给诈骗者，那么诈骗者就可利用这些数据精准地向用户发布“航班取消”短信并诱导用户退票，从而进一步获得用户的银行账户及相关数据，以便实施转账欺骗或诱骗，导致个人经济遭受损失。

在企业层面，数据在显现出不可估量的价值的同时，也存在巨大的安全隐患。近年来，不断爆发的大规模用户隐私数据泄露的案例，极大地威胁到了个人的信息安全，也使得信息服务商损失惨重。例如，2018 年爆发的 Facebook 的 5000 万用户数据泄露丑闻，导致始作俑者剑桥分析(Cambridge Analytica)公司破产，Facebook 公司单周的股票市值缩水超过了 600 亿美元。2020 年，英特尔公司发生了一起重大的数据泄漏事故，超过 20GB 的专有数据和源代码被公布在网上。

在国家层面，大数据正在颠覆性地改变全球战略格局。例如，2020 年，上海某信息科技公司非法采集和出售中国铁路数据(包括物联网、蜂窝和轨道使用的频谱等数据)给境外公司，一个月采集的信号数据就达到 500GB，给国家安全和社会经济发展造成重大风险隐患。2013 年“棱镜门事件”反映大数据技术已经用于国家级的监控和对抗中，这将网络军事对抗推升到了新的高度与级别。

8.1.2 大数据安全威胁

传统数据安全需求主要包括数据的机密性、完整性和可用性等，其目的是防止数据在传输和存储等环节中被泄露或破坏。在大数据场景下，仅仅满足传统数据安全需求还不够，大数据安全至少面临着以下新的威胁。

(1)隐私泄露安全威胁。一方面，多源数据汇聚使得攻击者可以通过关联挖掘获得更多的隐私信息，加大了泄露风险。另一方面，法律法规不健全，使得个人隐私数据在采集、处理和分析过程中难以得到有效控制，容易被滥用。

(2)数据共享安全威胁。攻击者通过获得合法身份向数据共享池中注入非法数据，或数据合法提供者向数据共享池汇聚注册无效数据，导致共享数据的真伪难辨，可信可用难以评判，严重影响数据共享者分析结果的正确性和有效性。另外，在存储大数据时，必须为用户提供灵活多样的数据存储服务，数据的开放共享需求对安全访问控制提出了更为复杂的挑战。

(3)数据资产安全威胁。一方面，数据的拥有者常常将其数据存储在数据中心等存储系统中，而存储系统却交给了专业公司进行管理，导致数据的拥有者与管理者分离，使数据资产拥有者难以确保其资产的存在性和完整性；另一方面，巨大体量的数据计算常常迫使数据拥有者不得不求助于像云计算这样的大规模计算平台，在借助使用这样的平台进行统计分析时，难以保证原始样本数据的安全性。

(4)数据发布安全威胁。数据管理者将数据发布给应用第三方进行分析是大数据时代的常见需求，如医院将医疗数据提供给制药厂，用以帮助新药研制；统计部门将人口普查数据提供给教育和保险等部门，用以辅助政策的制定等。在这些数据发布过程中，难以保证应用第三方对发布的数据只进行规定的挖掘而不作他用，因此个体隐私数据会面临泄露的安全威胁。

8.1.3 大数据安全需求

大数据安全是一个系统工程，它涉及网络安全、系统和平台安全、数据安全等多个层面。其中，网络安全是指为大数据采集与传输过程中依托的网络提供安全保障；系统和平台安全是指为大数据平台、系统、应用等自身提供安全保障，属于传统系统安全在大数据平台环境下的自然延伸；数据安全是指为大数据生命周期所涉及的主要阶段提供安全保障，数据作为其研究和保护对象。本章仅仅关注数据层面的安全需求。

从数据安全层面上看，不同行业的大数据安全侧重点可能不同，例如医疗大数据更注重隐私性，金融大数据更注重完整性，移动通信大数据更注重可用性。

从大数据处理流程上来看，不同行业是相同的，包括大数据的采集、存储、挖掘和发布等阶段，大数据处理流程的不同阶段，具有不同的安全需求。

(1)在大数据采集阶段，要防止非法用户向系统提交恶意数据或非法访问数据，其核心是保障用户身份的合法性和用户操作的合法性。显然，采集阶段的首要安全需求是用户身份认证，以确保只有合法用户才能登录系统和操作数据，同时也为后期的数据来源认证、数据分级分类、数据质量管理等数据预处理提供安全基础。从这个角度来看，如果用户身份信息暴露给服务提供商或第三方网络监听者，就有可能因为深层次关联分析导致隐私泄露。因此保护用户身份隐私成为特定场合大数据采集阶段中的安全需求之一。

(2)在大数据存储阶段，除了传统的保护机密性和完整性需求之外，还需要满足灵活的访问控制和远程完整性验证。首先，大数据存储涉及多种异构软硬件平台和大量异构数据，因此需要更加灵活的安全访问控制技术，对动态数据进行细粒度的授权管理。其次，大数据拥有者和管理者分离的特性让数据拥有者难以随时查看和检测其数据的存在性和完整性，而且由于大数据的巨大体量使得将原始数据回传并检测验证的方法低效甚至完全不可行，因此安全高效的远程完整性验证成为大数据存储阶段中一个特有的安全需求。

(3)在大数据挖掘阶段，保护用户数据在不泄露隐私状态下进行引用或计算是一个重要的安全需求。现实中存在许多这样的应用要求，比如，数据通常在远程服务器上加密存储，而数据拥有者大多借助超强计算能力的云平台进行数据分析，此时就需要云服务器能对密文数据进行有效的计算分析；又比如，多方协同式数据分析挖掘时，常需要参与方利用各自拥有的部分数据，在不泄露其原始数据隐私前提下，联合起来训练得到满足要求的模型。

(4)在大数据发布阶段，由于很难确保数据发布给第三方后，他们仅仅对发布的数据进行规定的挖掘，因此需要对发布的数据进行“去隐私”操作，尽可能地删除或隐藏发布数据中的“隐私”，以防止第三方通过发布的数据获取有关任何特定个体的隐私信息。采取的“去隐私”操作不能影响发布数据的可用性，既不能过度地破坏数据的整体性质，又可保证第三方能从去隐私化之后的数据中提炼出所需的信息。在保证数据可用性的同时最大程度地保护个体的隐私，是大数据发布阶段需要满足的安全需求。

8.2　大数据安全技术

大数据处理涉及的采集、存储、管理及挖掘和发布等过程中的安全管控与隐私保护，需要不同的技术支撑。本节对匿名认证、访问控制安全、数据存储安全、数据挖掘安全、数据发布安全等技术进行简要介绍。

8.2.1　匿名认证技术

1. 认证过程中的隐私保护需求

大量事实表明，不能完善处理隐私保护问题会对用户造成极大的侵害。2006年，美国互联网影视提供商NETFLIX公司设立了一项大赛，通过公布约50万个用户的租赁信息，公开征集电影推荐系统的最佳电脑算法，并宣布第1个能把现有影视推荐算法的准确率提高10%的参赛者将获得100万美元的奖金。该比赛取得了巨大的成功，NETFLIX公司不仅获得了更高质量的推荐算法，还通过比赛的广泛关注获得了良好的广告效果。于是NETFLIX公司很快宣布了第2个百万美金大奖赛。然而，尽管NETFLIX公司提供的数据中并没有包含真实用户名，但来自美国得州大学奥斯汀分校的两位研究人员借助公开的互联网电影数据库(IMDB)的用户影评数据，成功地将匿名数据与具体的用户对应了起来。美国联邦政府交易委员会开始关注这项大赛对用户隐私的损害。为了防止官司缠身，NETFLIX公司在2010年3月宣布取消了第2个百万美金大奖赛。

上述竞赛活动的以下细节值得特别关注：NETFLIX公司提供的数据中并没有包含真实用户名，但是研究者仍能借助公开的影评数据(包含身份信息)成功地将匿名数据与具体的用户对应了起来了。这说明，大数据时代的数据分析者可从时空和社会情境等维度对个人信息进行多维关联和多重定位，即只要有某个数据中包含用户信息，就有可能被攻击者用来突破用户的隐私保护。类似于 NETFLIX 公司这样的信息服务提供商并不可能完全站在用户的立场来对用户信息进行最大程度的保护，他们至多会在法律法规要求下采取(尽可能少的)必要措施，甚至会为了扩大自己的收益而将用户个人隐私置于危险境地。

据此，如果用户需要最大程度地保护自己的隐私，就不能仅仅依靠对信息服务提供商的信赖——认为他们可以对用户隐私提供可靠的保护措施，而是要通过各种隐私保护技术来提高用户的隐私保护水平。作为进入大数据系统的第一道防线，匿名认证等登录认证过程中的隐私保护技术成为保护用户隐私的一个现实需求。

2. 匿名口令认证技术的提出

登录系统过程中的身份认证是一项典型的安全服务，是指服务器要求接入用户是合法的，即要求该用户属于某个特定的用户群组。此时，如果进一步要求将保证登录过程中的隐私作为一个新的安全目标——保持用户身份匿名，意味着什么呢？从用户角度看，这实际上就是希望用户的身份信息能够对攻击者，甚至对服务器都是保密的。粗略来看，认证和匿名这两个安全目标并不一致，甚至在一定程度上似乎是矛盾的。以下内容将从技术层面介绍在登录认证过程中如何同时实现认证和匿名这两个目标。

在现实的信息系统中，身份认证通常依靠认证协议(常常还附带提供密钥建立和密钥交换功能)予以实现，它们对用户身份合法性进行认证并为后期的加密传输提供会话密钥。只有当用户能够通过认证，并生成安全的会话密钥时，才能进行安全的数据访问和传输。为了实现这个目标，需要用户拥有一些认证凭证作为信任的基础，包括可信计算模块(TPM)、智能卡(Smart Card)、公钥证书(Public key Certificate)、口令(Password)等。其中，基于口令的身份认证协议由于仅仅需要一个容易被记忆的口令就可以实现身份认证和安全通信，而无需添加部署额外的安全设备，在可部署性和实用性方面具有较大优势，成为当前应用最为普遍的认证协议。下面将以应用最广泛的口令认证密钥交换(Password Authenticated Key Exchange，PAKE)协议为例，说明匿名认证技术是如何实现的。

传统 PAKE 协议一般具有如下框架：任何一个用户 C_i 都拥有自己的口令 pw_i，而服务器 S 存放有相应于整个用户集合的口令列表，以形如 $< C_i, pw_i >$ 二元组的方式保存在口令文件中。当用户 C_i 想用口令 pw_i 运行 PAKE 协议进行身份认证和密钥交换时，需要先将自己的身份信息 C_i 发送给服务器，帮助服务器确定该用口令列表中的哪个口令进行后期的操作。如图 8-1 所示为两个最经典的 PAKE 协议，分别称为 EKE 协议和 SPEKE 协议。它们的构造采用了不同的技术，EKE 协议是利用口令作为加密密钥对 Diffie-Hellman 指数进行加密，SPEKE 协议是利用口令的哈希值作为 Diffie-Hellman 运算的基础。可以看出，两个协议中用户都显式地向服务器发送了自己的身份信息，让服务器知道用户是谁、该用哪个口令进行验证。这意味着，传统协议中服务器需要首先知道用户的身份才行，也就意味着用户的身份对服务器而言不是匿名的。

2005 年，密码学者 Viet 观察发现，身份认证强调的是要求用户的身份和口令是合法的，即要求能够确定用户是来自某个群组的合法成员即可，并不需要知道用户的具体身份。基于这个思想，Viet 等提出了第一个匿名口令认证密钥交换(Anonymous PAKE，APAKE)

协议，其本质是将不经意传输(OT)协议和传统 PAKE 协议进行有机整合。在 APAKE 协议中，不经意传输协议实现了如下密码学任务：假设消息的发送者有 n 个数据，通过运行 OT 协议，消息的接收者能够获得一条他选择的数据(如第 i 条数据)，但是服务器不知道其到底获得了哪一条数据。这样即实现了服务器向用户发送消息，又针对服务器隐藏了用户的选择，实现了传输的不经意性。通过将 PAKE 协议中含有口令的消息作为不经意传输协议中待发送的消息，就能实现对口令消息的隐藏，同时又保证了用户口令必定是一个合法口令。

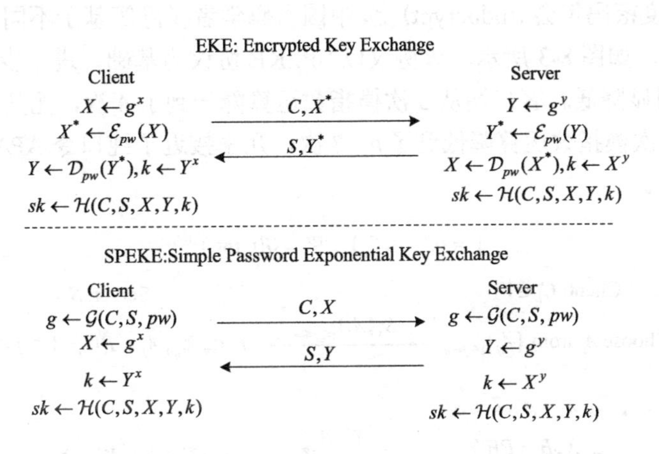

EKE: Encrypted Key Exchange
Client
Server
$X \leftarrow g^x$
C, X^*
$Y \leftarrow g^y$
$X^* \leftarrow \mathcal{E}_{pw}(X)$
S, Y^*
$Y^* \leftarrow \mathcal{E}_{pw}(Y)$
$Y \leftarrow \mathcal{D}_{pw}(Y^*), k \leftarrow Y^x$
$X \leftarrow \mathcal{D}_{pw}(X^*), k \leftarrow X^y$
$sk \leftarrow \mathcal{H}(C,S,X,Y,k)$
$sk \leftarrow \mathcal{H}(C,S,X,Y,k)$
SPEKE:Simple Password Exponential Key Exchange
Client
Server
$g \leftarrow \mathcal{G}(C,S,pw)$
C, X
$g \leftarrow \mathcal{G}(C,S,pw)$
$X \leftarrow g^x$
S, Y
$Y \leftarrow g^y$
$k \leftarrow Y^x$
$k \leftarrow X^y$
$sk \leftarrow \mathcal{H}(C,S,X,Y,k)$
$sk \leftarrow \mathcal{H}(C,S,X,Y,k)$

图 8-1　经典的 PAKE 协议架构

经过巧妙结合后的 APAKE 协议如图 8-2 所示。该协议以传统 EKE 协议为基础，只需要两轮通信，但是计算更为复杂。由于使用了不经意传输协议的设计思想，该协议虽然同时实现了认证和对用户身份的隐藏，却导致了客户端需要计算 5 次模指数运算，服务器更是需要进行高达 $4n+2$ 次模指数运算，其中 n 表示的是合法用户群组的大小。

Client C_i　　　　Server S

$x \in_R \mathbb{Z}_p, X \leftarrow g^x, r \in_R \mathbb{Z}_p$

$Q(i) = g^r h^{\mathrm{PWG}_i}$

$\xrightarrow{\Gamma, X, Q(i)}$

$y \in_R \mathbb{Z}_p, Y \leftarrow g^y$

$k_1, \ldots, k_n \in_R \mathbb{Z}_p$

For $j = 1$ to n, compute:

$\alpha_j = Y g^{\mathrm{PWF}_j}$

$\beta_j = \mathcal{H}_0\left((Q(i)(h^{\mathrm{PWG}_j})^{-1})^{k_j}, j\right) \oplus \alpha_j$

Let:

$A(Q(i)) = \{\beta_1, \ldots, \beta_n, g^{k_1}, \ldots, g^{k_n}\}$

$K_S = X^y$

$\mathrm{Auth}_S = \mathcal{H}_2(\Gamma, S, X, A(Q(i)), Y, K_S)$

accept ← true

$sk_S = \mathcal{H}_1(\Gamma, S, X, A(Q(i)), Y, K_S)$

terminate ← true

$\xleftarrow{S, A(Q(i)), \mathrm{Auth}_S}$

$\alpha_i \leftarrow \beta_i \oplus \mathcal{H}_0((g^{k_i})^r, i)$

$Y = \alpha_i (g^{\mathrm{PWF}_i})^{-1}, K_C = Y^x$

$\mathrm{Auth}_S \stackrel{?}{=} \mathcal{H}_2(\Gamma, S, X, A(Q(i)), Y, K_C)$

if true, accept ← true

$sk_C = \mathcal{H}_1(\Gamma, S, X, A(Q(i)), Y, K_C)$

图 8-2　Viet 等提出的 APAKE 协议

3. 纯口令的 APAKE 协议

Viet 等提出的 APAKE 协议为基于口令的身份认证中的隐私保护提供了开创性的方案。由于仅仅需要用户记忆一个口令，这类协议被称为纯口令的 APAKE 协议。纯口令的 APAKE 协议继承了 PAKE 协议易于部署的优点，因此自提出以后受到了较为广泛的关注。鉴于 Viet 等的 APAKE 协议计算复杂度相对较高，密码学者不断探索改进提出了具有更高计算效率的 APAKE 协议。

在 2008 年印度密码年会(Indocrypt)上，中国密码学者杨静等基于不同的设计思想提出了新的 APAKE 协议，如图 8-3 所示。该协议以 SPEKE 协议为基础，进一步提供了显式认证，而且计算复杂度明显降低。客户端从 5 次模指数运算降低到了 4 次，尤其是服务器端更是从先前协议的 $4n+2$ 次模指数运算降低到了 $n+3$ 次，几乎接近了纯口令 APAKE 协议中服务器计算复杂度的下界。

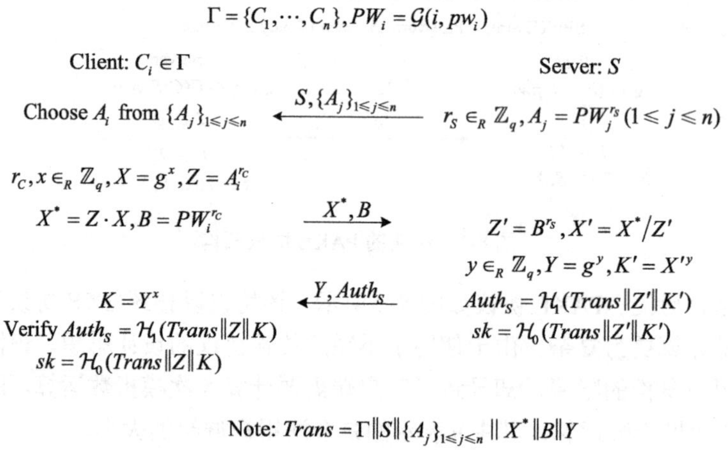

$$\Gamma = \{C_1, \cdots, C_n\}, PW_i = \mathcal{G}(i, pw_i)$$

Client: $C_i \in \Gamma$		Server: S
Choose A_i from $\{A_j\}_{1 \leqslant j \leqslant n}$	$\xleftarrow{S, \{A_j\}_{1 \leqslant j \leqslant n}}$	$r_S \in_R \mathbb{Z}_q, A_j = PW_j^{r_S} (1 \leqslant j \leqslant n)$
$r_C, x \in_R \mathbb{Z}_q, X = g^x, Z = A_i^{r_C}$ $X^* = Z \cdot X, B = PW_i^{r_C}$	$\xrightarrow{X^*, B}$	$Z' = B^{r_S}, X' = X^* / Z'$
$K = Y^x$ Verify $Auth_S = \mathcal{H}_1(Trans \| Z \| K)$ $sk = \mathcal{H}_0(Trans \| Z \| K)$	$\xleftarrow{Y, Auth_S}$	$y \in_R \mathbb{Z}_q, Y = g^y, K' = X'^y$ $Auth_S = \mathcal{H}_1(Trans \| Z' \| K')$ $sk = \mathcal{H}_0(Trans \| Z' \| K')$

Note: $Trans = \Gamma \| S \| \{A_j\}_{1 \leqslant j \leqslant n} \| X^* \| B \| Y$

图 8-3 杨静等提出的 APAKE 协议

鉴于匿名认证的潜在需求，而且现有协议(如杨静等的 APAKE 协议)的计算效率已经达到了现实可用的地步。国际标准化组织 ISO 从 2013 年起就着手编写了匿名认证的国际标准 ISO/IEC 20009-4，并于 2017 年正式颁布。ISO/IEC 20009 整体上是一个标准系列，包含 4 个部分：

Part 1：总则

Part 2：基于群签名的匿名机制

Part 3：基于盲签名的匿名机制

Part 4：基于口令的匿名机制

ISO/IEC 20009-4 是该系列标准中的第 4 个标准，主要包含两类匿名口令认证协议：纯口令的 APAKE 协议和基于额外存储设备的 APAKE 协议。在纯口令的 APAKE 协议中，用户仅仅拥有一个较短的口令，服务器端存储与口令相对应的口令文件，前面所讲到的两个协议就属于纯口令的协议。除此之外，标准中还考虑了另外一类匿名口令认证协议，称为基于额外存储设备的 APAKE 协议。在这类协议中，用户除口令外还拥有额外的(公开的)存储设备，用于口令保护的认证凭证，此时服务器端不再需要存储口令文件。

4. 基于额外存储设备的 APAKE 协议

基于额外存储设备的 APAKE 协议的一般框架如图 8-4 所示。在注册阶段，用户从服务器获得一个认证凭证，并通过口令对凭证进行加密保护后存储在公开存储设备上，这个公开设备可以是手机、U 盘，也可以是云服务器，无须具备硬件防篡改等安全措施。然后在认证阶段，用户先用口令对加密凭证进行"解密"，然后和服务器之间运行零知识证明协议证明其凭证的合法性。由于服务器端无须存储口令列表，所以基于额外存储设备的 APAKE 协议的计算复杂度可以突破纯口令协议的下界，实现更快的认证。

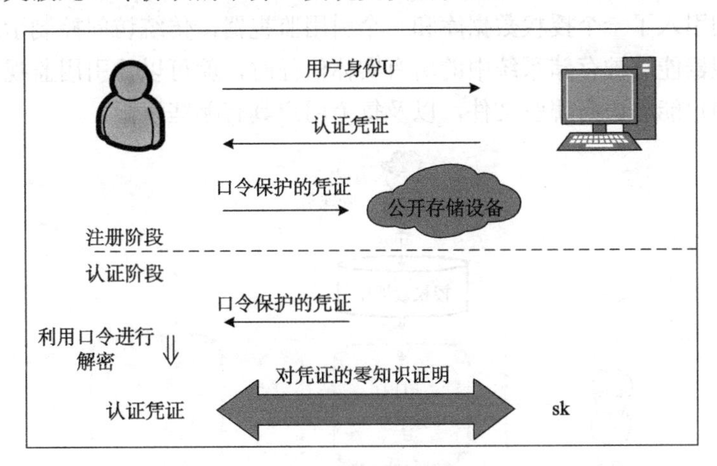

图 8-4　基于额外存储设备的 APAKE

2010 年，密码学者杨艳江等给出了第一个基于额外存储设备的 APAKE 协议，如图 8-5 所示。该协议中用户的认证凭证实质上是服务器对用户身份的一个 BBS 签名，认证过程就是用户通过零知识证明的方式向服务器证明其所拥有的签名是合法的。由于证明签名合法的过程与用户群组的大小无关，因此不管用户群组有多大，服务器的验证时间是恒定的。相比而言，在纯口令的 APAKE 协议中，服务器本质上需要遍历所有用户口令进行比较，服务器的

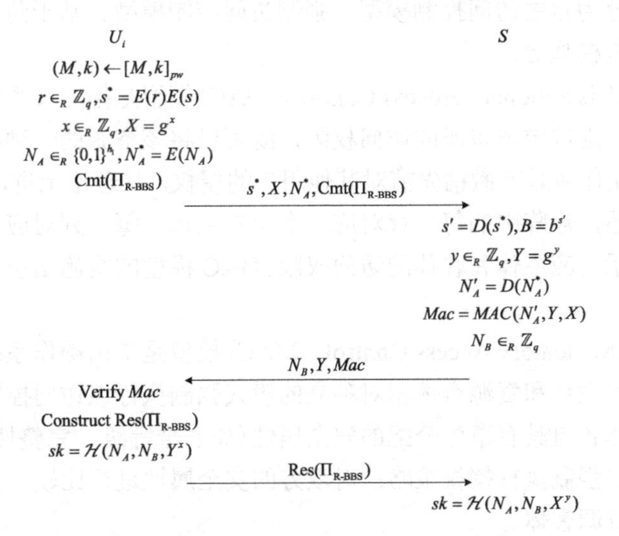

图 8-5　杨艳江等的 storage-extra APAKE

验证时间和用户群组的大小呈现线性关系。因此，基于额外存储设备的 APAKE 协议比基于纯口令的 APAKE 协议有较大的计算效率优势，同样也被收录到了国际标准 ISO 20009-4 中。

8.2.2 访问控制安全技术

1. 传统访问控制技术

认证仅仅是保护大数据安全的第 1 步。现实中，即使对于身份认证合法的用户而言，不同的人对同一份数据也可能拥有不同的访问权限。针对这个问题，传统访问控制模型在用户和数据文件之间引入了一个授权数据库和一个引用监视器，传统访问控制示意图如图 8-6 所示。当引用监视器能够被存储系统中的所有实体信任时，就可以让引用监视器基于授权数据库来决定哪些用户能够访问哪些文件，以及每个用户具有哪些权限。

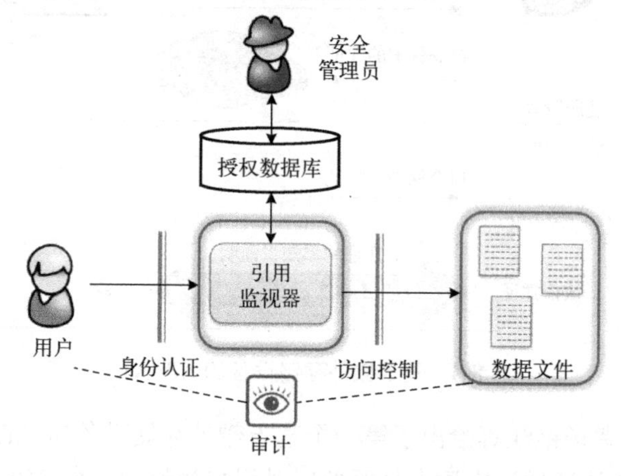

图 8-6　传统访问控制示意图

传统访问控制的核心是授权策略，现实应用中授权策略会被对应地归纳成为各种访问控制模型。因此，访问控制模型可以看成授权策略的抽象和规范。根据授权策略的不同，传统访问控制模型可以分为自主访问控制模型、强制访问控制模型、基于角色的访问控制模型和基于属性的访问控制模型等。

自主访问控制(Discretionary Access Control，DAC)模型是指对某个资源具有所有权或控制权的用户能够自主地决定该资源的访问权限，既可以将该资源的一种或多种访问权限授予其他用户，也可以在任何时刻撤销先前对其他用户的授权。从理论上讲，DAC 模型可以用访问控制矩阵进行描述，矩阵中的每一行对应一个用户主体，每一列对应一个资源客体，矩阵中的每一个元素表示对应主体和客体的访问权限。DAC 模型的实施由引用监视器根据访问控制矩阵进行判定。

强制访问控制(Mandatory Access Control，MAC)模型是指由操作系统制定统一的访问控制策略，并以与用户主体和资源客体相对独立的模式强制执行该访问控制策略。具体而言，用户主体和资源客体各自具有事先分配的安全属性(如安全等级、完整性等级等)，操作系统会针对每次访问请求强制执行授权策略：对双方的安全属性进行比较，并决定用户主体是否可以访问所请求的资源客体。

基于角色的访问控制模型(Role-Based Access Control，RBAC)是美国国家标准技术局提出的一种访问控制模型，其中每个用户被分配一个或多个角色，并且每个角色被赋予若干访问权限，构成“用户—角色—权限”授权模型，从而降低了授权管理的复杂度。典型的 RBAC 模型有 RBAC0、RBAC1、RBAC2、RBAC3 共 4 个模型。其中，RBAC0 模型是所有 RBAC 模型的核心，定义了用户、角色、会话和访问权限等基础要素，是其余 3 个模型的基础；RBAC1 模型在 RBAC0 模型的基础上进行了角色的分层，定义了角色之间的等级关系和继承包含关系；RBAC2 模型在 RBAC0 模型的基础上引入了职责分离的约束概念，以解决角色之间的权限冲突问题；RBAC3 模型是在 RBAC0 模型的基础上对 RBAC1、RBAC2 模型的整合，是目前最为全面和复杂的 RBAC 模型。

基于属性的访问控制模型(Attribute-Based Access Control，ABAC)是一种适用于开放环境的灵活授权模型，它通过用户主体和资源客体的安全属性来定义授权，以达到比身份和角色更为灵活的访问控制。其中，属性是用来描述用户主体、资源客体及操作环境的一些特征，例如用户的职业和年龄、资源的密级、读取请求的 IP 地址等。在 ABAC 模型中，属性权威负责对所有实体的属性进行管理和标记，并提供属性值的查询服务。每个用户或资源都被一组属性集合所描述，即通过组合不同的属性和属性值来对相关对象进行细粒度的刻画。当一个访问请求发生时，引用监视器根据请求发出的用户主体、请求目标数据资源客体、当前所在环境等具备的属性及访问控制策略作出是否可以访问的决策。

2. 传统访问控制面临的挑战

在面向大数据环境时，传统访问控制模型存在着诸多难以解决的问题，面临着一系列的挑战。

(1) 数据规模导致访问控制异常复杂。大数据的一个基本特征就是数据规模体量巨大，数据资源数量经常是海量级的，相应的具有访问需求的用户主体数量也非常巨大，通常还无法对可能的用户数量进行提前预估。如果应用传统的访问控制模型，将导致所需的访问控制矩阵规模、安全等级和完整性等级标记的难度、角色或属性的定义和管理等变得异常复杂，甚至难以实施。

(2) 易于导致授权过度或授权不足。大数据的体量巨大、来源复杂等特点造成管理员没有能力去准确管理、预测用户需求，并根据不同需求进行不同授权，因此容易造成过度授权或授权不足。例如，当一个眼科医生想要调阅某个病人的高血压和糖尿病病历数据时，传统访问控制模型可能根据医生的身份和病历数据的类型简单地给予“通过”或“拒绝”的决策。如果给予上述请求“通过”的决定，但是病人仅仅是为了配一个近视眼镜，则该决定显得授权过度了；如果给予上述请求“拒绝”的决定，而病人找该医生是为了治疗高血压眼病，那么该决定又显得授权不足了。

(3) 难以体现数据安全需求随处理状态的变化。大数据环境下，数据处理的链条越来越长，分工越来越细。每个数据从最初生成到最终销毁可能要经过很多的流程阶段，并且数据处在不同的处理阶段和不同的状态时可能具有不同的安全需求。例如，电子处方数据要经过收费、取药、核销、存档等相关的流程，对一个药房药剂师而言，她应该不能访问那些还没有收费的处方，也应该不能修改那些已经核销存档的处方。由于传统访问控制模型常常通过主体和客体的关系来判断是否能访问，因此这种控制方式难以适用于这些数据安全需求随处理状态的变化而变化的场景。

(4) 处理大数据的服务器并非完全可信。大数据的存储与分析常常需要借助第三方的云计算系统或服务器，此时数据拥有者对服务器没有硬件控制权，也不能保证服务器不对用户程序进行篡改或非授权访问。特别地，当用户将传统访问控制模型部署在云服务器上时，需要借助云服务的硬件来运行引用监视器进行授权与否的决策。如果服务器并不是完全可信的话，那么它对引用监视器程序进行恶意的修改，将可以达到直接修改访问控制授权决策的效果。

这些挑战表明，大数据时代需要更安全更灵活的访问控制系统，它应能够应对大规模数据访问控制请求，能够进行更为细粒度的授权管理，能够对不同时间、不同状态的数据进行精细化授权控制，要能够防止恶意的云计算服务器通过篡改引用监视器程序引发的攻击。

3. 基于属性加密的访问控制

基于属性加密(Attribute-Based Encryption，ABE)的访问控制是解决大数据访问控制的一条有效新途径，它将数据以属性加密的方式存储在服务器上，并通过用户属性和访问结构的匹配关系来决定谁能够访问哪些数据，实现更为灵活和细粒度的访问控制。

属性加密是由著名密码学家 Sahai 和 Waters 提出的一种加密体制，其本意是作为基于身份加密(Identity-Based Encryption，IBE)的延伸与扩展。在经典的 IBE 体制中，每个用户拥有唯一的身份标识作为其公钥，并被分配有与其身份相对应的私钥。当数据发送方想要给数据接收方发送加密数据时，先用接收方的身份公钥对数据进行 IBE 加密，只有知晓与该身份所对应的私钥的接收方才能够正确地解密密文。ABE 体制对描述用户的方式进行了扩展，不再要求用户具有唯一的身份，转而假设每个用户都拥有一系列的属性，并通过属性集合来刻画用户。当数据发送方对数据进行加密时，并不需要知道数据接收方的具体信息，而只需规定特别的访问结构；当接收方收到密文数据时，应用与其属性集合相对应的私钥进行解密，如果接收方的属性集合与密文中的访问结构相匹配，那么就可以正确地解密得到相应的明文，如图 8-7 所示。显然，由于访问结构和属性集合之间可能存在着一对多的匹配关系，能够对某个密文进行解密的用户可能会不止一个，故 ABE 体制可以实现一对多的数据传输。

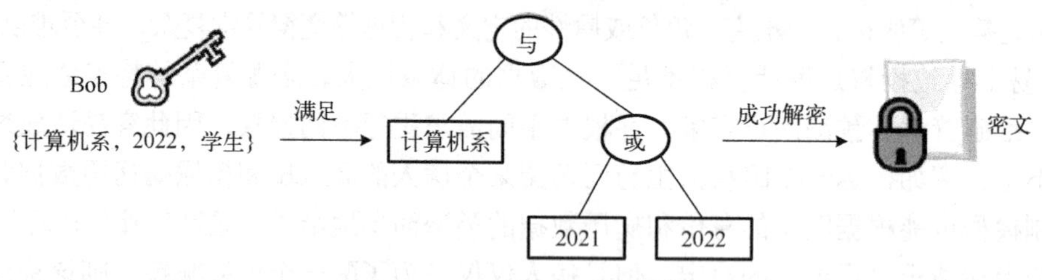

图 8-7 属性加密示意图

上述方案中，访问结构被数据发送方融合到加密密文中，用户拥有属性集合和与之相对应的私钥，这类 ABE 体制被称为密文策略属性加密(Ciphertext-Policy ABE，CP-ABE)体制。CP-ABE 体制的形式化定义包含以下 4 个算法：

(1) Setup(1^λ)，输入安全参数 1^λ，该算法为属性权威生成主密钥 MSK 和系统公开参数 PP，其中 PP 对系统中的所有参与者公开。

(2) $C_T = \text{Encrypt}(PP,T,M)$，输入公开参数 PP、访问结构 T 及明文数据 M，该算法生成相应的密文 C_T。

(3) $sk_S = \text{KeyGen}(\text{MSK},S)$，输入属性权威主密钥 MSK、用户的属性集合 S，该算法为用户生成相应的私钥 sk_S。

(4) $M = \text{Decrypt}(C_T, sk_S)$，输入密文 C_T 和用户解密密钥 sk_S，如果属性集合 S 满足访问结构 T，则输出相应的明文 M；否则，输出解密失败标识符。

CP-ABE 体制的解密算法能够成功的前提条件是，密文中所包含的访问结构和用户属性集合之间恰好是匹配的，这一步无需第三方“引用监视器”的介入。故利用 CP-ABE 体制对存储在云服务器上的数据进行访问控制时，不仅能够实现数据发送方通过设定策略决定拥有哪些属性的用户能访问该密文，还能够有效地避免“服务器并不是完全可信的”所带来的挑战。

图 8-8 给出了一个基于 CP-ABE 体制的直观的访问控制方案。该方案中涉及 4 类参与方：承担加密数据存储任务的云服务器、生成数据并将加密数据外包存储到云服务的数据拥有方、具有数据访问需求的用户，以及作为属性权威为数据拥有方和用户管理属性并生成相应私钥的授权服务器。

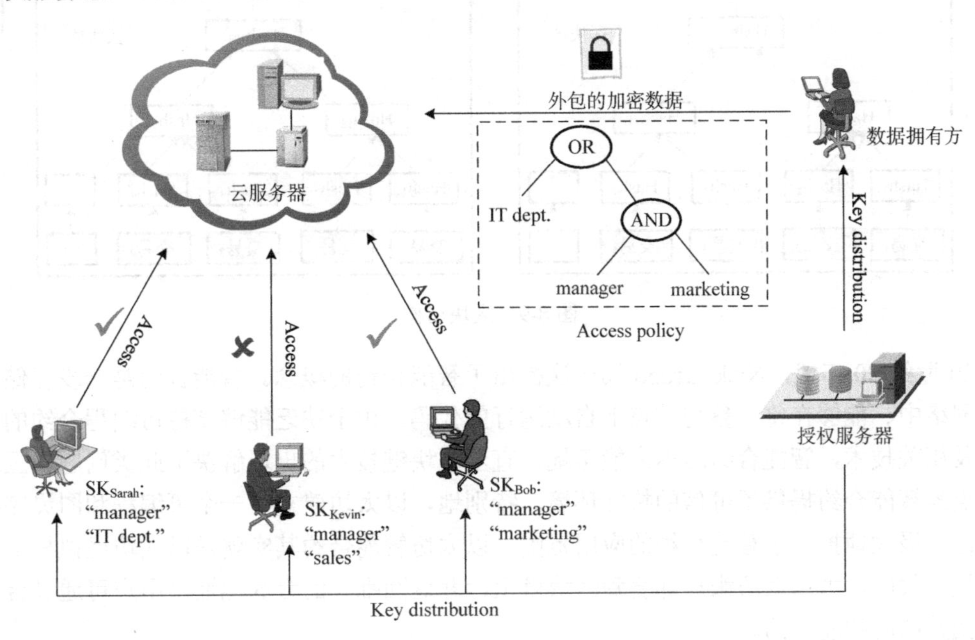

图 8-8　基于 CP-ABE 的访问控制方案

首先，数据拥有方对其数据进行 CP-ABE 加密，在密文中融入其事先规定的访问结构，并将密文外包上传到云服务器上进行存储。每个用户都拥有一个属性集合，授权服务器根据这些属性集合为每个用户生成相应的私钥。当用户提出数据访问请求时，云服务器直接将相应的 CP-ABE 密文发送给需求用户，如果用户的属性集合和该密文中的访问结构是匹配，则该用户能够正确地解密密文，得到相应的私钥；否则，如果属性集合与访问结构不匹配，该用户不能得到密文中的任何明文信息。

4. 基于区块链的访问控制

基于区块链(Blockchain)的访问控制是将区块链的去中心化、去信任化和不可篡改等特性应用于访问控制的一种新技术。该技术通过将加密数据、数据摘要或访问记录传送到区块链的方式实现对重要数据的证据固化，利用智能合约等能够分布式执行的程序代替传统的引用监视器执行授权决策，从而实现分布式的访问控制。

区块链技术起源于 2008 年美国的中本聪发表的论文。区块链是一个在 P2P (Peer-to-Peer) 网络环境下，将数据区块以链条的形式按时间顺序连接起来的特定数据结构。区块链通过深度整合密码学、Merkle 树、共识机制及智能合约等技术，在不依靠第三方机构的去中心化系统中，通过分布式节点之间的相互验证与共识机制，实现信息传输和价值转移。如图 8-9 所示，区块由区块头与区块体两部分组成。其中，区块头主要封装版本号、随机数、时间戳、父哈希、Merkle 根和目标哈希 6 个部分；区块体中存储交易计数和交易详情。

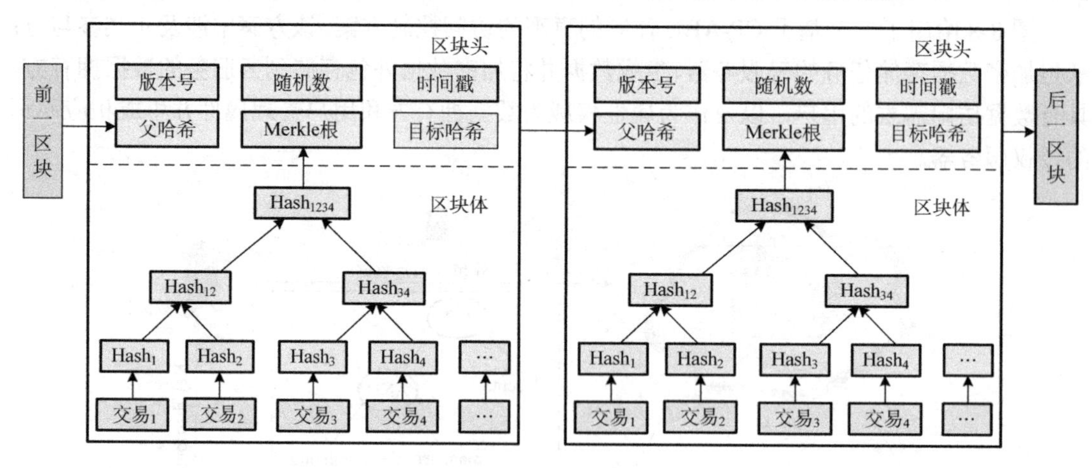

图 8-9 区块结构

20 世纪 90 年代，Nick Szabo 第一次提出了智能合约的概念。智能合约是一段存储在区块链网络中、能够在每个参与节点上自动运行的代码。由于缺乏能够支持可编程合约的数字系统及相关技术，智能合约迟迟未能落地，直至区块链技术的出现解决了此类问题。区块链的优点为智能合约提供了可信的执行环境。特别地，以太坊建立了一个可编程和图灵完备的区块链，极大地扩展了智能合约的应用范围。以太坊智能合约其实就是以太坊虚拟机上的一段可执行代码，由以太坊账户部署到区块链上，并返回唯一的合约地址，用户可通过合约地址查找并调用智能合约。

区块链技术的出现为大数据环境下的访问控制提供了新的思路。其中，区块链上数据的公开可信使得数据的管理和使用权真正掌握在数据所有者手中，提高了数据所有者共享自身数据的意愿，促进了数据的流通与利用。此外，智能合约可以按照数据所有者提前设定好的规范，约束参与方的行为，实现整个访问过程公开透明且无需第三方参与，提高了数据共享的质量与可信性。目前，基于区块链的访问控制模型主要分为基于区块链交易和基于智能合约两类。

基于区块链交易的访问控制模型，采用区块链交易对访问控制的权限或策略进行管理，从而实现对数据的公开透明的访问控制。以区块链与 CP-ABE 相结合为例进行说明，如图 8-10 所示。数据拥有方使用对称密钥对其数据进行加密，将密文外包上传到云服务器上进行存储。使用 CP-ABE 加密对称密钥与密文地址等信息，并通过区块链交易将该信息发送至区块链。数据请求者获取区块链上的交易，并使用授权服务器发送的私钥对交易中的访问策略进行验证，如果数据请求者的属性集合与该访问策略相匹配，则该用户能够正确地解密密文，得到相应的对称密钥与密文地址。最后，用户通过密文地址获取存储在云服务器的密文，并使用对称密钥解密数据拥有方分享的数据。

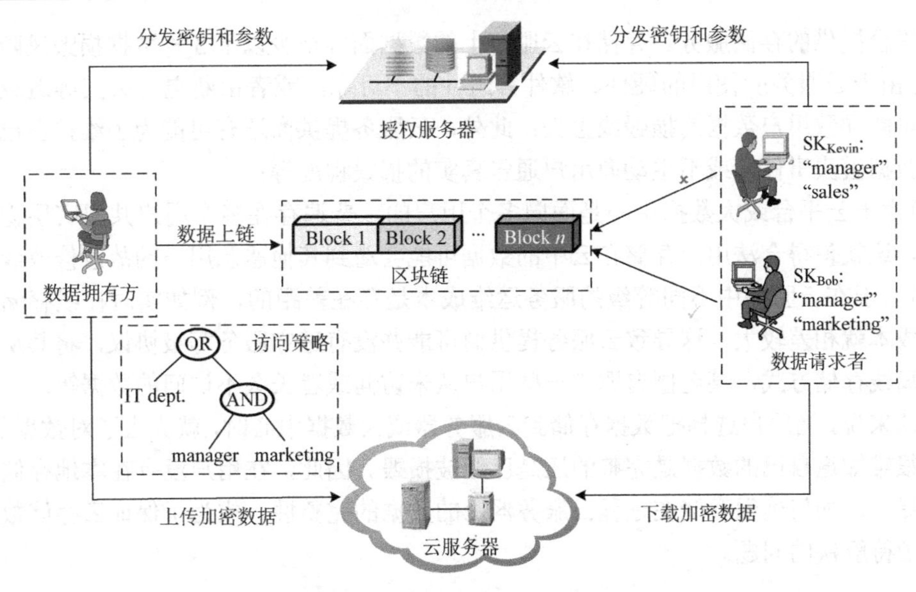

图 8-10　基于区块链的访问控制模型

在基于智能合约的访问控制模型中，数据拥有方首先编写智能合约并将其发送至区块链。数据拥有方通过调用智能合约将访问策略等信息发送至区块链，从而实现数据安全可信与自动化的访问控制。此外，数据拥有方还可以通过智能合约随时更新与撤销访问策略，实现访问策略的存储与判决过程的公开透明。数据请求者通过合约地址调用智能合约，验证其私钥是否满足数据拥有方制定的访问策略，若满足则该用户能够正确地解密密文，从而得到相应的密文地址和对称密钥，并最终获取数据拥有方存储在云服务器中的数据。

8.2.3　数据存储完整性证明技术

1. 数据存储的损毁风险

随着云存储和大数据中心的迅速发展，用户能够以较低廉的价格获得海量的存储能力，有效降低信息系统支出成本。近年来，越来越多的用户选择将其原先存储在本地的数据迁移到云服务器上进行集中存储，云存储已经成为当前大数据存储的主要方式。

然而，高度集中的存储方式让数据资源面临着损毁丢失的风险，云存储服务提供商不断被曝出存储服务宕机乃至损毁的事故，引起了人们对存储在云服务器或数据中心的用户数据安全的广泛担忧。例如，2018 年 7 月，腾讯云位于北京的部分物理硬盘固件版本漏洞导致静默错误，致使一家互联网公司“前沿数控”近千万元级的生产数据全部损毁丢失，包括该公司经过长期推广积累起来的用户，以及网页、小程序所使用的核心数据；2019 年 8 月，亚马逊旗下 AWS 云服务的 US-East-1 数据中心连续发生停电和备用发电机故障事故，导致 7.5%的 EC2 云计算服务和 EBS 存储服务不可用，大约 0.5%的数据因为硬件损坏而不可恢复；2022 年 8 月，谷歌公司位于美国爱荷华州康瑟尔布拉夫斯附近的数据中心发生严重电气爆炸，致使谷歌搜索、谷歌地图和 YouTube 随后遭遇了全球性宕机。除了上述列举的事故及部分被公开报道的事故以外，类似的数据存储损坏或数据丢失事故还有很多，且很难避免。

实际中，采用云存储的用户多数没有在本地保存任何数据副本，其数据的安全性完全依赖于云平台提供的存储服务。存储在云服务上的数据面临至少以下 3 种数据损毁风险：

(1) 由于云服务所使用的硬件、软件等组件的不可靠，或者由断电、火灾等造成的硬件损毁，可能导致用户数据的损毁或丢失；此外，云服务提供商还有可能为了维护自己的信誉而隐藏数据丢失事件，或不主动向用户通告真实的损毁程度等；

(2) 由于云平台或大数据中心是面向多个用户的，普遍存在多个用户共用底层物理硬件的情况，这就使得合法用户存储在云中的数据可能会遭到其他恶意用户的故意修改或损坏；

(3) 由于在云服务中不同等级的服务运维成本是存在差距的，例如实时在线存储和离线存储的成本就相差较大，这导致云服务提供商可能并没有遵守服务等级协议，将其从在线存储改为离线存储方式，甚至擅自删除一些用户从未访问或者长久不访问的数据等。

总的来说，当用户选择把数据存储到云服务器或大数据中心时，就失去了对数据的控制，甚至都很难知道自己的数据是完整的还是已经被损毁。因此，在用户没有在本地存储数据副本的前提下，如何确保存储在远程云服务器上的数据的完整性，成为了保证云存储数据安全的一个亟待解决的问题。

2. 数据完整性证明技术

数据完整性证明(Provable Data Integrity，PDI)是在云计算和大数据环境下实现数据完整性远程检测和证明的一种重要技术，它在没有保存本地副本的情况下，能够通过密码学操作实时地检测远程数据的完整性，且通常具有较低的计算代价和通信代价，适合于用户和云服务器之间的远程执行。

为了尽可能地降低数据所有者的额外计算负担，数据完整性证明机制通常会遵循如图 8-11 所示的框架，其中特别引入第三方审计者来对数据的完整性进行检测。数据所有者首先将数据存放到不完全可信的云服务器，然后将生成的数据校验信息存放到第三方审计者处，并由第三方审计者通过发起挑战并验证响应的方式完成检测任务，最终第三方审计者将检测报告发送给数据所有者。

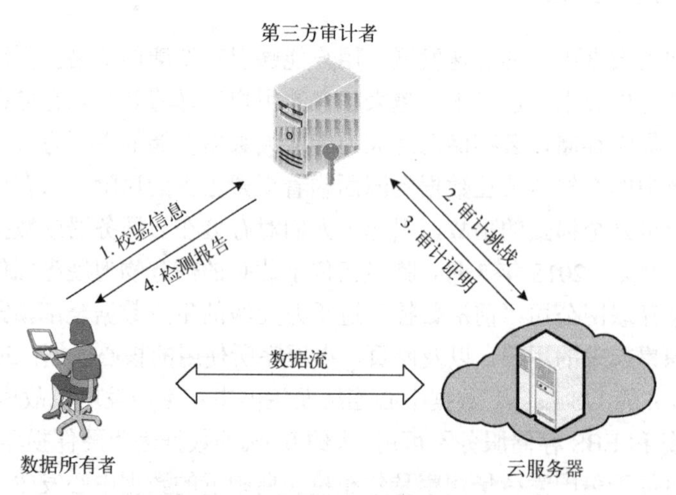

图 8-11　数据完整性证明协议框架

根据 PDI 机制是否具备数据恢复功能，还可以将其细分为两类：一类是数据持有性证明(Provable Data Possession，PDP)机制，能够对存储在远程服务器上的数据的完整性进行检测证明，但是不能对不完整的数据进行恢复操作；一类是数据可恢复性证明(Proof of Retrievability，POR)，不仅能够对数据的完整性进行检测，还可以在数据出现损坏的情况下，通过纠错码等技术对丢失的数据进行恢复操作。

3. 数据持有性证明方案

数据持有性证明方案最早是由 Ateniese 等提出的。该方案通过在服务器存储数据模块中随机抽样，利用概率的方式证明服务器所拥有的数据的完整性，并且使得第三方审计者和服务器之间只需要传递少量的数据就能完成协议，具有较低的通信复杂度。

Ateniese 等提出了 PDP 方案的第一个形式化定义，包含以下 4 个算法：

(1) $(pk,sk) \leftarrow \text{KeyGen}(1^\lambda)$，输入安全参数$1^\lambda$，该算法为数据拥有方生成用于数据完整性检测的公私钥对(pk,sk)。

(2) $T_m \leftarrow \text{TagBlock}(pk,sk,m)$，输入公钥$pk$、私钥$sk$及一个文件数据块$m$，该算法为数据拥有方生成一个数据完整性校验元数据$T_m$。

(3) $V \leftarrow \text{GenProof}(pk,F,\text{chal},\Sigma)$，输入公钥$pk$，一个由文件数据块所构成的集合$F$，一个挑战信息 chal 及一个由相应文件数据块的校验元数据所构成的集合Σ，该算法为云服务器生成一个挑战应答V。

(4) $\{\text{Succ, Fail}\} \leftarrow \text{CheckProof}(pk,sk,\text{chal},V)$，输入公钥$pk$、私钥$sk$、挑战信息 chal 及挑战应答$V$，该算法输出代表第三方审计者验证是否成功的信息。

Ateniese 等还给出了 PDP 方案的一个有效的实例化，以基本的 RSA 签名为出发点，巧妙地利用 RSA 签名的同态性质，实现对云存储数据的远程验证。假设f是一个伪随机函数，π是一个伪随机置换，H是一个哈希函数，Ateniese 等的 PDP 方案的 4 个算法被实例化为如下形式。

(1) $\text{KeyGen}(1^\lambda)$：当输入安全参数时，为数据拥有方生成公钥$pk=(N,g)$和私钥$sk=(e,d,v)$。其中，$N=pq$是两个安全素数的乘积且满足$p=2p'+1, q=2q'+1$，$ed \equiv 1 \bmod p'q'$，g是模N的二次剩余环中的一个生成元，v是一个随机数。

(2) $\text{TagBlock}(pk,sk,m,i)$：当输入公私钥、文件数据块$m$及该数据块的编号$i$时，该算法生成$W_i = v \| i$，计算$T_{i,m}=(h(W_i)\cdot g^m)^d \bmod N$，然后输出校验元信息$(T_{i,m},W_i)$。

(3) $\text{GenProof}(pk,F,\text{chal},\Sigma)$：输入消息块的集合$F=(m_1,\cdots,m_n)$、相应的校验元信息集合$\Sigma=(T_{1,m_1},\cdots,T_{n,m_n})$及挑战信息$\text{chal}=(c,k_1,k_2,g_s)$，首先计算$i_j=\pi_{k_1}(j), a_j=f_{k_2}(j)$，然后计算$T=\prod_{j=1}^{c} T_{i_j,m_{i_j}}^{a_j}=(h(W_{i_1})^{a_1}\cdot\cdots\cdot h(W_{i_c})^{a_c}\cdot g^{a_1m_{i_1}+\cdots+a_cm_{i_c}})^d \bmod N$，$\rho=H(g_s^{a_1m_{i_1}+\cdots+a_cm_{i_c}} \bmod N)$，并输出$V=(T,\rho)$。

(4) $\text{CheckProof}(pk,sk,\text{chal},V)$：该算法由第三方审计者运行，首先计算$i_j=\pi_{k_1}(j), W_{i_j}=v\|i_j, a_j=f_{k_2}(j)$，然后验证下式是否成立

$$\frac{T^e}{H(W_1)^{a_1}H(W_3)^{a_3}H(W_4)^{a_4}H(W_n)^{a_n}}=g^{a_1m_{i_1}+\cdots+a_cm_{i_c}} \bmod N$$

以及$H(T^{e\cdot s} \bmod N)=\rho$，如果验证通过，输出 Succ；否则，输出 Fail。

除了以 RSA 签名为基础的 PDP 方案外，还有基于 MAC 认证码的 PDP 方案、基于 BLS

签名的 PDP 方案、支持对数据进行插入删除等动态操作的 PDP 方案、支持云数据多副本存储的 PDP 方案，以及能够保护用户数据隐私的 PDP 方案等。

8.2.4 数据处理安全技术

数据以密文形式存储到服务器之后，虽然保证了数据安全，但却给数据处理带来了阻碍。当需要对加密数据进行检索或挖掘分析时，直接的方法是要么将解密密钥给服务器，让服务器解密后对明文数据进行处理；要么将密文数据回传给用户，让用户解密后再实施检索或挖掘操作。显然，前者的处理方式存在安全隐患，后者的处理方式效率极为低下。针对这些问题，密码学家们开发出了能够直接支持对密文数据处理的新技术，包括能够支持密文检索的保序加密技术、支持对密文进行挖掘分析的同态加密技术等。

1. 数据安全检索

检索是针对集中存储的数据的一种常见服务，也是大数据管理的基本需求之一。为了保护用户数据安全，通常会先对数据加密，然后将密文数据上传到云服务器上。因此，密文数据检索技术成为了大数据环境下的一个新的技术需求，它需要支持存储有大量用户数据的云服务器在密文状态下对用户数据进行检索，在挑选出满足检索条件的密文数据后返回给用户或数据请求方，接收方对所收到的密文数据进行解密，即可得到满足检索条件的明文数据。

一般的密文检索框架如图 8-12 所示，涉及数据拥有方、云服务器和数据请求方 3 个实体。其中云服务器被认为不是完全可信的——大部分方案假设服务器是诚实而好奇的(Honest-but-Curious)，即服务器会遵循协议规范协助执行检索操作，但是会利用所获得的背景信息尽可能地推断数据拥有方和请求方的私密信息。

图 8-12 密文检索示意图

为了实现对密文数据的检索，需要用到密码学技术。根据底层所依赖的密码技术的不同，可以将密文检索技术分为对称可搜索加密(Symmetric Searchable Encryption，SSE)密文检索技术和非对称可搜索加密(Asymmetric Searchable Encryption，ASE)密文检索技术。SSE 密文检索技术只有一个密钥，数据拥有方生成密文与索引、数据请求方生成检索请求都使用同一个相同的密钥；ASE 密文检索技术有一个公钥和一个私钥，任何数据拥有方都可以使用公钥对数据进行加密并上传到云服务器，只有拥有私钥的数据请求方才能生成合法的密文检索请求。

根据检索请求中所包含的内容不同，密文检索技术还可以分为密文关键词检索和密文区间检索，其中密文关键词检索技术的密文请求中包含特定关键词，查询的目的是找出包含上述关键词的密文文档，比较适用于文本类型的文档数据；基于密文区间检索技术的密文请求中包含一个数值区间，查询的目的是返回所有属性值属于给定数值区间的文档，比较适用于数值类型的文档数据。

1) 对称可搜索加密

对称可搜索加密(SSE)方案在数据加密阶段和检索请求阶段使用相同的密钥，主要适用的场景是数据拥有方对自己存储在云服务器上的密文数据进行检索。从形式上讲，一个 SSE 方案由以下 4 个算法组成。

(1) $sk \leftarrow \text{KeyGen}(1^\lambda)$：输入安全参数$1^\lambda$，该算法输出密钥$sk$。

(2) $(I,C) \leftarrow \text{Encrypt}(sk,DB)$：输入密钥$sk$和数据文件集$DB=\{D_1,\cdots,D_n\}$，输出加密的密文文件集合$C=\{C_1,\cdots,C_n\}$和相应的索引$I$。

(3) $T_W \leftarrow \text{Trapdoor}(sk,W)$：输入密钥$sk$和待检索的关键词$W$，输出一个检索陷门信息$T_W$。

(4) $S(W) \leftarrow \text{Search}(I,T_W)$：输入索引$I$和检索陷门信息$T_W$，输出包含关键词的文件编号所构成的集合$S(W)$。

其中，Encrypt 和 Trapdoor 算法都由数据拥有方借助使用私钥sk执行，Search 算法由云服务器执行。SSE 方案的安全性要求服务器无法从索引I、检索陷门信息T_W及密文文件集合$C=\{C_1,\cdots,C_n\}$中获取明文数据及检索关键词的信息。

Song 等提出了第一个 SSE 方案，该方案的主要思想是：服务器在收到数据请求方发送的检索陷门信息后，将该陷门与所有的密文数据逐一进行匹配检测，如果匹配成功就返回相应文件的密文数据。具体而言，Song 等的 SSE 方案包含以下算法。

(1) $\text{KeyGen}(1^\lambda)$：输入安全参数1^λ，数据拥有方生成两个密钥$sk=(k',k'')$。

(2) $\text{Encrypt}(sk,DB)$：假设数据文件集$DB=\{D_1,\cdots,D_n\}$对应l个关键词$W_1,W_2,\cdots,W_l$，对其中每个关键词W_i计算如下两层密文，先计算$X_i=E_{k''}(W_i)$，并将X_i拆分成为两个部分$X_i = L_i \| R_i$；再计算$k_i=f_{k'}(L_i)$，使用流密码生成器生成S_i并计算得到$F_{k_i}(S_i)$，然后将比特串$S_i \| F_{k_i}(S_i)$与$L_i \| R_i$进行异或，得到相应的加密的索引信息C_i。

(3) $\text{Trapdoor}(sk,W)$：当数据请求方输入检索关键词W时，使用对称密钥计算$X=E_{k''}(W)=L\|R$，$k=f_{k'}(L)$，并输出陷门$T_W=(X,k)$。

(4) $\text{Search}(I,T_W)$：服务器首先利用每个C_i的左半部分与X中的L进行异或得到S_i，然后计算$F_{k_i}(S_i)$并与C_i的右半部分进行异或得到R_i，如果R_i恰好等于X中的R，则说明C_i匹配正确，返回C_i。

Song 等的 SSE 方案需要对文档中每个可能的关键词逐一进行匹配，算法的计算复杂度与文档所包含关键词的个数呈线性关系，检索效率不高。为了提高 SSE 方案的检索效率，Goh 等提出了基于正排索引的 SSE 方案，Curtmola 等提出了基于倒排索引的 SSE 方案。随后，密码学家们还进一步提出了支持多关键词检索的 SSE 方案、支持模糊检索及多用户的 SSE 方案等。

2) 非对称可搜索加密

非对称可搜索加密(ASE)方案又常被称为公钥可搜索加密(Public-Key Encryption with Keyword Search，PEKS)方案，其中数据拥有方使用公钥加密，数据请求方使用私钥进行检索，这意味着数据检索时针对的可以是不同数据拥有方存储在云服务器上的数据。从形式上讲，一个 ASE 方案由以下 4 个算法组成。

(1) $(pk,sk) \leftarrow \text{KeyGen}(1^\lambda)$：输入安全参数$1^\lambda$，该算法输出公钥$pk$和私钥$sk$。

(2) $C_W \leftarrow \mathrm{PEKS}(pk,W)$：输入公钥 pk 和关键词 W，该算法输出该关键词所对应的密文 C_W。

(3) $T_{W'} \leftarrow \mathrm{Trapdoor}(sk,W')$：输入私钥 sk 和关键词 W'，该算法为输出检索陷门信息 $T_{W'}$。

(4) $\{0,1\} \leftarrow \mathrm{Test}(pk,C_W,T_{W'})$：输入公钥 pk、关键词密文 C_W 和检索陷门信息 $T_{W'}$，该算法在 $W=W'$ 时输出 1，否则输出 0。

其中，PEKS 算法由数据拥有方执行，Trapdoor 算法由数据请求方在检索的时候执行，Test 算法由云服务器执行。

2004 年，密码学家 Boneh 等提出了 PEKS 的概念，并基于双线性对给出了 PEKS 的首个构造。假设 $\mathbb{G}_1$、$\mathbb{G}_2$ 均是阶为素数 p 的群，$e:\mathbb{G}_1\times\mathbb{G}_1\rightarrow\mathbb{G}_2$ 是一个双线性映射，H_1、H_2 是两个哈希函数，则 Boneh 等的 PEKS 方案的具体构造如下。

(1) $\mathrm{KeyGen}(1^\lambda)$：输入安全参数 1^λ，随机选择 $\mathbb{G}_1$ 的生成元 g，选择随机数 $\alpha\in\mathbb{Z}_p^*$，输出公钥 $pk=(g,h=g^\alpha)$，私钥 $sk=\alpha$。

(2) $\mathrm{PEKS}(pk,W)$：该算法首先选择随机数 $r\in\mathbb{Z}_p^*$，计算 $t=e(H_1(W),h^r)$，然后输出关键词 W 所对应的密文 $C_W=(g^r,H_2(t))$。

(3) $\mathrm{Trapdoor}(sk,W')$：输入私钥 $sk=\alpha$ 和待检索关键词 W'，该算法输出检索陷门信息 $T_{W'}=H_1(W')^\alpha$。

(4) $\mathrm{Test}(pk,C_W,T_{W'})$：将输入的 C_W 拆分为 $C_W=(C_{W1},C_{W2})$，如果等式 $H_2(e(T_{W'},C_{W1}))=C_{W2}$ 成立，则输出 1；否则，输出 0。

Boneh 等的 PEKS 方案是基于 BDH 困难性问题可证明安全的，具有较高的安全性。但是，该方案使用了双线性对映射，计算复杂度较高；同时，该方案在提交检索陷门信息时需要用到安全信道，限制了方案在实际中的应用范围。随后，密码学家针对 PEKS 的安全性、效率、功能扩展等诸多方面进行了深入研究，提出了能抵御关键词猜测攻击的 PEKS 方案、支持代理重加密的 PEKS 方案、支持关键词更新和撤销的 PEKS 方案、基于属性密码体制的 PEKS 方案等。

3) 密文区间检索技术

对于数值类型的明文数据，除了上述关键词匹配检索外，还有一种重要的检索——区间检索。区间检索的检索条件一般是某个区间，例如要求检索返回身高位于区间[175cm,180cm]的人员数据，或者是检索期末考试成绩大于或等于 60 分的所有学生信息等。

对关键词进行分桶式索引是早期实现密文区间检索技术的典型方式。其核心思想是将属性值域划分为桶，并为各桶分配一个唯一的标识，记录的索引即为其属性值所在桶的标识。如图 8-13 所示，在加密前将明文属性值区间[0, 1000]分成 5 个桶，并赋予唯一的编号标识，从左到右分别对应编号 2、7、5、1、4；在检索时，用户判断哪些桶可能包含所需的信息，将桶标识发送给服务器，服务器将密文数据返回给用户。例如，对于检索条件 Y>450，可以判定分区 1、4 的所有记录是满足检索条件的，而通过解密分区 5 的所有记录，可以精确判断剩余满足条件的数据库记录。

从构造可以看出，基于关键词分桶式索引的密文区间检索技术具有思路直观、方案简单的优点。但是该方案采取的策略较为粗糙，也引发了人们对其安全性的担忧。另外，该方案还需要将分桶策略保存在本地，并在检索时由客户端自行查找与检索区间相交的桶标识，从而增加了客户端的数据存储量和计算负担。

除了分桶式索引外，当前主流的密文区间检索技术主要包括基于谓词加密的技术、基于保序加密的技术等。其中，保序加密(Order Preserving Encryption，OPE)是一种密文保持明文顺序的特殊加密方案，对密文区间检索具有良好的适配性。

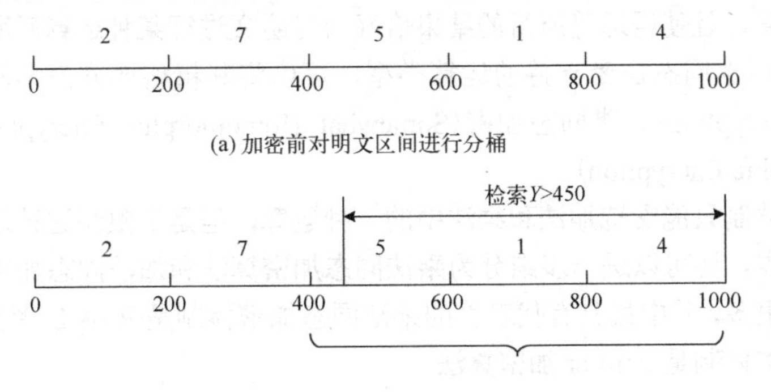

图 8-13　基于分桶式索引的明文区间检索

定义 8.1(保序加密算法)：对于明文和密文都是实数的加密算法 $Enc_k(\cdot)$，如果对于明文空间中的任何元素 P_i,P_j，当 $P_i < P_j$ 时，其对应的密文必然满足关系 $Enc_k(P_i) < Enc_k(P_j)$，则称该加密算法是保序的。

从保序加密的定义可以看出，保序加密必然会泄露明文的部分信息——至少会泄露序关系。2009 年，Boldyreva 等首次提出保序加密方案 IND-OCPA 的安全定义：要求一个保序加密方案除了泄露明文的序关系外，不能更多地泄露关于明文的任何信息。除了保序加密的安全性定义以外，2009 年，Boldyreva 等还构造出第一个可证明安全的保序加密方案：BCLO 方案。BCLO 方案将保序加密和概率中的超几何分布抽样联系对应起来，整个算法实际上实现的就是随机抽样。

关于保序加密的后续研究还有很多，其中比较典型的有：2012 年，Wang 等发现确定性 OPE 方案的密文和明文具有完全相同的分布，即密文会泄露明文的统计特性，因此提出了更安全的 one-to-many OPE 方案，其中使用频次比较高的明文会被映射为多个不同的密文；2015 年，密码学家 Boneh 等在保序加密的基础上提出了明文顺序可揭示加密方案(Order Revealing Encryption，ORE)，要求可以依赖于密文揭示明文的顺序，但是密文本身之间并不一定保序。其他的研究工作还包括基于索引结构的保序加密方案、支持多密钥多用户场景的保序加密方案、有陷门的顺序可揭示加密方案等。

2. 数据安全挖掘

对于存储在云服务器的大数据而言，检索仅仅是数据处理的基本需求，挖掘分析才是数据处理的核心所在。通过在密文上实现常用的数据挖掘分析算法，达到和在明文上直接挖掘分析相同或相似的效果，同时保护用户数据的隐私，已经成为当前大数据安全挖掘领域的发展趋势。

为了实现密文的数据挖掘分析，显然不能仅仅依赖于传统的加密算法，如 AES 加密等，而需要发展相应的新技术以支持不断发展的新需求。当前，以同态加密、安全多方计算、联邦学习为代表的数据安全挖掘新技术为数据的“可用不可见”提供了一系列的参考解决方案。

1) 同态加密技术

同态加密(Homomorphic Encryption，HE)是一类特殊的加密算法，它允许对加密所得的密文进行某种运算，且使得运算所得的结果恰好为对明文进行某种运算后所得结果然后再加密得到的密文。根据同态加密支持的运算类型，可以将其粗略地分为半同态加密(Partially Homomorphic Encryption)、类同态加密(Somewhat Homomorphic Encryption)和全同态加密(Fully Homomorphic Encryption)。

半同态加密体制只能支持加法和乘法中的一种运算，但是不限制这种运算的次数。根据所支持的运算种类，还可以进一步细分为乘法同态加密算法和加法同态加密算法。现有的半同态加密体制有很多，其中最具有代表性的乘法同态加密体制是 RSA 加密算法，最具有代表性的加法同态加密体制是 Paillier 加密算法。

RSA 加密算法是由著名的密码学家 Rivest、Shamir 和 Adleman 共同提出的一个经典的公钥密码算法，也是自 Diffie 和 Hellman 提出公钥密码概念后的首个实用的公钥密码算法。RSA 加密算法的具体步骤如下。

(1) $\mathrm{KeyGen}(1^{\lambda})$：输入安全参数 1^{λ}，首先生成两个安全素数 p、q，计算 $N=pq$，$\phi=(p-1)(q-1)$，选择一个合适的整数 e，并计算其乘法逆元 d，即要求满足 $ed\equiv 1 \bmod \phi$，输出公钥 $pk=(N,e)$，私钥 $sk=(N,d)$。

(2) $\mathrm{Enc}(pk,m)$：输入公钥 $pk=(N,e)$ 和明文 $m\in\{1,2,\cdots,N\}$，该加密算法计算密文为 $c=Enc(pk,m)=m^{e} \bmod N$。

(3) $\mathrm{Dec}(sk,c)$：输入私钥 $sk=(N,d)$ 和密文 $c\in\{1,2,\cdots,N\}$，该解密算法计算相应的明文为 $m=\mathrm{Dec}(sk,c)=c^{d} \bmod N$。

容易验证，RSA 加密算法满足下述乘法同态性质：对任意的明文 m_1,m_2：

$$\mathrm{Enc}(pk,m_1)\cdot\mathrm{Enc}(pk,m_2)=(m_1^{e} \bmod N)\cdot(m_2^{e} \bmod N)=(m_1^{e}\cdot m_2^{e} \bmod N)=\mathrm{Enc}(pk,m_1\cdot m_2)$$

Paillier 加密算法是另外一种经典的半同态加密体制，满足加法同态性质。类似于 RSA 加密，Paillier 加密算法也是在剩余类环上定义运算的，不过该算法使用的剩余类环是模 N^2 而不是模 N 的。具体而言，Paillier 加密算法步骤如下。

(1) $\mathrm{KeyGen}(1^{\lambda})$：输入安全参数 1^{λ}，首先生成两个安全素数 p、q，计算 $N=pq$，$\delta=l\mathrm{cm}(p-1,q-1)$。对 $u\in\mathbb{Z}_{n^2}^{*}$ 定义函数 $L(u)=(u-1)/n$，选择随机的整数 $g\in\mathbb{Z}_{n^2}^{*}$ 且要求 $\gcd(N,L(g^{\delta} \bmod N^2))=1$，最终算法输出公钥 $pk=(N,g)$，输出私钥 $sk=(p,q)$。

(2) $\mathrm{Enc}(pk,m)$：输入公钥 $pk=(N,g)$ 和明文 m，该加密算法选择随机数 r 并计算密文为 $c=\mathrm{Enc}(pk,m)=g^{m}r^{N} \bmod N^2$。

(3) $\mathrm{Dec}(sk,c)$：输入私钥 $sk=(p,q)$ 和密文 $c<N^2$，该解密算法首先利用私钥计算 $\delta=\mathrm{lcm}(p-1,q-1)$，然后计算

$$m=\mathrm{Dec}(sk,m)=\frac{L(c^{\delta} \bmod N^2)}{L(g^{\delta} \bmod N^2)} \bmod N$$

Paillier 加密算法的乘法同态性质如下：对任意的明文 m_1,m_2，

$$\begin{aligned}\mathrm{Enc}(pk,m_1)\cdot\mathrm{Enc}(pk,m_2)&=(g^{m_1}r_1^{N} \bmod N^2)\cdot(g^{m_2}r_2^{N} \bmod N^2)\\&=g^{m_1+m_2}(r_1r_2)^{N} \bmod N^2=\mathrm{Enc}(pk,m_1+m_2)\end{aligned}$$

类同态加密(SHE)体制能够同时支持多种运算，但是相应的运算次数受到限制，比较典型的体制有BGN算法等；全同态加密(FHE)体制不仅能够同时支持全部四则运算，而且不限制运算的次数。2009年，密码学家Gentry等基于格(Lattice)上的困难性问题提出了第一个全同态加密体制。随后，密码学家对全同态加密体制的构造进行了深入的研究和发展，部分公司还提出了一些开源实现，例如微软的SEAL、IBM公司的HELib等。

2)安全多方计算

安全多方计算(Secure Multi-Party Computation，MPC)是指多个用户以安全的方式合作计算一个共同的目标函数，且保证每个用户除了能够获得最终的计算结果外，不能获得任何其他用户的输入数据。设$P=\{P_1,P_2,\cdots,P_n\}$是n个用户，每个用户都拥有私密的数据$x_i,i=1,2,\cdots,n$，他们想要共同计算的函数形式为$(y_1,y_2,\cdots,y_n)=f(x_1,x_2,\cdots,x_n)$。安全多方协议保证了每个用户$P_1,P_2,\cdots,P_n$能够分别获得输出$y_1,y_2,\cdots,y_n$，但是除此之外不能获得任何其他的信息，即当$j\neq i$时，任何用户$P_i$都不能获得$x_j$和$y_j$。

中国科学院院士姚期智教授在1982年提出的百万富翁问题是一个典型的安全多方计算案例：两个百万富翁想要在没有可信第三方参与的情况下比较谁更为富有，但是又不想让对方知道自己具体的资产数额，问该如何比较？在提出百万富翁问题的同时，姚期智教授以公钥加密为基本组件给出了一个巧妙的解决方案：假设Alice和Bob是两个百万富翁，其中Alice的资产数为i百万美元，Bob的资产数为j百万美元，且$1<i,j<10$。

(1)Bob挑选一个非常大的随机整数x，并且利用Alice的公钥对其进行加密得到$k=E_a(x)$，计算$k-j+1$并将其发送给Alice。

(2)Alice收到$k-j+1$后，对$u=1,2,\cdots,10$，计算$y_u=D_a(k-j+u)$；并选择一个随机的素数p计算$z_u=y_u \bmod p$，要求最终得到的任意两个z_u之间至少相差2以上；然后，Alice向Bob发送消息$z_1,z_2,\cdots,z_i,z_{i+1}+1,z_{i+2}+1,\cdots,z_{10}+1$。

(3)Bob收到Alice发送过来的10个数后，检查其中的第j个数字是否等于x，如果相等就判定$i\geqslant j$；如果不等，则$i<j$。

(4)最后，Bob将所得结果告知Alice。

从以上解决方案可以看出，Alice所需的计算复杂度与需要比较的两个数的大小成正比，因此方案仅仅具有理论意义而实用性较低。随后，在FOCS86会议上，姚期智专门提出了混淆电路(Garbled Circuits)作为工具并给出了安全两方计算问题的通用解决方案。紧接着Goldreich等迅速将其应用范围从安全两方计算场景扩展到了安全多方计算的场景。

百万富翁问题的提出与解答形象地展示了安全多方计算面临的挑战和独特解决思路，引发了安全专家的极大关注。目前，基于不经意传输、混淆电路、秘密共享等多种基础组件，人们针对诸多不同场景下的多方计算任务构造了多种安全多方计算协议，让安全多方计算的研究不断从理论研究走向现实应用。

3)联邦学习技术

联邦学习(Federated Learning，FL)这一概念最早是由Google公司的研究人员在2016年提出的，其主要目的是在满足隐私保护、数据安全和政府法规的要求下，实现多个数据参与方之间协同的机器学习训练和模型结果预测。与一般的机器学习相比，联邦学习的主要特征是原始数据不出本地，并且能够达到建模效果与将整个数据集汇集到一起时建模的效果相同或相差不大，从而成为多方数据融合建模、解决数据孤岛问题的一个可行性解决方案。

为了达到多个参与方之间数据“可用不可见”的目的，联邦学习一般遵循“数据不动模型动”的策略，即任何一方的原始数据都不会被分享给其他的参与方，传递的是系统训练模型所需要的参数增量等信息。由于每个参与方都仅仅持有部分数据，因此在训练过程中每个参与方都仅能持有部分模型，而对整体模型参数的修正也仅能基于其拥有的部分模型和部分数据。根据不同参与方所拥有数据的重叠情况，联邦学习可以被分为 3 类：横向联邦学习，纵向联邦学习与联邦迁移学习。

(1)横向联邦学习(Horizontal FL，HFL)，也被称为基于样本的联邦学习，适用于联邦学习中各个参与方的数据集有相同特征空间但不同样本空间的场景。如图 8-14 所示，不同参与方的数据有着相同的特征空间，每一个参与方拥有不同的样本集合，相当于对整个数据集进行了横向切分。

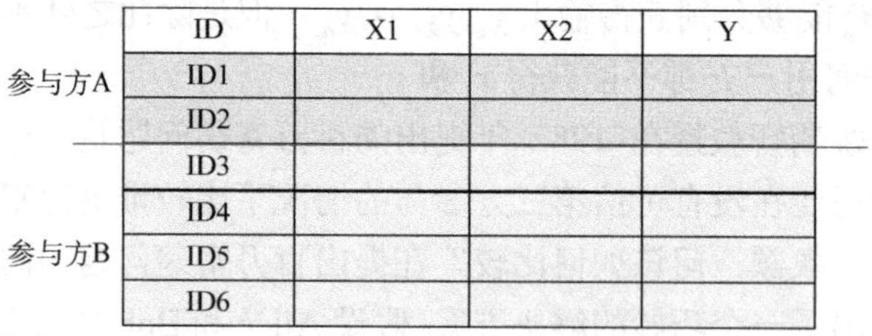

	ID	X1	X2	Y
参与方A	ID1			
	ID2			
	ID3			
	ID4			
参与方B	ID5			
	ID6			

图 8-14　横向联邦学习数据分布示意图

(2)纵向联邦学习(Vertical FL，VFL)，又被称为基于特征的联邦学习，适用于联邦学习中各个参与方的数据集有相同样本空间但特征空间不同的场景。如图 8-15 所示，不同参与方有着相同的(或相互重叠的)样本集合，但是对同一个样本而言每一个参与方都掌握着其不同特征维度的数据，相当于对整个数据集进行了纵向切分。

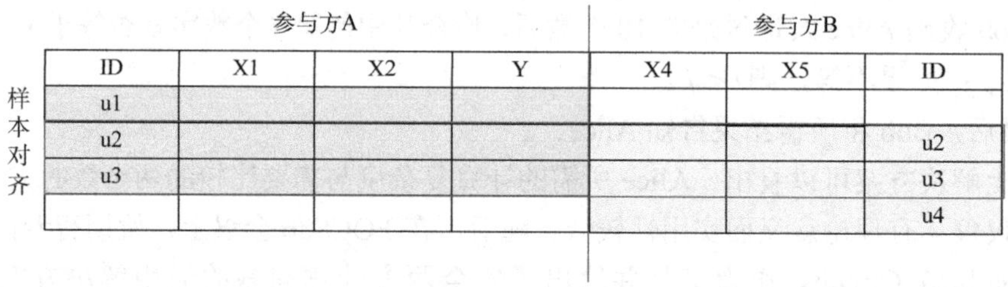

	参与方A				参与方B		
	ID	X1	X2	Y	X4	X5	ID
样本对齐	u1						
	u2						u2
	u3						u3
							u4

图 8-15　纵向联邦学习数据分布示意图

(3)联邦迁移学习(Federated Transfer Learning，FTL)，是在不同参与方之间有不同的样本、不同的特征空间的条件下，通过有效地使用从每个参与方的数据学习到的模型参数，应用于联合模型的迭代更新的一种学习过程。

8.2.5　数据发布隐私保护技术

数据发布是大数据时代的一个常见需求，已成为当前数据管理与信息共享应用中很重要的一个环节。例如，医院将医疗数据提供给制药厂或专业研究机构，统计部门将人口普查数据提供给教育部门，电商将商品销售数据提供给广告部门等，都是为了能让这些数据带来更大的经济或社会效益。

然而，一旦数据拥有方将数据“发布”给数据使用方，就很难掌控数据的后续使用。例如，Facebook 公司将 5000 万用户数据提供给剑桥分析公司，然而后者却在没有得到授权的情况下利用这些数据影响美国 2016 年总统选举，直接导致了轰动世界的 Facebook 数据“泄露”丑闻。另外，即使数据发布方对用户的数据采取了一定措施，恶意的攻击者也可能会根据其他数据推断出用户的隐私。例如，为了学术研究，美国互联网服务公司 AOL 曾公布一份包含 65 万用户的查询记录数据，其中用户姓名被简单地替换成了匿名的 ID 标号。但是，纽约时报从搜索记录的内容推断出 ID 为 4417749 的用户是一位姓名为 Thelma Arnold 的老年妇女。最终 AOL 公司因为泄露用户隐私遭到了起诉。

这些对数据隐私性保护不足的典型案例表明，在原始数据或结果数据发布之前，应该对数据进行“去隐私”等操作，尽可能地隐藏被发布数据中的隐私信息。同时，还应该要求隐私保护操作不能影响数据的可用性，要保证数据使用方能够从这些数据中获取到足够多的统计信息。

1. 经典的数据隐私保护技术

经典的数据发布隐私保护技术有 k-匿名化、L-多样性、t-紧近邻等，它们在简单地将姓名替换成假名或 ID 的基础上引入了“泛化”思想，即通过删除或模糊化部分数据，减少每个个体所对应数据组合的特异性，使得攻击者无法判断数据组合所对应的个体身份。

k-匿名化（k-anonymity）是由 Sweeney 等提出的一种数据匿名化方法，其目的是使得公开的数据中包含的涉及个人信息的组合至少出现 k 次，即对于任何一个数据样本而言，至少有 k–1 个样本拥有与其一样的属性信息组合，从而保证了攻击者不能确定给定属性组合所对应的用户到底是相应的 k 个用户中的哪一个。

为了更好地描述 k-匿名化，Sweeney 等将描述数据样本的常用属性分成 3 类：关键属性（Key Attributes）、准标识符（Quasi Identifier）和敏感属性（Sensitive Attributes）。其中，关键属性是能够唯一确定用户个体的身份标识，包括姓名、SSN 号码等，在数据公开时应该提前删除；敏感属性是数据使用方最为关心的属性，例如表 8-1 中的“购买偏好”，需要对数据使用方直接公开；准标识符是指那些尽管不能唯一地确定样本所对应的用户身份，但是组合起来可以用来以很高的概率确定用户身份的信息。在表 8-1 中，年龄、性别和邮编的组合就可以大概率地对应到确定的用户。事实上，Sweeney 等早期的一个研究结果表明，基于 1990 年的美国人口统计数据，仅凭邮编、性别和出生日期三元组就能够以 87%的概率定位一个美国人的准确身份。

k-匿名化的主要做法就是通过泛化准标识符数据，达到保护用户隐私的目的。对于表 8-1 中的数据，可以按照如下方式进行匿名化处理：删除姓名列、将年龄列模糊化为区间、将邮编列模糊化为最后一位用*号代替，最终得到的 2-匿名化数据如表 8-2 所示。如果攻击者想确认一个用户的敏感信息（也就是购买偏好），通过查询他的年龄、邮编和性别组合会发现至少有两个人满足条件，这就在一定程度上保证了隐私不会被泄露。

表 8-1　待发布数据示例

序号	姓名	年龄	性别	邮编	购买偏好
1	赵一	24	男	450081	电器
2	钱二	26	男	450087	玩具
3	周红	22	女	100101	电器

续表

序号	姓名	年龄	性别	邮编	购买偏好
4	吴橙	28	女	100102	化妆品
5	孙三	34	男	438403	玩具
6	李四	32	男	438402	图书
7	郑蓝	38	女	100132	图书
8	王紫	30	女	100132	化妆品

表 8-2　2-匿名化的数据示例

序号	姓名	年龄	性别	邮编	购买偏好
1		[20, 30)	男	45008*	电器
2		[20, 30)	男	45008*	玩具
3		[20, 30)	女	10010*	电器
4		[20, 30)	女	10010*	化妆品
5		[30, 40)	男	43840*	玩具
6		[30, 40)	男	43840*	图书
7		[30, 40)	女	10013*	图书
8		[30, 40)	女	10013*	化妆品

尽管 *k*-匿名化比简单地将姓名替换成 ID 更为安全，但是在现实中仍旧存在安全缺陷：在攻击者具有一定额外信息的情况下，用户可能遭受背景知识攻击。例如，攻击者知道某个用户的年龄、性别和邮编分别是 24、男和 450081，虽然依据表 8-2 仅仅能够知道其购买偏好是电器和玩具中的一种，但是如果通过某种其他的渠道知道该用户不喜欢购买玩具，那么就很容易通过排除法知道该用户的购买偏好是电器。

为了克服 *k*-匿名的缺陷，2006 年，安全专家提出了一个增强的 *k*-匿名模型——*L*-多样性模型：要求发布数据中每个 *k* 匿名组至少含有 *L* 种不同的敏感属性值。当 *L* 的取值较大时，就能够以较大的概率避免上述背景知识攻击。然而，*L*-多样性模型并没有考虑敏感属性的总体的分布，同一类型中可能某个敏感属性出现的概率显著偏大。例如，在 10-匿名化模型满足 4-多样性的条件下，如果某个特别的属性值出现了 7 次，其他 3 种属性值各自仅出现 1 次，那么直接将出现最多的属性值作为推断结果时正确的概率将达到 70%。为了克服这种攻击，安全专家在 *L*-多样性的基础上进行了改进，提出了 *t*-紧近邻的概念，要求每个 *k* 匿名组的属性值的分布与整体数据集上属性值的分布之间的距离必须足够近且小于事先给定的阈值 *t*，这就进一步提高了隐私保护水平。

2. 差分隐私保护技术

尽管从 *k*-匿名化到 *L*-多样性再到 *t*-紧近邻，3 种匿名模型的隐私保护能力是逐步提高的，但是对于这些模型究竟能够提供何种程度的隐私保护水平并没有数据可以量化，对于它们是否能够切实地保障用户隐私也缺乏理论的分析和证明。在此背景下，安全专家 Dwork 在 2006 年提出了差分隐私(Differential Privacy，DP)的概念。

差分隐私是一种基于统计学方法来保护用户隐私的重要技术，它定义了更为严格的攻击模型，即攻击者可以获得除目标信息外的所有信息，因此差分隐私模型中攻击者可能拥有任意形式的背景知识。此外，差分隐私以严格的数学推导作为理论基础，能够通过参数评估其隐私保护水平，并具有可证明安全性。

为了理解差分隐私提出的初衷，先介绍差分攻击及利用差分隐私技术如何从直观上抵抗差分攻击。假设给定一个医疗数据集 D，其中每条记录表示一个患者是否患有癌症，当数据集作为科研数据或者社会调研被发布出来时，对数据使用方仅提供前 n 行的统计查询服务。不妨设所提供的查询服务为计数查询，用 count(n) 表示前 n 行里有多少个人患有癌症。假设攻击者已经知道 Claire 排在第 3 行(医疗数据记录一般按一定顺序排列，如身份证号等)，由于不能直接访问 D，攻击者可以通过表 8-3 的差分攻击数据获取 Claire 的个人隐私信息(是否患有癌症)：count(3) – count(2)。

表 8-3　差分攻击数据示例

姓名	是否有癌症
Alice	1
Bob	0
Claire	1

那么差分隐私技术是如何保护用户的个人隐私信息安全的呢？差分隐私技术在每次查询结果上添加一个很小的随机噪声，返回不精确的查询值。例如，针对查询 count(3) 的真实输出应该是 2，添加一个小的噪声后返回值可能就变成了 1.8，查询 count(2) 的真实输出应该是 1，添加一个小的噪声后返回值可能就变成了 1.3。由于添加的噪声很小，所以输出值还是在真实值附近，本质上对最终的统计结果影响也很小。但是，如果此时针对上述表格进行差分攻击，count(3) – count(2) 的结果可能等于 0.5，则不能判断出 Claire 对应的属性值到底是 0 还是 1。

实际中，添加的噪声是取值为 0 附近的一个随机变量，添加多少噪声及添加后的隐私保护水平如何衡量需要用严格的数学语言进行描述，并且还能够通过调整噪声随机分布的参数对隐私保护水平进行相应的调节。

为了严格地刻画差分隐私的定义，先引入下述相邻数据集的定义。

定义 8.2(相邻数据集)：假设 $X=\{x_1,x_2,\cdots,x_n\}$ 是一个数据全集，$D,D'\subset X$ 是其两个子集，如果 D,D' 仅仅只有一条记录不同，则称它们为相邻数据集。

相邻数据集主要用来刻画个体数据样本差异对数据集合的影响，即若 D 为原始数据集，那么 D' 就是大部分数据和 D 一样，但是仅仅比 D 多一个或少一个个体样本数据的集合。基于相邻数据集的概念，可以定义差分隐私如下。

定义 8.3(ε- 差分隐私)：给定一个随机算法 M，其定义域为 $\mathcal{D}=2^X$，所有可能输出的集合为 $\mathcal{R}$。若对于任意的相邻数据集 $D,D'\in\mathcal{D}$ 和任意的输出结果 $S\subseteq\mathcal{R}$，均满足

$$\Pr[M(D)\in S]\leqslant e^{\varepsilon}\Pr[M(D')\in S]$$

则称算法 M 满足 ε- 差分隐私。其中 ε 为隐私预算，用于控制隐私保护水平。一般而言，ε 越小，隐私保护程度就越高。

ε- 差分隐私要求算法在最大背景攻击的假设下仍能提供隐私保护，但在实际应用中这种假设往往过于保守，若一味严格遵循这种保守的假设来设计隐私算法，往往会破坏数据隐私与数据可用性之间的平衡。因此，为了扩展差分隐私的应用范围，使其能够被应用到更多不同的场景中去，研究者们对差分隐私进行了多种宽松的定义。(ε,δ)- 差分隐私是最早提出的一种差分隐私的宽松定义，其形式化定义如下。

定义 8.4((ε,δ)- 差分隐私)：给定一个随机算法 M，其定义域为 $\mathcal{D}=2^X$，所有可能输出的集合为 $\mathcal{R}$，若对任意的相邻数据集 $D,D'\in\mathcal{D}$ 和任意的输出结果 $S\subseteq\mathcal{R}$，均满足

$$\Pr[M(D)\in S]\leqslant e^{\varepsilon}\Pr[M(D')\in S]+\delta$$

则称算法 M 满足 (ε,δ)- 差分隐私。其中 ε 为隐私预算，用于控制隐私保护水平；δ 是一个松弛项，表示可以容忍隐私预算超出 ε 的概率，通常设置为一个很小的值。

差分隐私的本质是通过添加随机噪声来提供保护，并且添加的噪声量与相应的函数 f 的全局敏感度密切相关。噪声添加机制是实现差分隐私保护的主要技术，针对数值型数据，常用的噪声添加机制主要有 Laplace 机制和高斯机制；针对非数值型数据，常采用指数机制。

定义 8.5(全局敏感度)：给定任意函数 $f:\mathcal{D}\to\mathcal{R}$，对于任意的相邻数据集 $D,D'\in\mathcal{D}$，f 的全局敏感度为

$$\Delta f=\max_{D,D'\in\mathcal{D}}\left\|f(D)-f(D')\right\|_q$$

式中，q 的取值为 1 或 2。当 q 为 1 时，$\left\|f(D)-f(D')\right\|_1$ 为函数 f 在相邻数据集 D 和 D' 之间的一阶范数距离，对应的 Δf 为函数 f 的 l_1- 敏感度；当 q 为 2 时，$\left\|f(D)-f(D')\right\|_2$ 为函数 f 在相邻数据集 D 和 D' 之间的二阶范数距离，对应的 Δf 为函数 f 的 l_2- 敏感度，常记为 $\Delta_2 f$。

Laplace 机制通过向数值型的查询结果中加入服从 Laplace 分布的随机噪声来实现 ε- 差分隐私保护。高斯机制通过向确切的查询结果中加入服从高斯分布的随机噪声来实现 (ε,δ)- 差分隐私保护。

定义 8.6(Laplace 机制)：给定任意的函数 $f:\mathcal{D}\to\mathbb{R}^d$，其中 $\mathbb{R}^d$ 为 d 维实空间，f 的敏感度为 Δf，则对任意的数据集 $D\in\mathcal{D}$，随机算法 $M(D)=f(D)+(Y_1,Y_2,\cdots,Y_d)$ 满足 ε- 差分隐私。其中，$Y_i\sim \mathrm{Lap}(0,\Delta f/\varepsilon)$，即 $\{Y_i,1\leqslant i\leqslant d\}$ 独立同服从于位置参数为 0、尺度参数为 $\Delta f/\varepsilon$ 的 Laplace 分布。

定义 8.7(高斯机制)：给定任意的函数 $f:\mathcal{D}\to\mathbb{R}^d$，其中 $\mathbb{R}^d$ 为 d 维实空间，f 的敏感度为 $\Delta_2 f$，则对任意的数据集 $D\in\mathcal{D}$，随机算法 $M(D)=f(D)+(Y_1,Y_2,\cdots,Y_d)$ 满足 (ε,δ)- 差分隐私。其中，对于任意的 $\varepsilon\in(0,1)$，$\sigma\geqslant\sqrt{2\ln(1.25/\delta)}\Delta_2 f/\varepsilon$，随机噪声 $Y_i\sim N(0,\sigma^2)$，即 $\{Y_i,1\leqslant i\leqslant d\}$ 独立同服从于数学期望为 0、方差为 σ^2 的高斯分布。

有了差分隐私作为工具，对数据发布过程中的隐私保护的直观描述就是：首先，通过限定数据使用方可能的查询方式，分析出相应查询函数的全局敏感度；然后，根据敏感度确定添加的 Laplace 噪声或高斯噪声的大小，并对模型的输出添加相应的噪声；最终，可以通过严格的数学推导分析证明输出结果满足了某种差分隐私定义所界定的隐私保护水平。

思 考 题

1．大数据和传统的数据有区别吗？大数据安全技术和传统的数据安全技术有什么不同吗？

2．通常认为使用假名也能实现对用户身份的保护。尝试说说假名技术和匿名认证技术的区别。

3．基于区块链的访问控制有哪些优点和缺点？

4．什么是云存储数据完整性证明技术？涉及哪些参与方？

5．在面向数据安全挖掘应用场景时，全同态加密与半同态加密相比有哪些优势？

6．为什么需要发布数据？为什么要保护被发布数据的隐私？

参 考 文 献

陈为, 沈则潜, 陶煜波, 等, 2019. 数据可视化[M]. 2 版. 北京: 电子工业出版社.

冯登国, 等, 2018. 大数据安全与隐私保护[M]. 北京: 清华大学出版社.

李航, 2019. 统计学习方法[M]. 2 版. 北京: 清华大学出版社.

刘军, 林文辉, 方澄, 2016. Spark 大数据处理原理、算法与实例[M]. 北京：清华大学出版社.

刘知远, 韩旭, 孙茂松, 2020. 知识图谱与深度学习[M]. 北京: 清华大学出版社.

梅宏, 2018. 大数据导论[M]. 北京: 高等教育出版社.

RUSSELL S, NORVIG P, 2004. 人工智能——一种现代方法[M]. 2 版. 姜哲, 金奕江, 张敏, 等译. 北京: 人民邮电出版社.

汤羽, 林迪, 范爱华, 等, 2018. 大数据分析与计算[M]. 北京: 清华大学出版社.

王昊奋, 漆桂林, 陈华钧, 2019. 知识图谱方法、实践与应用[M]. 北京: 电子工业出版社.

王宏志, 2015. 大数据算法[M]. 北京: 机械工业出版社.

王晋东, 陈益强, 2022. 迁移学习导论[M]. 2 版. 北京: 电子工业出版社.

肖仰华, 等, 2020. 知识图谱：概念与技术[M]. 北京: 电子工业出版社.

徐宗本, 姚新, 2019. 数据智能研究前沿[M]. 上海: 上海交通大学出版社.

于戈, 申德荣, 等, 2016. 分布式数据库系统——大数据时代新型数据库技术[M]. 2 版. 北京: 机械工业出版社.

张冬, 2008. 大话存储——网络存储系统原理精解与最佳实践[M]. 北京: 清华大学出版社.

张宪超, 2017. 数据聚类[M]. 北京: 科学出版社.

CUI W, LIU S, TAN L, et al., 2011. Textflow: Towards better understanding of evolving topics in text[J]. IEEE Transactions on Visualization and Computer Graphics, 17(12): 2412-2421.

LIU S, WU Y, WEI E, et al., 2013. Storyflow: Tracking the evolution of stories[J]. IEEE Transactions on Visualization and Computer Graphics, 19(12): 2436-2445.